Teubner Studienbücher Mechanik

K. Magnus / K. Popp
Schwingungen

Leitfäden der angewandten Mathematik und Mechanik LAMM

Herausgegeben von
Prof. Dr. Dr. h. c. mult. G. Hotz, Saarbrücken
Prof. Dr. P. Kall, Zürich
Prof. Dr. Dr.-Ing. E. h. K. Magnus, München
Prof. Dr. E. Meister, Darmstadt

Band 3

Die Lehrbücher dieser Reihe sind einerseits allen mathematischen Theorien und Methoden von grundsätzlicher Bedeutung für die Anwendung der Mathematik gewidmet; andererseits werden auch die Anwendungsgebiete selbst behandelt. Die Bände der Reihe sollen dem Ingenieur und Naturwissenschaftler die Kenntnis der mathematischen Methoden, dem Mathematiker die Kenntnisse der Anwendungsgebiete seiner Wissenschaft zugänglich machen. Die Werke sind für die angehenden Industrie- und Wirtschaftsmathematiker, Ingenieure und Naturwissenschaftler bestimmt, darüber hinaus aber sollen sie den im praktischen Beruf Tätigen zur Fortbildung im Zuge der fortschreitenden Wissenschaft dienen.

Schwingungen

Eine Einführung in physikalische Grundlagen und die theoretische Behandlung
von Schwingungsproblemen

Von em. Prof. Dr. Dr.-Ing. E. h. Kurt Magnus,
Technische Universität München
und Prof. Dr.-Ing. habil. Karl Popp, Universität Hannover

5., völlig neubearbeitete und erweiterte Auflage
Mit 211 Figuren und 68 Aufgaben

 B. G. Teubner Stuttgart 1997

Professor Dr. rer. nat. habil. Dr.-Ing. E. h. Kurt Magnus

Geboren 1912 in Magdeburg. Studium der Mathematik, Physik und Chemie, Promotion 1937, Habilitation 1942 an der Universität Göttingen. Lehrtätigkeit an den Universitäten Göttingen, Freiburg und Lawrence/Kansas sowie an den Technischen Hochschulen (Universitäten) in Danzig, Stuttgart und München. Seit 1958 o. Professor für Mechanik, von 1966 bis 1980 Inhaber des Lehrstuhls B für Mechanik in der Fakultät für Maschinenwesen der Technischen Universität München. Seit 1980 emeritiert.

Professor Dr.-Ing. habil. Karl Popp

Geboren 1942 in Regensburg. Studium des Maschinenbaus, Promotion 1972, Habilitation 1978 an der Technischen Universität München. Gastwissenschaftler an der University of California Berkeley, USA, und an der Universidade Estadual de Campinas, Brasilien. 1980 kommissarische Leitung des Lehrstuhls B für Mechanik der Technischen Universität München. 1981 Professor für Mechanik der Systeme und seit 1985 Professor für Mechanik in der Fakultät für Maschinenwesen der Universität Hannover.

Die Deutsche Bibliothek – CIP-Einheitsaufnahme

Magnus, Kurt:
Schwingungen : eine Einführung in physikalische Grundlagen und die
theoretische Behandlung von Schwingungsproblemen ; mit 68
Aufgaben / von Kurt Magnus und Karl Popp. – 5., völlig neu bearb.
und erw. Aufl. – Stuttgart : Teubner, 1997
(Leitfäden der angewandten Mathematik und Mechanik ; Bd. 3)
(Teubner-Studienbücher : Mechanik)
ISBN 3-519-32302-8 kart.

© B. G. Teubner, Stuttgart 1997

Printed in Germany

Druck und Binden: Druckhaus Beltz, Hemsbach/Bergstraße

Vorwort

Das Vorwort zu dem vor mehr als dreißig Jahren veröffentlichten Buch „Schwingungen", das als dritter Band der neu begründeten Reihe „Leitfäden der angewandten Mathematik und Mechanik" (LAMM-Reihe) erschienen war, begann mit der Feststellung:

Es besteht im deutschsprachigen Schrifttum kein Mangel an guten, ja ausgezeichneten Werken zur Schwingungslehre. Warum also soll das Bücherangebot auf diesem Gebiet noch vermehrt werden? Diese naheliegende Frage sei mit dem Hinweis beantwortet, daß für die vorliegende Zusammenstellung die Stoffauswahl und eine Beschränkung im Umfang entscheidend gewesen sind. Beides hängt eng miteinander zusammen. Es sollte etwa die Stoffmenge gebracht werden, die in einer einsemestrigen Vorlesung bewältigt werden kann; gleichzeitig aber sollte ein nicht zu einseitig begrenzter Überblick gegeben werden. Dieses Ziel verbot von vornherein jeden Gedanken an Vollständigkeit bezüglich der Ergebnisse der Schwingungslehre. Jedoch wurde eine gewisse Abrundung nicht nur hinsichtlich der Methoden, sondern auch bezüglich der wichtigsten Schwingungs-Erscheinungen angestrebt. Aus der Gliederung wird man erkennen, daß gegenüber anderen Büchern mit ähnlicher Zielsetzung gewisse Schwerpunktsverschiebungen vorgenommen wurden. Leitender Grundgedanke war eine Einteilung der Schwingungstypen nach dem Mechanismus ihrer Entstehung. Neben den autonomen Eigenschwingungen und selbsterregten Schwingungen wurden die heteronomen parametererregten und erzwungenen Schwingungen behandelt. In beide Bereiche übergreifend sind abschließend Koppelschwingungen dargestellt worden.

Das Buch erlebte vier Auflagen, von denen die zweite bis vierte durch Korrekturen, Umformulierungen und Ergänzungen nur wenig gegenüber der ersten Auflage verändert worden sind. Das Konzept des Buches hatte sich als für die Lehre geeignet erwiesen und ist angenommen worden – eine Tatsache, die auch durch Übersetzungen in drei Sprachen unterstrichen wird.

Mit dem Auslaufen der vierten Auflage wurde jedoch der Wunsch nach einer gründlicheren Überarbeitung laut. Dafür sollten nicht nur wichtige neuere Ergebnisse und Betrachtungen aufgenommen, sondern auch die inzwischen allgemein üblich gewordenen Formelsymbole verwendet werden. Außerdem sollten die weitreichenden Möglichkeiten berücksichtigt werden, die dank der Entwicklung der Computertechnik jetzt zur Verfügung stehen. Sie haben

Art und Bedeutung der jeweils eingesetzten Berechnungsverfahren erheblich beeinflußt.

Natürlich sind im Laufe der vergangenen dreißig Jahre eine Anzahl neuer Werke zur Schwingungslehre erschienen, in denen aktuelle Entwicklungen berücksichtigt worden sind. Doch haben uns auch Anregungen aus dem Kreis der Leser davon überzeugt, daß das Konzept des Buches gerade auch für den fachübergreifenden Unterricht geeignet erscheint. Deshalb haben wir nun eine gründliche Überarbeitung und Ergänzung vorgenommen. Das freilich geschah jetzt durch ein Autoren-Duo, dessen beide Partner dank einer langjährigen Zusammenarbeit aufeinander eingestellt sind. Wir haben während der Überarbeitung stets engen Kontakt gehalten, so daß ein Auseinanderfallen der Neuauflage in zwei Teile – so hoffen wir – vermieden werden konnte. Auch legen wir Wert auf die Feststellung, daß beide Autoren die Verantwortung für alle Teile des Buches gemeinsam übernehmen.

Die Gliederung ist im wesentlichen beibehalten worden, doch sind zwei Kapitel, über „Kontinuumsschwingungen" und „Chaotische Bewegungen", neu hinzugekommen. Die Neubearbeitung und die Übernahme einiger Beispiele aus den alten in die neuen Kapitel führte zu einer strafferen Darstellung in den ersten Abschnitten. Hier konnte zugleich auf einige der zuvor ausführlich dargestellten Fälle verzichtet werden, ohne das angestrebte Ziel – Übersicht zu grundlegenden Fragen der Entstehung und Berechnung von Schwingungen – aus den Augen zu verlieren. Nach wie vor wird besonderer Wert auf die enge Verbindung von anschaulich physikalischen Überlegungen mit den mehr formal mathematischen Berechnungen gelegt; denn die Erfahrung zeigt immer wieder, daß das Transformieren einer physikalisch definierten Aufgabe in den mathematischen Bereich, und dann das Rücktransformieren, also die anschauliche Deutung mathematisch abgeleiteter Ergebnisse, den Studierenden Schwierigkeiten bereitet. Soweit es mit erträglichem Aufwand möglich war, haben wir exakte mathematische Verfahren bevorzugt. Doch kann auf die verschiedenartigen Näherungsverfahren natürlich nicht verzichtet werden. Hier kommt es vor allem darauf an, die Anwendungsmöglichkeiten und die Grenzen der Näherungen sorgfältig zu beachten. Auf Fehlerabschätzungen sowie auf Schwierigkeiten der mathematischen Begründung konnte dabei verständlicherweise nicht eingegangen werden.

Schwingungen treten als nützliche aber auch als störende Erscheinungen fast überall in Natur und Technik auf. Es kommt darauf an, sie zu verstehen, zu deuten oder auch in gewünschter Weise zu beeinflußen. Sowohl phänomenologisch wie auch methodisch offenbart sich hier eine enge Verwandschaft der Begriffswelten von Schwingungslehre und Regelungstechnik. Daraus folgt, daß sich einige der in der Regelungstechnik allgemein üblichen Begriffe – wie Übergangsfunktion, Übertragungsverhalten, Frequenzgang und Ortskurven – auch bei Untersuchungen von Schwingern als zweckmäßig erwiesen haben. Zudem ist die für das Reglerverhalten weitgehend ausgebaute Stabilitätstheorie auch allgemein für schwingungsfähige Systeme von großem Nutzen. Auf eine methodische Begründung mußte allerdings verzichtet werden. Die für das Verständnis so wichtigen Beispiele wurden, sofern sie als typisch anzusehen sind, ausführlich durchgerechnet, anderenfalls ist der Lösungsweg nur angedeutet. Der Charakter des Werkes als Lehrbuch soll durch Aufgaben unterstrichen werden, die den Kapiteln 1 bis 7 beigegeben wurden, und deren Lösungen am Ende des Buches zu finden sind. Wir meinen, daß ein Leser, der diese Aufgaben gelöst hat, etwas von den Grundgedanken der Schwingungslehre versteht. Zumindest wird es für ihn nicht schwierig sein, von der gewonnenen Erkenntnisebene aus sich weiter in Spezialgebiete der Schwingungslehre einzuarbeiten.

In das vorliegende Buch sind viele Anregungen von wissenschaftlichen Mitarbeitern und Hörern unserer Vorlesungen eingeflossen. Dafür sei an dieser Stelle gedankt. Hinweise und Verbesserungsvorschläge verdanken wir auch Buchbesprechungen und zahlreichen Zuschriften zu früheren Auflagen. Ein besonderer Dank gilt Frau A. Crohn für das Schreiben des Manuskripts, Herrn W. Pietsch für das Erstellen vieler Reinzeichnungen sowie den Herren Dipl.-Ing. N. Hinrichs und Dipl.-Math. M. Oestreich für numerische Berechnungen und die sorgfältige Durchsicht der Druckfahnen. Schließlich sind wir dem Verlag B. G. Teubner, insbesondere Herrn Dr. P. Spuhler, für die erwiesene Geduld und für die überaus erfreuliche Zusammenarbeit zu Dank verpflichtet.

München/Hannover, November 1996   Kurt Magnus
                                          Karl Popp

Inhalt

1 Grundbegriffe und Darstellungsmittel

1.1 Schwingungen und ihre Bestimmungsstücke

Als Schwingungen werden mehr oder weniger regelmäßig erfolgende zeitliche Schwankungen von Zustandsgrößen bezeichnet. Schwingungen können überall in der Natur und in allen Bereichen der Technik beobachtet werden. So schwankt die Tageshelligkeit in 24 stündigem Rhythmus; es pendelt der Arbeitskolben in einem Motor ständig hin und her; schließlich ändert sich der Winkel, den ein in einer vertikalen Ebene schwingendes Schwerependel mit der Vertikalen bildet, in stets sich wiederholender Weise.

Der Zustand eines schwingenden Systems kann durch geeignet gewählte Zustandsgrößen, z.B. Winkel, Druck, Temperatur, elektrische Spannung, Geschwindigkeit o.ä. gekennzeichnet werden. Sei x eine derartige Zustandsgröße, so interessiert in der Schwingungslehre die zeitliche Veränderung $x = x(t)$. Eine besondere Rolle spielen Vorgänge, bei denen sich x periodisch ändert. Für sie gilt:

$$x(t) = x(t + T). \tag{1.1}$$

Darin ist T ein fester Wert, der als Periode, als Schwingungsdauer oder als Schwingungszeit bezeichnet wird. Die Beziehung (1.1) sagt aus, daß die Zustandsgröße x zu je zwei Zeitpunkten, die um den Betrag T zeitlich auseinanderliegen, den gleichen Wert annimmt. Der reziproke Wert der Schwingungszeit T,

$$f = \frac{1}{T}, \tag{1.2}$$

ist die Frequenz der Schwingung, also die Zahl der Schwingungen in einer Sekunde. Die Einheit der Frequenz ist das Hertz, abgekürzt Hz. Bei einer Schwingung von z.B. 6 Hz werden also 6 volle Perioden in einer Sekunde durchlaufen.

Für die rechnerische Behandlung der Schwingungen wird neben der durch (1.2) definierten Frequenz f noch die sogenannte Kreisfrequenz ω verwendet. Darunter wird die Zahl der Schwingungen in 2π Sekunden verstanden. Es gilt also:

$$\omega = 2\pi f = \frac{2\pi}{T}. \tag{1.3}$$

Schwingungszeit bzw. Frequenz bestimmen den Rhythmus einer Schwingung; ihre Stärke ist durch die Amplitude $\hat{x}$ gegeben. Darunter versteht man den halben Wert der gesamten Schwingungsweite, also des Bereiches, den die Zustandsgröße x im Verlaufe einer Periode durchläuft. Ist x_{max} der Größtwert und x_{min} der Kleinstwert von x während einer Periode, so gilt:

$$\hat{x} = \frac{1}{2}(x_{max} - x_{min}). \tag{1.4}$$

Der Wert der Zustandsgröße x schwankt bei periodischen Schwingungen um eine Mittellage, die durch

$$x_m = \frac{1}{2}(x_{max} + x_{min}) \tag{1.5}$$

definiert werden kann. Bei symmetrischen Schwingungen entspricht diese Mittellage zugleich der Ruhelage oder Gleichgewichtslage.

Genügt die Funktion $x(t)$ nicht streng, sondern nur näherungsweise der Periodizitätsbedingung (1.1), so spricht man von fast periodischen Schwingungen. Es gilt dann:

$$|x(t) - x(t+T)| < \varepsilon \tag{1.6}$$

mit einem vorgegebenen kleinen Wert ε.

1.2   Das Ausschlag-Zeit-Diagramm (x,t-Bild)

Zur anschaulichen Darstellung eines Schwingungsvorganges bedient man sich des x,t-Bildes, also einer graphischen Darstellung, bei der die Zeit t als Abszisse und der Ausschlag als Ordinate verwendet werden. Wie das in Fig. 1 gezeichnete Beispiel für eine periodische Schwingung zeigt, lassen sich aus dieser Darstellung unmittelbar die interessierenden Bestimmungsstücke der Schwingung, also die Schwingungszeit T, die Mittellage x_m und die Amplitude $\hat{x}$ ablesen.

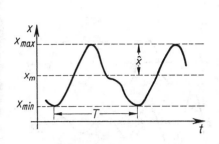

Fig. 1 x,t-Bild einer periodischen
Schwingung

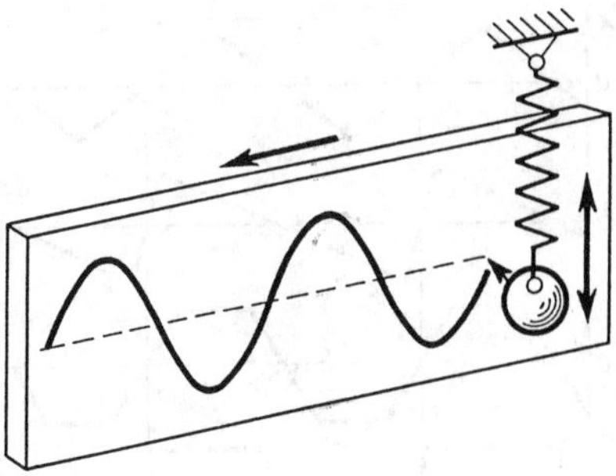

Fig. 2 Zur Entstehung eines x,t-Bildes

Die dominierende Stellung, die das x,t-Bild bei der Darstellung eines
Schwingungsvorganges einnimmt, ist vor allem durch die Tatsache zu erklären, daß fast alle registrierenden Schwingungsmeßgeräte (Schwingungs-
schreiber, Oszillographen) x,t-Bilder aufzeichnen. Stets wird bei diesen
Geräten mittelbar oder unmittelbar die Schwingung auf einem mit konstanter Geschwindigkeit bewegten Papier- bzw. Filmstreifen oder auf einer
rotierenden Trommel aufgezeichnet – ähnlich, wie es in Fig. 2 für einen
einfachen Fall skizziert ist.

Das x,t-Bild einer Schwingung läßt nicht nur die schon genannten Bestimmungsstücke leicht erkennen, es gibt darüber hinaus dem Fachmann
einen manchmal sehr wichtigen Hinweis auf den allgemeinen Charakter der
Schwingung, der sich in der Form des Kurvenzuges ausdrückt. In Fig. 3 sind
einige typische Formen dargestellt; es sind dies

a) die gleichförmige Dreieckschwingung,

b) die Sägezahnschwingung (ungleichförmige Dreieckschwingung) ,

c) die Trapezschwingung,

d) die Rechteckschwingung,

e) die Sinusschwingung.

Von den genannten Schwingungstypen ist ohne Zweifel die letztgenann-
te – die Sinusschwingung – die wichtigste; sie wird auch als harmonische
Schwingung bezeichnet, wenn das Argument des Sinus eine lineare Funktion der Zeit ist. Viele in Natur und Technik vorkommende Schwingungen
gehorchen mit sehr guter Annäherung dem Sinusgesetz. Selbst in Fällen, bei
denen eine Schwingung nicht sinusförmig verläuft, bietet sich die Sinusfunktion als bequemes Hilfsmittel zur näherungsweisen Beschreibung an.

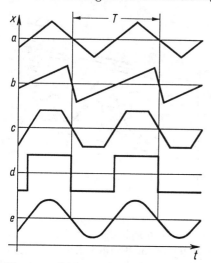

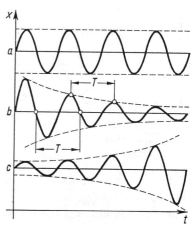

Fig. 3 x,t-Bilder einfacher Schwingungsformen

Fig. 4 Ungedämpfte, gedämpfte und angefachte Schwingungen

Für eine Sinusschwingung gilt:

$$x = x_m + \hat{x} \sin \omega t, \tag{1.7}$$

wobei für die Kreisfrequenz ω der Wert von (1.3) einzusetzen ist.

Die bisher betrachteten Schwingungen genügen der Periodizitätsbedingung
(1.1), so daß sich die Kurvenstücke des x,t-Bildes für die einzelnen Schwin-
gungsperioden vollkommen zur Deckung bringen lassen. Für jede Periode
gelten die gleichen Werte x_{max} und x_{min}. Verbindet man einerseits die
Punkte, an denen x den Wert x_{max}, andererseits die Punkte, an denen x
den Wert x_{min} erreicht, so erhält man zwei horizontale Gerade, die die ei-
gentliche Schwingungskurve einhüllen (Fig. 4a). Die Schwingungen sind
ungedämpft. Wird der Abstand der beiden Hüllkurven mit wachsendem t kleiner, wie es Fig. 4b zeigt, dann spricht man von gedämpften
Schwingungen. Gehen die beiden Hüllkurven mit wachsendem t auseinan-
ander, so nennt man die Schwingungen aufschaukelnd oder angefacht
(Fig. 4c).

Obwohl für angefachte oder gedämpfte Schwingungen die Beziehung (1.1)
nicht gilt, läßt sich dennoch eine Schwingungszeit T auch für diese definieren. Man verwendet hierzu beispielsweise den zeitlichen Abstand, in dem die
Schwingungskurve eine der beiden Hüllkurven aufeinanderfolgend berührt.

Aber auch der Abstand zweier benachbarter in gleicher Richtung erfolgender Durchgänge der Schwingungskurve durch die Mittellage kann als Schwingungszeit T verwendet werden.

Die Mittellage ist in diesen Fällen einfach als Mittellinie zwischen den beiden Hüllkurven gegeben. Als Maß für die jetzt von der Zeit abhängige Amplitude kann der jeweilige Abstand der Hüllkurven von der Mittellage verwendet werden.

1.3 Vektorbild und komplexe Darstellung

Zur Darstellung von sinusförmigen Schwingungen kann das sehr anschauliche Vektorbild, auch Zeigerdiagramm genannt, verwendet werden. Bei seiner Konstruktion wird der enge Zusammenhang ausgenützt, der zwischen der Sinusschwingung und einer gleichförmigen Kreisbewegung besteht. Man erkennt diesen Zusammenhang unmittelbar an dem in Fig. 5 gezeichneten Kreuzschubkurbelgetriebe. Wird der Kurbelarm gleichförmig gedreht, dann vollführt jeder Punkt der Schubstange eine reine Sinusbewegung, für die $x = \hat{x} \sin \omega t$ gilt.

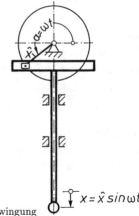

Fig. 5
Kreuzschubkurbelgetriebe und Sinusschwingung

$$x = \hat{x} \sin \omega t$$

Der Zusammenhang zwischen dem gleichförmig umlaufenden Vektor $\hat{x}$, dessen Betrag durch die Länge des Kurbelarmes gegeben ist, und dem x, t-Bild der resultierenden Schwingung der Schubstange geht aus der geometrischen

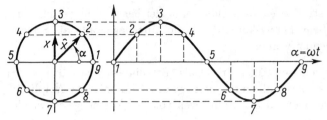

Fig. 6 Entstehung der Sinusschwingung aus der gleichförmigen Kreisbewegung

Konstruktion von Fig. 6 hervor. Der Endpunkt des Vektors $\hat{x}$ bewegt sich auf einer Kreisbahn und nimmt dabei nacheinander die Lagen 1 bis 9 ein. Projiziert man diese Lagen in eine x, t-Ebene, bei der für die Abszisseneinteilung an Stelle der Zeit t auch der zu ihr proportionale Winkel α aufgetragen werden kann, so ergibt sich eine Sinuskurve. Der linke Teil von Fig. 6 ist das Vektorbild einer einfachen Sinusschwingung.

Für die Berechnung von harmonischen Schwingungen ist es häufig zweckmäßig, die Ebene des Vektorbildes als komplexe $\underline{z}$-Ebene mit $\underline{z} = x + \mathrm{i}y$ aufzufassen (komplexe Größen werden hier unterstrichen). Der rotierende Vektor von der Länge $\hat{x}$, auch Zeiger genannt, wird dann dargestellt durch

$$\underline{z} = \hat{x}\mathrm{e}^{\mathrm{i}\omega t} = \hat{x}(\cos\omega t + \mathrm{i}\sin\omega t). \tag{1.8}$$

Wenn über den Zeitnullpunkt frei verfügt werden kann, so läßt sich jede harmonische Schwingung entweder als Sinus- oder als Cosinus-Schwingung darstellen. Liegt der Zeitpunkt aus irgendwelchen Gründen bereits fest, dann kann stets eine Darstellung von der Form

$$x = \hat{x}\cos(\omega t - \varphi_0) \tag{1.9}$$

gefunden werden. Die Größe φ_0, die im Vektorbild als Winkel eingetragen werden kann, heißt Nullphasenwinkel. Dieser Winkel gibt an, in welcher Bewegungsphase sich die Schwingung zum Zeitnullpunkt gerade befindet.

Man kann eine Sinusschwingung mit beliebigem Nullphasenwinkel stets aus einer Sinus- und einer Cosinus-Komponente aufbauen. Aus (1.9) folgt nämlich:

$$x = \hat{x}\cos\varphi_0\cos\omega t + \hat{x}\sin\varphi_0\sin\omega t,$$
$$x = \hat{x}_1\cos\omega t + \hat{x}_2\sin\omega t. \tag{1.10}$$

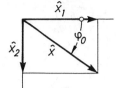

Fig. 7
Vektorzerlegung für eine Schwingung mit dem
Nullphasenwinkel φ_0

Wegen $\hat{x}_1 = \hat{x}\cos\varphi_0$; $\hat{x}_2 = \hat{x}\sin\varphi_0$ gilt:

$$\hat{x} = \sqrt{\hat{x}_1^2 + \hat{x}_2^2}; \qquad \tan\varphi_0 = \frac{\hat{x}_2}{\hat{x}_1}. \tag{1.11}$$

Dieser Zusammenhang kann auch unmittelbar aus der in Fig. 7 dargestellten Vektorzerlegung abgelesen werden.

Auch bei der phasenverschobenen Schwingung (1.9) bewährt sich die komplexe Darstellung. Zu (1.9) gehört ein komplexer Ausschlag

$$\underline{z} = \hat{x}e^{i(\omega t - \varphi_0)} = \hat{x}e^{-i\varphi_0}e^{i\omega t}. \tag{1.12}$$

Faßt man darin das Produkt $\hat{x}e^{-i\varphi_0}$ als komplexen Amplitudenfaktor auf, so kommt man wieder genau auf die frühere Darstellung (1.8) zurück. Die Phasenverschiebung wirkt sich also in einem Komplexwerden des Amplitudenfaktors aus; in der komplexen Ebene bedeutet das aber eine Drehung des Vektors $\hat{x}$ um den festen Winkel φ_0, wie dies auch aus Fig. 7 zu ersehen ist.

Die Beziehung (1.9) kann als Ergebnis der Addition der beiden um 90° phasenverschobenen Schwingungen von (1.10) aufgefaßt werden. Eine Addition von zwei harmonischen Schwingungen, die die gleiche Kreisfrequenz ω besitzen, läßt sich auch ganz allgemein durchführen. Hierzu verwenden wir die komplexe Darstellung. Es seien

$$\underline{z}_1 = \hat{x}_1 e^{i(\omega t - \varphi)} = \hat{x}_1 e^{-i\varphi_1}e^{i\omega t},$$
$$\underline{z}_2 = \hat{x}_2 e^{i(\omega t - \varphi)} = \hat{x}_2 e^{-i\varphi_2}e^{i\omega t}$$

die beiden Schwingungen mit gleicher Frequenz, aber verschiedenen Amplitudenfaktoren $\hat{x}$ und verschiedenen Phasenwinkeln. Durch Addition folgt nun:

$$\underline{z} = \underline{z}_1 + \underline{z}_2 = e^{i\omega t}(\hat{x}_1 e^{-i\varphi_1} + \hat{x}_2 e^{-i\varphi_2}),$$
$$\underline{z} = \hat{x}e^{-i\varphi_0}e^{i\omega t}. \tag{1.13}$$

Die Addition der beiden Schwingungen läuft also auf eine Addition der beiden komplexen Amplitudenfaktoren hinaus, eine Operation, die man im

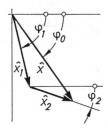

Fig. 8
Vektoraddition zweier Schwingungen gleicher Frequenz

Zeigerdiagramm unmittelbar als Vektoraddition deuten kann (Fig. 8). Die
Berechnung ergibt für die neuen Größen die Werte:

$$\hat{x} = \sqrt{\hat{x}_1^2 + \hat{x}_2^2 + 2\hat{x}_1\hat{x}_2 \cos(\varphi_2 - \varphi_1)}\,,$$

$$\tan\varphi_0 = \frac{\hat{x}_1 \sin\varphi_1 + \hat{x}_2 \sin\varphi_2}{\hat{x}_1 \cos\varphi_1 + \hat{x}_2 \cos\varphi_2}\,. \tag{1.14}$$

Die Addition von zwei Schwingungen gleicher Frequenz ergibt somit wieder
eine Schwingung derselben Frequenz, jedoch mit entsprechend veränderter
Amplitude und Phase.

Wenn man die Zeitabhängigkeit der Schwingung Gl. (1.13) im Vektorbild
erkennen will, so muß man sich das Zeigerdiagramm von Fig. 8 als starres
Gebilde um den Ursprung mit konstanter Winkelgeschwindigkeit ω rotierend
denken. Zu den festen Winkeln φ_0, φ_1, φ_2, die die drei Vektoren mit der
reellen Achse bilden, kommen noch die jeweils gleich großen, aber linear mit
der Zeit anwachsenden Winkel ωt. Die Projektion des Endpunktes von $\hat{x}$ auf
die reelle Achse ist dann gleich dem Ausschlag $x = x(t)$.

Etwas umständlicher als die Addition von zwei Schwingungen gleicher Frequenz ist die Addition (oder Subtraktion) zweier Schwingungen verschiedener Frequenz. Da hier die komplexe Rechnung keine Vorteile bietet, soll reell
angesetzt werden:

$$x = x_1 + x_2 = \hat{x}_1 \cos\omega_1 t + \hat{x}_2 \cos\omega_2 t. \tag{1.15}$$

Der Einfachheit halber ist dabei $\varphi_1 = \varphi_2 = 0$ angenommen worden. Schon
dieser Sonderfall läßt die wesentlichsten Dinge erkennen. Wir erhalten
zunächst durch Umformen:

$$x = \frac{\hat{x}_1 + \hat{x}_2}{2}(\cos\omega_1 t + \cos\omega_2 t) + \frac{\hat{x}_1 - \hat{x}_2}{2}(\cos\omega_1 t - \cos\omega_2 t).$$

Daraus folgt durch Anwendung trigonometrischer Beziehungen:

$$x = \left[(\hat{x}_1 + \hat{x}_2)\cos\frac{\omega_1 - \omega_2}{2}t\right]\cos\frac{\omega_1 + \omega_2}{2}t$$

$$- \left[(\hat{x}_1 - \hat{x}_2)\sin\frac{\omega_1 - \omega_2}{2}t\right]\sin\frac{\omega_1 + \omega_2}{2}t. \tag{1.16}$$

Oder zusammengefaßt:

$$x = \hat{x}^* \cos(\omega_m t + \varphi_0^*) \tag{1.17}$$

mit den Abkürzungen:

$$\hat{x}^* = \sqrt{\hat{x}_1^2 + \hat{x}_2^2 + 2\hat{x}_1\hat{x}_2 \cos 2\omega_D t}\,,$$

$$\tan\varphi_0^* = \frac{\hat{x}_1 - \hat{x}_2}{\hat{x}_1 + \hat{x}_2}\tan\omega_D t\,, \tag{1.18}$$

$$\omega_m = \frac{1}{2}(\omega_1 + \omega_2), \qquad \omega_D = \frac{1}{2}(\omega_1 - \omega_2).$$

Wenn auch diese Darstellung erheblich komplizierter ist als die einfache Ausgangsbeziehung (1.15), so läßt sie doch gerade für einige technisch besonders interessierende Fälle eine sehr anschauliche Deutung zu. Wenn die Frequenzen beider Teilschwingungen benachbart sind, gilt $\omega_D \ll \omega_m$. Dann läßt sich die Lösung Gl. (1.17) als Sinusschwingung mit der mittleren Kreisfrequenz ω_m auffassen, deren Amplitudenfaktor $\hat{x}^*$ und Phasenwinkel φ_0^* sich langsam mit der kleinen Differenz-Frequenz $2\omega_D$ bzw. ω_D als Funktionen der Zeit ändern.

Das x, t-Bild einer derartigen Schwingung hat das Aussehen von Fig. 9: die Hauptschwingung mit der Frequenz ω_m wird von einer Hüllkurve eingeschlossen, die ihrerseits periodisch verläuft. Man erkennt sofort, daß der Abstand der Hüllkurve von der Mittellage der Schwingung zwischen den Grenzen

$$|\hat{x}_1 - \hat{x}_2| \leq \hat{x}^* \leq \hat{x}_1 + \hat{x}_2$$

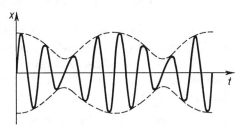

Fig. 9
x, t-Bild für zwei überlagerte Schwingungen mit benachbarten Frequenzen

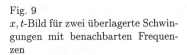

hin und her schwankt. Die Amplitudenfaktoren $\hat{x}$ sind dabei stets als positiv anzusehen. Die mit der Frequenz $2\omega_D$ erfolgende Schwankung wird als Schwebung bezeichnet. Man kann die in Fig. 9 dargestellte Schwingung auch als eine modulierte Schwingung betrachten, bei der die Grundschwingung die Trägerfrequenz ω_m besitzt; wegen $\varphi_0^* = \varphi_0^*(t)$ schwankt jedoch diese Frequenz um den Mittelwert ω_m. Die Grundschwingung ist außerdem bezüglich der Amplitude mit einer Modulationsfrequenz $2\omega_D$ moduliert. Modulierte Schwingungen bilden die Grundlage der Funktechnik.

1.4   Phasenkurven und Phasenporträt

Mit dem Vektorbild eng verwandt ist die Darstellung einer Schwingung in der sogenannten Phasenebene. Die Phasendarstellung ist jedoch vielseitiger und besonders auch für nichtharmonische Schwingungen gut geeignet. Man bekommt das Phasenbild einer Schwingung, wenn man die Bewegungsgeschwindigkeit $\dot{x} = dx/dt = v$ als Ordinate über dem Ausschlag x als Abszisse aufträgt. Jeder Bewegung kann zur Zeit t ein Bildpunkt in der x, v-Ebene zugeordnet werden, der durch die Momentanwerte von Ausschlag x und Geschwindigkeit $\dot{x} = v$ eindeutig festgelegt ist. Der Bildpunkt wandert als Funktion der Zeit und durchläuft dabei die Phasenkurve (Fig. 10). Die Zeit erscheint bei dieser Darstellung als Parameter; die Gleichung einer Phasenkurve ist durch $v = v(x)$ gegeben.

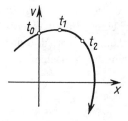

Fig. 10
Bahnkurve einer Bewegung in der Phasenebene (x, v-Ebene)

Dem Nachteil, daß der zeitliche Verlauf einer Schwingung aus dem Phasenbild nicht unmittelbar zu entnehmen ist, steht der große Vorteil gegenüber, daß aus der rein geometrischen Gestalt einer Phasenkurve oder einer Schar von Phasenkurven wichtige Rückschlüsse auf die Eigenschaften einer Schwingung gewonnen werden können.

Betrachten wir zunächst ein einfaches Beispiel: Es sei die Phasenkurve einer

Sinusschwingung zu bestimmen, für die

$$x = \hat{x}\cos(\omega t - \varphi_0)\,,$$
$$v = \dot{x} = -\hat{x}\omega\sin(\omega t - \varphi_0)$$

gilt. Durch Quadrieren und nachfolgendes Addieren läßt sich die Zeit elimi-nieren, so daß der Zusammenhang zwischen x und v die Form annimmt:

$$\frac{x^2}{\hat{x}^2} + \frac{v^2}{(\hat{x}\omega)^2} = 1. \tag{1.19}$$

Das ist in der Phasenebene eine Ellipse mit den Halbachsen $\hat{x}$ bzw. $\hat{x}\omega$ (Fig. 11). Im Fall $\omega = 1$ wird die Ellipse zum Kreis. Man kann jedoch auch bei beliebiger Frequenz ω Kreise erhalten, wenn man den Maßstab auf der Ordinate verzerrt und nicht v, sondern v/ω über x aufträgt.

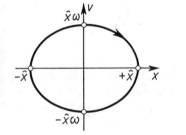

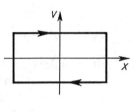

Fig. 11 Phasenbahn einer Sinusschwin-   Fig. 12 Phasenkurve einer Dreieckschwingung   gung

Für die in Fig. 3a gezeichnete Dreieckschwingung ist die Geschwindigkeit v abschnittweise konstant, sie springt in den Umkehrpunkten der Bewegung jedesmal auf den entgegengesetzten Wert. Wie man leicht sieht, hat die Pha-senkurve in diesem Fall die Gestalt eines Rechtecks (Fig. 12). Die gleiche Phasenkurve, nur mit einer anderen Zuordnung für die Zeit t, ergibt sich für die Trapezschwingung (Fig. 3c). Die Phasenkurve einer Sägezahnschwingung wird ebenfalls ein Rechteck, nur rückt die untere Rechteckseite zu größeren negativen v-Werten. Bei der Phasenkurve der Rechteckschwingung schließ-lich rutschen die beiden horizontalen Anteile der Phasenkurve ins Unendli-che nach oben bzw. nach unten, so daß nur zwei Parallelen zur Ordinate im Abstand $+\hat{x}$ bzw. $-\hat{x}$ übrigbleiben.

Der aus der Gleichung einer Phasenkurve nicht ersichtliche zeitliche Verlauf der Schwingung kann durch Integration bestimmt werden. Ist die Gleichung einer Phasenkurve mit $\dot{x} = v = v(x)$ gegeben, so findet man durch Trennung der Variablen:

$$dt = \frac{dx}{v(x)}$$

und integriert:

$$t = t_0 + \int\limits_0^x \frac{dx}{v(x)}. \tag{1.20}$$

So erhält man für die Schwingungszeit der Phasenellipse von Gl. (1.19) wegen

$$v = \omega\sqrt{\hat{x}^2 - x^2}$$

die Schwingungszeit

$$T = 2 \int\limits_{-\hat{x}}^{+\hat{x}} \frac{dx}{\omega\sqrt{\hat{x}^2 - x^2}} = \frac{2}{\omega} \arcsin \frac{x}{\hat{x}}\Big|_{-\hat{x}}^{+\hat{x}} = \frac{2}{\omega} \left(\frac{\pi}{2} + \frac{\pi}{2}\right) = \frac{2\pi}{\omega}.$$

Phasenkurven besitzen einige allgemeine Eigenschaften, die nun besprochen werden sollen. Man sieht unmittelbar, daß jede Phasenkurve in der oberen Hälfte der Phasenebene nur von links nach rechts, in der unteren Halbebene dagegen nur von rechts nach links durchlaufen werden kann. In der oberen Halbebene ist stets $v > 0$, so daß die Größe x nur zunehmen kann, umgekehrt gilt in der unteren Halbebene $v < 0$, so daß hier x nur abnehmen kann. Damit ist aber der Durchlaufungssinn eindeutig festgelegt. In den Fig. 10 bis 12 ist er durch Pfeile angedeutet.

Die Phasenkurven schneiden die Abszisse senkrecht. Das folgt aus der Tatsache, daß der Schnittpunkt mit der Abszisse durch $v = 0$ gekennzeichnet ist. Wenn aber die Geschwindigkeit $v = 0$ ist, hat x selbst einen stationären Wert, folglich muß die Tangente an die Phasenkurve im Schnittpunkt mit der Abszisse vertikal sein. Die Schnittpunkte mit der Abszisse bilden gleichzeitig die Extremwerte für x; geometrisch ausgedrückt kann es in der oberen oder unteren Halbebene keine Punkte der Phasenkurve mit vertikaler Tangente geben. Für jeden Punkt mit vertikaler Tangente – sei er nun ein Extremwert oder ein Wendepunkt – muß ja $v = 0$ gelten.

Als Ausnahme ist es möglich, daß gewisse ausgeartete Phasenkurven die Abszisse nicht senkrecht schneiden. Dann aber ist der Schnittpunkt stets ein sogenannter singulärer Punkt. Davon wird später noch gesprochen werden.

Die einzelne Phasenkurve repräsentiert einen ganz bestimmten Bewegungs-verlauf. Will man sich eine Übersicht über die in einem Schwinger möglichen Bewegungen verschaffen, so muß man mehrere Phasenkurven zeichnen. Die Gesamtheit dieser Kurven wird als das Phasenporträt des Schwingers bezeichnet. Wie das Porträt eines Menschen eine gewisse Vorstellung von dessen Eigenheiten vermittelt, so verrät das Phasenporträt dem geübten Auge wichtige Eigenschaften eines Schwingers.

Betrachten wir als einfaches Beispiel eine an einer Feder hängende Mas-se. Bei geeignetem Anstoß vollführt die Masse Schwingungen mit einer be-stimmten Amplitude $\hat{x}$; die zugehörige Phasenkurve ist eine Ellipse oder ist zumindest ellipsenähnlich. Bei anderen Anfangsbedingungen ergeben sich Schwingungen mit anderer Amplitude, aber von sonst gleichem Charakter. Das Phasenporträt des aus Feder und Masse bestehenden Schwingers ist also aus einer Schar konzentrischer Ellipsen aufgebaut (Fig. 13). Sinngemäß muß auch die Gleichgewichtslage des Schwingers, also der Punkt $x = v = 0$ zum Phasenporträt hinzugezählt werden. Geometrisch betrachtet bildet er einen singulären Punkt in der Phasenebene.

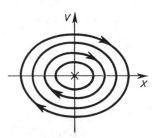

Fig. 13
Phasenporträt eines harmonischen Schwingers

Gleichgewichtslagen eines Schwingers werden stets durch singuläre Punkte repräsentiert. Man kann sich leicht überlegen, daß sie nur auf der x-Achse liegen können, da sonst keine Ruhe möglich ist. Nach dem Verlauf der den singulären Punkt umgebenden Phasenkurven unterscheidet man verschie-dene Typen von singulären Punkten, und zwar Wirbelpunkte, Strudel-punkte, Knotenpunkte und Sattelpunkte. Diese aus der Theorie der Differentialgleichungen übernommenen Bezeichnungen (s. z.B. Collatz, L.: Differentialgleichungen, 7. Aufl. Stuttgart 1990) haben sich als sehr nützlich für die Beschreibung des Verhaltens eines Schwingers erwiesen.

Fig. 13 zeigt im Nullpunkt einen Wirbelpunkt. Er ist charakteristisch für ungedämpfte Schwingungen um eine Gleichgewichtslage. Ist Dämpfung vor-

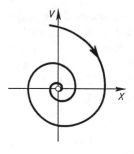

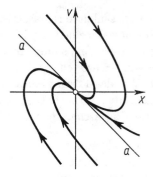

Fig. 14 Phasenkurve einer gedämpften
      Schwingung

Fig. 15 Phasenporträt eines Schwingers
      mit starker Dämpfung

handen, dann wird die einzelne Ellipse zu einer Spirale (Fig. 14), und der singuläre Punkt im Nullpunkt wird zu einem Strudelpunkt.

Ist die Dämpfung einer Schwingung schwach, so hat die Spirale viele eng ineinanderliegende Windungen. Je stärker die Dämpfung ist, um so weiter rücken die Windungen auseinander. Bei sehr starker Dämpfung ändert sich das Phasenporträt auch qualitativ und nimmt die Form von Fig. 15 an. Hier wird der Nullpunkt zum Knotenpunkt. Alle Phasenkurven sind im Nullpunkt tangential zu einer schräg durchgehenden Gerade $a - a$ und wandern längs dieser Geraden in den Nullpunkt hinein. Dieses Hineinwandern erfolgt so, daß der Nullpunkt selbst erst nach unendlich langer Zeit erreicht wird. Man erkennt das leicht, wenn man den Zeitverlauf der Bewegung mit Hilfe des Integrales (1.20) analysiert. In der unmittelbaren Umgebung des Nullpunktes kann jede Phasenkurve durch eine Gerade $v = -cx$ angenähert werden. Setzt man diesen Ausdruck in (1.20) ein, so folgt:

$$t = t_0 - \int_{x_0}^{x} \frac{\mathrm{d}x}{cx} = t_0 - \frac{1}{c}(\ln x - \ln x_0)$$

oder

$$x = x_0 \mathrm{e}^{-c(t-t_0)}. \tag{1.21}$$

Der Nullpunkt kann also nur asymptotisch erreicht werden. Damit hängt die Tatsache zusammen, daß hier die Phasenkurven die Abszisse nicht senkrecht schneiden.

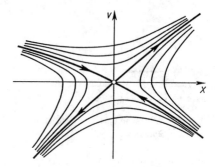

Fig. 16
Phasenporträt mit Sattelpunkt

Fig. 16 zeigt ein Phasenporträt mit Sattelpunkt. Es ist dadurch gekennzeichnet, daß zwei ausgeartete Phasenkurven (Separatrizen) durch ihn
hindurchgehen, und die benachbarten Phasenkurven eine hyperbelähnliche
Gestalt haben. Wir werden später sehen, daß dieser Typ stets dann vorkommen kann, wenn ein Schwinger eine instabile Gleichgewichtslage besitzt.

Die hier aufgeführten Phasenbilder sind die Bausteine, aus denen sich die
später zu besprechenden Phasenporträts realer Schwinger aufbauen lassen.
Es sei noch erwähnt, daß man auch modifizierte Phasenebenen verwenden
kann. So kann es zweckmäßig sein, auf der Ordinate nicht v selbst, sondern
geeignete Funktionen von v, und entsprechend auf der Abszisse geeignete
Funktionen von x aufzutragen, um einfachere Formen für die Phasenkurven
zu bekommen. Auch hat man gelegentlich Vorteil davon, wenn das Achsen-
kreuz nicht rechtwinklig, sondern schiefwinklig gewählt wird.

1.5   Übergangsfunktion, Frequenzgang und Ortskurve

Will man die Eigenschaften eines Schwingers erkennen und darstellen, so
gibt es dazu noch andere Möglichkeiten. Man kann den Schwinger stören
und die Reaktion auf diese Störung untersuchen. So wird man zum Beispiel die Tonhöhe einer Stimmgabel erkennen, wenn man diese anschlägt
und den Ausschwingvorgang beobachtet. Allgemeiner gesprochen: die Eigenschaften eines Schwingers lassen sich aus seiner Reaktion auf bestimmte Arten von Störungen erkennen. Nennt man die Störung Eingangsfunktion
x_e und die Reaktion darauf Ausgangsfunktion x_a, so können die Zusammenhänge – unabhängig von dem speziellen Aufbau des Schwingers
selbst – durch das Blockschema von Fig. 17 veranschaulicht werden. Um

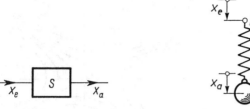

Fig. 17 Blockschema eines gestörten
        Schwingers

Fig. 18 Feder-Masse-Schwinger mit be-
        wegtem Aufhängepunkt

ein konkretes Beispiel vor Augen zu haben, denke man an die an einer Feder hängende Masse (Fig. 18). Eine Störung kann hier durch vertikale Bewegung des Aufhängepunktes P verursacht werden. Die Verschiebung dieses Punktes ist die Eingangsgröße x_e. Als Reaktion wird die Masse zu schwingen anfangen, so daß als Ausgangsgröße x_a die Ortskoordinate der Masse angenommen werden kann.

Als besonders geeignete Störfunktionen oder Prüffunktionen haben sich nun Funktionen erwiesen, wie sie in Fig. 19 dargestellt sind. Fig. 19a zeigt die Sprungfunktion

$$x_e = \begin{cases} 0 & \text{für } t < t_0 \\ 1 & \text{für } t \geq t_0. \end{cases} \tag{1.22}$$

Durch Multiplizieren mit entsprechenden Faktoren können natürlich aus diesem Einheitssprung Sprünge mit beliebigen anderen Sprunghöhen erhalten werden.

Die in Fig. 19b dargestellte Nadelfunktion oder Stoßfunktion (Dirac-Funktion) ist nur in einem schmalen Bereich um den Zeitpunkt $t = t_0$ von Null verschieden. Im Grenzfall geht die Breite dieses Bereiches $2\varepsilon \to 0$. Es gilt:

$$x_e = 0 \quad \text{für} \quad t < t_0 - \varepsilon \quad \text{und} \quad t > t_0 + \varepsilon,$$

und

$$\int_{t_0-\varepsilon}^{t_0+\varepsilon} x_e \mathrm{d}t = 1.$$

Für die Rampenfunktion von Fig. 19c gilt

$$x_e = \begin{cases} 0 & \text{für } t \leq t_0 \\ c(t - t_0) & \text{für } t \geq t_0. \end{cases}$$

Auch hierbei kann man die vorkommende Konstante gleich Eins wählen. Fig. 19d schließlich zeigt eine sinusförmige Prüffunktion $x_e = \sin \omega t$.

Gelegentlich werden auch noch andere Prüffunktionen (z.B. Rechtecks- oder Dreiecks-Funktionen) verwendet, jedoch haben die beiden Funktionen nach Fig. 19a und 19d, also Sprungfunktion und Sinusfunktion, die überwiegende Bedeutung. Von diesen beiden Prüffunktionen wurden Begriffe abgeleitet, die zu wertvollen Hilfsmitteln der Schwingungslehre geworden sind.

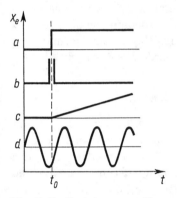

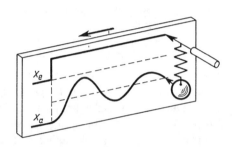

Fig. 19 Prüffunktionen zur Untersuchung von Schwingern

Fig. 20 Zur Entstehung der Sprung-Übergangsfunktion

Die Reaktion eines Schwingers auf einen Einheitssprung im Eingang wird als Sprung-Übergangsfunktion bezeichnet. Ihre Entstehung soll in Fig. 20 verdeutlicht werden, die ohne weitere Erklärung verständlich sein dürfte. Die Störung wirkt sich hier in einer sprungartigen Verlagerung der Gleichgewichtslage des Schwingers aus. Der zeitliche Verlauf des Überganges aus der alten Gleichgewichtslage in die neue ist die Übergangsfunktion.

Ist die Eingangsprüffunktion sinusförmig, so wird – nach Abklingen von gewissen Einschwingvorgängen – auch die Ausgangsfunktion eine periodische Funktion mit derselben Frequenz ω sein. In vielen Fällen ist sie sogar selbst sinusförmig oder zumindest so stark der Sinusform angenähert, daß man die Sinuskurve als gut brauchbare Annäherung betrachten kann.

Unter Verwendung der komplexen Schreibweise kann man in diesem Falle setzen:

$$\underline{x}_e = \mathrm{e}^{\mathrm{i}\omega t}; \qquad \underline{x}_a = V\mathrm{e}^{\mathrm{i}(\omega t - \psi)} = V\mathrm{e}^{-\mathrm{i}\psi}\mathrm{e}^{\mathrm{i}\omega t}.$$

Die Vergrößerungsfunktion V zeigt dabei an, um welchen Faktor die Amplitude der Ausgangsschwingung gegenüber der Amplitude der Eingangsschwingung verändert ist. Der Winkel ψ gibt den Phasenunterschied zwischen Eingang und Ausgang an. Man bildet nun das Verhältnis zwischen Ausgangs- und Eingangsgröße:

$$\underline{F} = \frac{x_a}{x_e} = V\mathrm{e}^{-\mathrm{i}\psi}. \tag{1.23}$$

Diese komplexe Größe wird als Übertragungsfaktor des Schwingers bezeichnet. Er ist im allgemeinen keine Konstante, sondern von der Frequenz der verwendeten Eingangsschwingung abhängig. Würde man die Amplitude der Eingangsschwingung gleich $\hat{x}$ wählen, so würde $\underline{F}$ sowie auch V und ψ noch von $\hat{x}$ abhängen können:

$$\underline{F} = \underline{F}(\hat{x}, \omega); \qquad V = V(\hat{x}, \omega); \qquad \psi = \psi(\hat{x}, \omega).$$

Für eine wichtige Klasse von Schwingern – die linearen Schwinger – bleibt jedoch die Amplitude $\hat{x}$ der Eingangsgröße ohne Einfluß, so daß nur noch die Abhängigkeit von der Frequenz übrigbleibt. Man nennt dann $V(\omega)$ den Amplituden-Frequenzgang, $\psi(\omega)$ den Phasen-Frequenzgang und entsprechend $\underline{F}(\omega)$ den (komplexen) Frequenzgang des Schwingers. Allgemein wird als Frequenzgang die Änderung irgendeiner Kenngröße mit der Frequenz bezeichnet. Ein Beispiel zeigt Fig. 21.

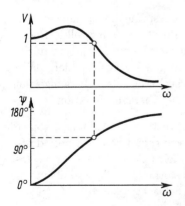

Fig. 21
Amplituden- und Phasen-Frequenzgang

Man kann den komplexen Übertragungsfaktor $\underline{F}$ auch unmittelbar durch eine Kurve darstellen, wenn man V und ψ als Polarkoordinaten von $\underline{F}$ in einer komplexen Ebene aufträgt. Zu jedem Wert von ω gehört ein Wertepaar V, ψ, also ein Punkt der komplexen Ebene. Mit Veränderungen von ω

wandert dieser Punkt und beschreibt eine Kurve, die als die Ortskurve
des Schwingers bezeichnet wird (Fig. 22). Sie beginnt für $\omega = 0$ auf der reellen Achse und endet mit $\omega \to \infty$ im Nullpunkt. Das ist einleuchtend, weil
der Schwinger wegen der stets vorhandenen Trägheit unendlich raschen Ein-
gangsschwingungen nicht folgen kann, also die Reaktion im Ausgang gleich
Null wird. Ebenso wie Phasenporträt und Übergangsfunktion ist die Ortskurve eine Visitenkarte des Schwingers, aus der wichtige Eigenschaften entnommen werden können.

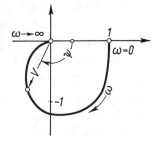
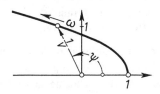

Fig. 22 Ortskurve (Amplituden-Phasen-
Charakteristik) eines Schwingers

Fig. 23 Die inverse Ortskurve des Schwingers von Fig. 22

Für manche Zwecke ist es vorteilhaft, nicht den Faktor $\underline{F}$ nach Gl. (1.23),
sondern seinen reziproken Wert in der komplexen Ebene aufzutragen. Man
erhält dann die inverse Ortskurve:

$$\bar{F} = \frac{1}{\underline{F}} = \frac{1}{V} e^{+i\psi}. \tag{1.24}$$

Zu der Ortskurve von Fig. 22 gehört die inverse Ortskurve von Fig. 23. Auch
die inverse Ortskurve beginnt stets auf der reellen Achse; sie endet jedoch
für $\omega \to \infty$ im Unendlichen.

1.6 Möglichkeiten einer Klassifikation von Schwingungen

Jeder Darstellung auf dem Gebiet der Schwingungslehre muß eine gewisse
Vorstellung darüber zugrundeliegen, wie man die verschiedenen Typen von
Schwingungen ordnen und unter einheitlichen Gesichtspunkten darstellen
kann. Verschiedene Einteilungsarten sollen hier erwähnt werden, um eine
Vorstellung von den vorhandenen Möglichkeiten zu vermitteln.

Eine im allgemeinen lückenlos durchführbare, aber doch sehr formale Einteilung verwendet die Zahl der Freiheitsgrade eines Schwingers als Kennzeichen. Dabei ist diese Zahl – in Übereinstimmung mit den Festlegungen in der Physik – stets gleich der Zahl derjenigen Koordinaten, die notwendig sind, die Bewegungen des Schwingers in eindeutiger Weise zu beschreiben. Ein um eine feste Achse drehbar gelagertes starres Schwerependel hat demnach einen Freiheitsgrad, weil allein schon die Angabe des Ausschlagwinkels ausreicht, die Lage des Pendels festzulegen. Ein räumliches Fadenpendel, also eine an einem straffbleibenden Faden aufgehängte „punktförmige" Masse, hat 2 Freiheitsgrade usw.

Wesentliche Verfahren der Schwingungslehre lassen sich bereits an Schwingern von nur einem Freiheitsgrad veranschaulichen. Daher wird ein großer Teil dieses Buches der Untersuchung derartiger Schwinger gewidmet sein.

Eine weitere, ebenfalls formale Einteilung ist die nach dem Charakter der beschreibenden Differentialgleichung des Schwingers. Hier ist vor allem die vielgenannte Unterscheidung zwischen linearen Schwingungen und nichtlinearen Schwingungen zu erwähnen, je nachdem ob die zugehörigen Differentialgleichungen linear oder nichtlinear sind. Reale Schwinger sind letzten Endes immer nichtlinear, jedoch lassen sie sich vielfach innerhalb gewisser Grenzen näherungsweise durch lineare Schwinger beschreiben. Das bringt große methodische Vorteile mit sich, von denen später Gebrauch gemacht werden soll.

Eine andersartige Einteilung nach dem Typ der beschreibenden Differentialgleichung läuft parallel mit der noch zu besprechenden Einteilung nach dem Entstehungsmechanismus von Schwingungen.

Wie bereits im Abschnitt 1.2 erwähnt, kann auch die Gestalt des x, t-Bildes einer Schwingung als Kennzeichen verwendet werden. Abgesehen von der auf diese Weise möglichen Einteilung, z.B. in Sinus-, Dreieck-, Rechteck-Schwingung, ist vor allem das Zeitverhalten der Amplitude wichtig. Hier sind zu unterscheiden die angefachten Schwingungen, die ungedämpften Schwingungen und die gedämpften Bewegungen.

Für die Gliederung dieses Buches ist eine Einteilung der Schwingungen nach ihrem Entstehungsmechanismus vorgenommen worden. Das ist nicht nur vom physikalisch-technischen Standpunkt aus sinnvoll, sondern auch aus methodischen Gründen zweckmäßig, weil die Berechnungsverfahren innerhalb dieser Gruppen von Schwingungen verwandt sind. Wir unterscheiden

- freie Schwingungen,
- selbsterregte Schwingungen,
- parametererregte Schwingungen,
- erzwungene Schwingungen,
- Koppelschwingungen.

Freie Schwingungen – auch Eigenschwingungen genannt – sind Bewegungen eines Schwingers, der sich selbst überlassen ist und der keinen Einwirkungen von außen unterliegt. Es wird also während der Schwingung keine Energie von außen zugeführt. Beispiel: die Bewegungen eines einmal angestoßenen, dann aber sich selbst überlassenen Schwerependels. Die Berechnung von freien Schwingungen führt auf Differentialgleichungen, bei denen die rechten Seiten zum Verschwinden gebracht werden können.

Abweichend von den freien Schwingungen findet bei den selbsterregten Schwingungen eine Zufuhr von Energie statt. Es ist eine Energiequelle vorhanden, aus der der Schwinger durch einen später näher zu erläuternden Mechanismus im Takte der Schwingungen soviel Energie entnimmt, wie zum Unterhalt der Schwingungen notwendig ist. Das bekannteste Beispiel dieser Art ist die Uhr. Energiequelle ist hier ein gehobenes Gewicht, eine gespannte Feder oder eine elektrische Batterie.

Die Berechnung von selbsterregten Schwingungen führt stets auf nichtlineare Differentialgleichungen, wobei die Nichtlinearität wesentlich ist.

Bei freien Schwingungen und selbsterregten Schwingungen wird die Frequenz durch den Schwinger selbst bestimmt. Man spricht daher von autonomen Systemen. Dagegen sind die parametererregten und die erzwungenen Schwingungen heteronom, denn bei ihnen wird die Frequenz durch äußere Einwirkungen vorgegeben (Fremderregung). Bei parametererregten Systemen wirkt sich der Fremdeinfluß in periodischen Veränderungen eines oder mehrerer Parameter aus. Beispiel: ein Fadenpendel, dessen Fadenlänge periodischen Veränderungen unterworfen ist.

Das mathematische Kennzeichen der parametererregten Schwingungen besteht darin, daß die beschreibenden Differentialgleichungen zeitabhängige, meist periodische Koeffizienten besitzen.

Auch bei erzwungenen Schwingungen sind äußere Störungen vorhanden, durch die der Takt der Schwingungen vorgegeben wird. Die Erregung erfolgt jedoch jetzt nicht über einen Parameter, sondern über ein in die Schwingungsgleichung eingehendes Störungsglied. Die Differentialgleichungen erzwungener Schwingungen haben daher stets ein zeitabhängiges Glied auf der rechten Seite. Beispiel einer erzwungenen Schwingung: Erregung eines Maschinenfundamentes durch einen Motor mit Unwucht.

Koppelschwingungen können stets auftreten, wenn sich zwei oder mehrere Schwinger gegenseitig beeinflussen, oder wenn ein Schwinger mehrere Freiheitsgrade besitzt. Kennzeichnend ist dabei die gegenseitige Beeinflussung der vorhandenen Schwingungen. Wäre die Beeinflussung einseitig, so daß z.B. nur die Schwingung 1 auf die Schwingung 2 einwirkt, aber diese nicht zurück auf die erste, dann läge ein Fall vor, der sich mit den bereits besprochenen Schwingungstypen erfassen läßt: Schwinger 1 führt freie Schwingungen aus, die den Schwinger 2 zu erzwungenen Schwingungen erregen.

Zwischen den hier genannten Schwingungstypen sind natürlich vielfältige Kombinationen möglich. So können Schwingungen gleichzeitig erzwungen und selbsterregt sein, dazu können sich noch freie Schwingungen überlagern, auch können parameter-selbsterregte Schwingungen vorkommen. Es kann nicht die Aufgabe der folgenden Ausführungen sein, alle möglichen Fälle zu behandeln oder auch nur zu erwähnen. Vielmehr soll versucht werden, durch Behandlung der typischen Fälle eine Vorstellung von den verschiedenartigen Eigenschaften der Schwinger zu vermitteln.

2 Freie Schwingungen

Freie Schwingungen sind Bewegungen eines sich selbst überlassenen Schwingers. Bei ihnen findet ein ständiger Energieaustausch statt, wobei Energie der Lage (potentielle Energie) und Energie der Bewegung (kinetische Energie) wechselseitig ineinander übergehen. Bleibt die während der Schwingung ausgetauschte Energie im Verlauf der Bewegung erhalten, dann sind die Schwingungen ungedämpft; man nennt sie auch konservativ. Geht Energie – zum Beispiel durch störende Reibungskräfte – verloren, so verlaufen die Bewegungen gedämpft. Im folgenden sollen zunächst die ungedämpften, dann die gedämpften Schwingungen behandelt werden. Innerhalb dieser Einteilung ist es dann noch zweckmäßig, die linearen von den nichtlinearen Schwingern zu unterscheiden.

2.1 Ungedämpfte freie Schwingungen

2.1.1 Verschiedene Arten von Schwingern und ihre Differentialgleichungen

Die Bewegungsgleichungen von Schwingern sind Differentialgleichungen, weil nicht nur die Koordinate x, sondern auch ihre zeitlichen Ableitungen von Einfluß sind. Für einige typische Beispiele sollen diese Differentialgleichungen abgeleitet werden.

2.1.1.1 Feder-Masse-Pendel Wir betrachten zunächst ein Feder-Masse-System vom Typ Fig. 24, bei dem sich die Masse in der eingezeichneten x-Richtung bewegen soll. Die Bewegungsgleichung dieses einfachen Schwingers wird durch Betrachten der Kräfte an der freigeschnittenen Masse m erhalten. Es greifen hier die beiden Federn 1 und 2 an und üben Kräfte aus von der Größe

$$F_{f1} = F_0 + \frac{c}{2}x$$
$$F_{f2} = F_0 - \frac{c}{2}x.$$

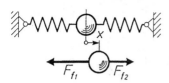

Fig. 24
Feder-Masse-Pendel, Schwingungsrichtung in Richtung der Federachsen

F_0 ist dabei die Kraft aus der Federspannung, die in der Gleichgewichtslage auf die Masse ausgeübt wird. Bei einer Auslenkung x aus der Gleichgewichtslage entstehen Zusatzkräfte, die bei normalen Federn der Größe der Auslenkung proportional sind. Der Proportionalitätsfaktor, die Federkonstante, ist gleich $c/2$ gesetzt worden. Die Kräfte F_{f1} und F_{f2} haben entgegengesetzte Wirkungsrichtungen, so daß als Summe

$$F_f = F_{f2} - F_{f1} = -cx \tag{2.1}$$

wirksam wird. Diese Kraft muß nun entweder in das bekannte Newtonsche Grundgesetz:

$$\frac{\mathrm{d}}{\mathrm{d}t}(m\dot{x}) = m\ddot{x} = \sum F_x$$

eingesetzt werden, oder es muß die Gleichgewichtsbedingung

$$\sum F = 0 \tag{2.2}$$

verwendet werden, wobei dann allerdings die Trägheitswirkungen der Masse m durch Hinzunahme der d'Alembertschen Trägheitskraft

$$F_t = -\frac{\mathrm{d}}{\mathrm{d}t}(m\dot{x}) = -m\ddot{x} \tag{2.3}$$

berücksichtigt werden müssen. Die zeitlichen Ableitungen sind dabei in üblicher Weise durch darübergesetzte Punkte gekennzeichnet worden. Aus (2.2) folgt nun durch Einsetzen von (2.1) und (2.3)

$$m\ddot{x} + cx = 0 \tag{2.4}$$

oder mit der Abkürzung

$$\omega_0^2 = \frac{c}{m} \tag{2.5}$$

$$\ddot{x} + \omega_0^2 x = 0. \tag{2.6}$$

Man kann das betrachtete Feder-Masse-System auch so anstoßen, daß die Masse Schwingungen senkrecht zu der zunächst betrachteten Richtung

Fig. 25
Feder-Masse-Pendel, Schwingungsrichtung senkrecht
zur Richtung der Federachsen

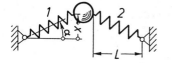

ausführt (Fig. 25). In diesem Fall ergibt sich ein anderes Bewegungsgesetz.
Man erhält für die Federkraft

$$F_f = F_0 + \frac{c}{2}\left[\sqrt{L^2 + x^2} - L\right].$$

Sie hat für beide Federn den gleichen Betrag, ihre Richtung entspricht den
Richtungen der Federlängsachsen. Für die Bewegung interessieren jetzt nur
die Komponenten dieser Kräfte in der eingezeichneten x-Richtung

$$F_{fx} = F_{f1x} + F_{f2x} = 2F_f \sin\alpha = 2F_f \frac{x}{\sqrt{L^2 + x^2}}$$

$$F_{fx} = \frac{2F_0 x}{\sqrt{L^2 + x^2}} + cx\left[1 - \frac{L}{\sqrt{L^2 + x^2}}\right] = f(x) \qquad (2.7)$$

Zusammen mit der Trägheitskraft ergibt sich nunmehr aus der Bedingung
(2.2) die Bewegungsgleichung

$$m\ddot{x} + f(x) = 0. \qquad (2.8)$$

Zum Unterschied von (2.4) ist diese Bewegungsgleichung nichtlinear. Interessiert man sich nur für kleine Auslenkungen des Schwingers, so kann man
wegen $x \ll L$ den Ausdruck (2.7) noch vereinfachen:

$$f(x) \approx 2F_0 \frac{x}{L} + \left(\frac{cL}{2} - F_0\right)\left(\frac{x}{L}\right)^3. \qquad (2.9)$$

Bei großer Vorspannkraft F_0 der Federn und kleinen Ausschlägen x kann
man in diesem Ausdruck im allgemeinen das zweite Glied gegenüber dem
ersten vernachlässigen. Die Bewegungsgleichung (2.8) wird dann linear und
ließe sich leicht in die frühere Form Gl. (2.6) überführen. Ist jedoch keine Vorspannung vorhanden, dann kann auch bei kleinen Ausschlägen kein
linearer Näherungsausdruck gewonnen werden. Die rückführende Kraft ist
dann in der Umgebung der Gleichgewichtslage der dritten Potenz der Auslenkung x proportional.

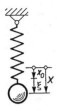

Fig. 26
Vertikal schwingendes Feder-Masse-Pendel

Wir wollen schließlich noch das Feder-Masse-System von Fig. 26 betrachten. Hier ist außer der rückführenden Federkraft $F_f = -cx$ und der Trägheitskraft (2.3) noch die Gewichtskraft (Schwerkraft) $F_G = mg$ mit der Fallbeschleunigung g zu berücksichtigen. Die Gleichgewichtsbedingung (2.2) ergibt jetzt

$$m\ddot{x} + cx - mg = 0. \tag{2.10}$$

Das letzte Glied dieser Gleichung ist von x unabhängig. Wir können es durch die Koordinatentransformation

$$x = \xi + x_0; \qquad \ddot{x} = \ddot{\xi}$$

eliminieren, wenn

$$x_0 = \frac{mg}{c} \tag{2.11}$$

gewählt wird. Berücksichtigt man gleichzeitig die Abkürzung (2.5), so bekommt man die Bewegungsgleichung (2.10) in der Form

$$\ddot{\xi} + \omega_0^2 \xi = 0. \tag{2.12}$$

Die Größe x_0 entspricht der Federlängung in der Gleichgewichtslage. Die zugehörige Federvorspannkraft beträgt cx_0. Geht man auf die von der Gleichgewichtslage aus gezählte Koordinate ξ über, so wird die Gewichtskraft mg von der Federvorspannkraft cx_0 kompensiert und taucht in der Bewegungsgleichung nicht mehr auf.

2.1.1.2 Der elektrische Schwingkreis   Durch Zusammenschalten eines Kondensators mit einer Spule nach Fig. 27 erhält man einen elektrischen Schwingkreis. Die Energie kann hier als elektrische Energie im geladenen

Fig. 27
Elektrischer Schwingkreis aus Spule und Kondensator

Kondensator oder als magnetische Energie in der Spule gespeichert werden. Die Differentialgleichungen des Schwingers können durch Betrachten des Gleichgewichtes für die Spannungen gefunden werden. Ist U_C die am Kondensator anliegende Spannung, C die Kapazität und Q die Ladung des Kondensators, so gilt

$$Q = CU_C \quad \text{oder} \quad U_C = \frac{Q}{C}.$$

Die Spannung an der Spule, die von einem Strom I durchflossen wird, errechnet sich nach dem Induktionsgesetz aus

$$U_L = L\frac{dI}{dt}. \tag{2.13}$$

Darin ist L die hier als zeitlich konstant angenommene Induktivität der Spule. Die Forderung, daß die Summe aller Spannungen gleich Null sein muß, führt also zu

$$U_L + U_C = L\frac{dI}{dt} + \frac{Q}{C} = 0. \tag{2.14}$$

Berücksichtigt man nun, daß

$$Q = \int I dt \quad \text{also} \quad I = \frac{dQ}{dt}$$

ist, und führt gleichzeitig die Abkürzung

$$\omega_0^2 = \frac{1}{LC} \tag{2.15}$$

ein, so geht die Gl. (2.14) über in

$$\ddot{Q} + \omega_0^2 Q = 0. \tag{2.16}$$

Wenn die Spule einen Eisenkern enthält, dann ist der im Induktionsgesetz (2.13) auftretende Faktor L nicht mehr als Konstante anzusehen. Er ist vielmehr eine Funktion der Stromstärke. In diese Funktion geht vor allem die Magnetisierungskurve der verwendeten Eisensorte ein. Die den Schwingungsvorgang beschreibende Gleichung (2.14) geht jetzt über in

$$L(I)\frac{\mathrm{d}I}{\mathrm{d}t} + \frac{1}{C}\int I\mathrm{d}t = 0. \tag{2.17}$$

Sie ist dadurch nichtlinear geworden.

2.1.1.3 Flüssigkeit im U-Rohr
Eine in einem U-Rohr befindliche Flüssigkeitssäule (Fig. 28) kann nach entsprechender Anfangsstörung Schwingungen ausführen. Wenn der Querschnitt A des U-Rohres konstant ist, dann gehorchen die freien Schwingungen dieses Systems einer linearen Differentialgleichung, die bei Vernachlässigung der Flüssigkeitsreibung an den Gefäßwänden nach den Gesetzen für die instationäre Bewegung von Flüssigkeiten aufgestellt werden kann. In dem hier betrachteten Sonderfall

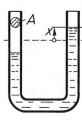

Fig. 28
Flüssigkeitssäule im U-Rohr

kommen wir jedoch auch durch eine einfache Überlegung zum Ziel: Die Flüssigkeitssäule kann als eine schwingende Einzelmasse von der Grösse $m = \varrho AL$ betrachtet werden; dabei ist ϱ die Dichte, A die Querschittsfläche und L die Länge der Flüssigkeitssäule. Die Führungskräfte, die die Umlenkung der Säule an den Rundungen des Rohres bewirken, brauchen nicht berücksichtigt zu werden, da sie stets senkrecht zur Bewegungsrichtung stehen. Folglich gehen als Kräfte nur die Gewichtskräfte ein, und von diesen bleibt lediglich der Differenzbetrag $F_G = -2xA\varrho g$ übrig, der dem Übergewicht des höher stehenden Teils der Säule entspricht. Man bekommt damit die Bewegungsgleichung

$$m\ddot{x} = \varrho AL\ddot{x} = F_G = -2\varrho Agx,$$

oder mit der Abkürzung

$$\omega_0^2 = \frac{2g}{L}$$
$$\ddot{x} + \omega_0^2 x = 0. \tag{2.18}$$

2.1.1.4 Drehschwinger   Zwei einfache Typen von Drehschwingern sind in Fig. 29 gezeichnet. Es handelt sich um die Unruh einer Taschenuhr, die um eine im Uhrgehäuse feste Achse drehbar gelagert ist, sowie um eine an einer einseitig fest eingespannten Torsionswelle befestigte Scheibe. Bei Drehungen um einen Winkel entstehen in beiden Fällen rückführende Drehmomente, die im zulässigen Beanspruchungsbereich stets der Größe der Verdrehung proportional sind:

$$M_d = -c\varphi.$$

Dieses Drehmoment hält dem durch die Drehträgheit der Unruh (bzw. der Scheibe) hervorgerufenen d'Alembertschen Moment

$$M_t = -\frac{\mathrm{d}}{\mathrm{d}t}(J\dot\varphi) = -J\ddot\varphi \qquad (2.19)$$

das Gleichgewicht. Dabei ist J das Massenträgheitsmoment der Unruh (bzw. der Scheibe) bezogen auf die Drehachse. Da es während der Schwingungen als konstant angesehen werden kann, läßt sich das Moment M_t in der einfachen Form (2.19) ausdrücken. Die Forderung nach Momentengleichgewicht bezüglich der Drehachse führt nun zu

$$M_t + M_d = -J\ddot\varphi - c\varphi = 0$$

oder mit der Abkürzung

$$\omega_0^2 = \frac{c}{J}$$
$$\ddot\varphi + \omega_0^2\varphi = 0. \qquad (2.20)$$

Eine Gleichung von genau derselben Gestalt ergibt die Betrachtung des

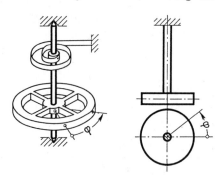

Fig. 29
Zwei Drehschwinger

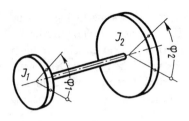

Fig. 30
Eine Welle mit Endscheiben als Drehschwinger

in Fig. 30 skizzierten Systems, das aus zwei Scheiben besteht, die an den Enden einer Torsionswelle befestigt sind. Wenn beide Scheiben aus der Ruhelage heraus um gleiche Winkel $\varphi_1 = \varphi_2$ verdreht werden, dann wird die dazwischen liegende Welle nicht tordiert, sie kann also auch kein Moment auf die Scheiben ausüben. Nur wenn eine Differenz beider Winkel entsteht, wird ein Moment von der Größe

$$M_d = -c(\varphi_2 - \varphi_1) \qquad (2.21)$$

übertragen. Dieses Moment wirkt mit dem in (2.21) geschriebenen Vorzeichen auf die zweite Scheibe und mit umgekehrtem Vorzeichen auf die erste Scheibe, denn die beiden an den Enden der Welle auftretenden Momente heben sich gegenseitig auf.

Das Torsionsmoment der Welle muß nun jeweils mit den d'Alembertschen Momenten $-J_1\ddot{\varphi}_2$ für die erste Scheibe und $-J_2\ddot{\varphi}_2$ an der zweiten Scheibe ins Gleichgewicht gesetzt werden. Das ergibt die Bedingungen

$$\begin{aligned} -J_1\ddot{\varphi}_1 + c(\varphi_2 - \varphi_1) &= 0\,, \\ -J_2\ddot{\varphi}_2 - c(\varphi_2 - \varphi_1) &= 0\,. \end{aligned} \qquad (2.22)$$

Wenn man sich nur für die Verdrehung der beiden Scheiben gegeneinander interessiert, der sich natürlich eine gemeinsame Drehbewegung überlagern kann, dann erhält man mit der Abkürzung $\psi = \varphi_2 - \varphi_1$ durch Subtrahieren aus (2.22)

$$\ddot{\psi} + c\left(\frac{1}{J_1} + \frac{1}{J_2}\right)\psi = 0, \qquad (2.23)$$

oder mit der Abkürzung

$$\omega_0^2 = c\left(\frac{1}{J_1} + \frac{1}{J_2}\right)$$
$$\ddot{\psi} + \omega_0^2\psi = 0. \qquad (2.24)$$

Somit führt die Betrachtung aller drei Drehschwinger zu derselben Bewegungsgleichung, wie sie zuvor schon für andere Fälle ausgerechnet worden ist.

2.1.1.5 Schwerependel

Die Gleichungen für ein Fadenpendel, das eine ebene Bewegung ausführt (Fig. 31) lassen sich nach dem bisher schon verwendeten Verfahren leicht ableiten. Bei einer Auslenkung um den Winkel φ aus der Vertikallage entsteht eine rücktreibende Komponente der Gewichtskraft von der Größe

$$F_g = -mg\sin\varphi.$$

Der vom Massenpunkt durchlaufene Bogen hat die Länge $L\varphi$, folglich ist die Beschleunigung gleich $L\ddot{\varphi}$ und damit die Trägheitskraft

$$F_t = -mL\ddot{\varphi}. \tag{2.25}$$

Mit der Abkürzung

$$\omega_0^2 = \frac{g}{L} \tag{2.26}$$

bekommt man damit eine Bewegungsgleichung von der Gestalt

$$\ddot{\varphi} + \omega_0^2 \sin\varphi = 0. \tag{2.27}$$

Diese nichtlineare Gleichung kann vereinfacht werden, wenn man sich darauf beschränkt, kleine Pendelwinkel $\varphi \ll 1$ zu betrachten. Dann kann die bekannte Entwicklung der Sinusfunktion nach dem ersten Glied abgebrochen werden:

$$\sin\varphi = \varphi - \frac{\varphi^3}{3!} + \frac{\varphi^5}{5!} - \cdots \approx \varphi.$$

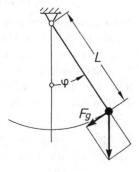

Fig. 31
Fadenpendel bei ebener Bewegung

Die Gleichung (2.27) geht damit in die bisher stets erhaltene lineare Form $\ddot{\varphi} + \omega_0^2 \varphi = 0$ über. Die hier angewandte Betrachtungsweise ist ein einfaches Beispiel für die später noch ausführlicher zu besprechende Linearisierung nach der Methode der kleinen Schwingungen.

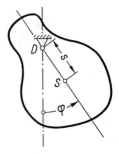

Fig. 32
Um eine feste Achse drehbares Körperpendel

Eine mit Gl. (2.27) vollkommen äquivalente Gleichung wird auch erhalten, wenn an Stelle des Fadenpendels ein Körperpendel betrachtet wird (Fig. 32). Hier ist es zweckmäßig, nicht die Kräfte, sondern die Momente bezüglich der Drehachse des Pendels auszurechnen. So erhält man als rücktreibendes Moment der Gewichtskraft

$$M_g = -mgs \sin \varphi,$$

wobei s der Abstand des Schwerpunktes S von der Drehachse D ist. Das Reaktionsmoment infolge der Drehträgheit ist $M_t = -J_D \ddot{\varphi}$, worin J_D das bezüglich der Drehachse geltende Massenträgheitsmoment des Körperpendels ist. Mit der Abkürzung

$$\omega_0^2 = \frac{mgs}{J_D} \tag{2.28}$$

bekommt man als Bewegungsgleichung wieder die Form (2.27).

Zu den Schwerependeln kann man schließlich auch solche Schwinger zählen, bei denen sich eine Masse unter dem Einfluß der Schwerkraft längs einer vorgegebenen Kurve bewegt, oder bei denen eine Kugel oder ein Zylinder auf einer gekrümmten Fläche rollt. Schließlich ist auch das schaukelnde Abrollen gekrümmter Flächen aufeinander ein Schwingungsvorgang, der durch die Einwirkung der Schwerkraft zustande kommt. Als Beispiel eines Rollschwingers sei der Schaukelstuhl genannt.

Bei dem Fadenpendel bewegt sich der Massenpunkt auf einer Kreisbahn. Hat jedoch die Führungskurve eine beliebige Gestalt (Fig. 33), so kann

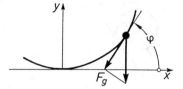

Fig. 33
Zur Bewegung einer Masse auf einer beliebigen
ebenen Kurve im Schwerefeld

$y = y(x)$ als gegebene Funktion betrachtet werden. Nennt man den Neigungswinkel der Tangente gegenüber der horizontalen x-Achse φ, so ergibt sich bei Auslenkungen des Massenpunktes aus der Gleichgewichtslage $\varphi = 0$ eine rückführende Kraft von der Größe

$$F_g = -mg \sin\varphi.$$

Wegen $\tan\varphi = \mathrm{d}y/\mathrm{d}x = y'$ kann man diesen Ausdruck umformen in

$$F_g = -\frac{mgy'}{\sqrt{1 + y'^2}}. \tag{2.29}$$

Die Trägheitskraft ist $F_t = -m\ddot{s}$. Dabei bekommt man für die Bogenlänge s und ihre zeitlichen Ableitungen

$$s = \int \sqrt{1 + y'^2}\,\mathrm{d}x$$

$$\dot{s} = \frac{\mathrm{d}s}{\mathrm{d}x}\dot{x} = \sqrt{1 + y'^2}\,\dot{x}$$

$$\ddot{s} = \frac{\mathrm{d}\dot{s}}{\mathrm{d}t} = \frac{\mathrm{d}}{\mathrm{d}t}\left(\sqrt{1 + y'^2}\,\dot{x}\right). \tag{2.30}$$

Aus der Bedingung des Kräftegleichgewichts folgt nunmehr unter Berücksichtigung der Ausdrücke (2.29) und (2.30) die Bewegungsgleichung

$$\frac{\mathrm{d}}{\mathrm{d}t}\left(\sqrt{1 + y'^2}\,\dot{x}\right) + g\frac{y'}{\sqrt{1 + y'^2}} = 0. \tag{2.31}$$

Wählt man als Beispiel eine Führungskurve $y = y(x)$ in Form eines Kreises vom Radius L, so kommt man mit der Parameterdarstellung dieser Kurve

$$x = L \sin\varphi, \qquad y = L(1 - \cos\varphi)$$

wieder auf die schon unmittelbar abgeleitete Gl. (2.27) für das Fadenpendel zurück.

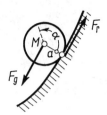

Fig. 34
Rollschwinger auf fester Führungsfläche

Wenn die schwingende Masse an der Führungskurve nicht entlanggleitet, sondern auf einer Führungsfläche rollt (Fig. 34), so ändert sich an den bisherigen Betrachtungen nicht viel. Es muß lediglich berücksichtigt werden, daß ein Rollen nur stattfinden kann, wenn auch Reibungskräfte vorhanden sind, die das Gleiten verhindern. Diese Reibungskräfte F_r greifen in den Kräftehaushalt des Schwingers ein, so daß die Forderung nach Gleichgewicht der Kräfte in der Bewegungsrichtung nunmehr lautet:

$$-m\ddot{s} + F_g - F_r = 0. \tag{2.32}$$

Die Reibungskraft erzeugt bezüglich des Schwerpunktes M ein Moment von der Größe $F_r a$, wenn a der Rollradius ist. Dieses Moment muß dem Moment der Drehträgheit das Gleichgewicht halten, so daß

$$-J\ddot{\alpha} + F_r a = 0$$

gelten muß. J ist das Trägheitsmoment des rollenden Körpers für eine Achse durch M. Rechnet man die unbekannte Reibungskraft F_r aus und setzt den erhaltenen Wert in (2.32) ein, so bekommt man unter Berücksichtigung der rein kinematischen Rollbedingung

$$s = a\alpha; \qquad \ddot{s} = a\ddot{\alpha}$$

die Bewegungsgleichung

$$-\left(m + \frac{J}{a^2}\right)\ddot{s} + F_g = 0. \tag{2.33}$$

Daraus erkennt man, daß die Tatsache des Rollens an der Form der Gleichung nichts ändert; es wird lediglich die Masse um den Betrag J/a^2 vergrößert. Berücksichtigt man, daß das Massenträgheitsmoment auch durch den Trägheitsradius k ausgedrückt werden kann,

$$J = mk^2,$$

so läßt sich die bei einem Rollvorgang einzusetzende Masse wie folgt schreiben:

$$m^* = m \left[1 + \left(\frac{k}{a} \right)^2 \right].$$ (2.34)

Für eine homogene Kugel erhält man z.B. $m^* = 1{,}40\,m$, für einen homogenen Zylinder $m^* = 1{,}50\,m$.

Es muß jedoch ausdrücklich darauf hingewiesen werden, daß die vergrößerte Masse m^* nur bei der Trägheitskraft, nicht dagegen bei der Berechnung der aus dem Gewicht zu bestimmenden Rückführkraft eingesetzt werden darf. Als Beispiel sei die Bewegungsgleichung einer homogenen Vollkugel angegeben, die in einer Kugelschale vom Radius L auf einer ebenen Bahn durch den tiefsten Punkt dieser Schale rollt. Man erhält wegen $s = L\varphi$ und $\ddot{s} = L\ddot{\varphi}$:

$$m^* L \ddot{\varphi} + mg \sin \varphi = 0,$$ (2.35)

oder mit

$$\omega_0^2 = \frac{g}{1{,}4L}$$

die bekannte Bewegungsgleichung des Fadenpendels

$$\ddot{\varphi} + \omega_0^2 \sin \varphi = 0.$$

2.1.2 Das Verhalten linearer Schwinger

Im vorigen Abschnitt wurde gezeigt, daß die Bewegungsgleichungen zahlreicher Schwinger linear sind und – bei Vernachlässigung von dämpfenden Kräften – der Differentialgleichung

$$\ddot{x} + \omega^2 x = 0$$ (2.36)

gehorchen. Die Eigenschaften der Lösung dieser Differentialgleichung sollen im folgenden besprochen werden.

Ausdrücklich muß darauf hingewiesen werden, daß sich die Bezeichnung „linear" hier stets auf die Linearität der beschreibenden Differentialgleichung, nicht aber auf die eventuell vorhandene Geradlinigkeit des Weges einer schwingenden Masse bezieht.

2.1.2.1 Lösung der Differentialgleichung Gl. (2.36) hat die beiden
partikulären Lösungen

$$x_1 = \cos \omega t, \qquad x_2 = \sin \omega t.$$

Diese Lösungen bilden ein Fundamentalsystem, so daß die allgemeine Lösung
als Linearkombination

$$x = A \cos \omega t + B \sin \omega t \qquad (2.37)$$

mit den Konstanten A und B geschrieben werden kann. Durch Zusammen-
fassung der beiden Teillösungen kann man die Lösung auch in die Form

$$x = C \cos(\omega t - \varphi_0) \qquad (2.38)$$

mit

$$C = \sqrt{A^2 + B^2}; \qquad \tan \varphi_0 = \frac{B}{A}$$

bringen. Die Integrationskonstanten A und B bzw. C und φ_0 können aus
den Anfangsbedingungen der Schwingung ermittelt werden. War zu Beginn
der Bewegung ($t = 0$)

$$x(0) = x_0 \qquad \text{und} \qquad \dot{x}(0) = v_0,$$

so findet man durch Einsetzen sofort $x_0 = A$; $v_0 = B\omega$. Also folgt

$$\begin{aligned} A &= x_0, & B &= \frac{v_0}{\omega}, \\ C &= \sqrt{x_0^2 + \frac{v_0^2}{\omega^2}}, & \tan \varphi_0 &= \frac{v_0}{\omega x_0}. \end{aligned} \qquad (2.39)$$

Die allgemeine Bewegung eines linearen Schwingers verläuft also nach einem
Sinusgesetz (bzw. Cosinusgesetz), wobei Amplitude und Phase in eindeutiger
Weise aus den beiden Anfangsbedingungen für Ausschlag und Ausschlagge-
schwindigkeit bestimmt werden können. Der einzige in Gl. (2.36) enthaltene
Parameter ω erweist sich nunmehr als die Kreisfrequenz der Schwingungen.
Ihr Zusammenhang mit den konstruktiven Daten wurde im Abschnitt 2.1.1
für einige Schwinger ausgerechnet, so daß jetzt auch die Schwingungszeit für
diese Fälle angegeben werden kann:

Schwinger	Fig.	Schwingungszeit
Feder-Masse-Schwinger	24, 26	$T = 2\pi\sqrt{\dfrac{m}{c}}$
Feder-Masse-Schwinger	25	$T = 2\pi\sqrt{\dfrac{mL}{2F_0}}$
Elektrischer Schwingkreis	27	$T = 2\pi\sqrt{LC}$
Flüssigkeit im U-Rohr	28	$T = 2\pi\sqrt{\dfrac{L}{2g}}$
Drehschwinger	29	$T = 2\pi\sqrt{\dfrac{J}{c}}$
Torsionsschwinger	30	$T = 2\pi\sqrt{\dfrac{J_1 J_2}{c(J_1 + J_2)}}$
Fadenpendel im Fall $\varphi \ll 1$	31	$T = 2\pi\sqrt{\dfrac{L}{g}}$
Körperpendel im Fall $\varphi \ll 1$	32	$T = 2\pi\sqrt{\dfrac{J_D}{mgs}}$

Die Konstruktion der allgemeinen Lösung (2.37) durch Überlagern (Superponieren) von Teillösungen ist nur bei linearen Schwingern möglich. Die Gültigkeit des Superpositionsprinzips, von dem wir noch häufiger Gebrauch machen werden, hat zur Folge, daß lineare Schwinger wesentlich einfacher berechnet werden können als nichtlineare. Um diesen Vorteil auszunützen, wird man meist versuchen, einen Schwinger, dessen exakte Berechnung nicht möglich ist, durch ein lineares Modell anzunähern.

Die Lösung der Gl. (2.36) ist auch auf komplexem Wege möglich. Wir überführen zu diesem Zweck die Ausgangsgleichung zunächst in eine komplexe Form, indem wir an Stelle der Unbekannten x die beiden neuen Unbekannten

$$x_1 = x; \qquad x_2 = -\frac{\dot{x}}{\omega}$$

einführen. Damit läßt sich die Gleichung zweiter Ordnung in zwei Gleichungen erster Ordnung aufspalten

$$\dot{x}_1 = -\omega x_2; \qquad \dot{x}_2 = \omega x_1. \tag{2.40}$$

Faßt man nun x_1 und x_2 als Real- und Imaginärteil einer komplexen Veränderlichen

$$\underline{z} = x_1 + \mathrm{i}x_2$$

auf, dann lassen sich die beiden Gl. (2.40) zu einer komplexen Gleichung erster Ordnung zusammenfassen:

$$\underline{\dot{z}} - \mathrm{i}\omega\underline{z} = 0. \tag{2.41}$$

Ihre Lösung ist

$$\underline{z} = \hat{\underline{z}}\mathrm{e}^{\mathrm{i}\omega t}. \tag{2.42}$$

Sie ergibt bei einer Darstellung in der komplexen Ebene (s. Fig. 35) gerade das früher schon besprochene Vektorbild oder Zeigerdiagramm einer harmonischen Schwingung. Die komplexe Amplitude $\hat{\underline{z}}$ wird durch den Betrag $|\underline{z}|$ sowie den Nullphasenwinkel φ_0 festgelegt. Die komplexe Darstellung ist der reellen völlig äquivalent. Sie hat den Vorteil, daß der Grad der komplexen Differentialgleichung halb so groß ist wie der Grad der Ausgangsgleichung. Diese Tatsache kann bei der Lösung von Differentialgleichungssystemen von Bedeutung sein und zu einer wesentlichen Einsparung von Rechenarbeit führen. Allerdings läßt sich die komplexe Methode nur bei solchen Problemen mit Vorteil verwenden, denen eine gewisse Symmetrie eigen ist. Diese Symmetrie äußert sich darin, daß die Ausgangsgleichung in symmetrisch aufgebaute Teilgleichungen (wie in unserem Falle die Gl. (2.40)) zerlegt werden kann.

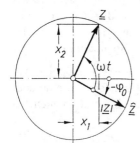

Fig. 35
Vektorbild einer harmonischen Schwingung

Aus den Lösungen (2.37) bzw. (2.38) kann das x,t-Bild, aus der komplexen Lösung (2.42) das Vektorbild für die Bewegung eines linearen Schwingers konstruiert werden. Es bleibt zu klären, ob nicht auch die Phasenkurve der Bewegung unmittelbar aus der Ausgangsgleichung (2.36) gewonnen werden kann.

Auch das ist möglich. Wir multiplizieren zu diesem Zweck (2.36) mit $\dot{x}$ und können dann einmal integrieren

$$\ddot{x}\dot{x} + \omega^2 x\dot{x} = \frac{\mathrm{d}}{\mathrm{d}t}\left(\frac{\dot{x}^2}{2}\right) + \omega^2\frac{\mathrm{d}}{\mathrm{d}t}\left(\frac{x^2}{2}\right) = 0 \qquad (2.43)$$

$$\dot{x}^2 + \omega^2 x^2 = \text{const.} \qquad (2.44)$$

Damit ist die Gleichung der Phasenkurve – nämlich eine Beziehung zwischen x und $\dot{x}$ – gewonnen. Die Integrationskonstante dient wieder dazu, die erhaltene Lösung den jeweils geltenden Anfangsbedingungen anzupassen. Man sieht aus (2.44), daß die Phasenkurven Ellipsen sind, deren Halbachsen sich wie $1 : \omega$ verhalten. Das entsprechende Phasenporträt war bereits früher besprochen und in Fig. 13 dargestellt worden.

2.1.2.2 Energiebeziehungen Der Integrationsprozeß von Gl. (2.43), der zur Gleichung der Phasenkurven (2.44) führte, hängt eng mit dem Energiesatz zusammen. Für die hier betrachteten ungedämpften Schwinger gilt der Erhaltungssatz der Energie. Er sagt bei einem mechanischen Schwinger aus, daß die Summe von kinetischer und potentieller Energie konstant ist. Auch das läßt sich leicht aus der Bewegungsgleichung ablesen. Zu diesem Zweck gehen wir nicht von der vereinfachten Form (2.36), sondern vom Ausdruck für das Kräftegleichgewicht z.B. in der Form von Gl. (2.4) aus. Wenn diese Gleichung gliedweise mit $\dot{x}$ multipliziert wird, so läßt sie sich einmal integrieren:

$$m\ddot{x}\dot{x} + cx\dot{x} = \frac{\mathrm{d}}{\mathrm{d}t}\left(\frac{m}{2}\dot{x}^2\right) + \frac{\mathrm{d}}{\mathrm{d}t}\left(\frac{c}{2}x^2\right) = 0\,,$$

$$\frac{1}{2}m\dot{x}^2 + \frac{1}{2}cx^2 = \text{const} = E_0\,, \qquad (2.45)$$

$$E_{\mathrm{kin}} + E_{\mathrm{pot}} = E_0\,.$$

Das ist der Erhaltungssatz der Energie mit der Energiekonstanten E_0. Man kann diese Beziehung sehr anschaulich darstellen (Fig. 36), wenn die potentielle Energie als Funktion von x aufgetragen wird. Das ergibt eine Parabel, deren Form nur noch von der Federkonstanten c abhängt. Schneidet man diese Parabel mit einer Parallelen zur x-Achse im Abstande E_0, so geben die Schnittpunkte dieser Geraden mit der Parabel die Werte für die Amplitude $\hat{x}$ der Schwingung an. Für den Bereich $-\hat{x} \leq x \leq +\hat{x}$ lassen sich nun zu jedem Wert von x die zugehörigen Werte sowohl der potentiellen als auch der kinetischen Energie ablesen. Wir werden diese Art der Darstellung später

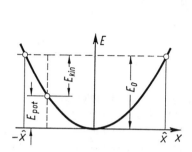

Fig. 36 Energiediagramm für den linearen
konservativen Schwinger

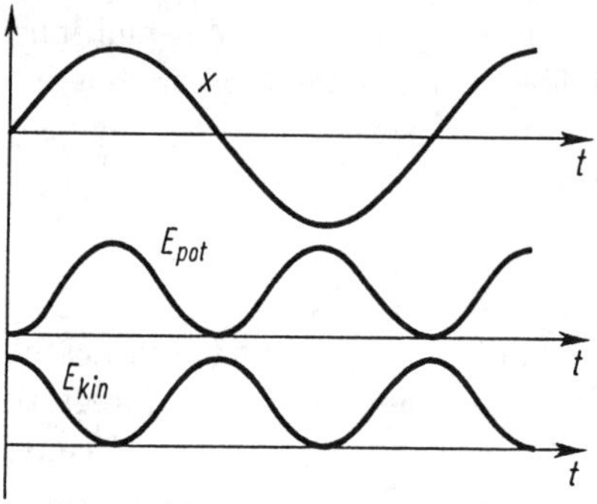

Fig. 37 Ausschlag und Energie als Funktion der Zeit

bei der Behandlung der nichtlinearen Schwingungen wieder verwenden und sie dann noch verallgemeinern.

Durch Einsetzen der Lösung (2.38) bekommt man für die Energien

$$
\begin{aligned}
E_{\text{pot}} &= \frac{1}{2}cx^2 = \frac{cC^2}{2}\cos^2(\omega t - \varphi_0) = \frac{cC^2}{4}\left[1 + \cos(2\omega t - 2\varphi_0)\right], \\
E_{\text{kin}} &= \frac{1}{2}m\dot{x}^2 = \frac{mC^2\omega^2}{2}\sin^2(\omega t - \varphi_0) = \frac{mC^2\omega^2}{4}\left[1 - \cos(2\omega t - 2\varphi_0)\right].
\end{aligned}
\tag{2.46}
$$

Während die Koordinate x und damit auch ihre sämtlichen Ableitungen mit der Kreisfrequenz ω schwingen, erfolgt das Pendeln der Energie mit der doppelten Frequenz, also mit 2ω (Fig. 37). Die Nullpunkte der einen Energieform fallen jedesmal mit den Maxima der anderen zusammen. Die Beträge der Maxima müssen natürlich gleich groß sein:

$$
\frac{1}{4}cC^2 = \frac{1}{4}mC^2\omega^2,
$$

woraus wiederum $\omega^2 = c/m$ folgt. Die Konstante C ist dabei gleich dem Maximalausschlag $\hat{x}$, also der Amplitude der durch (2.38) beschriebenen Schwingung.

2.1.2.3 Der Einfluß der Federmasse

Mit Hilfe von Energiebetrachtungen läßt sich auch die Frage beantworten, wie groß der Einfluß der bisher vernachlässigten Eigenmasse der Feder eines Feder-Masse-Schwingers zum Beispiel nach Fig. 38 ist. Die kinetische Energie des Systems setzt sich jetzt aus der kinetischen Energie der Masse m sowie aus den Anteilen der einzelnen Teilstücke der Feder zusammen,

$$E_{kin} = \frac{1}{2}m\dot{x}^2 + \int_0^L \frac{1}{2}\mu d\xi \dot{\xi}^2. \tag{2.47}$$

Darin ist ξ die aus Fig. 38 ersichtliche Längenkoordinate der Feder, L die Länge der Feder in der statischen Ruhelage und μ die Masse der Feder je Längeneinheit. Man wird nun keinen großen Fehler begehen, wenn man für die Geschwindigkeit $\dot{\xi}$ der Federteile die Beziehung $\dot{\xi}/\dot{x} = \xi/L$ als gültig

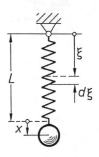

Fig. 38
Zur Berechnung des Einflusses der Federmasse

ansieht. Sie sagt aus, daß die Geschwindigkeit vom Einspannpunkt der Feder bis zum Ende, an dem die Masse hängt, vom Werte Null linear bis zu dem Wert ansteigt, der für die Masse m gilt. Diese Annahme ist sicher dann zulässig, wenn die Eigenschwingungen, die die Feder bei festgehaltener Masse ausführen kann, erheblich kleinere Schwingungszeiten haben, als der Feder-Masse-Schwinger selbst. Das ist der Fall, wenn die Federmasse merklich kleiner als m ist. Setzt man nun

$$\dot{\xi} = \frac{\dot{x}}{L}\xi$$

in Gl. (2.47) ein, so folgt:

$$E_{kin} = \frac{1}{2}\dot{x}^2\left(m + \frac{\mu}{L^2}\int_0^L \xi^2 d\xi\right) = \frac{1}{2}\dot{x}^2\left(m + \frac{\mu L}{3}\right).$$

Oder mit der Federmasse $m_f = \mu L$

$$E_{kin} = \frac{1}{2}\dot{x}^2\left(m + \frac{1}{3}m_f\right). \tag{2.48}$$

Man erhält also die kinetische Energie in der bekannten Form, nur ist zur
Masse des schwingenden Körpers noch ein Drittel der Federmasse hinzu-
zufügen. Das gilt nun nicht nur für die kinetische Energie, sondern auch
für die Berechnung der Kreisfrequenz ω, die ja aus der kinetischen Energie
bestimmt werden kann. Die Schwingungszeit des betrachteten Feder-Masse-
Schwingers wird demnach

$$T = 2\pi\sqrt{\frac{1}{c}\left(m + \frac{1}{3}m_f\right)}. \tag{2.49}$$

Besteht der Feder-Masse-Schwinger aus einer einseitig eingespannten Blattfeder und einer am anderen Ende befestigten Masse (Fig. 39), so muß die
Energie aus

$$E_{\text{kin}} = \frac{1}{2}m\dot{x}^2 + \int\limits_0^L \frac{1}{2}\mu\mathrm{d}y\dot{\xi}^2 \tag{2.50}$$

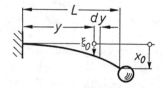

Fig. 39
Zur Berechnung des Einflusses der Federmasse bei einer
Blattfeder

berechnet werden. In diesem Falle darf man die Geschwindigkeiten der Blatt-
federteile nicht als lineare Funktion ihres Abstandes y von der Einspannstelle
annehmen. Man wird jedoch mit der Beziehung $\dot{\xi}/\dot{x} = \xi_0/x_0$ rechnen dürfen,
bei der ξ_0 die statische Durchbiegung der Blattfeder ist. Für die Durchbiegung unter dem Einfluß einer Einzellast von der Größe mg am Blattfederen-
de liefert die Biegetheorie des Balkens die Funktion

$$\xi_0 = \frac{mg}{2EI}y^2\left(L - \frac{1}{3}y\right). \tag{2.51}$$

Dabei ist E der Elastizitätsmodul und I das Flächenträgheitsmoment des
Blattfederquerschnitts. Die maximale Durchbiegung am Ort der Einzelmasse – der sogenannte Biegepfeil – folgt daraus zu

$$x_0 = \frac{mgL^3}{3EI}.$$

Damit läßt sich nun $\dot{\xi}$ bestimmen. Nach Einsetzen in (2.50) und Integration bekommt man in diesem Fall als Ergebnis

$$E_{\text{kin}} = \frac{1}{2}\dot{x}^2 \left(m + \frac{33}{140}m_f \right). \tag{2.52}$$

Es darf also jetzt nur rund ein Viertel der Federmasse zur Masse des Körpers hinzugeschlagen werden, gegenüber einem Drittel im Falle der Schraubenfeder. Im Grenzfall $m = 0$ bekommt man damit für die Schwingungszeit einer Blattfeder ohne Endmasse einen Wert, der nur um 1,5 % kleiner als der exakte Wert ist.

2.1.2.4 Bestimmung der Frequenz aus dem Biegepfeil

Bei allen Schwingern vom Feder-Masse-Typ, bei denen die Schwingungsrichtung vertikal ist, gibt es ein sehr bequemes Verfahren, die Frequenz oder auch die Schwingungszeit aus der Größe des Biegepfeiles, also aus der Größe der statischen Durchbiegung zu bestimmen. Ist x_0 der Biegepfeil, so gilt im Gleichgewichtsfall

$$cx_0 = G = mg.$$

Daraus kann die Federkonstante c ausgerechnet und in die Beziehung für die Kreisfrequenz eingesetzt werden

$$\omega^2 = \frac{c}{m} = \frac{mg}{x_0}\frac{1}{m} = \frac{g}{x_0},$$
$$\omega = \sqrt{\frac{g}{x_0}} \quad \text{oder} \quad T = \frac{2\pi}{\omega} = 2\pi\sqrt{\frac{x_0}{g}}. \tag{2.53}$$

Berücksichtigt man jetzt noch die Tatsache, daß für den Betrag von g näherungsweise $g \approx 100\pi^2$ cm/s^2 gilt, so kommt man zu den für praktische Fälle im allgemeinen ausreichenden Näherungsformeln

$$T \approx \frac{1}{5}\sqrt{x_0}; \quad f_0 = \frac{1}{T} \approx \frac{5}{\sqrt{x_0}}, \quad (x_0 \text{ in cm}, \ f_0 \text{ in Hz!}) \tag{2.54}$$

Diese Faustformel gilt sehr allgemein, nicht nur für Schwinger, wie sie in den Fig. 38 und 39 gezeichnet wurden, sondern auch für kompliziertere Gebilde, wie zum Beispiel das in Fig. 40 etwas schematisch und mit übertriebener Durchbiegung gezeichnete Maschinenfundament.

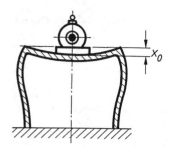

Fig. 40
Durchbiegung eines Maschinenfundamentes unter
dem Gewicht der Maschine

2.1.3　Das Verhalten nichtlinearer Schwinger

Konservative Schwinger, deren Bewegungen durch nichtlineare Differentialgleichungen beschrieben werden, haben wir im Abschnitt 2.1.1 kennengelernt. Jetzt soll gezeigt werden, daß sich ihr Verhalten mit Hilfe der bereits besprochenen Berechnungsverfahren und Darstellungsmethoden erfassen läßt. Es interessieren dabei vor allem das Zeitverhalten $x(t)$, die Schwingungszeit T sowie der aus dem Phasenporträt ersichtliche qualitative Charakter der Bewegung.

2.1.3.1 Allgemeine Zusammenhänge　Als Repräsentant für die Bewegungsgleichung eines nichtlinearen Schwingers sei hier Gl. (2.8)

$$m\ddot{x} + f(x) = 0 \tag{2.55}$$

gewählt, bei der $f(x)$ als eine in ganz beliebiger Weise von x abhängige
Rückführkraft aufgefaßt werden kann. Da eine Lösung in allgemeiner Form
nicht unmittelbar angegeben werden kann, versuchen wir auf dem Umweg
über den Energiesatz zu greifbaren Ergebnissen zu kommen. Wir multiplizieren (2.55) mit $\dot{x}$ und integrieren einmal nach der Zeit

$$\frac{1}{2}m\dot{x}^2 + \int f(x)\dot{x}\mathrm{d}t = \text{const} = E_0. \tag{2.56}$$

Nun ist

$$\int f(x)\dot{x}\mathrm{d}t = \int f(x)\mathrm{d}x = E_{\text{pot}},$$

so daß (2.56) wieder die Konstanz der Gesamtenergie des Schwingers zum
Ausdruck bringt:

$$E_{\text{kin}} + E_{\text{pot}} = E_0.$$

Daraus läßt sich unmittelbar die Gleichung der Phasenkurven, also die Gleichung für das Phasenporträt, finden. Löst man nach $\dot{x}$ auf, so folgt

$$\dot{x} = v = \pm\sqrt{\frac{2}{m}(E_0 - E_{\text{pot}})}. \tag{2.57}$$

Der hieraus ersichtliche enge Zusammenhang zwischen dem Phasenporträt und der potentiellen Energie läßt sich auch im Diagramm verdeutlichen. Fig. 41 zeigt im oberen Teil eine Funktion E_{pot} in Abhängigkeit von x; darunter ist im gleichen x-Maßstab das zugehörige Phasenporträt gezeichnet. Wie schon im Falle des linearen Schwingers (Fig. 36) kann jetzt eine Parallele zur x-Achse im Abstande E_0 in das obere Diagramm eingetragen werden. In Fig. 41 sind 4 derartige Parallelen gezeichnet. Sie entsprechen verschiedenen

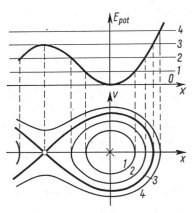

Fig. 41
Energiediagramm und Phasenporträt bei einem Schwinger mit nichtlinearer Rückführfunktion

Energieniveaus des Schwingers und sind mit den Ziffern 1 bis 4 bezeichnet worden. Die Schnittpunkte dieser E_0-Geraden mit der E_{pot}-Kurve lassen die jeweiligen Maximalausschläge des Schwingers nach beiden Seiten erkennen. Für diese Werte von x wird, wie man sofort aus Gl. (2.57) sieht, $\dot{x} = 0$. Folglich entsprechen diesen Schnittpunkten im unteren Teil des Diagramms die Schnittpunkte der Phasenkurven mit der Abszisse (x-Achse). Zu jedem Wert von x zwischen den Maximalausschlägen läßt sich aus (2.57) das zugehörige $\dot{x}$ ausrechnen und damit die Phasenkurve zeichnen. Sie hat in den Fällen 1 und 2 ellipsenähnliche Gestalt. Wir hatten schon früher erkannt, daß alle Phasenkurven die x-Achse senkrecht schneiden. Im vorliegenden Falle wird auch die $\dot{x}$-Achse von allen Phasenkurven senkrecht geschnitten. Da nämlich der Nullpunkt von x in das Minimum der E_{pot}-Kurve gelegt wurde, wird die kinetische Energie – also die Differenz $E_0 - E_{\text{pot}}$ – ein Maximum. Daraus

folgt aber nach (2.57) auch ein Maximum für $\dot{x}$. Die in der unteren Halbebene gelegenen Teile der Phasenkurven sind spiegelbildlich gleich zu denen
der oberen Halbebene. Jeder dieser Teile entspricht einem der beiden Werte
für die Wurzel (2.57).

Alle E_0-Geraden, die zwischen den Werten 0 und 3 gezogen werden können,
würden Phasenkurven von ellipsenähnlicher Gestalt ergeben, wie die Phasenkurven 1 und 2 in Fig. 41. Die mit 3 bezeichnete E_0-Gerade stellt einen
Grenzfall dar, da sie eine Tangente an das Maximum der E_{pot}-Kurve bildet. In diesem Fall bekommt man eine Phasenkurve besonderer Art, die
Separatrix 3, die durch einen, dem Maximum der E_{pot}-Kurve entsprechenden singulären Punkt auf der x-Achse hindurchgeht. Diese Separatrix
trennt den Bereich, in dem die Phasenkurven noch ellipsenähnliches Aussehen haben, von einem Bereich, in dem die Phasenkurven das Aussehen
von Kurve 4 haben. Die dieser Phasenkurve entsprechende Bewegung kann
nicht mehr als Schwingung bezeichnet werden. Der Bildpunkt dieser Bewegung läuft vielmehr mit endlicher Geschwindigkeit von links kommend nach
rechts; er überwindet den bei $x < 0$ gelegenen Potentialberg, wobei für die
Spitze dieses Berges $\dot{x}$ ein Minimum wird. Danach wird die Potentialmulde
mit dem Tiefstpunkt bei $x = 0$ mit maximalem $\dot{x}$ durchlaufen, bis beim
Anrennen gegen den rechts befindlichen steilen Potentialhang die gesamte
Geschwindigkeit aufgebraucht wird. Dann kehrt die Bewegung um und geht
spiegelbildlich vor sich, wobei sich nur das Vorzeichen der Geschwindigkeit
ändert. Der Bildpunkt entfernt sich also nach Überwinden des linken Poten-
tialberges in der Richtung negativer x-Werte.

Das Phasenporträt besitzt einen singulären Punkt vom Typ des Wirbel-
punktes. Er entspricht dem Minimum der E_{pot}-Kurve und stellt physikalisch gesehen eine stabile Gleichgewichtslage dar. Weiterhin gibt es einen
singulären Punkt vom Sattel-Typ. Er entspricht dem Maximum der E_{pot}-
Kurve und repräsentiert eine instabile Gleichgewichtslage des Schwingers.
Dabei soll eine Gleichgewichtslage als stabil bezeichnet werden, wenn die
nach einer kleinen Störung entstehenden Schwingungen so verlaufen, daß ihr
Bildpunkt die unmittelbare Umgebung der Gleichgewichtslage nicht verläßt.
Wie man aus dem Phasenporträt Fig. 41 sieht, trifft das für den Wirbelpunkt zu, da sich die zu einer gestörten Bewegung gehörende Phasenkurve
als kleine Ellipse um den Wirbelpunkt herumlegt. Je kleiner die Störung
ist, um so enger schmiegt sich die Ellipse dem Wirbelpunkt an. Bei dem
Sattelpunkt wird dagegen auch die geringste Störung zu einer Bewegung
führen, die den Bildpunkt aus der unmittelbaren Umgebung der – instabi-

len – Gleichgewichtslage herausführt, da die Phasenkurven in der Umgebung des Sattelpunktes Hyperbelcharakter haben.

Aus einem Phasenporträt lassen sich also Gleichgewichtslagen und Schwingungstypen unmittelbar ablesen. Will man auch noch den Zeitverlauf der Bewegungen erkennen, so kann auf die schon früher abgeleitete Gl. (1.20) zurückgegriffen werden. Die Zeit zum Durchlaufen eines Stücks der Phasenkurve von der Koordinate x_0 bis x errechnet sich aus

$$t = t_0 + \int_{x_0}^{x} \frac{dx}{v} = t_0 + \int_{x_0}^{x} \frac{dx}{\pm\sqrt{\dfrac{2}{m}\left(E_0 - E_{pot}\right)}} \,. \tag{2.58}$$

Für die Zeit einer Vollschwingung bekommt man entsprechend

$$T = 2 \int_{x_{min}}^{x_{max}} \frac{dx}{\sqrt{\dfrac{2}{m}\left(E_0 - E_{pot}\right)}} \,. \tag{2.59}$$

Diese Formel ist natürlich nur anwendbar, wenn die Phasenkurven geschlossen sind, also den Typ der Kurven 1 und 2 von Fig. 41 zeigen. Nur dann existieren die Extremwerte x_{max} und x_{min} gleichzeitig. Gl. (2.59) kann weiter vereinfacht werden, wenn die Rückführfunktion $f(x)$ ungerade ist, d.h. wenn sie der Bedingung $f(x) = -f(-x)$ genügt. Dann nämlich wird E_{pot} eine gerade Funktion, und es gilt $E_{pot}(x) = E_{pot}(-x)$. In diesem Falle sind die Phasenkurven nicht nur spiegelbildlich zur x-Achse, sondern auch spiegelbildlich zur $\dot{x}$-Achse. Daraus folgt:

$$T = 4 \int_{0}^{x_{max}} \frac{dx}{\sqrt{\dfrac{2}{m}\left(E_0 - E_{pot}\right)}} \,. \tag{2.60}$$

Man überzeugt sich leicht, daß im linearen Fall $f(x) = cx$ aus (2.60) wieder der schon bekannte Wert für T erhalten wird. Es wird hier $E_{pot} = cx^2/2$ und wegen $c/m = \omega_0^2$

$$T = \frac{4}{\omega_0} \int_{0}^{x_0} \frac{dx}{\sqrt{x_0^2 - x^2}} = \frac{4}{\omega_0} \arcsin \frac{x}{x_0}\Big|_0^{x_0} = \frac{4}{\omega_0}\frac{\pi}{2} = \frac{2\pi}{\omega_0} \,.$$

Die Integrale (2.58) bis (2.60) führen nicht immer auf bereits bekannte und tabellierte Funktionen, so daß sie oft auf numerischem Weg ausgewertet werden müssen. Sofern die Rückführfunktion ein Polynom bis einschließlich vom dritten Grade ist, wird man stets auf elliptische Funktionen geführt. Wählt man den Nullpunkt für x so, daß $f(0) = 0$ gilt, so wird in diesem Falle

$$f(x) = a_1 x + a_2 x^2 + a_3 x^3$$

$$E_{\text{pot}} = \int f(x) \mathrm{d}x = a_0 + \frac{1}{2} a_1 x^2 + \frac{1}{3} a_2 x^3 + \frac{1}{4} a_3 x^4. \tag{2.61}$$

Nun werden aber alle Integrale vom Typ

$$\int R[x, \sqrt{P(x)}] \mathrm{d}x,$$

bei denen R ganz allgemein eine rationale Funktion und $P(x)$ ein Polynom bis zum vierten Grade sein soll, als elliptische Integrale bezeichnet. Ihre Umkehrfunktionen sind die elliptischen Funktionen. Die Integrale (2.58) bis (2.60) mit (2.61) sind von diesem Typ. Bemerkenswert ist die Tatsache, daß dies auch gilt, wenn die Rückführfunktion $f(x)$ unsymmetrisch ist, wie das zum Beispiel im Fall $a_2 \neq 0$ vorkommen kann.

2.1.3.2 Das ebene Schwerependel Die Beziehungen des vorigen Abschnitts können unmittelbar auf das ebene Schwerependel angewendet werden, gleichgültig, ob es sich um ein Fadenpendel nach Fig. 31 oder um ein Körperpendel nach Fig. 32 handelt. Für beide Fälle war die Bewegungsgleichung (2.27)

$$\ddot{\varphi} + \omega_0^2 \sin \varphi = 0$$

abgeleitet worden. Wir werden rein formal auf die im vorigen Abschnitt behandelte Gleichung (2.55) zurückgeführt, wenn wir

$$x = \varphi \qquad \text{und} \qquad f(x) = m\omega_0^2 \sin \varphi$$

setzen. Damit wird

$$(E_{\text{pot}}) = \int f(x) \mathrm{d}x = \int\limits_0^{\varphi} m\omega_0^2 \sin \varphi \, \mathrm{d}\varphi = m\omega_0^2 (1 - \cos \varphi).$$

Da dieser Ausdruck nicht die Dimension einer Energie hat, wurde er in Klammern gesetzt. Die Gültigkeit der Betrachtungen wird jedoch dadurch nicht eingeschränkt. Setzt man $\varphi_{\max} = \varphi_0$, so wird

$$(E_0) = m\omega_0^2 (1 - \cos \varphi_0),$$

woraus sich durch Einsetzen in (2.57) die Gleichung des Phasenporträts wie folgt ergibt:

$$\dot\varphi = \pm\omega_0\sqrt{2(\cos\varphi - \cos\varphi_0)}. \tag{2.62}$$

Das Phasenporträt und die zugehörige Kurve der potentiellen Energie sind in Fig. 42 gezeichnet worden. Aus ihnen sind alle qualitativen Eigenschaften des Schwerependels abzulesen. Das Phasenporträt ist periodisch bezüglich des Winkels φ mit der Periode 2π. Man erkennt die eigentlichen Schwingungen des Pendels um die stabile Gleichgewichtslage $\varphi = 0$ (Wirbelpunkt) als ellipsenähnliche Kurven. Der Bereich dieser hin- und hergehenden Schwingungen wird von zwei Separatrizen begrenzt, die durch die Sattelpunkte bei $\varphi = -\pi$ und $\varphi = +\pi$ laufen.

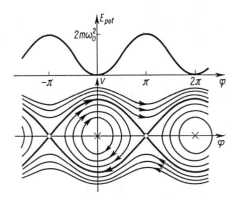

Fig. 42
Energiekurve und Phasenporträt für das ebene Schwerependel

Diese Separatrizen haben die Form einer Cosinuskurve, wie man leicht aus (2.62) erkennen kann. Setzt man nämlich darin $\varphi_0 = \pm\pi$ ein, so kann man wegen

$$1 + \cos\varphi = 2\cos^2\frac{\varphi}{2}$$

umformen in

$$\dot\varphi = \pm 2\omega_0\cos\frac{\varphi}{2}. \tag{2.63}$$

Physikalisch entspricht diesen Separatrizen eine Bewegung, wie sie bei stoßfreiem Loslassen eines Schwerependels aus der oberen instabilen Gleichgewichtslage entsteht. Das Pendel braucht dann – theoretisch betrachtet – unendlich lange Zeit, um sich aus der Gleichgewichtslage heraus in Bewegung zu setzen. Es schlägt schließlich durch die untere stabile Gleichgewichtslage und nähert sich dem oberen Totpunkt wieder in asymptotischer Weise, wie dies bereits früher besprochen wurde, vgl. Gl. (1.21).

Die Phasenkurven außerhalb der Separatrizen entsprechen den Bewegungen des sich überschlagenden Pendels, wobei die Drehung für die oberen Kurven links herum, für die unteren Kurven rechts herum erfolgt.

Wegen der Periodizität des Phasenporträts werden alle vorkommenden Erscheinungen bereits in einem zur v-Achse parallelen Streifen von der Breite 2π wiedergegeben. Man kann sich einen derartigen Streifen herausgeschnitten und zu einem Zylinder derart zusammengeklebt denken, daß die zerschnittenen Phasenkurven an der Klebestelle wieder stetig ineinander übergehen. Auf diese Weise hätte man das gesamte Phasenporträt auf einen Zylinder projiziert, ohne daß Wiederholungen einzelner Kurven vorkommen. Die Phasenkurven des sich überschlagenden Pendels laufen um den Zylinder herum, während die den Pendelschwingungen entsprechenden Phasenkurven den stabilen Wirbelpunkt auf dem Zylindermantel umkreisen, ohne um den Zylinder herumzulaufen.

Um das Zeitverhalten der Pendelschwingungen zu erkennen, gehen wir auf Gl. (2.58) zurück, die jetzt die folgende Gestalt annimmt:

$$t = t_0 + \frac{1}{\omega_0} \int\limits_{\varphi_0}^{\varphi} \frac{\mathrm{d}\varphi}{\pm\sqrt{2(\cos\varphi - \cos\varphi_0)}} \,. \tag{2.64}$$

Das Integral läßt sich durch Umformung auf die Legendresche Normalform eines elliptischen Integrals bringen. Zu diesem Zwecke wird zunächst trigonometrisch umgeformt:

$$\cos\varphi = 1 - 2\sin^2\frac{\varphi}{2};$$

sodann wird durch

$$\sin\frac{\varphi}{2} = \sin\frac{\varphi_0}{2}\sin\alpha = k\sin\alpha$$

die neue Variable α sowie die Abkürzung $k = \sin(\varphi_0/2)$ eingeführt. Außerdem soll der Zeitnullpunkt so gewählt werden, daß $t_0 = 0$ wird. Dann läßt sich das Integral (2.64) überführen in

$$t = \frac{1}{\omega_0}\int\frac{\mathrm{d}\alpha}{\cos(\varphi/2)} = \frac{1}{\omega_0}\int\limits_{\alpha}^{\pi/2}\frac{\mathrm{d}\alpha}{\sqrt{1-k^2\sin^2\alpha}} = \frac{1}{\omega_0}\left[F\left(k,\frac{\pi}{2}\right) - F(k,\alpha)\right]. \tag{2.65}$$

$F(k, \alpha)$ ist das unvollständige elliptische Integral erster Gattung in der Normalform von Legendre. Diese Funktion ist in Abhängigkeit von der Variablen α und dem sogenannten Modul k in Tafelwerken zu finden.

Mit (2.65) ist die Aufgabe, das Zeitverhalten der Pendelschwingung zu bestimmen, im Prinzip gelöst, denn es ist die Zeit t als Funktion der Hilfsgröße α ermittelt worden. Für die Anwendungen interessiert aber mehr die umgekehrte Funktion $\alpha = \alpha(t)$ oder besser noch $\varphi = \varphi(t)$. Diese können durch Verwendung der Umkehrfunktion zum elliptischen Integral $F(k, \alpha)$ erhalten werden. Man findet

$$\sin \alpha = \mathrm{sn}(k, \omega_0 t)$$

oder

$$\sin \frac{\varphi}{2} = \sin \frac{\varphi_0}{2} \, \mathrm{sn}(k, \omega_0 t). \tag{2.66}$$

Darin ist $\mathrm{sn}(k, \omega_0 t)$ („sinus amplitudinis") eine der Jacobischen elliptischen Funktionen. Sie kann als eine Verallgemeinerung der Sinusfunktion aufgefaßt werden, denn es gilt

$$\mathrm{sn}(0, \omega_0 t) = \sin \omega_0 t.$$

Der Verlauf von $\mathrm{sn}(k, \omega_0 t)$ ist in Fig. 43 für verschiedene Werte des Moduls k aufgetragen. Dabei muß berücksichtigt werden, daß der Zeitmaßstab für jede der gezeichneten Kurven ein anderer ist, weil in Fig. 43 die Dauer einer Vollschwingung als Zeiteinheit verwendet wurde.

Die Schwingungszeit T wird aus (2.65) erhalten, wenn die untere Integrationsgrenze gleich Null gesetzt und das Integral mit dem Faktor 4 multipliziert wird:

$$T = \frac{4}{\omega_0} \int\limits_0^{\pi/2} \frac{d\alpha}{\sqrt{1 - k^2 \sin^2 \alpha}} = \frac{4}{\omega_0} F\left(k, \frac{\pi}{2}\right) = \frac{4}{\omega_0} \mathsf{K}(k). \tag{2.67}$$

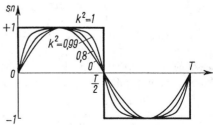

Fig. 43
Die elliptische Funktion $\mathrm{sn}(k, t)$ für verschiedene Werte des Moduls k

$\mathsf{K}(k)$ ist das vollständige elliptische Integral erster Gattung, das jetzt nur noch von einem Parameter, dem Modul k, abhängt. Der Verlauf dieser Funktion ist in Fig. 44 skizziert. Man erkennt daraus, daß sich die Schwingungszeit des Schwerependels erst dann wesentlich ändert, wenn $k \to 1$ geht, d.h. wenn sich die Amplitude der Pendelschwingung dem Wert π (180°) nähert. Für kleine Werte von k bzw. φ_0 erhält man die Schwingungszeit

$$T = \frac{4}{\omega_0} \frac{\pi}{2} = \frac{2\pi}{\omega_0} \tag{2.68}$$

in Übereinstimmung mit früheren Ergebnissen.

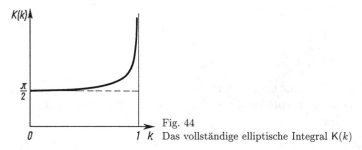

Fig. 44
Das vollständige elliptische Integral $\mathsf{K}(k)$

Für die Anwendung der Schwingungen von Schwerependeln in der Uhrentechnik interessiert vor allem die Abhängigkeit der Schwingungszeit von der Amplitude. Wenngleich man sie aus der exakten Formel (2.67) für alle Amplituden mit jeder nur wünschenswerten Genauigkeit errechnen kann, so ist doch vielfach eine Näherungsformel für den Amplitudeneinfluß wertvoll, weil sich aus ihr der Einfluß der einzelnen Größen leichter erkennen läßt. Wir können eine solche Näherungsformel durch Reihenentwicklung des vollständigen elliptischen Integrals erhalten. Es gilt:

$$\mathsf{K}(k) = \frac{\pi}{2} \left[1 + \left(\frac{1}{2}\right)^2 k^2 + \left(\frac{1 \cdot 3}{2 \cdot 4}\right)^2 k^4 + \cdots \right].$$

Für kleine Werte von φ_0 kann $k \approx \varphi_0/2$ gesetzt werden, so daß

$$\mathsf{K}(k) \approx \frac{\pi}{2} \left[1 + \frac{1}{16}\varphi_0^2 + \frac{9}{1024}\varphi_0^4 + \cdots \right]$$

geschrieben werden kann. Bei Mitnahme nur der ersten beiden Glieder bekommt man damit aus (2.67) die Schwingungszeit

$$T \approx \frac{2\pi}{\omega_0} \left(1 + \frac{1}{16}\varphi_0^2 \right). \tag{2.69}$$

Man kann daraus leicht die Fehler abschätzen, die bei Verwendung der üblichen Näherungsformel (2.68) entstehen. Wird beispielsweise eine Amplitude von $\varphi_0 = 10° = 0{,}175$ angenommen, so hat das Zusatzglied in der Klammer von (2.69) einen Betrag von 0,0019. Die Schwingungszeit wird also für diesen Fall durch Gl. (2.68) um etwa 2‰ zu klein angegeben.

2.1.3.3 Anwendungen des Schwerependels

Die Differentialgleichung für die Bewegungen eines ebenen Fadenpendels ist mit der eines um eine feste Achse drehbaren Körperpendels identisch. Für den in die Gleichung eingehenden Parameter, die Kreisfrequenz, erhielten wir im Falle des Fadenpendels $\omega_0^2 = g/L$ (2.26), im Falle des Körperpendels $\omega_0^2 = mgs/J_D$ (2.28).

Man erkennt daraus, daß sich eine äquivalente Pendellänge L_r für ein Körperpendel definieren läßt,

$$L_r = \frac{J_D}{ms}, \tag{2.70}$$

die in die entsprechenden Formeln für das Körperpendel eingesetzt, diesen genau dieselbe Gestalt gibt wie im Falle des Fadenpendels. Man nennt L_r die reduzierte Pendellänge des Körperpendels. Sie entspricht der Länge eines Fadenpendels, das dieselbe Schwingungsdauer wie das Körperpendel hat und ist bei einigen Anwendungen von Bedeutung.

Wir betrachten zunächst die Abhängigkeit der reduzierten Pendellänge von dem Abstand s des Schwerpunkts S vom Drehpunkt D, also die Funktion $L_r(s)$. Da J_D selbst noch von s abhängt, setzen wir in (2.70) die Huygens-Steinersche Beziehung

$$J_D = J_S + ms^2 \tag{2.71}$$

ein und erhalten

$$L_r(s) = \frac{J_S}{ms} + s. \tag{2.72}$$

Diese Funktion hat – wie man leicht ausrechnet – ein Minimum für

$$s = s_m = \sqrt{\frac{J_S}{m}}; \tag{2.73}$$

eine Tatsache, die bei der Konstruktion von hochwertigen Penduluhren ausgenutzt werden kann. Wählt man nämlich für s gerade den Wert s_m nach

Gl. (2.73), dann haben geringfügige Abweichungen von diesem Sollwert, wie sie etwa durch Abnutzung der Schneidenkante entstehen können, keinen Einfluß auf die Ganggenauigkeit der Uhr. Man spricht dann von einem Minimumpendel oder auch Ausgleichspendel.

Ein Schwerependel kann als Reversionspendel auch für Präzisionsmessungen der Fallbeschleunigung g verwendet werden. Aus

$$T = 2\pi\sqrt{\frac{L_r}{g}} \qquad \text{folgt} \qquad g = \frac{4\pi^2 L_r}{T^2}. \tag{2.74}$$

Die beiden darin vorkommenden Größen T und L_r lassen sich experimentell bestimmen. Dabei nutzt man die Tatsache aus, daß es beim Körperpendel stets zwei Werte von s gibt, die zum gleichen Wert von L_r, also zur gleichen Schwingungszeit T führen. Denn aus (2.72) folgt eine quadratische Gleichung für s mit den Lösungen:

$$\left.\begin{array}{c} s_1 \\ s_2 \end{array}\right\} = \frac{L_r}{2} \pm \sqrt{\frac{L_r^2}{4} - \frac{J_S}{m}}; \qquad s_1 + s_2 = L_r. \tag{2.75}$$

Zur Messung von s_1 und s_2 verwendet man ein Stabpendel (s. Fig. 45), das so mit zwei Schneiden versehen ist, daß der Schwerpunkt zwischen den Schneidenkanten liegt. Bei der Messung werden die Schwingungszeiten T_1 und T_2 bestimmt, die sich bei Lagerung des Pendels auf jeweils einer der

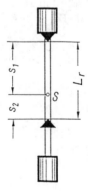

Fig. 45 Das Reversionspendel

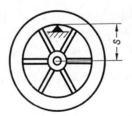

Fig. 46 Zur Bestimmung eines Trägheitsmoments durch Pendelschwingungen

Schneiden ergeben. Durch Verschieben einer Schneide wird dann diejenige Position gesucht, die zu $T_1 = T_2 = T$ führt. Der Abstand der beiden Schneiden voneinander ist dann gerade gleich L_r.

Als weitere Anwendung sei die Bestimmung von Trägheitsmomenten durch Pendelschwingungen erwähnt. Soll beispielsweise das Trägheitsmoment des in Fig. 46 gezeigten Schwungrades bezüglich des Schwerpunktes (Mittelpunktes) bestimmt werden, dann kann dies durch Messen der Zeit der Schwingungen um einen beliebigen Punkt des Rades im Schwerefeld geschehen. Aus dem Schwerpunktsabstand s, der Schwingungszeit T und der Gesamtmasse m des Rades kann dann J_S berechnet werden. Denn es gilt wegen (2.72) und (2.74)

$$J_S = ms(L_r - s) = ms\left(\frac{T^2 g}{4\pi^2} - s\right). \tag{2.76}$$

Schließlich sei noch das Zykloidenpendel erwähnt, ein spezielles Schwerependel, das von Huygens (1629–1695) angegeben wurde. Dabei bewegt sich eine Punktmasse, in vertikaler Ebene pendelnd, nicht – wie beim einfachen Fadenpendel – auf einem Kreisbogen, sondern auf einem Zykloidenbogen. Während die Rückführkraft beim Fadenpendel mit dem Sinus des Ausschlagwindels anwächst, s. Gl. (2.25), erhält man beim Zykloidenpendel eine lineare Abhängigkeit vom Ausschlag. Dadurch aber ergibt sich eine von der jeweiligen Amplitude unabhängige Schwingungszeit (s. Kap. 2.1.2). Derartige Schwingungen bezeichnet man als isochron. Huygens erhoffte sich von dieser Eigenschaft eine Möglichkeit zur Verbesserung von Pendeluhren, doch hat sich das Zykloidenpendel in der Praxis nicht durchsetzen können.

2.1.3.4 Schwinger mit stückweise linearer Rückführfunktion

Bei zahlreichen Schwingungsproblemen der Technik ist die Rückführfunktion $f(x)$ zwar im ganzen genommen nichtlinear, aber doch innerhalb einzelner Bereiche linear. Einige derartige Schwinger sollen im folgenden untersucht werden.

Wir betrachten zunächst einen Schwinger, dessen Rückführfunktion durch

$$f(x) = h\,\operatorname{sgn} x = \begin{cases} +h & \text{für} \quad x > 0 \\ -h & \text{für} \quad x < 0 \end{cases} \tag{2.77}$$

gekennzeichnet wird. In diesem Falle hat die rückführende Kraft einen konstanten Betrag, unabhängig von der Größe der Auslenkung x, jedoch wechselt ihr Vorzeichen beim Durchgang des Schwingers durch die Nullage. Eine derartige Rückführfunktion gilt zum Beispiel für eine Masse, die auf einer im Nullpunkt abgeknickten Geraden (Fig. 47) entlanggleitet oder rollt. Ferner treten Rückführfunktionen nach Gl. (2.77) häufig bei Relaissystemen auf, zum Beispiel bei einem Schwinger von der in Fig. 48 gezeichneten Art. Der Schwinger schaltet hier über einen Schleifer und eine zweigeteilte Kontaktbahn die elektromagnetischen Kräfte, die seine Bewegung beeinflussen.

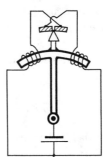

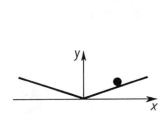

Fig. 47 Nichtlineares Rollpendel

Fig. 48 Relaisschwinger mit unstetiger Rückführfunktion

Die Lösung der Bewegungsgleichungen muß jetzt gesondert erfolgen, je nachdem ob $x > 0$ oder $x < 0$ ist. Betrachten wir den Bereich $x > 0$, so gilt

$$m\ddot{x} = -f(x) = -h \,,$$
$$\dot{x} = -\frac{h}{m}t + v_0 \,,$$
$$x = -\frac{h}{2m}t^2 + v_0 t + x_0 \,. \qquad (2.78)$$

Wenn wir annehmen, daß sich der Schwinger zum Zeitnullpunkt gerade in einem Umkehrpunkt seiner Bewegung befindet, dann sind die Anfangsbedingungen

$$t = 0; \qquad x_0 = \hat{x}; \qquad v_0 = 0.$$

Bestimmt man nun aus der zweiten Gleichung (2.78) die Zeit t und setzt diesen Wert in die dritte Gleichung ein, so bekommt man eine Beziehung zwischen x und $\dot{x}$, also die Gleichung der Phasenkurven. Sie kann in die Form gebracht werden:

$$\dot{x} = v = \pm\sqrt{\frac{2h}{m}(\hat{x} - x)}. \qquad (2.79)$$

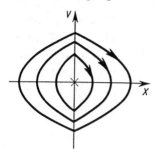

Fig. 49
Phasenporträt eines Schwingers mit der Rückführfunktion $f(x) = h \operatorname{sgn} x$

Das ergibt in der Phasenebene Parabeln, deren Scheitel auf der x-Achse im Abstand $\hat{x}$ liegt, und deren Schenkel spiegelbildlich zur x-Achse liegen (Fig. 49).

Die Phasenkurven sind symmetrisch sowohl zur x-Achse als auch zur v-Achse. Daher kann die Schwingungszeit T für einen vollen Umlauf als der vierfache Wert der Zeit ausgerechnet werden, die für das Durchlaufen eines Quadranten notwendig ist. Diese Zeit folgt unmittelbar aus

$$x = -\frac{h}{2m}t^2 + \hat{x}\,, \tag{2.80}$$

$$0 = -\frac{h}{2m}\left(\frac{T}{4}\right)^2 + \hat{x}\,,$$

$$T = 4\sqrt{\frac{2m\hat{x}}{h}} = 5{,}6568\sqrt{\frac{m\hat{x}}{h}}\,. \tag{2.81}$$

Die Schwingungszeit nimmt mit der Wurzel aus der Amplitude zu. Die Schwingungen sind daher – wie zu erwarten – nicht isochron.

Wenn die Kontaktbahnen des in Fig. 48 gezeichneten Schwingers nicht aneinandergrenzen, sondern einen gewissen Abstand voneinander haben, dann gibt es einen Bereich um den Nullpunkt, in dem keine rückführende Kraft vorhanden ist. Die Breite dieses Totbereiches wollen wir durch den Wert x_t kennzeichnen. Die Rückführfunktion ist dann

$$f(x) = \begin{cases} +h & \text{für} & x > x_t \\ 0 & \text{für} & -x_t \le x \le +x_t \\ -h & \text{für} & x < -x_t. \end{cases} \tag{2.82}$$

Entsprechend den 3 Werten, die die Rückführfunktion annehmen kann, muß die Berechnung in drei Schritten erledigt werden. Für den Bereich $x > x_t$ gelten die im vorher betrachteten Fall erhaltenen Ergebnisse unverändert;

es gilt also die Gl. (2.79). Die rechts von der Geraden $x = x_t$ liegenden Phasenkurven sind demnach – ebenso wie die links von der Geraden $x = -x_t$ liegenden Phasenkurven – Parabeln. Für das dazwischen liegende Stück ist $f(x) = 0$, also gilt

$$\ddot{x} = 0\,,$$
$$\dot{x} = v_{0t}\,,$$
$$x = v_{0t}t \pm x_t\,. \tag{2.83}$$

Daraus ist ersichtlich, daß die Phasenkurven im mittleren Abschnitt horizontal verlaufen. Folglich ergibt sich ein Phasenporträt, wie es Fig. 50 zeigt.

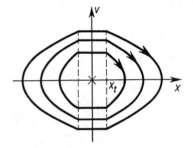

Fig. 50
Phasenporträt eines Schwingers mit Totbereich

Es entsteht aus dem Porträt von Fig. 49 dadurch, daß dieses in der Mitte auseinandergeschnitten wird und beide Hälften in positiver bzw. negativer x-Richtung jeweils um den Betrag x_t verschoben werden. Man hat dann die Kurven nur noch durch horizontale Geraden im Totbereich zu vervollständigen.

Bei der Berechnung der Schwingungszeit sind die beiden Teilzeiten zu errechnen, die der Bildpunkt braucht, um einerseits vom Punkte $x = \hat{x}$, $\dot{x} = 0$ bis zur Geraden $x = x_t$, andererseits von dort bis zur $\dot{x}$-Achse zu gelangen. Es ist dann:

$$T = 4(T_1 + T_2). \tag{2.84}$$

T_1 folgt aus (2.80) durch Einsetzen von $x = x_t$ und Auflösen nach t

$$T_1 = \sqrt{\frac{2m}{h}(\hat{x} - x_t)}.$$

Die Geschwindigkeit beim Erreichen der Geraden $x = x_t$ folgt aus (2.78)

$$\dot{x} = -\frac{h}{m}T_1 = -\sqrt{\frac{2h}{m}(\hat{x} - x_t)} = v_{0t}.$$

Setzt man dies in (2.83) ein und verlangt $x = 0$, so folgt

$$t = T_2 = \frac{x_t}{|v_{0t}|} = \frac{x_t}{\sqrt{\dfrac{2h}{m}(\hat{x} - x_t)}}.$$

Die gesamte Schwingungszeit ergibt sich jetzt nach (2.84) zu

$$T = \frac{8\hat{x} - 4x_t}{\sqrt{\dfrac{2h}{m}(\hat{x} - x_t)}}. \tag{2.85}$$

Für $x_t \to 0$ wird daraus natürlich wieder der frühere Wert Gl. (2.81) erhalten. Das hier verwendete Verfahren der bereichsweisen Lösung der Bewegungsgleichungen und des nachträglichen Aneinanderfügens an den Übergangsstellen zwischen den Bereichen wird als Anstückelverfahren bezeichnet. Es wird bei stückweise linearen Rückführkennlinien viel verwendet, insbesondere auch bei komplizierteren Systemen, wie sie beispielsweise in der Regelungstechnik auftreten.

2.1.3.5 Näherungsmethoden Wenn die Rückführfunktion $f(x)$ beliebig ist und die im Abschnitt 2.1.3.1 angegebenen Formeln zu unhandlich werden, dann können auch Näherungsmethoden zur Berechnung der Schwingungen herangezogen werden.

Eines der wichtigsten Verfahren dieser Art ist ohne Zweifel die Methode der kleinen Schwingungen. Bei ihr wird vorausgesetzt, daß die Amplituden der Schwingungen um die Ruhelage so klein sind, daß die Rückführfunktion in einer kleinen Umgebung dieser Ruhelage durch ihre Tangente ersetzt werden kann. Die Ruhelage (Gleichgewichtslage) sei durch $x = 0$ und $f(0) = 0$ gekennzeichnet. In ihrer Umgebung wird $f(x)$ in eine Taylor-Reihe entwickelt:

$$f(x) = f(0) + \left(\frac{\mathrm{d}f}{\mathrm{d}x}\right)_{x=0} x + \frac{1}{2}\left(\frac{\mathrm{d}^2 f}{\mathrm{d}x^2}\right)_{x=0} x^2 + \cdots.$$

Bei Beschränkung auf eine kleine Umgebung von $x = 0$ werden die Glieder mit höheren Potenzen von x klein gegenüber dem zweiten Gliede der rechten Seite. Da $f(0) = 0$ ist, kann man als Näherung

$$f(x) \approx \left(\frac{\mathrm{d}f}{\mathrm{d}x}\right)_{x=0} x \tag{2.86}$$

verwenden. Setzt man dies in die Bewegungsgleichung des Schwingers

$$m\ddot{x} + f(x) = 0$$

ein, so kann man sie mit

$$\frac{1}{m}\left(\frac{df}{dx}\right)_{x=0} = \omega_0^2$$

in die für den linearen Schwinger übliche Form $\ddot{x} + \omega_0^2 x = 0$ bringen. Als Beispiel sei das Schwerependel betrachtet, für das

$$f(x) = \frac{mg}{L}\sin x$$

gilt. Hier wird

$$\omega_0^2 = \frac{1}{m}\frac{mg}{L}(\cos x)_{x=0} = \frac{g}{L}$$

in Übereinstimmung mit früher schon erhaltenen Ergebnissen.

Die Methode der kleinen Schwingungen ist stets anwendbar, wenn die Entwicklung der Rückführfunktion in eine Taylor-Reihe möglich ist. Sie versagt aber in Fällen, wie wir sie im vorigen Abschnitt kennen lernten. Hier existiert entweder ein Sprung der Funktion $f(x)$ – wie zum Beispiel bei (2.77) –, oder aber der Nullpunkt liegt in einem Totbereich, dann verschwinden sämtliche Ableitungen – wie bei der Funktion (2.82). In beiden Fällen sind die Funktionen im Nullpunkt nicht analytisch und daher nicht in eine Taylor-Reihe zu entwickeln.

In derartigen Fällen kann man oft gute Näherungslösungen durch Anwendung eines von Krylov und Bogoljubov ausgearbeiteten Verfahrens erhalten, das als Verfahren der harmonischen Balance bezeichnet wird. Wir werden dieses Verfahren später noch häufiger anwenden, wollen es aber schon an dieser Stelle einführen, da es auch zur Berechnung konservativer nichtlinearer Schwingungen gute Dienste leisten kann. Allerdings soll hier eine Beschränkung auf ungerade – aber sonst beliebige – Rückführfunktionen vorgenommen werden. Es soll also

$$\begin{aligned}f(x) &= -f(-x),\\ f(0) &= 0\end{aligned}\tag{2.87}$$

gelten. Die Rückführfunktion soll außerdem so beschaffen sein, daß Schwingungen möglich sind; dazu müssen die rückführenden Kräfte überwiegen gegenüber solchen Kräften, die von der Ruhelage fort gerichtet sind.

Die Grundannahme des Verfahrens der harmonischen Balance besteht darin, daß die Schwingung als näherungsweise harmonisch vorausgesetzt wird:

$$x = \hat{x} \cos \omega t. \tag{2.88}$$

Geht man mit diesem Ansatz in die nichtlineare Rückführfunktion $f(x)$ ein, so wird auch diese eine periodische Funktion der Zeit, und zwar mit der gleichen Kreisfrequenz ω wie x in (2.88). Diese periodische Funktion wird nun in eine Fourier-Reihe entwickelt:

$$f(x) = f(\hat{x} \cos \omega t) = a_0 + \sum_{\nu=1}^{\infty} (a_\nu \cos \nu \omega t + b_\nu \sin \nu \omega t). \tag{2.89}$$

Darin sind a_ν und b_ν die bekannten Fourier-Koeffizienten. Wegen der Voraussetzung (2.87) werden im vorliegenden Fall alle Koeffizienten b_ν sowie auch der Koeffizient a_0 zu Null. Die zweite Annahme des Verfahrens der harmonischen Balance besteht darin, daß die höheren Harmonischen der Reihe (2.89) vernachlässigt werden und nur die Grundharmonische mit der Kreisfrequenz ω berücksichtigt wird. Dann gilt:

$$f(x) = f(\hat{x} \cos \omega t) \approx a_1 \cos \omega t = \frac{a_1}{\hat{x}} x = cx. \tag{2.90}$$

Dabei wurde (2.88) berücksichtigt. Man gelangt also nach dem Verfahren der harmonischen Balance zu einem linearen Näherungsausdruck cx für die nichtlineare Funktion $f(x)$, bei dem jedoch der Proportionalitätsfaktor c keine Konstante – wie bei der Methode der kleinen Schwingungen –, sondern eine Funktion der Amplitude $\hat{x}$ ist. Durch Einsetzen des Ausdrucks für den Fourier-Koeffizienten a_1 bekommt man nämlich

$$c = c(\hat{x}) = \frac{a_1}{\hat{x}} = \frac{1}{\pi \hat{x}} \int_0^{2\pi} f(\hat{x} \cos \omega t) \cos \omega t \, d(\omega t). \tag{2.91}$$

Das ist eine Integraltransformation, durch die die Funktion f der Variablen x in eine Funktion c der Variablen $\hat{x}$ überführt wird. Dieser Rechentrick, die Nichtlinearität durch Transformation in eine Abhängigkeit von der Amplitude $\hat{x}$ umzuwandeln, erweist sich als ungemein fruchtbar.

Wegen (2.90) kann die nichtlineare Schwingungsgleichung nun durch eine lineare angenähert werden, so daß die schon bekannten Methoden zur Lösung angewendet werden können. Man hat jetzt die Kreisfrequenz

$$\omega^2 = \frac{c(\hat{x})}{m}$$

und erhält somit auch eine von der Amplitude $\hat{x}$ abhängige Schwingungszeit T.

Als einfaches Anwendungsbeispiel sei ein Schwinger mit der Rückführfunktion

$$f(x) = h \operatorname{sgn} x$$

betrachtet, für den wir im vorigen Abschnitt bereits die Schwingungszeit ohne jede Vernachlässigung berechnet hatten. Aus (2.91) folgt:

$$c = 4 \frac{1}{\pi \hat{x}} \int\limits_0^{\pi/2} h \cos \omega t \, \mathrm{d}(\omega t) = \frac{4h}{\pi \hat{x}} \sin \frac{\pi}{2} = \frac{4h}{\pi \hat{x}}. \tag{2.92}$$

Dabei wurde die Tatsache ausgenutzt, daß es wegen der Symmetrie des Integranden zulässig ist, nur von 0 bis $\pi/2$ zu integrieren und das Ergebnis dann mit dem Faktor 4 zu multiplizieren. Für die Schwingungszeit bekommt man nun aus Gl. (2.92)

$$T = 2\pi \sqrt{\frac{m}{c}} = 2\pi \sqrt{\frac{\pi m \hat{x}}{4h}} = \pi \sqrt{\frac{\pi m \hat{x}}{h}} = 5{,}5683 \sqrt{\frac{m \hat{x}}{h}}. \tag{2.93}$$

Der Vergleich mit der früher erhaltenen exakten Lösung (2.81) zeigt, daß die Näherung den Einfluß der einzelnen Parameter vollständig richtig wiedergibt, nur der Zahlenfaktor ist um $1{,}56\,\%$ kleiner als der Faktor der exakten Lösung.

Es sei jedoch darauf hingewiesen, daß im allgemeinen der Fehler der Näherungslösung selbst noch von $\hat{x}$ abhängen kann.

Auch für die Bestimmung des Phasenporträts lassen sich Näherungsverfahren finden, mit denen man ohne viel Mühe für beliebige Funktionen $f(x)$ einen Überblick über den Verlauf der Phasenkurven bekommen kann. Eine Möglichkeit hierzu bietet die aus der Theorie der Differentialgleichungen erster Ordnung bekannte Isoklinenmethode. Man kann nämlich die Ausgangsgleichung

$$m\ddot{x} + f(x) = 0,$$

die von zweiter Ordnung ist, leicht in eine Differentialgleichung erster Ordnung umformen. Wegen

$$\ddot{x} = \frac{\mathrm{d}\dot{x}}{\mathrm{d}t} = \frac{\mathrm{d}\dot{x}}{\mathrm{d}x} \frac{\mathrm{d}x}{\mathrm{d}t} = \dot{x} \frac{\mathrm{d}\dot{x}}{\mathrm{d}x} = v \frac{\mathrm{d}v}{\mathrm{d}x}$$

bekommt man

$$\frac{\mathrm{d}v}{\mathrm{d}x} = -\frac{f(x)}{mv}. \tag{2.94}$$

Der auf der linken Seite stehende Differentialquotient ist gleich dem Tangens des Neigungswinkels der Phasenkurve in der x, v-Ebene. Bei der Isoklinenmethode sucht man nun diejenigen Kurven, für die (2.94) einen vorgegebenen konstanten Wert besitzt. Die Gleichung dieser Kurven folgt aus (2.94) zu

$$\frac{f(x)}{mv} = \text{const.}$$

Die dadurch gegebenen Isoklinen können in der x, v-Ebene gezeichnet und mit Richtungselementen versehen werden. Zeichnet man eine Schar derartiger Isoklinen mit den zugehörigen Richtungselementen, so bekommt man einen guten Überblick über den möglichen Verlauf der Phasenkurven.

Wir wollen als Beispiel zunächst den linearen Schwinger mit $f(x) = cx$ betrachten. Hier wird

$$\frac{\mathrm{d}v}{\mathrm{d}x} = -\frac{c}{m}\frac{x}{v}.$$

Dieser Wert ist konstant, wenn $v = kx$ mit einer beliebigen Konstanten k gilt. Die Isoklinen sind also Geraden durch den Nullpunkt. Für den Neigungswinkel der Richtungselemente auf diesen Isoklinen gilt

$$\frac{\mathrm{d}v}{\mathrm{d}x} = \tan\varphi = -\frac{c}{mk}.$$

Am einfachsten werden die Verhältnisse, wenn $c/m = 1$ ist. Dann gilt:

$$\frac{\mathrm{d}v}{\mathrm{d}x} = \tan\varphi = -\frac{x}{v}.$$

In diesem Falle stehen die Richtungselemente stets senkrecht auf den Isoklinen. Man erhält dann ein Isoklinen- oder Richtungsfeld, wie es in Fig. 51 dargestellt ist. Daraus ist unmittelbar zu erkennen, daß die Phasenkurven Kreise um den Nullpunkt sind, ein Ergebnis, das natürlich mit den Überlegungen von Abschnitt 2.1.2.1 übereinstimmt.

Als zweites Beispiel sei der Schwinger mit der Rückführfunktion $f(x) = h\,\text{sgn}\,x$ betrachtet. Hier folgt aus (2.94) für den Bereich $x > 0$

$$\frac{\mathrm{d}v}{\mathrm{d}x} = \tan\varphi = -\frac{h}{mv}.$$

Dieser Wert ist konstant, wenn v konstant ist; folglich sind die Isoklinen in diesem Falle Parallelen zur x-Achse (Fig. 52). Die Richtungselemente werden um so steiler,

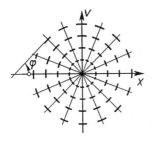

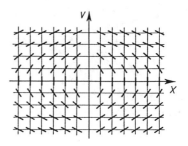

Fig. 51 Isoklinenfeld in der x, v-Ebene für einen linearen konservativen Schwinger

Fig. 52 Isoklinenfeld in der x, v-Ebene für einen konservativen Schwinger mit unstetiger Rückführfunktion

je kleiner v wird. Auf der x-Achse selbst werden die Richtungselemente vertikal. Im Bereich $x < 0$ ergibt sich das entsprechende Bild, nur ist das Vorzeichen von h umzuändern. Auf der x-Achse ist die Richtung unbestimmt, da hier $f(x)$ nicht definiert ist. Man erkennt unschwer aus Fig. 52, daß die Phasenkurven den Verlauf von Fig. 49 haben müssen.

Näherungslösungen können auch mit Hilfe der Störungsrechnung gewonnen werden; darauf soll im Abschn. 4.3.3 kurz eingegangen werden.

2.2   Gedämpfte freie Schwingungen

2.2.1   Berücksichtigung dämpfender Einflüsse

Bei der Ableitung der Bewegungsgleichungen für die im Abschnitt 2.1.1 behandelten Schwinger sind stets Vernachlässigungen vorgenommen worden. Deshalb konnten die Gleichungen mechanischer Schwinger zumeist auf die Form

$$m\ddot{x} + f(x) = 0$$

gebracht werden. Diese Bewegungsgleichungen wurden aus den Bedingungen für Gleichgewicht zwischen Trägheitskräften und Rückführkräften erhalten (oder beim elektrischen Schwingkreis aus der Bedingung für das Gleichgewicht der Spannungen an Spule und Kondensator). In jedem realen Schwinger gibt es aber zusätzlich noch Kräfte (bzw. Momente oder Spannungen), die einen dämpfenden Einfluß ausüben. Die dämpfenden Kräfte leisten Arbeit und verringern damit die im Schwinger hin- und herpendelnde Energie.

Als Beispiel betrachten wir den einfachen mechanischen Schwinger von Fig. 53, der ein Feder-Masse-System bildet, das mit einem Dämpfungskolben zusammengeschaltet wurde. Durch die hin- und hergehende Bewegung des Kolbens in einem mit Flüssigkeit gefüllten Zylinder entstehen Kräfte in der Schwingungsrichtung, deren Größe von der Schwingungsgeschwindigkeit $\dot{x}$ abhängt. Bei hoher Zähigkeit der Flüssigkeit sind die Kräfte den Geschwindigkeiten direkt proportional, so daß

$$F_d = -d\dot{x} \tag{2.95}$$

gesetzt werden kann. Das Vorzeichen ergibt sich aus der Bedingung, daß die Kräfte die Bewegung zu bremsen suchen. Berücksichtigt man Gl. (2.95) bei der Aufstellung des Kräftegleichgewichts, so folgt

$$F_t + F_d + F_f = 0,$$
$$m\ddot{x} + d\dot{x} + cx = 0. \tag{2.96}$$

Entsprechend kann auch die früher abgeleitete Gleichung (2.16) für einen

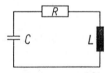

Fig. 53 Feder-Masse-Schwinger mit Dämp-   Fig. 54 Elektrischer Schwingkreis mit
            fer   Dämpfung

elektrischen Schwingkreis durch Berücksichtigung der in jedem Kreis vorhandenen Ohmschen Widerstände ergänzt werden. In Fig. 54 sind diese durch einen gesondert eingezeichneten Widerstand R berücksichtigt worden, jedoch braucht der Widerstand keineswegs an einer Stelle lokalisiert zu sein. Wenn ein Strom I im Kreis fließt, dann ist am Widerstand ein Spannungsabfall von der Größe

$$U_R = RI$$

vorhanden. Die Bedingung für das Gleichgewicht der Spannungen gibt damit

$$L\dot{I} + RI + \frac{1}{C}\int I\mathrm{d}t = 0$$

oder wegen $\int I\mathrm{d}t = Q$:

$$L\ddot{Q} + R\dot{Q} + \frac{1}{C}Q = 0. \tag{2.97}$$

In den beiden betrachteten Fällen sind die dämpfenden Kräfte bzw. Spannungen der Änderungsgeschwindigkeit der jeweiligen Zustandsgröße x bzw. Q proportional. Das muß nicht unbedingt so sein. Wenn sich zum Beispiel an einem Pendel eine quer zur Bewegungsrichtung stehende Platte befindet, die beim Schwingen die Luft kräftig durchwirbelt, dann sind die dämpfenden Momente etwa dem Quadrat der Schwingungsgeschwindigkeit proportional. Wenn andererseits die Pendellagerung schwergängig ist, dann entstehen Reibungsmomente, deren Betrag fast von der Bewegungsgeschwindigkeit unabhängig ist, deren Vorzeichen jedoch jedesmal bei der Bewegungsumkehr wechselt.

In jedem Falle sind die dämpfenden Einflüsse Funktionen der Geschwindigkeit, für die wir allgemein $g(\dot{x})$ schreiben können. Man kann in derartigen Fällen die Bewegungsgleichung eines Schwingers meist (nach Division mit dem bei $\ddot{x}$ stehenden Faktor) auf die allgemeine Form bringen:

$$\ddot{x} + g(\dot{x}) + f(x) = 0. \tag{2.98}$$

Es kommt gelegentlich vor, daß Dämpfungs- und Rückführkräfte so eng miteinander verknüpft sind, daß sie sich in der Bewegungsgleichung nicht trennen lassen. Dann erhält man die allgemeinere Form

$$\ddot{x} + f(x, \dot{x}) = 0. \tag{2.99}$$

Im folgenden sollen nun zunächst die Eigenschaften von gedämpften linearen Schwingern und anschließend einige typische Fälle von nichtlinearen Schwingern behandelt werden.

2.2.2 Der lineare Schwinger

2.2.2.1 Reduktion der allgemeinen Gleichung Im allgemeinsten Falle können die Koeffizienten der Bewegungsgleichung eines linearen gedämpften Schwingers von einem Freiheitsgrad auch Funktionen der Zeit sein. Man kann dann schreiben

$$m(t)\ddot{x} + d(t)\dot{x} + c(t)x = 0. \tag{2.100}$$

Diese sehr allgemeine lineare Gleichung läßt sich stets so umformen, daß das in der Mitte stehende Dämpfungsglied verschwindet. Führt man nämlich die neue Veränderliche

$$y = x e^{\frac{1}{2} \int \frac{d}{m} \mathrm{d}t} \tag{2.101}$$

ein, dann geht (2.100) über in

$$\ddot{y} + \left[\frac{c}{m} - \frac{1}{4} \left(\frac{d}{m} \right)^2 - \frac{1}{2} \frac{\mathrm{d}}{\mathrm{d}t} \left(\frac{d}{m} \right) \right] y = 0. \tag{2.102}$$

Damit können die Lösungen von (2.100) aus den entsprechenden Lösungen für die Gl. (2.102) aufgebaut werden. Das kann für die Berechnung linearer Schwinger außerordentlich nützlich sein.

Wir wollen uns hier auf den Fall konstanter Koeffizienten beschränken; einige bei zeitabhängigen Koeffizienten auftretende Erscheinungen sollen später in Kapitel 4 gesondert besprochen werden. Als Ausgangsgleichung verwenden wir (2.96), doch gelten die Überlegungen ebensogut für die völlig gleichartig aufgebaute Gleichung (2.97). Um den Überlegungen größere Allgemeinheit zu geben, wird die Ausgangsgleichung zunächst in eine dimensionslose Form überführt. Wir setzen

$$\frac{c}{m} = \omega_0^2$$

und führen die dimensionslose Zeit

$$\tau = \omega_0 t \tag{2.103}$$

ein. Das bedeutet, daß die Bewegungen in Schwingern mit verschiedenen Koeffizienten auch in verschiedenen Zeitmaßstäben gemessen werden. Dabei ist τ gewissermaßen eine je nach dem Betrage der Kreisfrequenz ω_0 gedehnte oder geraffte Zeit; sie wird als Eigenzeit bezeichnet. Wegen (2.103) folgt nun

$$\dot{x} = \frac{dx}{dt} = \frac{dx}{d\tau}\frac{d\tau}{dt} = \omega_0\frac{dx}{d\tau} = \omega_0 x',$$

$$\ddot{x} = \frac{d\dot{x}}{dt} = \frac{d\dot{x}}{d\tau}\frac{d\tau}{dt} = \omega_0^2 x''.$$

Nach Einsetzen dieser Ausdrücke in die Ausgangsgleichung (2.96) und nach entsprechendem Umformen geht die Bewegungsgleichung in die Form

$$x'' + 2Dx' + x = 0 \tag{2.104}$$

über, wobei die einzige noch vorkommende Konstante eine dimensionslose Größe, das von Lehr [24] eingeführte Dämpfungsmaß (auch Dämpfungsgrad) ist. Es gilt

$$D = \frac{d}{2m\omega_0} = \frac{d\omega_0}{2c} = \frac{d}{2\sqrt{cm}}. \tag{2.105}$$

Für einen Schwinger ohne Dämpfung wird $D = 0$, so daß man in diesem Grenzfall wieder auf die früheren Untersuchungen zurückgeführt wird.

2.2.2.2 Lösung der Bewegungsgleichungen Die Lösung der dimensionslosen Gl. (2.104) kann nach einem in der Theorie der Differentialgleichungen üblichen Verfahren durch den Exponentialansatz

$$x = \hat{x}e^{\lambda\tau}$$

gesucht werden. Wir wollen jedoch hier den Weg einschlagen, der durch die Transformation (2.101) gewiesen wurde. Durch Vergleich von (2.104) mit (2.100) sieht man, daß im vorliegenden Fall

$$m = c = 1; \qquad d = 2D$$

zu setzen ist. Dann findet man x aus Gl. (2.101)

$$x = ye^{-D\tau}, \tag{2.106}$$

wobei y als Lösung der Differentialgleichung (2.102)

$$y'' + (1 - D^2)y = 0 \tag{2.107}$$

zu bestimmen ist.

Je nach dem Betrage des Dämpfungsgrades D müssen nun die folgenden drei Fälle gesondert behandelt werden:

I. $D < 1$

II. $D > 1$

III. $D = 1$.

I. $D < 1$. Wir setzen $1 - D^2 = \nu^2$ und bekommen damit aus (2.107) eine Differentialgleichung, deren Lösung bereits im Abschnitt 2.1.2.1 ausgerechnet wurde. Mit den Konstanten A und B bzw. C und φ_0 gilt:

$$y = A\cos\nu\tau + B\sin\nu\tau\,,$$
$$y = C\cos(\nu\tau - \varphi_0).$$

Damit folgt aus (2.106) die Lösung für x,

$$x = \mathrm{e}^{-D\tau}[A\cos\nu\tau + B\sin\nu\tau]\,,$$
$$x = C\mathrm{e}^{-D\tau}\cos(\nu\tau - \varphi_0). \tag{2.108}$$

Für die Bestimmung der Konstanten aus den Anfangsbedingungen sowie für die spätere Diskussion der Lösung wird auch die Geschwindigkeit gebraucht. Man erhält durch einmalige Differentiation nach τ:

$$x' = \mathrm{e}^{-D\tau}[(B\nu - DA)\cos\nu\tau - (A\nu + DB)\sin\nu\tau]\,,$$
$$x' = -C\mathrm{e}^{-D\tau}[D\cos(\nu\tau - \varphi_0) + \nu\sin(\nu\tau - \varphi_0)]. \tag{2.109}$$

Wenn die Anfangsbedingungen für $\tau = 0$; $x = x_0$; $x' = x_0'$ sind, so ergeben sich für die Konstanten in (2.108) und (2.109) die Werte

$$A = x_0\,, \qquad B = \frac{x_0' + Dx_0}{\nu}\,,$$
$$C = \sqrt{A^2 + B^2} = \sqrt{x_0^2 + \left(\frac{x_0' + Dx_0}{\nu}\right)^2}\,, \tag{2.110}$$
$$\tan\varphi_0 = \frac{B}{A} = \frac{x_0' + Dx_0}{\nu x_0}.$$

II. $D > 1$. Wir nennen jetzt $D^2 - 1 = k^2$ und bekommen damit aus (2.107) die Gleichung

$$y'' - k^2 y = 0. \tag{2.111}$$

Partikuläre Lösungen dieser Gleichung sind die Hyperbelfunktionen

$$y_1 = \cosh k\tau; \qquad y_2 = \sinh k\tau.$$

Darin ist sinh der Hyperbelsinus, cosh der Hyperbelcosinus. Diese beiden Lösungen bilden ein Fundamentalsystem, so daß die allgemeine Lösung von (2.111) mit den beiden Konstanten A und B in der Form geschrieben werden kann:

$$y = A\cosh k\tau + B\sinh k\tau\,,$$
$$y = C\cosh(k\tau + \varphi_0) \tag{2.112}$$

mit

$$C = \sqrt{A^2 - B^2}; \qquad \tanh\varphi_0 = \frac{B}{A} \qquad \text{(tanh ist der Hyperbeltangens).}$$

Durch Einsetzen in (2.106) folgt damit als Lösung für x

$$x = \mathrm{e}^{-D\tau}[A\cosh k\tau + B\sinh k\tau]\,,$$
$$x = C\mathrm{e}^{-D\tau}\cosh(k\tau + \varphi_0). \tag{2.113}$$

Die Bestimmung der Konstanten aus den Anfangsbedingungen ergibt jetzt

$$A = x_0, \qquad B = \frac{x_0' + Dx_0}{k}\,,$$
$$C = \sqrt{A^2 - B^2} = \sqrt{x_0^2 - \left(\frac{x_0' + Dx_0}{k}\right)^2}\,, \tag{2.114}$$
$$\tanh\varphi_0 = \frac{B}{A} = \frac{x_0' + Dx_0}{kx_0}.$$

Neben den beiden Lösungsformen (2.113) wird häufig eine Darstellung mit e-Funktion verwendet:

$$x = A^*\mathrm{e}^{-(D-k)\tau} + B^*\mathrm{e}^{-(D+k)\tau}.$$

Wegen $k = \sqrt{D^2 - 1} < D$ ist $D - k > 0$, so daß die hier vorkommenden Exponenten stets negativ sind.

III. $D = 1$. Dieser Grenzfall läßt sich aus den beiden bisher behandelten Fällen durch den Grenzübergang $D \to 1$ ableiten. Einfacher ist jedoch die unmittelbare Herleitung der Lösung auf dem bisher eingeschlagenen Wege. Man erhält aus (2.107)

$$y'' = 0$$

mit der allgemeinen Lösung

$$y = A\tau + B.$$

Damit wird die Lösung für x

$$x = e^{-\tau}(A\tau + B). \tag{2.115}$$

Die Bestimmung der Integrationskonstanten aus den Anfangsbedingungen ergibt jetzt

$$A = x_0 + x_0'; \qquad B = x_0.$$

Damit geht die allgemeine Lösung über in

$$x = e^{-\tau}[x_0(1 + \tau) + x_0'\tau]. \tag{2.116}$$

2.2.2.3 Das Zeitverhalten der Lösungen Bei der Diskussion der im vorigen Abschnitt ausgerechneten Lösungen interessiert vorwiegend das x, t-Bild, also der zeitliche Verlauf der möglichen Bewegungen. Man kann zunächst aus den Lösungen (2.113) und (2.116) ablesen, daß im Falle $D \geq 1$ nur kriechende Bewegungen vorkommen. Je nach den Anfangsbedingungen können dabei höchstens ein Umkehrpunkt der Bewegung und höchstens ein Nulldurchgang auftreten. Der Fall $D = 1$ zeichnet sich dadurch aus, daß eine Anfangsstörung schneller abklingt als im Fall $D > 1$. Im Falle $D < 1$ – Lösung (2.108) – sind dagegen Schwingungen möglich, deren Amplituden jedoch wegen des Vorhandenseins des Faktors $e^{-D\tau}$ mit der Zeit kleiner werden. Wegen des Auftretens der periodischen Funktionen sin und cos in (2.108) spricht man – nicht ganz korrekt – bei $D < 1$ von dem periodischen Fall. Die Koordinate x genügt jedoch für $D \neq 0$ nicht der Periodizitätsbedingung (1.1). Die Fälle $D = 1$ und $D > 1$ werden als aperiodisch bezeichnet, wobei man im ersteren Fall auch vom aperiodischen Grenzfall spricht.

Wir betrachten den Fall $D < 1$ und stellen fest, daß sich die Transformation (2.106) geometrisch so auswirkt, daß die Geraden $y = $ const in einer y, τ-Ebene zu abfallenden e-Funktionen $x = $ const $e^{-D\tau}$ in der x, τ-Ebene werden (Fig. 55). Das hat zur Folge, daß ein in der y, τ-Ebene ungedämpfter Schwingungszug in der x, τ-Ebene als eine gedämpfte Schwingungskurve erscheint, die zwischen zwei abfallenden e-Funktionen eingezwängt ist. Die

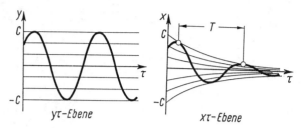

Fig. 55 y, τ-Bild und x, τ-Bild einer gedämpften Schwingung im Falle $D < 1$

früheren Geraden $y = \pm C$ bilden nunmehr Hüllkurven für den Kurvenzug der gedämpften Schwingung. Die Gleichung der Hüllkurven ist

$$x_h = \pm C \mathrm{e}^{-D\tau}. \tag{2.117}$$

Für das Zeitverhalten der gedämpften Schwingung sind zwei Größen kennzeichnend; sie bestimmen erstens den zeitlichen Abfall der Hüllkurven und zweitens die Wiederholungszeit für das Hin- und Herpendeln zwischen den Hüllkurven. Der zeitliche Abfall der Hüllkurve wird durch die sogenannte Zeitkonstante τ_z bzw. T_z beschrieben. Es gilt:

$$\tau_z = \frac{1}{D}. \tag{2.118}$$

Damit kann die Gleichung der Hüllkurven wie folgt geschrieben werden:

$$x_h = \pm C \mathrm{e}^{-\frac{\tau}{\tau_z}}.$$

Die geometrische Bedeutung der Zeitkonstanten τ_z geht aus Fig. 56 hervor. Legt man im Zeitnullpunkt eine Tangente an die e-Funktion, so schneidet sie die Abszisse bei dem Wert τ_z. Man kann sich leicht davon überzeugen, daß der τ-Abstand zwischen einem beliebigen Anlegepunkt der Tangente und dem zugehörigen Schnittpunkt der Tangente mit der Abszisse gleich τ_z ist. Die e-Funktion fällt in der Zeit $\tau = \tau_z$ um den Faktor $1/\mathrm{e} = 0{,}368$ ab, so daß die Amplitude in dieser Zeit um 63 % kleiner wird.

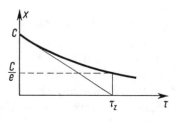

Fig. 56
Zur Deutung der Zeitkonstanten τ_z

Die Größe τ_z ist in der dimensionslosen Eigenzeit gemessen. Der Wert der Zeitkonstanten T_z in der normalen Zeit folgt wegen (2.103):

$$T_z = \frac{\tau_z}{\omega_0} = \frac{1}{D\omega_0} = \frac{2m}{d}. \qquad (2.119)$$

Die zweite kennzeichnende Zeitgröße ist die Schwingungszeit. Sie wird als die Periode T_d der in der Lösung (2.108) vorkommenden periodischen Funktionen sin und cos definiert. Es gilt also im Maßstab der Eigenzeit

$$\tau_d = \frac{2\pi}{\nu} = \frac{2\pi}{\sqrt{1 - D^2}}.$$

Im normalen Zeitmaßstab hat man entsprechend

$$T_d = \frac{\tau_d}{\omega_0} = \frac{2\pi}{\omega_0\sqrt{1 - D^2}} = \frac{2\pi}{\omega_d} = \frac{T_0}{\sqrt{1 - D^2}}. \qquad (2.120)$$

Dabei kennzeichnen ω_d die Kreisfrequenz bei vorhandener Dämpfung und $T_0 = 2\pi/\omega_0$ die Schwingungszeit der zugehörigen ungedämpften Schwingung. Man erkennt aus (2.120), daß die gedämpften Schwingungen eine größere Schwingungszeit als die ungedämpften haben. Für kleine Werte des Dämpfungsgrades D macht sich dieser Einfluß allerdings nur sehr wenig bemerkbar; er wird erst wesentlich, wenn sich der Betrag von D dem Wert Eins nähert.

Aus der Lösung (2.108) sieht man, daß die Nulldurchgänge der Schwingungskurve jeweils um den Betrag $\nu\tau = \pi$ auseinanderliegen. Die Punkte, in denen der Schwingungsbogen die Hüllkurve berührt, liegen in der Mitte zwischen den Nulldurchgängen. Diese Berührungspunkte sind jedoch nur im Falle ungedämpfter Schwingungen mit den Maxima der Schwingungskurve identisch. Bei gedämpften Schwingungen sind die Maxima nach kleineren Werten von τ verschoben.

Die Beträge der Maxima werden mit wachsender Zeit – entsprechend dem Verlauf der Hüllkurve – geringer. Dieser Abfall wurde bereits durch die Zeitkonstante τ_z charakterisiert. Es ist jedoch zweckmäßig, daneben noch ein anderes Maß für den Amplitudenabfall zu haben, bei dem dieser nicht als Funktion der Zeit, sondern als Funktion der Zahl der Vollschwingungen angegeben wird. Bezeichnen wir die nach der g l e i c h e n Seite von der Mittellage gelegenen Maxima einer Schwingungskurve mit $x_1, x_2, \ldots, x_n$ und die zugehörigen Zeiten entsprechend mit $\tau_1, \tau_2, \ldots, \tau_n$, so gilt nach (2.108)

$$x_n = Ce^{-D\tau_n} \cos[\nu\tau_n - \varphi_0],$$
$$x_{n+1} = Ce^{-D(\tau_n + \tau_d)} \cos[\nu(\tau_n + \tau_d) - \varphi_0].$$

Da der Cosinus periodisch mit $\nu\tau_d$ ist, so folgt durch Quotientenbildung

$$\frac{x_n}{x_{n+1}} = e^{D\tau_d}. \tag{2.121}$$

Das Verhältnis zweier aufeinanderfolgender Maxima, die von der Mittellage aus gesehen auf derselben Seite liegen, ist also eine konstante Größe, die weder von der Amplitude C noch von der laufenden Zeit τ abhängt. Der Quotient (2.121) ist daher zur Charakterisierung des Dämpfungsverhaltens geeignet. Den natürlichen Logarithmus

$$\ln\left(\frac{x_n}{x_{n+1}}\right) = D\tau_d = \frac{2\pi D}{\sqrt{1-D^2}} = \varLambda \tag{2.122}$$

nennt man das logarithmische Dekrement der Schwingungen und bezeichnet es mit dem Buchstaben $\varLambda$. Will man $\varLambda$ aus Messungen zweier auf verschiedenen Seiten von der Mittellage aufeinanderfolgenden Maxima bestimmen, dann muß der links stehende Logarithmus in Gl. (2.122) sinngemäß mit dem Faktor 2 multipliziert werden. Die Größen $\varLambda$ und D sind durch die Beziehung (2.122) miteinander verbunden. D ist für theoretische Berechnungen besonders zweckmäßig, während $\varLambda$ leicht aus Messungen abgeleitet werden kann. Durch Umformung von (2.122) findet man

$$D = \frac{\varLambda}{\sqrt{4\pi^2 + \varLambda^2}}. \tag{2.123}$$

Wenn man aus den gemessenen Beträgen x_n der Maxima die Größe $\varLambda$ und dann aus (2.123) D bestimmen will, so verwendet man besser nicht die Formel (2.122), sondern eine graphische Auswertung. Zu diesem Zweck wird $\ln x_n$ als Funktion der Zahl n in halblogarithmischem Papier aufgetragen (Fig. 57). Die Meßpunkte werden durch eine mittelnde Gerade verbunden. Bei gleichen Achssmaßstäben ist der Tangens des Neigungswinkels α dieser Geraden unmittelbar gleich $\varLambda$. Aus

$$x_{n+1} = x_1 e^{-Dn\tau_d}$$

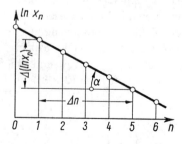

Fig. 57
Graphische Bestimmung des logarithmischen Dekrementes $\varLambda$

folgt nämlich

$$\ln x_{n+1} = \ln x_1 - Dn\tau_d$$

oder wegen $D\tau_d = \Lambda$

$$\Lambda = \frac{\ln x_1 - \ln x_{n+1}}{n} = \tan\alpha. \tag{2.124}$$

Wenn bei der Anwendung dieses Verfahrens Abweichungen der eingetragenen Meßpunkte von einer Geraden auftreten, die nicht durch die Ungenauigkeit der Einzelmessung erklärt werden können, sondern systematischen Charakter haben, dann ist dies ein Hinweis darauf, daß das hier zugrundegelegte Gesetz für die dämpfenden Kräfte nicht gilt. Man kann aus der Gestalt der die Meßpunkte verbindenden Kurve Rückschlüsse auf die Form des Dämpfungsgesetzes ziehen. Das soll jedoch hier nicht weiter untersucht werden.

Es sei noch erwähnt, daß nicht nur die Koordinate x nach (2.108), sondern auch deren Ableitungen im Diagramm durch gedämpft schwingende Kurvenzüge dargestellt werden können. Da alle Ableitungen von x denselben Zeitfaktor $e^{-D\tau}$ in der Amplitude behalten, werden ihre Zeitkonstanten τ_z und T_z gleich groß. Wegen der Gleichheit der Schwingungszeit wird dann aber auch das logarithmische Dekrement $\Lambda = D\tau_d$ in allen Fällen gleich. Wenn jedoch nicht die Größe x selbst, sondern eine von ihr quadratisch abhängige Größe gemessen wird, z.B. eine Energie, dann bekommt man nur die halbe Zeitkonstante. Wegen

$$x^2 = C^2 e^{-2D\tau} \cos^2(\nu\tau - \varphi_0)$$

gilt für die Zeitkonstante τ_z^* von x^2

$$\tau_z^* = \frac{1}{2D} = \frac{1}{2}\tau_z.$$

Somit erfolgt der Abfall der Hüllkurve für x^2 doppelt so schnell wie für x. Daraus darf aber nicht geschlossen werden, daß auch das logarithmische Dekrement doppelt so groß ist. Wegen

$$\cos^2\alpha = \frac{1}{2}(1 + \cos 2\alpha)$$

wird nämlich die Kreisfrequenz für x^2 gegenüber der für x geltenden verdoppelt; die Schwingungszeit τ_d wird halbiert. Demnach erhält man:

$$\Lambda^* = D^*\tau_d^* = 2D\frac{\tau_d}{2} = D\tau_d = \Lambda.$$

Das logarithmische Dekrement bleibt also unverändert.

2.2.2.4 Das Phasenporträt Setzt man in der Ausgangsgleichung (2.104) $x' = v$, so folgt mit

$$x'' = \frac{\mathrm{d}v}{\mathrm{d}\tau} = \frac{\mathrm{d}v}{\mathrm{d}x}\frac{\mathrm{d}x}{\mathrm{d}\tau} = v\frac{\mathrm{d}v}{\mathrm{d}x}$$

eine Beziehung für die Richtung der Phasenkurven:

$$\frac{\mathrm{d}v}{\mathrm{d}x} = -\left(2D + \frac{x}{v}\right). \tag{2.125}$$

Die Gleichung zweiter Ordnung (2.104) ist damit in eine Gleichung erster Ordnung überführt worden, aus der leicht die Gleichung der Isoklinen erhalten werden kann. Setzt man $\mathrm{d}v/\mathrm{d}x = \tan\varphi = \text{const}$, dann folgt aus (2.125) die Gleichung der Isoklinen zu

$$v = -\frac{x}{\tan\varphi + 2D}. \tag{2.126}$$

Die Isoklinen sind demnach Geraden durch den Nullpunkt der Phasenebene. Diese Isoklinen sind Träger von Richtungselementen, die gegen die x-Achse um den Winkel φ geneigt sind. Man kann $\tan\varphi = \mathrm{d}v/\mathrm{d}x$ aus Gl. (2.125) entnehmen. Übrigens führt der Sonderfall $D = 0$ wieder auf das bereits besprochene Richtungsfeld von Fig. 51 zurück; alle Richtungselemente stehen dabei senkrecht auf den Isoklinen.

Aus Gl. (2.125) sieht man unmittelbar, daß im Fall $D > 0$ alle Richtungselemente um einen gewissen Betrag im Uhrzeigersinne gedreht sind, mit Ausnahme der Richtungselemente auf der x-Achse ($v = 0$); diese stehen nach wie vor senkrecht zur x-Achse. Man kommt also für $D < 1$ zu Richtungsfeldern, von denen Fig. 58 ein Beispiel zeigt. Die Phasenkurven werden zu Spiralen, während der Nullpunkt Strudelpunkt wird. Der die Bewegung

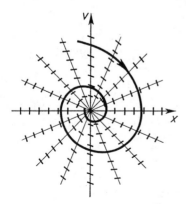

Fig. 58
Richtungsfeld und Phasenkurve für $0 < D < 1$

repräsentierende Bildpunkt wandert längs dieser Spiralen in den Nullpunkt hinein.

Die Richtungselemente – und damit auch die Phasenkurven – werden horizontal für

$$v = -\frac{x}{2D}.$$

Das ist die Gleichung einer durch den Nullpunkt der Phasenebene gehenden Geraden.

Je größer der Dämpfungsgrad D wird, um so mehr müssen die Richtungselemente der Isoklinen im Uhrzeigersinne verdreht werden. Dabei kann es bei hinreichend großem D vorkommen, daß ein Richtungselement dieselbe Richtung wie die tragende Isokline bekommt. Eine derartige Isokline kann dann nicht mehr von den Phasenkurven durchschnitten werden, sie bildet vielmehr eine Asymptote für die Phasenkurven. Wir wollen untersuchen, wann dieser Fall eintritt. Offenbar muß gelten

$$\tan \varphi = \frac{v}{x}$$

oder wegen (2.126)

$$\tan \varphi = -\frac{1}{\tan \varphi + 2D}.$$

Das ist eine quadratische Gleichung für $\tan \varphi$ mit den Lösungen

$$\left.\begin{array}{c} \tan \varphi_1 \\ \tan \varphi_2 \end{array}\right\} = -D \pm \sqrt{D^2 - 1} = \begin{cases} -(D - k) \\ -(D + k). \end{cases} \tag{2.127}$$

Für $D < 1$ existiert keine reelle Lösung, also gibt es dann auch keine Asymptoten-Isoklinen. Im Sonderfall $D = 1$ (aperiodischer Grenzfall) hat (2.127) die Doppellösung $\tan \varphi = -1$. Hier wird die 45°-Gerade durch den 2. und 4. Quadranten zur Asymptoten-Isokline: Das zugehörige Richtungsfeld mit einer eingezeichneten Phasenkurve zeigt Fig. 59. Für $D > 1$ gibt es zwei Asymptoten-Isoklinen mit den Richtungswinkeln φ_1 und φ_2 (Fig. 60).

Jede Asymptoten-Isokline kann selbst zur Phasenkurve werden.

Mit Veränderungen der Dämpfungsgröße D ändert sich das Phasenporträt also nicht nur quantitativ, sondern auch qualitativ. Aus dem für $D = 0$ (Fig. 51) vorhandenen Wirbelpunkt im Nullpunkt der Phasenebene wird für $0 < D < 1$ ein Strudelpunkt (Fig. 58) und schließlich für $D \geq 1$ ein Knotenpunkt (Fig. 59 und 60). Das Phasenporträt mit Wirbelpunkt zeigt rein periodische, ungedämpfte Schwingun-

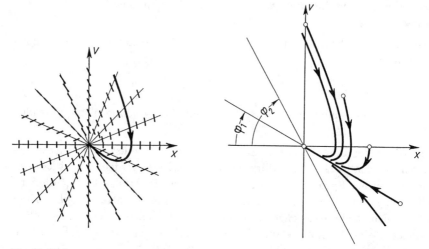

Fig. 59 Richtungsfeld und Phasenkurve im
Grenzfall $D = 1$

Fig. 60 Phasenkurven im Fall $D > 1$

gen, dem Strudelpunkt entsprechen gedämpfte Schwingungen („periodischer" Fall),
zum Knotenpunkt schließlich gehören die Kriechbewegungen (aperiodischer Fall).

Um diese Zusammenhänge auch noch in den Koeffizienten der ursprünglichen Ausgangsgleichung (2.96) auszudrücken, sind die aus der Definitionsgleichung (2.105)
folgenden Bereiche der verschiedenen Bewegungstypen in Fig. 61 in einer $\left(\dfrac{c}{m}, \dfrac{d}{m}\right)$-
Ebene dargestellt worden. Man erkennt auch daraus wieder, daß die Größe des
Dämpfungsfaktors d allein noch nichts über den Charakter der Bewegungen aus-
sagt; entscheidend ist vielmehr das dimensionslose Dämpfungsmaß D.

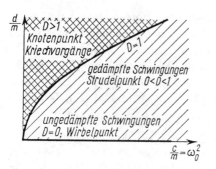

Fig. 61
Verteilung der Bewegungstypen in einer
$\left(\dfrac{c}{m}, \dfrac{d}{m}\right)$-Ebene

2.2.3 Nichtlineare Schwinger

2.2.3.1 Der allgemeine Fall Bei Vorhandensein beliebiger Dämpfungs-
und Rückführkräfte kann die Bewegungsgleichung des Schwingers in die
Form

$$\ddot{x} + F(x, \dot{x}) = 0 \qquad (2.128)$$

gebracht werden. Analog zum Vorgehen im Falle des linearen Schwingers
kann auch jetzt die Reduktion auf eine Gleichung erster Ordnung vorge-
nommen werden. Mit $\dot{x} = v$ läßt sich nämlich (2.128) wegen $\ddot{x} = \dfrac{dv}{dt} = v\dfrac{dv}{dx}$
in der Gestalt

$$\frac{dv}{dx} = -\frac{F(x, v)}{v} \qquad (2.129)$$

schreiben. Durch diese Beziehung wird jedem Punkte x, v der Phasenebene
eindeutig eine bestimmte Richtung zugeordnet. Man kann daher jede Phasenkurve durch schrittweises Aneinanderheften einzelner Richtungselemente
konstruieren.

In vielen Fällen kann die Funktion $F(x, v)$ zerlegt werden:

$$F(x, v) = g(v) + f(x).$$

Entsprechend den zahlreichen Möglichkeiten für die Dämpfungsfunktionen
$g(v)$ und die Rückführfunktionen $f(x)$ gibt es außerordentlich viele Kombinationen, die zum großen Teil auch in der technischen Praxis vorkommen
können. Es kann nicht die Aufgabe der vorliegenden Untersuchungen sein,
alle diese Möglichkeiten zu behandeln. Vielmehr sollen zwei typische Fälle
herausgegriffen werden, die auch vom Standpunkt der Schwingungspraxis
aus besonderes Interesse beanspruchen können.

2.2.3.2 Dämpfung durch Festreibung Festreibung oder Coulombsche
Reibung tritt auf, wenn sich feste Körper berühren und gleichzeitig an der
Berührungsstelle gegeneinander bewegen. Ohne Schmierung sind die Rei-
bungskräfte fast unabhängig von der Größe der Bewegungsgeschwindigkeit.
Ihre Richtung ist der Geschwindigkeit entgegengesetzt. Man kann daher in
zahlreichen Fällen die Reibungskraft durch

$$F_r = \begin{cases} -r & \text{für} \quad v > 0, \\ +r & \text{für} \quad v < 0, \end{cases}$$

$$F_r = -r\,\text{sgn}\,v \qquad (2.130)$$

näherungsweise beschreiben. Berücksichtigt man diese Kraft bei der Betrachtung des Kräftegleichgewichts an einem mechanischen Schwinger, dann erhält man die Bewegungsgleichung

$$m\ddot{x} + r \, \text{sgn} \, \dot{x} + f(x) = 0. \tag{2.131}$$

Da die Reibungsfunktion an der Stelle $\dot{x} = v = 0$ springt, wird die Gl. (2.131) in den Bereichen mit $v > 0$ bzw. $v < 0$ gesondert gelöst. Die Teillösungen in den beiden Bereichen unterscheiden sich nur im Vorzeichen von r. Es genügt also, die Lösung für einen Bereich auszurechnen und dann die Änderung des Vorzeichens im anderen Bereich zu berücksichtigen. Für $v > 0$ hat man

$$m\ddot{x} + f(x) = -r.$$

Wir multiplizieren diese Gleichung mit $v = \dot{x}$ und können dann in bekannter Weise einmal nach der Zeit integrieren:

$$\frac{1}{2}mv^2 + \int\limits_0^x f(x)\mathrm{d}x = E_0 - rx \tag{2.132}$$

oder

$$E_{\text{kin}} + E_{\text{pot}} = E_0 - rx = \bar{E}_0. \tag{2.133}$$

Dies kann als verallgemeinerter Energiesatz mit einer von x abhängigen Energie-„Konstante" $\bar{E}_0$ aufgefaßt werden. Bereits aus Gl. (2.133) läßt sich das Gesetz für die Abnahme der Amplituden in einer sehr durchsichtigen Weise erkennen. Zeichnet man nämlich die potentielle Energie als Funktion von x auf (Fig. 62), so läßt sich – völlig analog zu den Verhältnissen beim linearen Schwinger – auch die kinetische Energie sofort aus dem Diagramm ablesen. Man hat zu diesem Zwecke nur den Ausdruck $E_0 - rx$ von (2.133) als schräglaufende Gerade einzutragen. Für den Bereich $v > 0$ hat diese Gerade eine negative Steigung.

Die Umkehrpunkte der Schwingung sind durch $v = 0$ oder $E_{\text{kin}} = 0$ gekennzeichnet. Die zugehörigen x-Werte bekommt man als Schnittpunkte der E_{pot}-Kurve mit der „Energie-Geraden". Fängt die Schwingung beispielsweise mit $x = x_1 < 0$ und $v = 0$ an, so erhält man den ersten Umkehrpunkt der Bewegung bei $x = x_2 > 0$. Damit wird der Bereich $v > 0$ verlassen. Für die Rückschwingung muß nun in Gl. (2.133) ein anderer Wert $E_0 = E_{02}$ sowie das andere Vorzeichen für r eingesetzt werden. Damit ergibt sich eine Energiegerade mit positiver Steigung, die natürlich – um einen stetigen An-

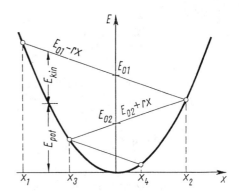

Fig. 62
Bestimmung der Umkehrpunkte für einen Schwinger mit Festreibung

schluß an die erste Halbschwingung zu gewährleisten – durch den Schnittpunkt der ersten Energiegeraden mit der E_{pot}-Kurve bei $x = x_2$ gehen muß. Der andere Schnittpunkt der zweiten Energiegeraden ergibt den nächsten Umkehrpunkt $x = x_3$. In dieser Weise kann man fortfahren und die Folge der Umkehrpunkte x_n ohne Mühe bestimmen. Die Folge der x_n reißt ab, wenn die Neigung der E_{pot}-Kurve kleiner als die der Energiegeraden wird. Das läßt sich physikalisch leicht erklären: die Rückführkraft wird mit kleiner werdendem x kleiner, während die Reibungskraft ihren konstanten Betrag behält. Von einer gewissen Auslenkung an wird demnach die Reibungskraft größer als die Rückführkraft; diese kann dann den Schwinger aus einem Umkehrpunkt heraus nicht wieder in Bewegung setzen. Die Schwingung bleibt schließlich in einem durch den Betrag von r festgelegten Totbereich stecken. Aus (2.133) läßt sich unmittelbar auch die Gleichung der Phasenkurven ableiten:

$$v = +\sqrt{\frac{2}{m}(E_{0i} - rx - E_{\text{pot}})}, \qquad v > 0, \qquad (2.134)$$

$$v = -\sqrt{\frac{2}{m}(E_{0i} + rx - E_{\text{pot}})}, \qquad v < 0.$$

Entsprechend können Ausdrücke für die Schwingungszeit erhalten werden. Dabei werden die zum Durchlaufen der einzelnen Halbschwingungen notwendigen Zeiten gesondert berechnet:

$$T = T_1 + T_2 \,,$$

$$T_1 = \int\limits_{x_1}^{x_2} \frac{\mathrm{d}x}{\sqrt{\dfrac{2}{m}(E_{01} - rx - E_{\text{pot}})}}, \qquad (2.135)$$

$$T_2 = \int\limits_{x_2}^{x_3} \frac{\mathrm{d}x}{-\sqrt{\dfrac{2}{m}(E_{02} + rx - E_{\text{pot}})}} .$$

Als einfaches, aber typisches Beispiel sei der Fall einer linearen Rückstell-kraft $f(x) = cx$ betrachtet. Hier ist

$$E_{\text{pot}} = \int\limits_{0}^{x} f(x)\mathrm{d}x = \frac{1}{2}cx^2 .$$

Den Energiesatz (2.133) können wir dann umformen:

$$\frac{1}{2}mv^2 + \frac{1}{2}cx^2 + rx = E_0 ,$$

$$\frac{1}{2}mv^2 + \frac{1}{2}c\left(x + \frac{r}{c}\right)^2 = E_0 + \frac{r^2}{2c} = E^* $$

oder mit $\omega_0^2 = c/m$

$$\left(\frac{v}{\omega_0}\right)^2 + \left(x + \frac{r}{c}\right)^2 = \frac{2E_0^*}{c} . \tag{2.136}$$

Trägt man diese Beziehung in einer Phasenebene auf, bei der als Ordinate nicht v, sondern v/ω_0 verwendet wird, dann bekommt man als Phasenkurven Kreise, deren Mittelpunkt um den Betrag r/c nach links auf der Abszisse verschoben ist (Fig. 63). Dieser links gelegene Mittelpunkt gilt für alle Halb-

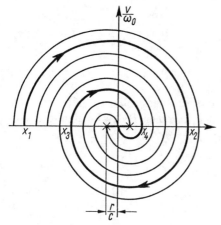

Fig. 63
Phasenporträt eines Schwingers mit Festreibung bei linearer Rückführfunktion

kreise der oberen Halbebene. Entsprechend bekommt man für alle Halbkreise der unteren Halbebene einen rechts gelegenen Mittelpunkt. Die Phasenkurven setzen sich aus einer Folge derartiger Halbkreise zusammen, die beim Durchgang durch die x-Achse stetig ineinander übergehen. Auch aus dem Phasenbild sieht man leicht, daß die Bewegung nach einer endlichen Anzahl von Halbschwingungen zur Ruhe kommen muß. Bei jeder Halbschwingung tritt ein Amplitudenverlust von

$$\Delta \hat{x} = \frac{2r}{c}$$

auf. Wenn daher die Schwingung bei einer Anfangsamplitude x_1 mit $v = 0$ beginnt, dann kann die Zahl n der Halbschwingungen aus

$$|x_1| - \frac{2r}{c} n < \frac{r}{c}$$

als kleinste ganze Zahl bestimmt werden, die dieser Bedingung genügt.

Zur Ausrechnung der Schwingungszeit kann man in (2.135) eine ähnliche Umformung vornehmen, wie sie bei der Ausrechnung des Phasenporträts (2.136) verwendet wurde. Man hat dann

$$T_1 = \int\limits_{x_1}^{x_2} \frac{dx}{\sqrt{\dfrac{2}{m} \left[E_{01}^* - \dfrac{1}{2} c \left(x + \dfrac{r}{c} \right)^2 \right]}} \, .$$

Mit der neuen Variablen $\xi = x + \dfrac{r}{c}$ und $\omega_0^2 = \dfrac{c}{m}$ wird daraus

$$T_1 = \frac{1}{\omega_0} \int\limits_{\xi_1}^{\xi_2} \frac{d\xi}{\sqrt{\dfrac{2E_{01}^*}{c} - \xi^2}} = \frac{1}{\omega_0} \arcsin \frac{\xi}{\sqrt{\dfrac{2E_{01}^*}{c}}} \Bigg|_{\xi_1}^{\xi_2} = \frac{\pi}{\omega_0},$$

denn aus dem Verschwinden des Radikanden im Integral folgen die Grenzen:

$$\xi_1 = -\sqrt{\frac{2E_{01}^*}{c}}; \qquad \xi_2 = +\sqrt{\frac{2E_{01}^*}{c}}.$$

Die Zeit T_1 für die erste Halbschwingung ist also von der Größe der Amplitude und von der Größe der Reibungskraft unabhängig. Folglich erhält man auch für den zweiten Bereich $v < 0$ dieselbe Schwingungszeit $T_2 = T_1$, da eine Änderung des Vorzeichens von r ja keinen Einfluß haben kann. Die Zeit für eine Vollschwingung wird also

$$T = T_1 + T_2 = \frac{2\pi}{\omega_0};$$

sie entspricht genau dem Wert für die ungedämpfte Schwingung.

2.2.3.3 Quadratische Dämpfungskräfte   Bei rascher Bewegung von Körpern in Flüssigkeiten oder Gasen von geringer Zähigkeit entstehen Wirbel, deren Erzeugung Energie erfordert. Dadurch entstehen Widerstandskräfte, die näherungsweise dem Quadrat der Bewegungsgeschwindigkeit proportional sind. Man spricht hier von T u r b u l e n z d ä m p f u n g. Die Widerstandskräfte sind der jeweiligen Bewegungsrichtung entgegengesetzt. Man kann daher mit einem Faktor Q ansetzen:

$$F_w = -Qv^2 \operatorname{sgn} v = -Q|v|v.$$

Die Gleichung eines mechanischen Schwingers nimmt damit die Form an

$$m\ddot{x} + Qv^2 \operatorname{sgn} v + f(x) = 0. \tag{2.137}$$

Auch jetzt wird die Lösung in den Bereichen $v > 0$ und $v < 0$ gesondert vorgenommen. Wir betrachten zunächst den Fall $v > 0$ und bekommen dafür aus (2.137) mit der Abkürzung $2Q/m = q$ und mit

$$\ddot{x} = v\frac{\mathrm{d}v}{\mathrm{d}x} = \frac{1}{2}\frac{\mathrm{d}v^2}{\mathrm{d}x}$$

eine in v^2 lineare Differentialgleichung erster Ordnung

$$\frac{\mathrm{d}v^2}{\mathrm{d}x} + qv^2 + \frac{2}{m}f(x) = 0. \tag{2.138}$$

Die Auflösung dieser Gleichung ergibt mit einer Integrationskonstanten C

$$v^2 = \mathrm{e}^{-qx}\left[C - \frac{2}{m}\int\limits_0^x f(x)\mathrm{e}^{qx}\mathrm{d}x\right]. \tag{2.139}$$

Eine entsprechende Gleichung, nur mit anderem Vorzeichen für den Beiwert q, ergibt sich für $v < 0$. Wir führen nun die Funktionen

$$F_o(x) = \frac{2}{m}\int\limits_0^x f(x)\mathrm{e}^{qx}\mathrm{d}x \quad \text{für } v > 0 \quad (\text{o b e r e Halbebene der } x, v\text{-Ebene}),$$

$$\tag{2.140}$$

$$F_u(x) = \frac{2}{m}\int\limits_0^x f(x)\mathrm{e}^{-qx}\mathrm{d}x \quad \text{für } v < 0 \quad (\text{u n t e r e Halbebene der } x, v\text{-Ebene})$$

ein und können dann die Integrationskonstante C in (2.139) aus den Anfangsbedingungen $x = x_1 < 0$, $v = 0$ ermitteln. Es wird $C = F_o(x_1)$, so daß
die Gleichung der Phasenkurve die folgende Form annimmt:

$$v^2 = \mathrm{e}^{-qx}[F_o(x_1) - F_o(x)] \qquad v > 0,$$
$$v^2 = \mathrm{e}^{qx}[F_u(x_2) - F_u(x)] \qquad v < 0. \qquad (2.141)$$

Daraus läßt sich die Folge der Maximalausschläge bestimmen. Die Umkehrpunkte sind durch $v = 0$ definiert. Bei gegebenem erstem Umkehrpunkt x_1
kann der zweite sofort aus der ersten der Gleichungen (2.141) mittels

$$F_o(x_2) = F_o(x_1) \qquad (2.142)$$

bestimmt werden. Das Verfahren kann in einem Diagramm veranschaulicht
werden, bei dem die beiden Funktionen F_o und F_u in Abhängigkeit von
x aufgetragen werden (Fig. 64). Diese Kurven haben Ähnlichkeit mit der
früher schon verwendeten Kurve der potentiellen Energie. Tatsächlich stellt
man leicht fest, daß die Beziehungen gelten:

$$F_o(x) > \frac{2}{m}E_{\mathrm{pot}} > F_u(x) \qquad x > 0,$$
$$F_o(x) < \frac{2}{m}E_{\mathrm{pot}} < F_u(x) \qquad x < 0.$$

Zur Bestimmung der Amplitudenfolge beginnt man im Diagramm von
Fig. 64 mit $x = x_1 < 0$ und lotet senkrecht bis zum Schnittpunkt mit
der F_o-Kurve hinauf. Den zweiten Umkehrpunkt x_2 erhält man gemäß der
Beziehung (2.142) durch waagerechtes Projizieren bis zum Schnitt mit dem
rechten Ast der F_o-Kurve. An diesem Umkehrpunkt erfolgt der Übergang
vom Bereich $v > 0$ zum Bereich $v < 0$. Man hat nun $F_u(x_2)$ aufzusuchen

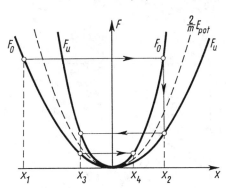

Fig. 64
Bestimmung der Umkehrpunkte für einen Schwinger mit quadratischer Dämpfung

und muß diesen Ordinatenwert horizontal zum linken Ast derselben Kurve projizieren. Der Schnittpunkt hat den Abszissenwert x_3. Durch Fortsetzen dieses Prozesses läßt sich die Folge der Umkehrpunkte leicht ermitteln.

Die Schwingungszeit läßt sich mit (2.141) aus (1.20) als Integral bestimmen:

$$T = T_1 + T_2 \,,$$

$$T_1 = \int_{x_1}^{x_2} \frac{\mathrm{e}^{\frac{q}{2}x}\mathrm{d}x}{\sqrt{F_o(x_1) - F_o(x)}}, \qquad T_2 = \int_{x_2}^{x_3} \frac{\mathrm{e}^{-\frac{q}{2}x}\mathrm{d}x}{\sqrt{F_u(x_2) - F_u(x)}}. \qquad (2.143)$$

Als einfaches Beispiel sei auch hier der Fall $f(x) = cx$ untersucht. Man erhält aus (2.140) die Hilfsfunktionen

$$F_o(x) = -\frac{2c}{mq^2}[\mathrm{e}^{qx}(1 - qx) - 1]\,,$$

$$F_u(x) = -\frac{2c}{mq^2}[\mathrm{e}^{-qx}(1 + qx) - 1]\,. \qquad (2.144)$$

Da sowohl der konstante Faktor $2c/mq^2$ als auch der Subtrahend -1 in der eckigen Klammer für die Bestimmung der Amplituden keinen Einfluß haben, sind in Fig. 65 nur die Funktionen $F_o^* = -\mathrm{e}^{qx}(1-qx)$ und $F_u^* = -\mathrm{e}^{-qx}(1+qx)$ aufgetragen worden. Da für diese Funktionen $F_o^*(x) = F_u^*(-x)$ gilt, gehen die beiden Kurven durch Spiegelung an der Ordinate ineinander über. Deshalb genügt es, nur eine Hälfte des Diagramms zu zeichnen. Die aufeinanderfolgenden Umkehrpunkte der Bewegung lassen sich dann, ähnlich wie bei Fig. 64 beschrieben, durch treppenartiges Hinabsteigen zwischen beiden Kurven ermitteln. Man erkennt aus dem Kurvenverlauf eine wichtige Tatsache. F_o^* schneidet die x-Achse im Punkte $x = 1/q$ und ist für größere Werte

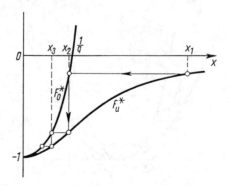

Fig. 65
Bestimmung der Umkehrpunkte für einen Schwinger mit quadratischer Dämpfung bei linearer Rückführfunktion

von x positiv. Die Funktion F_u^* bleibt dagegen für alle Werte von x negativ. Daraus folgt, daß – wie groß auch die Anfangsamplitude x_1 sein mag – die Amplitude des zweiten Umkehrpunktes nie größer als $1/q$ werden kann:

$$|x_2| \leq \frac{1}{q}.$$

2.2.3.4 Näherungen für den Fall geringer Dämpfung Für Schwingungsgleichungen vom Typ

$$m\ddot{x} + g(\dot{x}) + f(x) = 0 \tag{2.145}$$

kann man stets dann zu einer gut brauchbaren Abschätzung für die Lösungen kommen, wenn der Dämpfungseinfluß klein bleibt, d.h. wenn der Maximalwert des Gliedes $g(\dot{x})$ klein gegenüber den Maximalwerten der beiden anderen Glieder ist, wenn also die Dämpfungskräfte klein gegenüber den Trägheits- und Rückführkräften bleiben.

Die Untersuchungen zum linearen gedämpften Schwinger hatten gezeigt, daß die Größe der Schwingungszeit durch geringe Dämpfungskräfte fast gar nicht beeinflußt wird. Das gilt entsprechend auch für die allgemeinere Gleichung (2.145). Außer der Schwingungszeit interessiert die Abnahme der Amplituden. Hierfür läßt sich mit Hilfe des Energiesatzes eine meist recht gute Näherung finden.

Wir bilden das Energie-Integral von (2.145) in der bekannten Weise durch Multiplizieren mit $\dot{x}$ und Integration nach der Zeit,

$$\frac{1}{2}mv^2 + \int\limits_0^t g(\dot{x})\dot{x}\mathrm{d}t + \int\limits_0^x f(x)\mathrm{d}x = E_0. \tag{2.146}$$

Mit der Abkürzung für die durch Dämpfung dissipierte Energie

$$E_D = \int\limits_0^t g(\dot{x})\dot{x}\mathrm{d}t \tag{2.147}$$

kann der Energiesatz in die Form

$$E_{\mathrm{kin}} + E_{\mathrm{pot}} = E_0 - E_D$$

gebracht werden. Für die Umkehrpunkte der Schwingung gilt jedesmal $v = 0$ bzw. $E_{\text{kin}} = 0$. Da E_0 eine Integrationskonstante ist, gilt somit für die Bewegung zwischen zwei Umkehrpunkten x_1 und x_2

$$E_{\text{pot}}(x_1) - E_{\text{pot}}(x_2) = \Delta E_D = \int_{t_1}^{t_2} g(\dot{x})\dot{x}\, dt\,. \tag{2.148}$$

Da E_{pot} als bekannte Funktion von x angesehen werden kann, so läßt sich bei bekanntem ΔE_D der Amplitudenabfall $\Delta \hat{x}$ aus (2.148) bestimmen. Näherungsweise gilt (wegen Vernachlässigung der höheren Glieder der Taylor-Entwicklung)

$$E_{\text{pot}}(x_2) \approx E_{\text{pot}}(x_1) - \left[\frac{d}{dx}(E_{\text{pot}})\right]_{x=x_1} \Delta \hat{x} = E_{\text{pot}}(x_1) - f(x_1)\Delta \hat{x}$$

und somit unter Berücksichtigung von (2.148)

$$\Delta \hat{x} = \frac{\Delta E_D}{f(x_1)}\,. \tag{2.149}$$

Die Beziehung (2.149) ist nur anwendbar, wenn die Größe ΔE_D bekannt ist. In diese Größe geht aber die Schwinggeschwindigkeit $\dot{x}$ ein, die selbst erst durch Integration der Ausgangsgleichung gewonnen werden müßte. Wegen der Voraussetzung, daß die dämpfenden Kräfte klein sein sollen, wird man jedoch keinen allzu großen Fehler begehen, wenn zur Berechnung des Dämpfungsverlustes ΔE_D derjenige Wert der Schwinggeschwindigkeit eingesetzt wird, der für die ungedämpfte Schwingung gilt. Dann läßt sich das in (2.148) stehende Integral stets ausrechnen und damit ΔE_D bestimmen. Für ein lineares System hat man im ungedämpften Fall die Schwingung

$$x = \hat{x}\cos\omega t \qquad \dot{x} = v = -\hat{x}\omega\sin\omega t\,. \tag{2.150}$$

Meist kann man diesen Ansatz auch als gute Annäherung für eine nichtlineare Schwingung verwenden. Der zu erwartende Fehler wird schon deshalb klein bleiben, weil der Ansatz ja in diesem Falle nur zur Berechnung des für sich bereits kleinen Dämpfungseinflusses verwendet werden soll.

Geht man mit (2.150) in das Integral auf der rechten Seite von (2.148) ein, so folgt

$$\Delta E_D = \int_{t_1}^{t_2} g(-\hat{x}\omega\sin\omega t)(-\hat{x}\omega\sin\omega t)\, dt\,,$$

$$\Delta E_D = -\hat{x} \int_0^{2\pi} g(-\hat{x}\omega \sin \omega t) \sin \omega t \, \mathrm{d}(\omega t) . \qquad (2.151)$$

Damit kann ΔE_D, also der Energieverlust je Vollschwingung, für jede Dämpfungsfunktion $g(\dot{x})$ ausgerechnet werden. Als Beisspiel sei der schon früher behandelte Fall einer Dämpfung durch Festreibung untersucht. Hier gilt

$$g(\dot{x}) = r \, \mathrm{sgn} \, \dot{x} \, ,$$

$$\Delta E_D = 2\hat{x}r \int_0^{\pi} \sin \omega t \, \mathrm{d}(\omega t) = 4\hat{x}r. \qquad (2.152)$$

Für die Rückführfunktion wollen wir $f(x) = cx$ wählen. Dann ist

$$E_{\mathrm{pot}} = \frac{1}{2}cx^2.$$

Daraus erhält man unter Berücksichtigung von Gl. (2.152) und mit Einsetzen von $x_1 = \hat{x}$ aus Gl. (2.149) den Amplitudenabfall je Vollschwingung

$$\Delta \hat{x} = \frac{4r}{c}.$$

Dieser Wert stimmt genau mit dem Amplitudenabfall überein, der im Abschnitt 2.2.3.2 ohne jede Vernachlässigung ausgerechnet wurde.

2.3 Aufgaben

1. An einer am oberen Ende fest eingespannten Schraubenfeder mit der Federkonstanten c_1 hänge eine zweite Schraubenfeder mit der Federkonstanten c_2. An der zweiten Feder sei eine Masse m befestigt. Die Massen der Federn seien vernachlässigbar klein gegenüber m. Man berechne die Federkonstante c einer den beiden hintereinandergeschalteten Federn äquivalenten Einzelfeder.

2. Eine Masse m sei – wie in Fig. 24 – zwischen zwei Federn mit den Federkonstanten c_1 und c_2 befestigt. Man berechne die Federkonstante einer Einzelfeder, die den beiden parallel geschalteten Federn äquivalent ist.

3. Man berechne die Kreisfrequenz ω_0 für die kleinen Vertikalschwingungen einer Masse m, die an einem Draht von der Länge L, dem Querschnitt A und dem Elastizitätsmodul E hängt. Die Masse des Drahtes sei vernachlässigbar klein.

4. Ein zylindrischer Stab mit dem Querschnitt A, der Länge L und der Dichte ϱ schwimmt aufrecht in einer Flüssigkeit mit der Dichte ϱ_f. Man leite die Bewegungsgleichung für vertikale Tauchschwingungen des Stabes ab und berechne die Kreisfrequenz dieser Schwingungen. Der Einfluß der mitschwingenden Flüssigkeitsmassen soll vernachlässigt werden.

5. An einer am oberen Ende fest eingespannten Schraubenfeder hängen zwei gleichgroße Massen. Die statische Verlängerung der Feder unter dem Einfluß beider Gewichte sei a. Man berechne Amplitude und Frequenz der Schwingungen, die entstehen, wenn eine der Massen aus der Ruhelage heraus stoßfrei von der Feder gelöst wird.

6. Der Schwinger von Aufgabe 5 (Schraubenfeder mit zwei gleichgroßen Massen) vollführe Schwingungen $x = a + \hat{x}\cos\omega_0 t$. Wie groß wird die Amplitude $\hat{x}^*$ der Schwingungen nach dem stoßfreien Lösen einer der beiden Massen

a) in der Mittellage ($x = a$),

b) im unteren Umkehrpunkt ($x = a + \hat{x}$),

c) im oberen Umkehrpunkt ($x = a - \hat{x}$)?

7. Die Masse m bewege sich unter dem Einfluß der Schwerkraft auf der Parabel $y = ax^2$ in der Vertikalebene, wobei die y-Achse in die Richtung des Schwerkraftvektors fällt. Man berechne die Gleichung der Phasenkurven $\dot{x} = v = v(x)$ und gebe die Kreisfrequanz für den Fall kleiner Schwingungen an.

8. In welchem Abstand s vom Schwerpunkt muß ein homogener dünner Stab von der Länge L drehbar gelagert werden, damit er ein „Minimumpendel" wird?

9. Ein Kreisring von der Masse m mit dem Radius R sei an drei vertikal hängenden Fäden von der Länge L so aufgehängt, daß die Ebene des Ringes horizontal ist. Wie groß ist die Kreisfrequenz von kleinen Drehschwingungen des Ringes um eine vertikale Achse durch die Ringmitte? Wie groß ist die Kreisfrequenz, wenn an Stelle des Ringes eine homogene Vollscheibe mit gleicher Masse und gleichem Radius aufgehängt wird?

10. Eine Masse möge sich völlig reibungsfrei auf einer Tangentialebene bewegen, die an die Erdkugel gelegt wird. Man berechne die Schwingungszeit der unter dem Einfluß der Schwerkraft möglichen kleinen Schwingungen der Masse um ihre Gleichgewichtslage (Berührungspunkt der Tangentialebene). Der Erdradius ist $R = 6350\,\text{km}$, die Fallbeschleunigung $g = 9{,}81\,\text{m/s}^2$.

11. Man berechne die Schwingungszeit eines Schwingers mit der Masse m und der Rückführfunktion

$$f(x) = \begin{cases} h + cx & \text{für} \quad x \geq 0 \\ -h + cz & \text{für} \quad x < 0. \end{cases}$$

12. Man berechne die Schwingungszeit eines Schwingers mit der Masse m und der Rückführfunktion

$$f(x) = \begin{cases} c(x - x_t) & \text{für} & x > x_t \\ 0 & \text{für} & x_t \geq x \geq -x_t \\ c(x + x_t) & \text{für} & -x_t > x \ , \end{cases}$$

wenn die Amplitude $\hat{x} > x_t$ ist.

13. Die Schwingungszeit eines Schwingers mit linearen Rückführ- und Dämpfungsfunktionen wird durch Einschalten der Dämpfung um 8% gegenüber dem Wert vergrößert, der sich für den ungedämpften Schwinger ergibt. Welchen Betrag hat der Dämpfungsgrad D?

14. Von einer linearen gedämpften Schwingung wurden drei aufeinanderfolgende Umkehrpunkte gemessen: $x_1 = 8{,}6\,\text{mm}$; $x_2 = -4{,}1\,\text{mm}$; $x_3 = 4{,}3\,\text{mm}$. Welches ist die Mittellage x_m der Schwingung? Wie groß sind das logarithmische Dekrement Λ und der Dämpfungsgrad D?

15. Von einer linearen gedämpften Schwingung wurde die Zeitkonstante der Hülkurve $T_z = 5\,\text{s}$ und die Schwingungszeit $T_d = 2\,\text{s}$ gemessen. Wie groß sind Λ und D?

16. Von einer linearen gedämpften Schwingung wurde gemessen: 1) die Zeit $t_1 = 2\,\text{s}$ von einem Durchgang durch die Mittellage bis zum Erreichen des Maximums, 2) die Zeit $t_2 = 2{,}2\,\text{s}$ zwischen dem Erreichen des Maximums und dem darauf folgenden Nulldurchgang. Wie groß ist D? Wie groß ist die nächstfolgende Maximalamplitude nach der anderen Seite, gemessen in Prozent der vorhergehenden?

17. Ein Schwinger mit der linearen Rückstellkraft $-cx$ und der Federkonstanten $c = 2\,\text{N/cm}$ kann durch Einschalten einer Bremse gedämpft werden. Die Bremse überträgt eine konstante Bremskraft von $r = 1\,\text{N}$; sie wirkt jedoch nur im Bereich $-1\,\text{cm} \leq x \leq +1\,\text{cm}$. Außerhalb dieses Bereiches schwingt der Schwinger ungedämpft. Man berechne die Folge der Umkehrpunkte, wenn die Schwingung mit der Auslenkung $x_0 = -3\,\text{cm}$ und $\dot{x} = 0$ zu schwingen beginnt. Nach wieviel Halbschwingungen kommt die Bewegung zum Stillstand?

18. Man berechne den Amplitudenabfall $\Delta\hat{x}$ je Vollschwingung nach Gl. (2.149) für einen Schwinger mit der linearen Rückführfunktion $f(x) = cx$ und der nichtlinearen Dämpfungsfunktion $g(\dot{x}) = k\dot{x}^3$.

3 Selbsterregte Schwingungen

Selbsterregte Schwingungen sind freie Schwingungen besonderer Art. Sie unterscheiden sich von den im Kapitel 2 behandelten Schwingungen durch den Mechanismus ihrer Entstehung und ihrer Aufrechterhaltung. Kennzeichnend für selbsterregungsfähige Schwinger ist das Vorhandensein einer Energiequelle, aus der der Schwinger im Takte seiner Eigenschwingungen Energie entnehmen kann, um die unvermeidlichen Verluste durch Dämpfungen auszugleichen.

Es soll hier zunächst der Entstehungsmechanismus selbsterregter Schwingungen an Hand von Beispielen qualitativ untersucht werden; dabei sind einige wichtige neue Begriffe einzuführen. Danach sollen die mathematischen Methoden zur Berechnung besprochen und für die Untersuchung einiger konkreter Beispiele angewendet werden.

3.1 Aufbau und Wirkungsweise selbsterregungsfähiger Systeme

3.1.1 Schwinger- und Speicher-Typ

Nach der Art ihres Aufbaus und ihrer Wirkungsweise lassen sich selbsterregungsfähige Schwinger in zwei Typen einteilen. Für den ersten Typ, den wir den Schwinger-Typ nennen wollen, ist der aus dem Schema von Fig. 66 ersichtliche Aufbau kennzeichnend. Es ist eine Energiequelle vorhanden, die dem Schwinger Energie zuführen kann. Diese Energiezufuhr geschieht nicht willkürlich, sondern über einen vom Schwinger selbst betätigten Steuermechanismus, der in Fig. 66 als Schalter bezeichnet wurde. Dieser Schalter wirkt zurück auf die Verbindung zwischen Energiequelle und Schwinger und regelt damit die Energiezufuhr im Takte der Eigenschwingungen des Schwingers.

Am Beispiel der elektrischen Klingel (Fig. 67) lassen sich die wesentlichen Teile eines selbsterregungsfähigen Systems leicht erkennen. Energiequelle

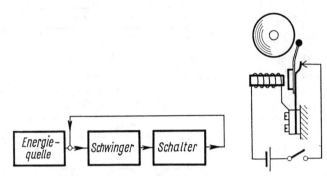

Fig. 66 Blockschema eines selbsterregten Systems vom Schwinger-Typ

Fig. 67 Die elektrische Klingel

ist die Batterie bzw. das elektrische Netz. Als Schwinger fungiert der an einer elastischen Blattfeder befestigte Klöppel. Er trägt ein Kontaktblech, das in der Ruhelage des Klöppels – bei nicht eingeschalteter Spannung – gegen eine Kontaktspitze drückt. Bei eingeschalteter Spannung wird der Stromkreis über diesen Kontakt geschlossen, so daß der Elektromagnet den am Klöppel befestigten Eisenanker anziehen kann. Auf diese Weise wird eine Schwingung des Klöppels angeregt, die durch periodisches Schließen und Öffnen des Kontaktes selbst für eine im richtigen Augenblick erfolgende Energiezufuhr sorgt. Trotz der Stoßverluste zwischen Klöppel und Glocke werden auf diese Weise ungedämpfte Schwingungen aufrechterhalten.

Das wesentliche Kennzeichen eines Systems nach Fig. 66 ist die Rückkopplung vom Schwinger über den Schalter zur Energiezufuhr. Erst durch diese Rückkopplung wird die Selbsterregung möglich.

In der Tabelle auf der folgenden Seite sind einige Beispiele von selbsterregungsfähigen Schwingern aufgeführt.

Nicht immer ist in diesen Fällen das Erkennen der einzelnen Elemente des Schemas von Fig. 66 so leicht möglich, wie im Falle der Klingel oder der Uhr. Der Mechanismus der Energieentnahme bei der Violinsaite z.B. ist recht kompliziert und wird noch besprochen werden. Er ist zugleich gültig für eine ganze Klasse von selbsterregten Schwingungen, die im allgemeinen als Reibungsschwingungen bezeichnet werden. Zu ihnen gehören unter anderem auch die quietschenden Geräusche von Straßenbahnen in der Kurve, das Bremsenkreischen, das Knarren schlecht geölter Türangeln sowie das gefürchtete Rattern von Werkstück und Schneidstahl an Drehmaschinen. Das unter Nr. 4 aufgeführte Flattern eines Tragflügels ist ebenfalls nur

	System	Energiequelle	Schwinger	„Schalter"
1.	Klingel	Batterie (Netz)	Klöppel	Kontakt
2.	Uhr	gespannte Feder	Unruh	Hemmung
3.	Violinsaite	bewegter Bogen	Saite	Festreibung mit fallender Kennlinie
4.	Flugzeug-Tragflügel	Luftstrom	elastischer Flügel	instationäre Luftkräfte am schwingenden Flügel
5.	Radiosender	elektrisches Netz	LC-Schwingkreis	Steuerwirkung des Gitters

ein typisches Beispiel für zahlreiche ähnliche strömungserregte Schwingungen. Hierher gehören unter anderem auch die vielfach zu beobachtenden Schwingungen an freihängenden Leitungsdrähten, ferner Schwingungen von Brücken und anderen Bauwerken im Windstrom. Auch die Tonbildung an Orgelpfeifen muß hier genannt werden.

In der Tabelle sind die ihrem Entstehungsmechanismus nach außerordentlich verschiedenartigen Schwingungen, die in Regelkreisen beobachtet werden, nicht aufgeführt worden. Außerdem sind Zitterschwingungen von Servomotoren, das Flattern (Shimmy) von Kraftwagenrädern in bestimmten Geschwindigkeitsbereichen sowie zahlreiche andere Erscheinungen ähnlicher Art unerwähnt geblieben.

Selbsterregungsfähige Systeme vom Speichertyp zeigen den in Fig. 68 skiz-

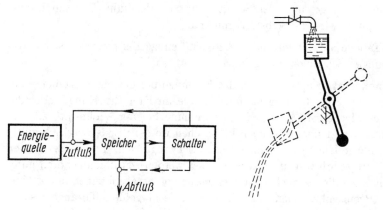

Fig. 68 Blockschema eines selbsterregten Sy-   Fig. 69 Mechanischer Kippschwinger
        stems vom Speicher-Typ

zierten prinzipiellen Aufbau. An die Stelle des Schwingers tritt hier ein Speicher, durch den der Energiefluß des Systems hindurchgeht. Ein vom Speicher beeinflußter Schalter kann nun entweder auf den Zufluß oder auf den Abfluß der Energie aus dem Speicher – in Sonderfällen auch auf beides – einwirken.

Ein besonders anschauliches mechanisches Beispiel ist in Fig. 69 dargestellt. Das an einem drehbar gelagerten Hebel befestigte Hohlgefäß ist im leeren Zustand leichter als das Gegengewicht am anderen Ende des Hebels, so daß die stark gezeichnete Stellung eingenommen wird. In dieser Stellung füllt sich das Gefäß mit Wasser, das in gleichmäßig laufendem Strahl herabfließt. Der Schwerpunkt des drehbaren Systems wird dadurch nach oben verschoben. Bei einer ganz bestimmten Füllhöhe schlägt der Hebel um, und das Gefäß wird entleert, so daß die Ausgangsstellung wieder eingenommen werden kann. Der Wechsel von Füllung und Leerung wiederholt sich periodisch. Man hat derartige Schwingungen als Kippschwingungen bezeichnet, auch wenn das Umkippen nicht in so drastischer Weise erfolgt wie im vorliegenden Fall.

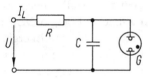

Fig. 70
Elektrischer Kippschwinger

Ein elektrisches Beispiel für einen Kippschwinger zeigt Fig. 70. Hier wird über einen Widerstand R ein Kondensator C durch den Ladestrom I_L aufgeladen. Der Kondensator ist durch eine Glimmentladungslampe G überbrückt. Diese Lampe zündet, wenn die Spannung am Kondensator den Wert der Zündspannung erreicht hat. Der Kondensator wird dann über die Glimmlampe entladen, bis die sogenannte Löschspannung erreicht und die Entladung damit unterbrochen wird. Danach kann die Wiederaufladung beginnen. Die Kippschwingungen sind möglich, weil Zündspannung und Löschspannung voneinander verschieden sind.

Es mag erwähnt werden, daß eine völlig eindeutige Abgrenzung zwischen Schwingertyp und Speichertyp bei selbsterregungsfähigen Systemen nicht immer möglich ist. Es sind durchaus Systeme denkbar, die sowohl dem einen wie auch dem anderen Typ zugeteilt werden können. Das wird verständlich, wenn man bedenkt, daß ja auch ein Schwinger stets aus Speichern besteht, zwischen denen die Energie ausgetauscht wird. Wenn die Bewegungen eines Schwingers sehr stark gedämpft sind, dann muß bei jeder Schwingung ein großer Energiebetrag neu hinzugeführt werden. Man kann dann von einem durch die Speicher des Schwingers geleiteten Energiestrom sprechen, und der Schwingungscharakter kommt dann dem der Kippschwingungen sehr nahe. Wir werden im Abschnitt 3.4 Beispiele dafür kennenlernen.

3.1.2   Energiehaushalt und Phasenporträt

Zum Verständnis der physikalischen Zusammenhänge bei selbsterregten Schwingungen ist ein Einblick in den Energiehaushalt dieser Schwingungen außerordentlich nützlich. Neben den für die Erklärung von freien Schwingungen maßgebenden Energieformen, der potentiellen und der kinetischen Energie, spielen bei den selbsterregten Schwingungen noch die durch Dämpfungskräfte dissipierte Energie E_D und die von außen zugeführte Energie E_Z eine Rolle. Wenn die Dämpfung des Schwingers gering ist, dann wechselt die Energie genau wie bei freien Schwingungen, zwischen der potentiellen und der kinetischen Form hin und her. Der Gesamtbetrag der hin und her pendelnden Energie hängt dabei auch von E_D und E_Z ab. Man braucht nun E_D und E_Z nicht für jeden beliebigen Zeitpunkt t zu kennen; für einen Überblick genügt es vollkommen, die während einer Vollschwingung durch Dämpfung dissipierte Energie ΔE_D und die während der gleichen Vollschwingung von außen zugeführte Energie ΔE_Z zu kennen. Ist $\Delta E_D - \Delta E_Z > 0$, dann wird dem Schwinger im Verlaufe einer Vollschwingung Energie entzogen, so daß die Schwingung gedämpft verläuft. Ist dagegen $\Delta E_D - \Delta E_Z < 0$, dann wächst der Energieinhalt des Schwingers, die Schwingung wird angefacht.

Sowohl ΔE_D als auch ΔE_Z sind im allgemeinen Funktionen der Amplitude. Wenn beispielsweise die dämpfende Kraft proportional zur Geschwindigkeit ist ($F_D = -d\dot{x}$), und wenn die Schwingung durch $x = \hat{x}\cos\omega t$ wiedergegeben werden kann, dann hat man

$$\Delta E_D = -\int_0^T F_D \dot{x}\mathrm{d}t = +d\int_0^T \dot{x}^2 \mathrm{d} \tag{3.1}$$

$$= +d\hat{x}^2\omega \int_0^{2\pi} \sin^2\omega t \mathrm{d}(\omega t) = +d\hat{x}^2\omega\pi.$$

ΔE_D wächst in diesem Falle quadratisch mit $\hat{x}$ an; die $\Delta E_D(\hat{x})$-Kurve ist eine Parabel (Fig. 71 oben).

Für $\Delta E_Z(\hat{x})$ sind je nach der Art des Erregermechanismus verschiedene Abhängigkeiten möglich. In Fig. 71 oben ist der Fall gezeichnet, daß ΔE_Z

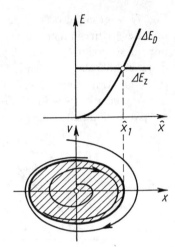

Fig. 71
Energiediagramm und Phasenporträt eines selbsterregten Schwingers

unabhängig von $\hat{x}$ ist. Die ΔE_D- und ΔE_Z-Kurven schneiden sich bei $\hat{x} = \hat{x}_1$.
Für $\hat{x} < \hat{x}_1$ wird mehr Energie zugeführt als vernichtet, folglich wachsen
die Amplituden an. Umgekehrt werden die Amplituden der Schwingungen
im Bereich $\hat{x} > \hat{x}_1$ kleiner, da hier $\Delta E_D > \Delta E_Z$ ist. Der Verlauf dieser
über eine volle Periode gemittelten Energiekurven erlaubt also weitgehende
qualitative Aussagen über den Charakter der Schwingungen.

Zwischen dem Energiediagramm und dem Phasenporträt bestehen enge
Zusammenhänge. Wenn für einen Schwinger $\Delta E_D = \Delta E_Z$ gilt – wie im
Falle von Fig. 71 bei $\hat{x} = \hat{x}_1$ –, dann sind ungedämpfte Schwingungen
möglich. Derartige rein periodische Bewegungen werden im Phasenporträt
des Schwingers durch eine geschlossene Phasenkurve dargestellt, die die x-
Achse bei dem Werte $x = \hat{x}_1$ schneidet. Man bezeichnet diese Kurve auch als
Grenzzykel, weil sie die Grenze darstellt, der sich die benachbarten Phasenkurven des Phasenporträts für $t \to \infty$ asymptotisch nähern. Da nämlich
für alle im Innern des Grenzzykels verlaufenden Phasenkurven $\hat{x} < \hat{x}_1$ gilt,
müssen die Amplituden wegen $\Delta E_D - \Delta E_Z < 0$ anwachsen. Die Phasenkurven können also nur die Form auseinandergehender Spiralen haben. Das
schraffierte Gebiet im Innern des Grenzzykels ist ein Anfachungsgebiet.
Umgekehrt gilt für alle Phasenkurven außerhalb des Grenzzykels $\hat{x} > \hat{x}_1$
und damit $\Delta E_D - \Delta E_Z > 0$. Der Bereich außerhalb des Grenzzykels ist
ein Dämpfungsgebiet. Die Phasenkurven sind hier ebenfalls Spiralen, jedoch nach innen gewunden. Grenzkurve für beide Arten von Spiralen ist der
Grenzzykel selbst.

Fig. 71 zeigt einen besonders einfachen Fall. Es ist möglich, daß sich ΔE_D- und ΔE_Z-Kurven mehrfach schneiden. Beispielsweise setzt bei einer Pendeluhr die Energiezufuhr im allgemeinen erst ein, wenn ein gewisser Amplitudenwert überschritten wird. Dann aber steigt sie ziemlich rasch an, um bei größeren Amplituden fast konstant zu werden. Die ΔE_Z-Kurve hat dann das Aussehen, wie es im Energiediagramm Fig. 72 oben gezeigt ist. Mit einer parabelähnlichen ΔE_D-Kurve ergeben sich somit zwei Schnittpunkte bei den Amplitudenwerten $\hat{x}_1$ und $\hat{x}_2$.

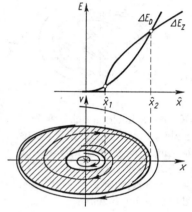

Fig. 72
Energiediagramm und Phasenporträt mit
2 Grenzzyklen

Jedem dieser beiden Werte entspricht ein Grenzzykel im Phasenporträt (Fig. 72 unten). Der schraffierte Bereich zwischen beiden Grenzzyklen ist jetzt Anfachungsgebiet, während das Innere des kleinen und das Äußere des großen Grenzzykels Dämpfungsgebiete sind. Aus dem Energiediagramm sieht man leicht, daß sich alle Phasenkurven im Innern des kleinen Grenzzykels als spiralige Kurven zum Nullpunkt zusammenziehen. Alle anderen Phasenkurven dagegen nähern sich im Laufe der Zeit dem großen Grenzzykel.

Die beiden in den Fig. 71 und 72 gezeigten Phasenporträts lassen die Notwendigkeit erkennen, den bisher nur für die Umgebung von Gleichgewichtslagen definierten Begriff der Stabilität so zu erweitern, daß auch das Verhalten der Phasenkurven in der Umgebung der Grenzzyklen erfaßt werden kann. In völliger Analogie zu der Stabilitätsdefinition für Gleichgewichtslagen wird daher ein Grenzzykel – und damit auch die entsprechende periodische Bewegung – als stabil bezeichnet, wenn eine für $t = t_0$ in der Nachbarschaft des Grenzzykels beginnende Phasenkurve für alle $t > t_0$ dem Grenzzykel benachbart bleibt. Auf eine genauere mathematische Präzisierung der „Nachbarschaft" soll hier verzichtet werden.

Man nennt einen Grenzzykel instabil, wenn alle in einem Nachbargebiet beginnenden Phasenkurven im Laufe der Zeit die Nachbarschaft dieses Grenzzykels verlassen.

Nach diesen Definitionen müssen der Grenzzykel in Fig. 71 sowie der größere der beiden Grenzzykel in Fig. 72 als stabil bezeichnet werden. Ihnen nähern sich alle benachbarten Phasenkurven asymptotisch. Dagegen ist der kleine Grenzzykel in Fig. 72 instabil, weil alle Phasenkurven von ihm fortlaufen. Der singuläre Punkt im Ursprung der Phasenebene ist in Fig. 71 ein instabiler Strudelpunkt, in Fig. 72 ein stabiler Strudelpunkt.

Für die Beschreibung des Verhaltens von selbsterregungsfähigen Schwingern sind noch die folgenden Begriffe von Bedeutung: Als stabil im Kleinen wird ein Schwinger bezeichnet, dessen Nullpunkt eine stabile Gleichgewichtslage bildet. Stets läßt sich in diesem Falle – wie z.B. in Fig. 72 – ein diese Gleichgewichtslage umschließendes Dämpfungsgebiet abgrenzen, in dem alle Phasenkurven spiralig nach innen laufen. Der in Fig. 71 gezeigte Schwinger ist dagegen im Kleinen instabil, weil der Nullpunkt in einem Anfachungsgebiet liegt.

Umgekehrt sind die in den Fig. 71 und 72 dargestellten Schwinger im Großen stabil, weil das Äußere des größten vorkommenden Grenzzykels Dämpfungsgebiet ist. Einen Schwinger, bei dem das Äußere des größten Grenzzykels Anfachungsgebiet ist, nennt man im Großen instabil. Ein Blick auf das Phasenporträt von Fig. 72 zeigt, daß diese Begriffe nicht alle Feinheiten im Verhalten eines Systems erfassen können: es wird dabei nichts über die Struktur des Phasenporträts zwischen „Kleinem" und „Großem" ausgesagt. Wenn dieser Zwischenbereich von Bedeutung ist, dann muß entweder das Energiediagramm zu Rate gezogen werden, oder es müssen andere, noch zu besprechende Eigenschaften untersucht werden.

Bei dem in Fig. 71 dargestellten Schwinger wird sich die dem Grenzzykel entsprechende stabile periodische Bewegung stets im Laufe der Zeit einstellen, wenn nur eine beliebig kleine Anfangsstörung vorhanden ist. Jede in der Nachbarschaft des Nullpunktes beginnende Phasenkurve bildet ja eine sich aufweitende Spirale. Man spricht in diesem Falle von weicher Erregung.

Dagegen repräsentiert das in Fig. 72 dargestellte Phasenporträt einen Schwinger mit harter Erregung. Um nämlich ein Einschaukeln in den äußeren stabilen Grenzzykel zu bekommen, muß die Anfangsstörung so beschaffen sein, daß der Beginn der Phasenkurve in den ringförmigen Anfachungsbereich hereinfällt. Bei zu kleinen Anfangsstörungen würde sich der Schwinger wieder beruhigen, da er stabil im Kleinen ist.

Auf einen sehr wesentlichen Unterschied zwischen den selbsterregten Schwingungen und den früher behandelten freien Schwingungen soll noch hingewiesen werden: auch im Phasenporträt von freien Schwingungen können geschlossene Kurven vorkommen, die den Nullpunkt umschließen. Das ist stets bei konservativen Systemen der Fall. Wenn aber ein System konservativ ist, dann sind periodische Schwingungen mit beliebigen Amplituden möglich, also besteht das Phasenporträt aus geschlossenen Kurven, die den Nullpunkt als Wirbelpunkt umschließen. Diese Kurven sind aber keine Grenzzykeln, da benachbarte Kurven nicht asymptotisch zueinander laufen. Im Phasenporträt konservativer Systeme gibt es weder Anfachungs- noch Dämpfungsgebiete. Dagegen läßt sich die Phasenebene selbsterregter Systeme stets in Anfachungs- und Dämpfungsgebiete einteilen, deren Begrenzungslinien die Grenzzykeln sind. Periodische Bewegungen selbsterregungsfähiger Systeme sind also nur bei ganz bestimmten Amplituden möglich, die durch die Schnittpunkte der Grenzzykeln mit der Abszisse charakterisiert sind. Man bezeichnet deshalb die durch Grenzzykeln gekennzeichneten Bewegungen auch als isolierte periodische Bewegungen.

3.2   Berechnungsverfahren

Die Bewegungsgleichungen selbsterregter Schwinger sind stets nichtlinear. Zu ihrer Lösung sind zahlreiche Verfahren entwickelt worden, die an dieser Stelle nicht im einzelnen besprochen werden können. Es sollen vielmehr nur einige typische Methoden in ihren Grundzügen erklärt und auf einfache Beispiele angewendet werden, um eine Vorstellung von den Möglichkeiten und der Reichweite – aber auch von den Schwierigkeiten der einzelnen Verfahren zu gewinnen. Auf eine strengere mathematische Begründung muß dabei verzichtet werden; man möge zu diesem Zweck ausführlichere Werke (z.B. [17,30,48]) zu Rate ziehen. Die Bewegungsgleichungen selbsterregter Schwingungen sind vom Typ:

$$\ddot{x} + f(x,\dot{x}) = 0. \tag{3.2}$$

Gleichungen dieser Art sollen in den Abschnitten 3.3 und 3.4 hergeleitet und untersucht werden. Um jedoch ein Beispiel zur Verfügung zu haben, soll die sogenannte Van der Polsche Gleichung

$$\ddot{x} - (\alpha - \beta x^2)\dot{x} + x = 0 \tag{3.3}$$

bereits hier erwähnt werden. Ihre Herleitung wird im Abschnitt 3.3 besprochen. Durch diese Gleichung werden die Schwingungen gewisser Schwing-Generatoren der Funktechnik beschrieben.

3.2.1 Allgemeine Verfahren

Bereits bei der Besprechung der gedämpften freien Schwingungen wurde darauf hingewiesen, daß die allgemeine Gleichung (3.2) stets auf eine Gleichung erster Ordnung für $\dot{x} = v$ von der Form

$$\frac{\mathrm{d}v}{\mathrm{d}x} = -\frac{f(x,v)}{v} \tag{3.4}$$

zurückgeführt werden kann. Sie ist besonders geeignet, die Lösungen in der x, v-Ebene, also in der Phasenebene zu bestimmen, weil der links stehende Differentialquotient die Steigung der Phasenkurve für einen bestimmten Punkt x, v der Phasenebene anzeigt. Es ist daher mit bekannten graphischen Methoden möglich, die Phasenkurven schrittweise zu konstruieren und sich auf diese Weise einen sehr allgemeinen Überblick über das Phasenporträt, also über den Charakter der Schwingungen zu verschaffen.

Eine exakte analytische Lösung der Gleichung (3.2) wird nur in wenigen Fällen – d.h. bei entsprechend einfachen Funktionen $f(x,v)$ – möglich sein. Um derartige Fälle besser erkennen zu können, wird man vorteilhafterweise das schon bei der Berechnung nichtlinearer freier Schwingungen bewährte Verfahren verwenden und das Energieintegral der Bewegungsgleichung aufstellen. Es erweist sich dabei als zweckmäßig, die allgemeine Funktion $f(x,v)$ in zwei Anteile zu zerlegen, von denen der eine nur noch von x abhängt:

$$f(x,v) = f(x,0) + [f(x,v) - f(x,0)] = f(x,0) + g(x,v) \tag{3.5}$$

mit $g(x,0) = 0$. Nach Einsetzen in (3.2) wird gliedweise mit $\dot{x} = v$ multipliziert und dann über die Zeit einmal integriert. Als Ergebnis folgt die Beziehung

$$\frac{1}{2}v^2 + \int f(x,0)\mathrm{d}x + \int g(x,v)v\mathrm{d}t = \mathrm{const}, \tag{3.6}$$

die nach Multiplikation mit der Masse m in die Energiegleichung

$$E_{\mathrm{kin}} + E_{\mathrm{pot}} + E_d = E_0$$

übergeht. Dabei muß beachtet werden, daß die Größe E_d jetzt nicht nur die durch Dämpfung dissipierte Energie repräsentiert, sondern gleichzeitig auch die von außen zugeführte Energie; E_d entspricht also der im vorigen Abschnitt verwendeten Differenz $E_D - E_Z$. In allen Fällen, die eine explizite Ausrechnung des Integrals

$$E_d = m \int g(x,v)v\mathrm{d}t \tag{3.7}$$

gestatten, läßt sich das Problem der Schwingungsberechnung auf eine gewöhnliche Integration zurückführen. Wir finden dann aus (3.6) sofort die Gleichung des Phasenporträts

$$v = \pm\sqrt{\frac{2}{m}(E_0 - E_d - E_{\text{pot}})} \tag{3.8}$$

und können auch den zeitlichen Verlauf durch Integration gewinnen:

$$t = \int \frac{\mathrm{d}x}{\pm\sqrt{\dfrac{2}{m}(E_0 - E_d - E_{\text{pot}})}}. \tag{3.9}$$

Wenn die Funktion $g(x,v)$ ihrem Betrage nach erheblich kleiner als $f(x,0)$ ist, dann kann man vielfach zu recht brauchbaren Näherungen kommen, indem man das Integral (3.7) mit einem vorgegebenen Näherungsansatz für x ausrechnet und diesen Wert dann in (3.8) bzw. (3.9) einsetzt.

3.2.2 Berechnung mit linearisierten Ausgangsgleichungen

Von der Methode der kleinen Schwingungen wurde bereits im Abschnitt 2.1.3.5 Gebrauch gemacht. Wir können sie auch im vorliegenden Falle anwenden. Zu diesem Zwecke wird die Funktion $f(x,v)$ in eine Taylor-Reihe nach den beiden Variablen x und v und zwar für die Gleichgewichtslage $x = v = 0$ entwickelt:

$$f(x,v) = f(0,0) + \left(\frac{\partial f}{\partial x}\right)_0 x + \left(\frac{\partial f}{\partial v}\right)_0 v + \dots$$

Da $x = v = 0$ Gleichgewichtslage sein soll, gilt $f(0,0) = 0$. Also wird nach Einsetzen in (3.2) und Fortlassen der Glieder höherer Ordnung die linearisierte Gleichung

$$\ddot{x} + \left(\frac{\partial f}{\partial v}\right)_0 \dot{x} + \left(\frac{\partial f}{\partial x}\right)_0 x = 0 \tag{3.10}$$

erhalten. Das ist eine Schwingungsgleichung mit konstanten Koeffizienten, wie sie im Abschnitt 2.2.2 gelöst wurde.

Die Methode der kleinen Schwingungen ist nur anwendbar, wenn die in (3.10) vorkommenden Ableitungen wirklich existieren, also $f(x, v)$ in eine Taylor-Reihe entwickelbar ist. An Unstetigkeitsstellen von f versagt das Verfahren. Wegen der Vernachlässigung der höheren Glieder der Taylor-Reihe wird man zufriedenstellende Ergebnisse im allgemeinen nur in der unmittelbaren Nachbarschaft der Gleichgewichtslage erwarten können. Die Methode kann das Verhalten eines Systems also nur „im Kleinen" klären.

Für den Dämpfungsgrad nach (2.105) bekommt man aus Gl. (3.10):

$$D = \frac{\left(\dfrac{\partial f}{\partial v}\right)_0}{2\sqrt{\left(\dfrac{\partial f}{\partial x}\right)_0}}.$$

Ist $D = 0$, dann ist das System „im Kleinen" ungedämpft, also konservativ. Für $D > 0$ ist es gedämpft. Die Gleichgewichtslage ist dann ein stabiler Strudel- oder Knotenpunkt der Phasenebene. Aus der Lösung (2.108) ist zu entnehmen, daß für $D < 0$ aufschaukelnde Schwingungen zu erwarten sind. Die Gleichgewichtslage bildet dann einen instabilen Strudel- oder Knotenpunkt. Dieser bei den freien Schwingungen nicht vorkommende Fall ist bei selbsterregten Schwingungen häufig anzutreffen. Jedoch kann die Methode der kleinen Schwingungen hier nur die Bedingungen liefern, unter denen eine Anfachung aus der Gleichgewichtslage heraus möglich ist. Ein weiteres Verfolgen der angefachten Schwingungen, also beispielsweise die Berechnung von Grenzzykeln, überschreitet ihre Möglichkeiten.

Eine Linearisierung völlig anderer Art liefert das schon im Abschnitt 2.1.3.5 erwähnte Verfahren der harmonischen Balance, das im regelungstechnischen Schrifttum (siehe z.B. [46,52]) auch als Verfahren der Beschreibungsfunktion bekannt geworden ist. Dieses Verfahren kann weit mehr Aussagen liefern als die Methode der kleinen Schwingungen. Es ist umfassender, da es nicht auf die Untersuchung kleiner Bewegung beschränkt ist. Die Beschränkung liegt vielmehr jetzt in der Form der Schwingungen. Für harmonische Schwingungen sind exakte Aussagen möglich; bei näherungsweise harmonischen Schwingungen dagegen gute Näherungen. Selbst bei stark von der Sinusform abweichenden Dreiecks- oder Rechtecksschwingungen lassen sich vielfach noch brauchbare Abschätzungen gewinnen.

Der Grundgedanke des Verfahrens besteht darin, die Form der Schwingungen als sinusförmig vorauszusetzen

$$x = \hat{x} \cos \omega t$$
$$\dot{x} = v = -\hat{x}\omega \sin \omega t. \qquad (3.11)$$

Diese Ausdrücke werden in $f(x, v)$ eingesetzt und die so entstehende periodische Funktion mit der Periode $T = \frac{2\pi}{\omega}$ in eine Fourier-Reihe entwickelt:

$$f(\hat{x} \cos \omega t, -\hat{x}\omega \sin \omega t) = a_0 + \sum_{\nu=1}^{\infty}(a_\nu \cos \nu\omega t + b_\nu \sin \nu\omega t). \qquad (3.12)$$

Wir wollen uns hier auf solche Funktionen beschränken, für die der Koeffizient

$$a_0 = \frac{1}{2\pi} \int f(\hat{x} \cos \omega t, -\hat{x} \sin \omega t) \mathrm{d}(\omega t) \qquad (3.13)$$

verschwindet. Das ist stets der Fall, wenn $f(x, v)$ gewisse Symmetrieeigenschaften besitzt. Die etwas umständlichere Berechnung für den Fall unsymmetrischer Funktionen wollen wir hier übergehen. In der Reihenentwicklung (3.12) werden nun die Glieder mit $\nu > 1$, also die höheren Harmonischen, vernachlässigt. Als Näherung für die periodische Funktion f wird also nur die Grundschwingung verwendet, so daß gesetzt wird:

$$f(x, v) \approx a_1 \cos \omega t + b_1 \sin \omega t = \frac{a_1}{\hat{x}}x - \frac{b_1}{\hat{x}\omega}\dot{x},$$
$$f(x, v) \approx a^*x + b^*\dot{x} \qquad (3.14)$$

mit den Koeffizienten

$$a^* = \frac{1}{\pi\hat{x}} \int_0^{2\pi} f(\hat{x} \cos \omega t, -\hat{x} \sin \omega t) \cos \omega t \, \mathrm{d}(\omega t),$$

$$b^* = -\frac{1}{\pi\hat{x}\omega} \int_0^{2\pi} f(\hat{x} \cos \omega t, -\hat{x}\omega \sin \omega t) \sin \omega t \, \mathrm{d}(\omega t). \qquad (3.15)$$

Setzt man den linearen Ersatzausdruck (3.14) in die Ausgangsgleichung (3.2) ein, so nimmt sie die linearisierte Gestalt an

$$\ddot{x} + b^*\dot{x} + a^*x = 0. \qquad (3.16)$$

Zum Unterschied von der ebenfalls linearisierten Gleichung (3.10) sind jedoch hier die Koeffizienten nicht konstant, sondern von der Amplitude $\hat{x}$ der Schwingungen abhängig. Gerade diese Amplitudenabhängigkeit ermöglicht weitgehende Aussagen über das Verhalten der Schwinger. Die charakteristische Dämpfungsgröße D wird nämlich jetzt ebenfalls eine Funktion der Amplitude, da sie aus (3.16) zu

$$D = \frac{b^*}{2\sqrt{a^*}} \qquad (3.17)$$

berechnet werden kann.

Als Anwendungsbeispiel sei die Van der Polsche Gleichung (3.3) betrachtet. Unter Berücksichtigung von (3.11) wird

$$f(x,v) = x - (\alpha - \beta x^2)v = \hat{x}\cos\omega t + (\alpha - \beta\hat{x}^2\cos^2\omega t)\hat{x}\omega\sin\omega t.$$

Das Einsetzen in (3.15) ergibt unter Berücksichtigung der Beziehungen

$$\int_0^{2\pi} \sin^2\omega t \, \mathrm{d}(\omega t) = \int_0^{2\pi} \cos^2\omega t \, \mathrm{d}(\omega t) = \pi,$$

$$\int_0^{2\pi} \sin\omega t\cos\omega t \, \mathrm{d}(\omega t) = \int_0^{2\pi} \sin\omega t\cos^3\omega t \, \mathrm{d}(\omega t) = 0,$$

$$\int_0^{2\pi} \cos^2\omega t \sin^2\omega t \, \mathrm{d}(\omega t) = \frac{\pi}{4}$$

die neuen Koeffizienten

$$a^* = 1, \qquad b^* = \frac{\beta}{4}\hat{x}^2 - \alpha. \qquad (3.18)$$

Damit bekommt man aus (3.16) eine Schwingungsgleichung, auf die die im Abschnitt 2.2.2 berechneten Lösungen übertragen werden können. Für die Eigenkreisfrequenz und den Dämpfungsgrad erhält man

$$\omega = \sqrt{a^*(1 - D^2)} = \sqrt{1 - D^2}\,,$$

$$D = \frac{b^*}{2\sqrt{a^*}} = \frac{1}{8}(\beta\hat{x}^2 - 4\alpha). \qquad (3.19)$$

Das Dämpfungs- bzw. Anfachungsverhalten läßt sich aus der in Fig. 73 aufgetragenen Abhängigkeit $D(\hat{x})$ ablesen. Die D-Kurve durchschneidet die $\hat{x}$-Achse bei dem Wert

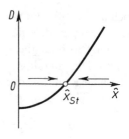

Fig. 73
Äquivalente Dämpfungsgröße für die V a n d e r P o l s c h e
Gleichung

$$\hat{x}_{st} = 2\sqrt{\frac{\alpha}{\beta}}. \tag{3.20}$$

Für $\hat{x} < \hat{x}_{st}$ ist $D < 0$, folglich sind die Schwingungen angefacht; für $\hat{x} > \hat{x}_{st}$ wird dagegen $D > 0$, so daß die Schwingungen in diesem Bereich gedämpft verlaufen. Die Amplituden ändern sich also im Sinne der in Fig. 73 eingezeichneten Pfeile und streben dem Wert $\hat{x} = \hat{x}_{st}$ zu. Der Schwinger kann periodische Schwingungen mit dieser Amplitude ausführen. Die Schwingungen sind stabil, weil jede Störung, die die Amplitude nach oben oder nach unten abweichen läßt, durch die geschilderte Tendenz der Amplitudenänderung wieder rückgängig gemacht wird.

Man erkennt an diesem einfachen Beispiel die gegenüber der Methode der kleinen Schwingungen erheblich größere Ergiebigkeit der Methode der harmonischen Balance.

3.2.3   Das Verfahren von Ritz und Galerkin

In der Elastomechanik – aber auch auf anderen Gebieten der technischen Wissenschaften – hat sich ein von R i t z angegebenes und von G a l e r k i n erweitertes Verfahren zur Lösung von Randwertaufgaben außerordentlich bewährt. Das gleiche Verfahren ist auch als nützliches und weitreichendes Hilfsmittel in der Schwingungslehre anwendbar, insbesondere dann, wenn stationäre, d.h. periodische Schwingungen ausgerechnet werden sollen. Man kann zeigen, daß die Methode der harmonischen Balance als Sonderfall im Ritz-Galerkinschen Verfahren enthalten ist, so daß letzteres als eine Verallgemeinerung aufgefaßt werden kann. Der Vorteil des Verfahrens liegt in einer größeren Anpassungsfähigkeit sowie in der Möglichkeit, auch zu höheren Näherungen überzugehen, wenn Näherungen erster Ordnung nicht mehr ausreichen. Als ein gewisser Nachteil muß der wenig anschauliche, mathematisch formale Charakter des Verfahrens bezeichnet werden.

In ähnlicher Weise, wie eine periodische Funktion durch eine Fourier-Reihe, also durch Linearkombinationen der Funktionen $\sin\nu\omega t$ und $\cos\nu\omega t$ darstellbar ist, kann man auch Approximationen anderer Art versuchen, bei denen ein geeignetes System von Funktionen $\psi_\nu(t)$ verwendet wird. Man gelangt so zu einem Ritz-Ansatz von der Form

$$x = \sum_{\nu=1}^{\infty} \hat{x}_\nu \psi_\nu(t). \tag{3.21}$$

Soll mit diesem Ansatz die Gl. (3.2) gelöst werden, so kann man nach einer von Galerkin angegebenen Vorschrift die unbekannten Amplitudenfaktoren $\hat{x}_\nu$ aus den Bedingungen ermitteln:

$$\int\limits_0^T [\ddot{x} + f(x,v)]\psi_\nu(t)\mathrm{d}t = 0 \qquad (\nu = 1, 2, \ldots). \tag{3.22}$$

Diese zunächst rein formale Rechenvorschrift kann wie folgt interpretiert werden: Bei der praktischen Verwendung des Ansatzes (3.21) lassen sich naturgemäß nur endlich viele Glieder berücksichtigen. Damit aber kann das erhaltene $x(t)$ nur als Annäherung gelten, für die die Ausgangsgleichung (3.2) nicht streng erfüllt ist. Man wird daher versuchen, die Gl. (3.2) wenigstens „im Mittel" – d.h. nach Integration über eine Periode – zu erfüllen. Die Vorschrift von Galerkin besagt nun, daß es zweckmäßig ist, nicht das einfache Mittel, sondern ein „gewogenes Mittel" mit den Gewichtsfunktionen $\psi_\nu(t)$ zu verwenden, um die Amplitudenfaktoren $\hat{x}_\nu$ zu bestimmen. Auf diese Weise kommt man zur Bedingung (3.22).

Als Anwendungsbeispiel sei wieder die Van der Polsche Gleichung (3.3) betrachtet. Wir wollen eine besonders einfache Form für den Ansatz (3.21) wählen, bei der nur die Glieder erster Ordnung $\nu = 1$ berücksichtigt werden, und wollen als Approximationsfunktionen die trigonometrischen Funktionen $\sin\omega t$ und $\cos\omega t$ verwenden. Dann geht (3.21) über in

$$x = \hat{x}_s \sin\omega t + \hat{x}_c \cos\omega t = \hat{x}\cos(\omega t - \varphi). \tag{3.23}$$

Durch Einsetzen dieses Ausdruckes in (3.22) kommt man zu den beiden Bestimmungsgleichungen

$$\int\limits_0^T \{\hat{x}(1-\omega^2)\cos(\omega t-\varphi) + \hat{x}\omega\,[\alpha-\beta\hat{x}^2\cos^2(\omega t-\varphi)]\sin(\omega t-\varphi)\}\sin\omega t\,dt = 0\,,$$

(3.24)

$$\int\limits_0^T \{\hat{x}(1-\omega^2)\cos(\omega t-\varphi) + \hat{x}\omega\,[\alpha-\beta\hat{x}^2\cos^2(\omega t-\varphi)]\sin(\omega t-\varphi)\}\cos\omega t\,dt = 0\,.$$

Die Ausführung der Integrationen führt nach einfachen trigonometrischen Umformungen zu

$$\pi\hat{x}\left[\sin\varphi(1-\omega^2) + \omega\cos\varphi\left(\alpha - \frac{\beta}{4}\hat{x}^2\right)\right] = 0,$$

$$\pi\hat{x}\left[\cos\varphi(1-\omega^2) - \omega\sin\varphi\left(\alpha - \frac{\beta}{4}\hat{x}^2\right)\right] = 0.$$

Diese Gleichungen sind erfüllt für:

$$\omega^2 = 1\,,$$

$$\hat{x} = \hat{x}_{st} = 2\sqrt{\frac{\alpha}{\beta}}.$$

(3.25)

Die erste dieser Bedingungen sagt nichts Neues aus, sie läßt nur erkennen, daß die Ausgangsgleichung (3.3) bereits durch Bezug auf die Eigenzeit so normiert wurde, daß der bei x stehende Faktor gleich 1 wurde. Die zweite Bedingung (3.25) gibt den Wert der Amplitude an, für den stationäre Schwingungen möglich sind. Das Ergebnis stimmt vollkommen mit dem nach der Methode der harmonischen Balance erhaltenen (3.20) überein.

Ein Vorteil der Ritz-Galerkinschen Methode besteht darin, daß man in bestimmten Sonderfällen – z.B. bei den noch zu besprechenden Kippschwingungen – durch geeignete Wahl der Funktionen $\psi_\nu(t)$ zu besseren Annäherungen kommen kann, als sie mit harmonischen Funktionen möglich sind.

3.2.4   Die Methode der langsam veränderlichen Amplitude

Sowohl die Methode der harmonischen Balance als auch das Verfahren von Ritz-Galerkin geben zunächst nur Aussagen über mögliche periodische Zustände. Wenn es auch nach beiden Verfahren möglich ist, die nicht periodischen Einschwingvorgänge abzuschätzen, so ist für diesen Zweck doch ein anderes Verfahren günstiger. Es ist die von Van der Pol an der nach ihm benannten Gleichung (3.3) demonstrierte Methode der langsam veränderlichen Amplitude. Sie kann hier nur in ihren Grundzügen angedeutet und auf ein Beispiel angewendet werden.

Der harmonische Ansatz (3.11) gilt für den stationären Fall. Um ihn auch für Einschwingvorgänge anwenden zu können, kann man die Amplitude selbst als eine Funktion der Zeit auffassen:

$$x = \hat{x}(t) \cos \omega t \,,$$
$$\dot{x} = \dot{\hat{x}} \cos \omega t - \hat{x}\omega \sin \omega t \,, \tag{3.26}$$
$$\ddot{x} = \ddot{\hat{x}} \cos \omega t - 2\dot{\hat{x}}\omega \sin \omega t - \hat{x}\omega^2 \cos \omega t \,.$$

Der Grundgedanke des Verfahrens besteht darin, daß $\hat{x}(t)$ als eine langsam mit der Zeit veränderliche Funktion aufgefaßt wird, für die

$$\dot{\hat{x}} \ll \hat{x}\omega, \qquad \ddot{\hat{x}} \ll \hat{x}\omega^2$$

angenommen werden soll. Man kann daher in Gl. (3.26) die ersten Glieder bei $\dot{x}$ und $\ddot{x}$ als klein vernachlässigen. Approximiert man weiterhin die Funktion $f(x, v)$ durch die ersten beiden Glieder ihrer Fourier-Entwicklung:

$$f(x, v) \approx b_1 \sin \omega t + a_1 \cos \omega t, \tag{3.27}$$

so folgt nach Einsetzen in die Ausgangsgleichung (3.2):

$$\sin \omega t (-2\dot{\hat{x}}\omega + b_1) + \cos \omega t (-\hat{x}\omega^2 + a_1) = 0. \tag{3.28}$$

Wenn diese Beziehung für beliebige Zeiten t erfüllt sein soll, dann müssen die in Klammern stehenden Ausdrücke verschwinden:

$$\hat{x}\omega^2 = a_1, \qquad \dot{\hat{x}} = \frac{b_1}{2\omega}. \tag{3.29}$$

Aus dieser Gleichung können Frequenz und Amplitude berechnet werden. Wir wollen als Beispiel wiederum die Gl. (3.3) heranziehen, bei der

$$f(x, v) = x - (\alpha - \beta x^2)\dot{x}$$

ist. Durch Einsetzen des harmonischen Ansatzes (3.26) bekommt man nach einfacher Umformung

$$f(x, v) = \hat{x}\omega\left(\alpha - \frac{\beta}{4}\hat{x}^2\right) \sin \omega t + \hat{x} \cos \omega t - \frac{\beta}{4}\hat{x}^3\omega \sin 3\omega t.$$

Der Vergleich mit Gl. (3.27) zeigt, daß im vorliegenden Fall

$$b_1 = \hat{x}\omega(\alpha - \frac{\beta}{4}\hat{x}^2) \qquad \text{und} \qquad a_1 = \hat{x} \qquad (3.30)$$

ist. Man bekommt daher aus den Gl. (3.29) die Forderungen:

$$\omega^2 = 1, \qquad \dot{\hat{x}} = \frac{\hat{x}}{2}(\alpha - \frac{\beta}{4}\hat{x}^2). \qquad (3.31)$$

Die erste dieser Bedingungen stimmt mit der ersten Beziehung von Gl. (3.25) überein, die zweite bestimmt die Zeitabhängigkeit der Amplitude $\hat{x}$. Man erkennt sofort, daß für

$$\hat{x} = \hat{x}_{st} = 2\sqrt{\frac{\alpha}{\beta}} \qquad (3.32)$$

die Amplitudenänderung $\dot{\hat{x}} = 0$ wird, so daß auch hier wieder die schon früher ausgerechnete stationäre Amplitude erhalten wird. Zur Lösung der Differentialgleichung (3.31) multiplizieren wir zunächst mit $\hat{x}$ und führen dann $\hat{x}^2 = y$ als neue Veränderliche ein. Das ergibt eine Differentialgleichung vom A belschen Typ

$$\dot{y} = \frac{dy}{dt} = \alpha y - \frac{\beta}{4}y^2,$$

deren Lösung bekannt ist:

$$y = \frac{4\alpha}{\beta\left[1 - \left(1 - \frac{4\alpha}{\beta y_0}\right)e^{-\alpha t}\right]}.$$

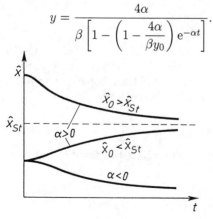

Fig. 74
Der Einschwingvorgang bei der Van der Polschen Gleichung

Umgerechnet auf $\hat{x}$ hat man

$$\hat{x}(t) = \frac{\hat{x}_{st}}{\sqrt{1 - \left(1 - \dfrac{\hat{x}_{st}^2}{\hat{x}_0^2}\right) e^{-\alpha t}}} \; ; \tag{3.33}$$

$\hat{x}_0$ ist dabei der Anfangswert von $\hat{x}$ für $t = t_0$. Die Zeitabhängigkeit (3.33) ist in Fig. 74 aufgetragen. Bei $\alpha < 0$ nähert sich die Amplitude mit wachsendem t stets dem Werte $\hat{x} = 0$; dagegen laufen die Amplitudenkurven für $\alpha > 0$ in jedem Fall asymptotisch gegen den stationären Wert $\hat{x}_{st}$, unabhängig davon, ob $\hat{x}_0$ größer oder kleiner als $\hat{x}_{st}$ ist.

3.3 Beispiele von Schwingern mit Selbsterregung

3.3.1 Das Uhrenpendel

Die Uhr dient der Zeitmessung. Die Tatsache, daß die freien Schwingungen eines Schwerependels bei hinreichend kleinen Amplituden näherungsweise isochron sind, ihre Schwingungszeit also nicht von der Größe der Amplitude abhängt, läßt ein derartiges Pendel als Taktgeber einer Uhr geeignet erscheinen. Freilich muß dafür gesorgt werden, das die einmal angestoßenen Schwingungen nicht abklingen. Durch einen geeigneten Antriebsmechanismus muß also die durch Dämpfung verlorengegangene Energie stets wieder ersetzt werden. Durch den Antriebsmechanismus aber wird die Uhr zu einem selbsterregten System. Je nach der Konstruktion des Antriebs und der Natur der auf das Pendel wirkenden Dämpfungskräfte sind zahlreiche Möglichkeiten vorhanden, von denen hier zwei besprochen werden sollen.

3.3.1.1 Stoßerregung und lineare Dämpfung Durch den Antriebsmechanismus sollen die freien, in ihrer Schwingungszeit genau definierten Eigenschwingungen des Uhrenpendels möglichst wenig gestört werden. Um dies zu erreichen wird die Antriebsenergie stoßartig in dem Augenblick zugeführt, in dem das Pendel seine tiefste Lage (Gleichgewichtslage) durchschwingt. Die Antriebsfunktion $f(x,v)$ eines derartigen Antriebes hat etwa die in Fig. 75 skizzierte Gestalt. $f(x,v)$ ist überall gleich Null, mit Ausnahme eines kleinen Bereiches $-\varepsilon \leq x \leq +\varepsilon$. Je nach dem Vorzeichen von v ist

f hier entweder positiv oder negativ. Die ideale Stoßerregung hat man sich als Grenzfall $\varepsilon \to 0$ vorzustellen, für den das Integral

$$\int_{-\varepsilon}^{+\varepsilon} f(x,v)\mathrm{d}x = E_Z \qquad (3.34)$$

einen endlichen Wert annimmt. Dabei ist E_Z ein Maß für die dem Schwinger durch den Stoß zugeführte Energie.

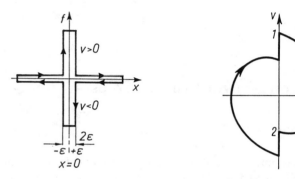

Fig. 75 Die Antriebsfunktion des stoßer-   Fig. 76 Phasenkurve eines Uhrenpendels
regten Uhrenpendels   bei idealer Stoßerregung

Die stoßweise Energiezufuhr wirkt sich in einer sprunghaften Änderung der Schwingungsgeschwindigkeit im Augenblick des Stoßes aus. Andererseits verliert das Pendel an Energie – und also an Geschwindigkeit – infolge der Dämpfungskräfte, die hier als linear angenommen werden sollen. Das Verhalten des Schwingers läßt sich jetzt sehr anschaulich in der Phasenebene darstellen (Fig. 76). In den Bereichen $x \neq 0$ ist kein Antrieb vorhanden, so daß die Schwingung (gemäß Gl. 2.108) durch

$$x = \hat{x}\mathrm{e}^{-D\tau}\cos\nu\tau \qquad (\nu = \sqrt{1-D^2}) \qquad (3.35)$$

wiedergegeben werden kann. Man erhält damit sowohl in der rechten als auch in der linken Halbebene je einen Spiralenbogen. Beide Spiralenbögen gehen jedoch nicht knickfrei ineinander über, weil die Geschwindigkeit beim Nulldurchgang ($x = 0$) springt. Wenn die Anfangsbedingungen richtig gewählt sind, dann ergibt sich gerade die in Fig. 76 skizzierte geschlossene Phasenkurve, also ein Grenzzykel. Der Geschwindigkeitsverlust durch Dämpfung wird durch den Geschwindigkeitssprung infolge des Stoßes ausgeglichen.

Die stationäre Amplitude $\hat{x}_{st}$ läßt sich nun aus der Forderung, daß die Phasenkurve geschlossen ist, also ein Grenzzykel sein soll, ausrechnen. Aus (3.35) folgt $x = 0$ für

$$\tau = \tau_1 = -\frac{\pi}{2\nu} \quad \text{und} \quad \tau = \tau_2 = +\frac{\pi}{2\nu}.$$

Diesen beiden Zeiten sind die Punkte 1 bzw. 2 zugeordnet. Die Werte der Geschwindigkeit folgen aus (3.35) durch Differenzieren nach t und Einsetzen von τ_1 und τ_2:

$$v_1 = \omega_0 \hat{x} \nu \mathrm{e}^{-D\tau_1}, \qquad v_2 = -\omega_0 \hat{x} \nu \mathrm{e}^{-D\tau_2}.$$

Der Verlust an kinetischer Energie, den der Schwinger während einer Halbschwingung erleidet, kann durch

$$\Delta E_{\mathrm{kin}} = \frac{1}{2}(v_1^2 - v_2^2) = \frac{1}{2}\omega_0^2 \hat{x}^2 \nu^2 \left(\mathrm{e}^{\pi D/\nu} - \mathrm{e}^{-\pi D/\nu} \right) \tag{3.36}$$

$$\Delta E_{\mathrm{kin}} = \omega_0^2 \hat{x}^2 \nu^2 \sinh \frac{\pi D}{\nu}$$

gekennzeichnet werden. E_{kin} ist hier die auf das Trägheitsmoment bezogene Energie. ΔE_{kin} muß gleich dem Energiegewinn ΔE_Z durch den Antrieb sein:

$$\Delta E_Z = \omega_0^2 \hat{x}^2 \nu^2 \sinh \frac{\pi D}{\nu}.$$

Daraus folgt:

$$\hat{x} = \frac{1}{\nu \omega_0} \sqrt{\frac{\Delta E_z}{\sinh \frac{\pi D}{\nu}}} = \frac{1}{\omega_0} \sqrt{\frac{\Delta E_Z}{(1 - D^2) \sinh \frac{\pi D}{\sqrt{1-D^2}}}}. \tag{3.37}$$

Diese Amplitude ist noch nicht die stationäre Amplitude des Schwingers, weil das Maximum von (3.35) nicht bei dem Werte $\tau = 0$, sondern wegen der Dämpfung bei

$$\tau = \tau_{\mathrm{max}} = -\frac{1}{\nu} \arctan \frac{D}{\nu} \tag{3.38}$$

liegt. Setzt man diesen Wert in (3.35) ein, so folgt

$$\hat{x}_{st} = x(\tau_{\mathrm{max}}) = \hat{x} \mathrm{e}^{-D\tau_{\mathrm{max}}} \cos \nu \tau_{\mathrm{max}},$$

$$\hat{x}_{st} = \frac{1}{\omega_0} \sqrt{\frac{\Delta E_Z}{\sinh \frac{\pi D}{\sqrt{1-D^2}}}} \mathrm{e}^{-D\tau_{\mathrm{max}}}. \tag{3.39}$$

Für den in der Praxis interessierenden Fall kleiner Dämpfung ($D \ll 1$) läßt sich dieser Ausdruck noch vereinfachen; es wird dafür

$$\nu \approx 1; \qquad \tau_{max} \approx -D; \qquad e^{D^2} \approx 1; \qquad \sinh \frac{\pi D}{\nu} \approx \pi D,$$

so daß näherungsweise gilt

$$\hat{x}_{st} \approx \frac{1}{\omega_0} \sqrt{\frac{\Delta E_Z}{\pi D}}. \tag{3.40}$$

Damit ist die Amplitude des Uhrenpendels berechnet. Die Frequenz – und damit auch die Schwingungszeit – ergibt sich aus der Frequenz der freien Schwingung des Pendels. Das erkennt man am einfachsten aus Fig. 76. Zum Durchlaufen der beiden Spiralenbögen wird genau die halbe Schwingungszeit der freien Schwingung benötigt; die Erhöhung der Geschwindigkeit durch den Stoß erfolgt momentan und liefert daher keinen Beitrag zur Schwingungszeit.

Diese Betrachtung gilt aber nur für den in Fig. 76 gezeichneten idealen Fall, daß der Stoß genau in der Nullage erfolgt. Bei geringfügigen Verschiebungen des Stoßes ergeben sich abgeänderte Schwingungszeiten, die zu Gangfehlern der Uhr führen können. Wir wollen das zeigen und betrachten zu diesem Zwecke den in Fig. 77 gezeichneten Grenzzykel, der sich von dem in Fig. 76 dadurch unterscheidet, daß der Geschwindigkeitssprung nicht bei $x = 0$, sondern bei $x = \pm x_0$ erfolgt. Wenn die Sprünge zu den Zeiten τ_1 bzw. τ_2 erfolgen, dann gilt

$$x(\tau_1) = x_0 = \hat{x} e^{-D\tau_1} \cos \nu \tau_1, \qquad x(\tau_2) = -x_0 = \hat{x} e^{-D\tau_2} \cos \nu \tau_2 \,. \tag{3.41}$$

Die Zeitdifferenz $\tau_2 - \tau_1$ ist gleich der halben Schwingungszeit τ_s des Systems. Diese Zeit kann aus

$$x(\tau_1) + x(\tau_2) = \hat{x}(e^{-D\tau_1} \cos \nu \tau_1 + e^{-D\tau_2} \cos \nu \tau_2) = 0$$

berechnet werden.

Da die Versetzungen x_0 des Stoßes aus der Nullage im allgemeinen klein sein werden, genügt eine Näherungsrechnung, bei der die τ-Verschiebungen aus den x-Verschiebungen durch

$$\Delta \tau = \frac{\Delta x}{(dx/dt)_0} = \frac{x_0}{v_0}$$

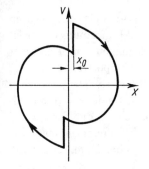

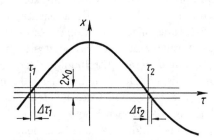

Fig. 77 Phasenkurve eines Uhrenpendels bei verzögerter Stoßerregung

Fig. 78 Zur Berechnung der verzögerten Stoßerregung

ausgedrückt werden (siehe Fig. 78). Für die Steigung der x, τ-Kurve wird darin der für die Nullage geltende Wert eingesetzt. Man bekommt dann

$$\Delta\tau_1 = \frac{x_0}{\hat{x}\nu e^{\pi D/2\nu}}, \qquad \Delta\tau_2 = \frac{x_0}{\hat{x}\nu e^{-\pi D/2\nu}}.$$

Die Differenz dieser beiden Werte ist gleich der halben Veränderung der Schwingungszeit:

$$\Delta\tau_s = 2(\Delta\tau_2 - \Delta\tau_1) = \frac{2x_0}{\hat{x}\nu}\left(e^{+\pi D/2\nu} - e^{-\pi D/2\nu}\right),$$
$$\Delta\tau_s = \frac{4x_0}{\hat{x}\nu}\sinh\frac{\pi D}{2\nu}.$$

Für die relative Veränderung der Schwingungszeit folgt daraus

$$\frac{\Delta\tau_s}{\tau_s} = \frac{2x_0}{\pi\hat{x}}\sinh\frac{\pi D}{2\sqrt{1-D^2}}. \tag{3.42}$$

Auch dieser Ausdruck läßt sich für den Fall kleiner Dämpfung vereinfachen:

$$\frac{\Delta\tau_s}{\tau_s} \approx \frac{x_0 D}{\hat{x}}. \tag{3.43}$$

Beispielsweise erhält man für $D = 0{,}01$ und $x_0/\hat{x} = 0{,}01$ eine relative Änderung von 10^{-4}; das ergibt im Verlaufe eines Tages (86 400 s) einen Fehler der Uhr von 8,64 s.

3.3.1.2 Stoßerregung und Festreibung Wenn an Stelle der linearen Dämpfung Reibungskräfte mit konstantem Betrage (Festreibung) wirken, dann läßt sich unter Berücksichtigung der Überlegungen von Abschnitt 2.2.3.2 auch hier die stationäre Amplitude aus dem Phaseporträt berechnen. Der Grenzzykel (Fig. 79) setzt sich in diesem Fall aus Kreisbogenstücken zusammen, deren Mittelpunkte auf der x-Achse im Abstande $\pm x_r$ vom Nullpunkt liegen. Der Abstand x_r ist dadurch gekennzeichnet, daß für $x = x_r$ das Rückführmoment des Pendels gerade gleich dem Reibungsmoment ist. Aus Fig. 79 lassen sich sofort die Geschwindigkeiten in den Punkten 1 und 2 (also den Nulldurchgängen) ablesen:

$$v_1 = \sqrt{(\hat{x} + x_r)^2 - x_r^2}, \qquad v_2 = \sqrt{(\hat{x} - x_r)^2 - x_r^2}.$$

Also wird die auf das Pendelträgheitsmoment bezogene Differenz der kinetischen Energien zwischen zwei Nulldurchgängen:

$$\Delta E_{\text{kin}} = \frac{1}{2}(v_1^2 - v_2^2) = 2\hat{x}x_r\,.$$

Aus der Bedingung $\Delta E_{\text{kin}} = \Delta E_Z$ folgt somit die stationäre Amplitude des Schwingers zu

$$\hat{x}_{st} = \frac{\Delta E_Z}{2x_r}. \tag{3.44}$$

Die Berechnung der Schwingungszeit wollen wir hier übergehen. Man sieht jedoch aus Fig. 79 unmittelbar, daß in dem gezeichneten Fall eine Schwingungszeit herauskommen muß, die größer als die Schwingungszeit des Pendels ohne Reibung ist. Nur wenn die Energiezufuhr genau bei $x = -x_r$ für $v > 0$ bzw. $x = x_r$, für $v < 0$ erfolgt, wird die Schwingungszeit nicht verändert. Der Grenzzykel setzt sich dann aus 4 Viertelkreisen zusammen.

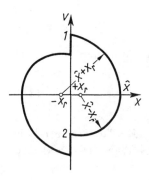

Fig. 79
Grenzzykel für ein Uhrenpendel mit Festreibung

3.3.2   Der Röhren-Generator

Im Abschnitt 3.2 wurde bereits mehrfach die Van der Polsche Gleichung (3.3) als charakteristisches Beispiel der Gleichung eines selbsterregungsfähigen Systems erwähnt. Wir wollen nun zeigen, welcher physikalische Tatbestand durch diese Gleichung wiedergegeben wird, und betrachten zu diesem Zweck das Schaltbild eines Röhrengenerators (Fig. 80). Der Schwinger besteht aus einem RLC-Kreis. Die im Kreis auftretenden Verluste werden durch eine Zusatzspannung ausgeglichen, die über eine im Anodenkreis der Röhre liegende Koppelspule in der Spule des Schwingkreises induziert wird. Der Anstoß durch die Zusatzspannung erfolgt im Takte der Eigenschwingungen des Schwingkreises, weil die Gittervorspannung der Röhre durch die Kondensatorladung beeinflußt und auf diese Weise der Anodenstrom gesteuert wird.

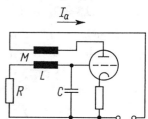

Fig. 80
Schaltbild eines Röhrengenerators

Die Bewegungsgleichung des Generators wird aus der Spannungsgleichung für den Schwingkreis erhalten. Diese unterscheidet sich von der schon früher für den einfachen Schwingkreis abgeleiteten Gl. (2.97) durch ein zusätzliches Glied für die Koppelspannung. Mit dem Anodenstrom I_a und dem Koppelfaktor $M > 0$ läßt sich die Koppelspannung wie folgt schreiben:

$$U_K = -M \frac{\mathrm{d}I_a}{\mathrm{d}t}.$$

Das Vorzeichen wurde dabei so gewählt, daß dem Schwingkreis durch die Ankopplung Energie zugeführt wird. Damit erhält man die Spannungsgleichung:

$$L\ddot{Q} + R\dot{Q} + \frac{1}{C}Q - M\frac{\mathrm{d}I_a}{\mathrm{d}t} = 0. \tag{3.45}$$

Der Zusammenhang zwischen dem Anodenstrom I_a und der Gitterspannung U_g ist durch die Röhrenkennlinie (Fig. 81 oben) gegeben. Ausgehend von

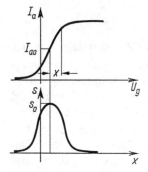

Fig. 81
Röhrenkennlinie und Steilheit

dem für den Arbeitspunkt des Systems geltenden mittleren Anodenstrom I_{a0} kann man schreiben:

$$I_a = I_{a0} + f(x),\qquad(3.46)$$

$$\frac{\mathrm{d}I_a}{\mathrm{d}t} = \frac{\mathrm{d}I_a}{\mathrm{d}x}\dot{x} = \frac{\mathrm{d}f}{\mathrm{d}x}\dot{x} = S(x)\dot{x},$$

wobei $S(x)$ die Steilheit der Röhrenkennlinie ist (Fig. 81 unten). Berücksichtigt man nun, daß für die Veränderung der Gittervorspannung

$$\Delta U_g = x = \frac{Q}{C}$$

gilt, dann geht (3.45) über in:

$$LC\ddot{x} + RC\dot{x} + x - MS(x)\dot{x} = 0.\qquad(3.47)$$

Diese Gleichung läßt sich mit

$$\tau = \frac{t}{\sqrt{LC}} \qquad \text{und} \qquad D_0 = \frac{R}{2}\sqrt{\frac{C}{L}}$$

in bekannter Weise in eine dimensionslose Form bringen:

$$x'' - \left[\frac{MS(x)}{\sqrt{LC}} - 2D_0\right]x' + x = 0.\qquad(3.48)$$

Die darin vorkommende Steilheit $S(x)$ ist näherungsweise eine gerade Funktion und kann daher durch:

$$S(x) = S_0 - S_2 x^2 + S_4 x^4 + \dots$$

approximiert werden.

Berücksichtigt man davon nur die ersten beiden Glieder, so erhält man mit den Abkürzungen

$$\alpha = \frac{MS_0}{\sqrt{LC}} - 2D_0; \qquad \beta = \frac{MS_2}{\sqrt{LC}} \tag{3.49}$$

aus (3.48) die Van der Polsche Gleichung (3.3):

$$x'' - (\alpha - \beta x^2)x' + x = 0. \tag{3.50}$$

Man erkennt aus dieser Ableitung, daß Gl. (3.50) nur eine Näherung für die Generatorgleichung darstellt. Je nach der Form der Röhrenkennlinie und der Art der Approximation für die Steilheit lassen sich entsprechende Gleichungen mit andersartig aufgebauten Faktoren für das Glied mit x' finden.

Aus (3.49) und (3.50) ist ersichtlich, daß eine gewisse Mindestgröße für den Kopplungsfaktor M vorhanden sein muß, wenn der Generator schwingen soll: es muß $\alpha > 0$ sein, also wegen Gl. (3.49):

$$M > M_0 = \frac{2D_0\sqrt{LC}}{S_0} = \frac{RC}{S_0}. \tag{3.51}$$

M_0 kennzeichnet die sogenannte **Pfeifgrenze**, bei der die selbsterregten Schwingungen des Generators einsetzen.

Die Berechnung des Einschwingvorganges und des stationären Zustandes für den schwingenden Röhrengenerator war bereits im Abschnitt 3.2 behandelt worden. Eine weiter reichende Untersuchung der Eigenschaften der Van der Polschen Gleichung findet man z.B. in den Büchern [8,17,48].

3.3.3   Reibungsschwingungen

Im Abschnitt 3.1.1 wurden bereits einige Beispiele aus der Klasse der Reibungsschwingungen erwähnt – die schwingende Violinsaite, die kreischenden Bremsen, das Quietschen von Schienenfahrzeugen in der Kurve, knarrende Türangeln und ratternde Schneidstähle an Drehmaschinen. Trotz der Verschiedenartigkeit dieser Systeme ist der Entstehungsmechanismus der selbsterregten Reibungsschwingungen in allen Fällen der gleiche. Wir wollen diesen Mechanismus an einem einfachen Beispiel untersuchen und wählen dazu das Reibungspendel (Froudesches Pendel) aus, das in Fig. 82 skizziert ist.

Das Pendel ist drehbar auf einer Welle gelagert, die selbst mit einer als konstant angenommenen Winkelgeschwindigkeit $\dot{\varphi}_w$ umläuft. Zwischen der

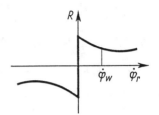

Fig. 82 Reibungspendel

Fig. 83 Angenäherte Kennlinie bei trocke-
ner Reibung

Befestigungsmuffe des Pendels und der rotierenden Welle werden Reibungsmomente übertragen, deren Betrag von der Größe der Relativgeschwindigkeit zwischen Welle und Pendelmuffe abhängt. Aus Versuchen ist der Zusammenhang zwischen dem Reibungsmoment R und der relativen Winkelgeschwindigkeit $\dot{\varphi}_r$, bekannt; er kann etwa durch die in Fig. 83 dargestellte
Funktion beschrieben werden. Das Reibungsmoment ist am größten, wenn
die Relativgeschwindigkeit gleich Null ist (Haftreibung). Mit wachsender
Geschwindigkeit wird die Reibung kleiner und nähert sich einem gewissen
Grenzwert; es ist jedoch auch möglich, daß der Betrag der Reibung bei
größeren Geschwindigkeiten wieder anwächst.

Der fallende Teil der Reibungskennlinie kann zu selbsterregten Schwingungen Anlaß geben. Das läßt sich bereits durch eine einfache Energieüberlegung
plausibel machen. Wenn die Schwinggeschwindigkeit des Pendels $\dot{\varphi}$ ist, so
wird bei einem Reibungsmoment R die Arbeit

$$W = \int R\dot{\varphi}\mathrm{d}t$$

geleistet. Wenn R eine konstante Größe wäre, dann würde diese Arbeit bei
symmetrischen Schwingungen je Vollschwingung gleich Null. Nun ist aber
R eine Funktion der Relativgeschwindigkeit $\dot{\varphi}_r = \dot{\varphi}_w - \dot{\varphi}$. Bei der in Fig. 83
angegebenen Form der Reibungskennlinie wird dabei für $\dot{\varphi} > 0$, also $\dot{\varphi}_r <
\dot{\varphi}_w$, ein größeres Moment ausgeübt als für $\dot{\varphi} < 0$, also $\dot{\varphi}_r > \dot{\varphi}_w$. Daher
wird die Halbschwingung mit $\dot{\varphi} > 0$ durch das Moment mehr unterstützt,
als die Halbschwingung mit $\dot{\varphi} < 0$ durch das Moment gebremst wird. Somit
wird während einer Vollschwingung Arbeit geleistet und dem Pendel Energie

zugeführt. Ist diese Energie groß genug, um die im System vorhandenen Dämpfungen zu überwinden, dann ist Selbsterregung möglich.

Wenn außer dem Reibungsmoment R noch eine der Schwinggeschwindigkeit proportionale Dämpfung auf das Pendel wirkt, dann erhält man die Bewegungsgleichung aus der Bedingung für das Gleichgewicht der Momente in der Form:

$$J\ddot{\varphi} + d\dot{\varphi} + mgs\sin\varphi = R(\dot{\varphi}_w - \dot{\varphi}). \tag{3.52}$$

Durch Bezug auf das Pendelträgheitsmoment J und Einführen der Abkürzungen

$$\frac{d}{J} = 2\delta; \qquad \frac{mgs}{J} = \omega_0^2; \qquad \frac{R}{J} = r$$

wird diese Gleichung in die Form gebracht

$$\ddot{\varphi} + 2\delta\dot{\varphi} + \omega_0^2\sin\varphi = r(\dot{\varphi}_w - \dot{\varphi}). \tag{3.53}$$

Daraus wird in bekannter Weise die Gleichung für die Steigung der Phasenkurven gewonnen

$$\frac{d\dot{\varphi}}{d\varphi} = \frac{1}{\dot{\varphi}}[r(\dot{\varphi}_w - \dot{\varphi}) - 2\delta\dot{\varphi} - \omega_0^2\sin\varphi]. \tag{3.54}$$

Bei bekannter Reibungsfunktion kann das Phasenporträt konstruiert und so ein Überblick über die möglichen Bewegungen gewonnen werden. Wir wollen uns hier damit begnügen, einige charakteristische Eigenschaften des Phasenporträts zu betrachten. Weitergehende Ausführungen findet man z.B. bei K a u d e r e r [17].

Zunächst erkennt man, daß ein singulärer Punkt, also eine Gleichgewichtslage dann vorliegt, wenn

$$\dot{\varphi} = 0 \quad \text{und} \quad r(\dot{\varphi}_w) - \omega_0^2\sin\varphi = 0$$

gilt. Diese Gleichgewichtslage liegt in der Phasenebene (Fig. 84) auf der φ-Achse im Abstand

$$\varphi = \varphi_0 = \arcsin\frac{r(\dot{\varphi}_w)}{\omega_0^2} \tag{3.55}$$

vom Nullpunkt. Solange die Bewegungen des Pendels so klein bleiben, daß $\dot{\varphi} < \dot{\varphi}_w$, also $\dot{\varphi}_r = \dot{\varphi}_w - \dot{\varphi} > 0$ ist, haben die Phasenkurven die Gestalt von Spiralen, die sich entweder zur Gleichgewichtslage (3.55) zusammenziehen

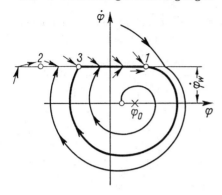

Fig. 84
Das Phasenporträt für ein Reibungspendel

oder auch aufblähen können. Bei größeren Ausschlägen des Pendels kann es vorkommen, daß $\dot\varphi = \dot\varphi_w$, also $\dot\varphi_r = 0$ wird. Dann bewegen sich die antreibende Welle und das Pendel wie ein starrer Körper solange, bis Dämpfungs- und Rückführkraft die Größe der Haftreibung erreicht haben. In diesem „Abreißpunkt" löst sich das Pendel von der Welle. Wenn man die Haftreibungsgrenze durch $r(0) = r_0$ kennzeichnet, dann folgt der Abreißpunkt aus der Bedingung

$$\dot\varphi = \dot\varphi_w\,, \qquad r_0 - 2\delta\dot\varphi_w - \omega_0^2 \sin\varphi = 0\,,$$
$$\varphi = \varphi_1 = \arcsin\frac{r_0 - 2\delta\dot\varphi_w}{\omega_0^2}\,. \qquad (3.56)$$

Das entspricht dem Punkt 1 in Fig. 84. Der Abreißpunkt liegt auf der „Sprunglinie" („Haftgerade") $\dot\varphi = \dot\varphi_w$, an der wegen des unstetigen Sprunges der Reibungsfunktion alle durch diese Linie laufenden Phasenkurven einen Knick besitzen. Die Größe dieses Knicks kann aus (3.54) ausgerechnet werden. Es läßt sich nun zeigen, daß alle Phasenkurven, die die Sprunglinie zwischen den eingezeichneten Punkten 1 und 2 treffen, auf der Sprunglinie selbst im Sinne wachsender φ weiterlaufen, bis sie den Abreißpunkt 1 erreicht haben. Betrachtet man nämlich die Richtungen, unter denen die Phasenkurven die Strecke 1–2 der Sprunglinie treffen, so findet man, daß die Phasenkurven nur zur Sprunglinie hin laufen können. Die eingezeichneten Pfeile geben diese Richtungen an. Ist die Phasenkurve auf der Sprunglinie angekommen, dann stellt sich von selbst ein solcher Wert der Reibung ein, daß $d\dot\varphi/d\varphi = 0$ wird, also die Kurve horizontal weiterläuft. Die Reibung ist dann gerade so groß, daß sie für das Haften der Pendelmuffe auf der Antriebswelle sorgt. Der Punkt 2 in Fig. 84, der die linke Grenze der Einlaufstrecke auf der Sprunglinie angibt, kann aus (3.56) erhalten werden, wenn dort das Vorzeichen von r_0 gewechselt wird. Der Punkt 2 hat also die Koordinaten

$$\dot{\varphi} = \dot{\varphi}_w; \qquad \varphi = \varphi_2 = \arcsin \frac{-r_0 - 2\delta\dot{\varphi}_w}{\omega_0^2}. \tag{3.57}$$

Alle Phasenkurven, die in die Strecke 1–2 einmünden, laufen zunächst bis zum Punkt 1 weiter und von dort aus spiralenförmig um die vorher ausgerechnete Gleichgewichtslage herum. Wenn die Eigendämpfung groß genug ist, zieht sich diese Spirale zum Nullpunkt hin zusammen und berührt die Sprunglinie nicht wieder. In diesem Falle gibt es keine selbsterregten Schwingungen, vielmehr werden alle Phasenkurven schließlich in den Nullpunkt hereinlaufen.

Bei geringer Eigendämpfung weitet sich die vom Punkt 1 ausgehende Spirale auf und trifft damit die Sprunglinie wieder (Punkt 3). Dieser Fall ist in Fig. 84 gezeichnet worden. Zusammen mit der Strecke 3–1 bildet der Spiralenbogen eine geschlossene Kurve, die den Grenzzykel des Systems darstellt. Alle Phasenkurven mit beliebigen Anfangsbedingungen münden letztlich in diesen Grenzzykel ein. Während man bei zahlreichen anderen selbsterregungsfähigen Systemen Grenzzykel meist sehr mühsam durch Probieren – also durch Variieren der Anfangsbedingungen – suchen muß, ergibt sich der Grenzzykel hier völlig zwangsläufig aus der Tatsache, daß eine Einlaufstrecke („Sammelstrecke") existiert, deren Ende in eine genau festgelegte Phasenkurve einmündet. Die Phasenkurven nähern sich bei dem hier betrachteten Beispiel nicht asymptotisch dem Grenzzykel, sondern fallen nach endlich vielen Umläufen exakt mit ihm zusammen.

Je nach den Beträgen von Dämpfung, Reibung und Umlaufgeschwindigkeit der Welle, vor allem auch in Abhängigkeit von dem Aussehen der Reibungsfunktion sind zahlreiche Bewegungsformen möglich, die hier nicht im einzelnen diskutiert werden sollen. Es soll lediglich noch darauf hingewiesen werden, daß bei hinreichend großer Haftreibung auch der Fall eintreten kann, daß kein Abreißpunkt existiert. Wie man aus (3.56) sieht, ist das der Fall für

$$r_0 \geq \omega_0^2 + 2\delta\dot{\varphi}_w. \tag{3.58}$$

Das Argument der arcsin-Funktion in (3.56) wird dann größer als 1, so daß keine Lösung für φ existiert. In diesem Falle wird das Pendel einfach mit der Welle gleichförmig herumgeschleudert, als sei es starr mit ihr verbunden.

Schließlich sei noch die Stabilität der Gleichgewichtslage untersucht. Es genügt dazu, das Verhalten der Phasenkurven in der unmittelbaren Umgebung der Gleichgewichtslage, also von der Gleichgewichtslage aus gesehen „im Kleinen" zu betrachten. Wir setzen zu diesem Zweck $\varphi = \varphi_0 + \bar{\varphi}$ und wollen $\bar{\varphi}$ als so klein voraussetzen, daß $\sin\bar{\varphi} = \bar{\varphi}$ und $\cos\bar{\varphi} = 1$ gesetzt werden können. Dann ist

$$\sin\varphi = \sin(\varphi_0 + \bar{\varphi}) = \sin\varphi_0 + \bar{\varphi}\cos\varphi_0. \tag{3.59}$$

Die Reibungsfunktion $r(\dot{\varphi}_r)$ wird für die unmittelbare Umgebung des Arbeitspunktes $\dot{\varphi}_r = \dot{\varphi}_w$ in eine Taylor-Reihe entwickelt, wobei wegen $\dot{\varphi} = 0$ hier $\dot{\varphi}_r = \dot{\varphi}_w - \dot{\varphi} = \dot{\varphi}_w - \dot{\bar{\varphi}}$ gesetzt werden kann:

$$r(\dot{\varphi}_r) = r(\dot{\varphi}_w) - \left(\frac{dr}{d\dot{\varphi}_r}\right)_0 \dot{\bar{\varphi}} + \cdots .$$

Der Index „0" an der Ableitung bezieht sich dabei auf den Wert $\dot{\bar{\varphi}} = 0$. Bei Vernachlässigung der höheren Glieder in der Taylor-Reihe und bei Berücksichtigung der Gleichgewichtsbedingung (3.55) erhält man aus (3.53) die Bewegungsgleichung:

$$\ddot{\bar{\varphi}} + \left[2\delta + \left(\frac{dr}{d\dot{\varphi}_r}\right)_0\right] \dot{\bar{\varphi}} + \omega_0^2 \cos\varphi_0 \, \bar{\varphi} = 0. \tag{3.60}$$

Das Verhalten eines Schwingers, der einer derartigen linearen Differentialgleichung genügt, ist aus Kapitel 2 bekannt. Es ergeben sich Schwingungen, deren Dämpfungsverhalten durch den Vorfaktor von $\dot{\bar{\varphi}}$ gekennzeichnet wird. Der in der eckigen Klammer vorkommende Differentialquotient ist negativ, wenn der Arbeitspunkt so gewählt wird, wie es in Fig. 83 eingezeichnet wurde. Ist

$$\left(\frac{dr}{d\dot{\varphi}_r}\right)_0 = -2\delta,$$

so wird der Faktor von $\dot{\bar{\varphi}}$ gleich Null; die Schwingungen verlaufen dann in der unmittelbaren Umgebung der Gleichgewichtslage ungedämpft. Für

$$\left(\frac{dr}{d\dot{\varphi}_r}\right)_0 > -2\delta$$

bekommt man gedämpfte Schwingungen, für

$$\left(\frac{dr}{d\dot{\varphi}_r}\right)_0 < -2\delta \tag{3.61}$$

angefachte Schwingungen. Im letztgenannten Falle verläßt der auf der Phasenkurve entlanglaufende Bildpunkt, der den jeweiligen Zustand des Schwingers kennzeichnet, nach einiger Zeit die Umgebung der Gleichgewichtslage; er nähert sich damit dem zuvor besprochenen Grenzzykel. Gl. (3.61) ist also die Anregungsbedingung für das Reibungspendel.

3.4   Kippschwingungen

Wir hatten selbsterregte Schwingungen in Systemen vom Speichertyp als Kippschwingungen bezeichnet, gleichzeitig aber betont, daß eine strenge Abgrenzung gegenüber den bisher behandelten selbsterregten Schwingungen vom Schwingertyp nicht möglich ist. Man bezeichnet Kippschwingungen vielfach auch als Relaxationsschwingungen, jedoch soll dieser Ausdruck hier vermieden werden, da er einerseits nicht besonders glücklich gewählt ist, andererseits aber Mißverständnisse wegen des andersartigen Gebrauchs des Begriffes „Relaxation" in der Physik möglich sind. Schon in der Einleitung zum Kapitel 3 sind einige einfache Systeme erwähnt worden, in denen Kippschwingungen erregt werden können (Fig. 69 und 70). Auch das im Abschnitt 3.3.3 näher untersuchte Reibungspendel kann unter bestimmten Betriebsbedingungen Bewegungen ausführen, die als Kippschwingungen bezeichnet werden könnten. Im folgenden sollen zunächst einige andere, zum Teil leicht durchschaubare Kippschwing-Systeme qualitativ untersucht werden; anschließend soll das Verhalten eines typischen Systems auch quantitativ analysiert werden.

3.4.1   Beispiele von Kippschwing-Systemen

Besonders einfach und in seiner Wirkungsweise sofort erkennbar ist das in Fig. 85 dargestellte hydraulische System: Ein Speichergefäß wird durch einen stetig fließenden Wasserstrahl gefüllt. Bei einer Höhe h_2 des Wasserstandes tritt ein im Gefäß angebrachter Heber in Tätigkeit und sorgt dafür, daß das Gefäß bis zu einer Höhe $h = h_1$ entleert wird. Durch die in den Heber eindringende Luft wird die Entleerung unterbrochen, wenn $h \leq h_1$ wird. Anschließend beginnt die Füllung wieder. Der Bewegungsvorgang besteht aus einem stets sich wiederholenden Pendeln der Wasserhöhe h zwischen den beiden Grenzwerten h_1 und h_2, wobei sich die Schwingungszeit einfach als Summe von Füllzeit T_F und Entleerungszeit T_E ergibt.

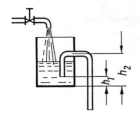

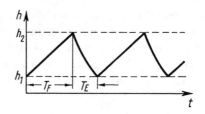

Fig. 85 Hydraulischer Kippschwinger

Fig. 86 Das Zeitverhalten des hydraulischen Kippschwingers

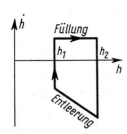

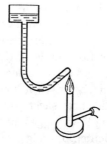

Fig. 87 Grenzzykel für den hydraulischen Kippschwinger

Fig. 88 Modell eines Geysirs

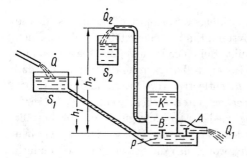

Fig. 89 Hydraulischer Stoßheber

Das Zeitverhalten ist in Fig. 86, der zum eingeschwungenen Zustand gehörende Grenzzykel des Phasenporträts in Fig. 87 dargestellt.

Ein selbsterregtes System ähnlicher Art ist aus dem Alltag wohlbekannt: der tropfende Wasserhahn. Bei nicht vollständig zugedrehtem Ventil fließt ständig etwas Wasser nach und sammelt sich in dem meist kurzen Ausflußrohr. Am Ende dieses Rohres bildet das Wasser eine Grenzfläche, deren Gestalt durch Oberflächenspannung, Adhäsionskräfte sowie durch die Schwerkraft bestimmt wird. Infolge des ständig nachfließenden Wassers gewinnt die Schwerkraft an Einfluß, bis schließlich ein Abschnürvorgang einsetzt, der mit dem Herabfallen eines Tropfens endet. Die Oberflächenspannung verhindert die Bildung eines kontinuierlich ausfließenden Strahles. Es bildet sich nach dem Abfallen eines Tropfens stets wieder eine Grenzfläche, in der für eine gewisse Zeit das durch das Ventil nachfließende Wasser gespeichert wird.

Ein thermisch-hydraulisches Selbstschwingungssystem ist der Geysir, bei dem in periodischen Abständen heißes Wasser bis zu beträchtlichen Höhen geschleudert werden kann. Ein vereinfachtes Modell davon ist in Fig. 88 skizziert: Das in einem Winkelrohr befindliche Wasser wird am Ende des leicht aufwärts gehenden Rohres erhitzt. Nach Erreichen der Verdampfungstemperatur treibt der sich bildende Wasserdampf die Wassersäule aus dem Heizbereich heraus. Dadurch wird der Verdampfungsprozeß unterbrochen und gleichzeitig das Wasser an den kälteren Wänden abgekühlt. Infolge der starken Temperaturunterschiede an der Grenze des beheizten Bereiches in Verbindung mit der Wärmeträgheit der Wassersäule kann nun eine Selbsterregung stattfinden, die zu einem periodischen Herausschleudern einer Wassersäule führt.

Als letztes Beispiel sei der Stoßheber („hydraulischer Widder") erwähnt. In diesem von Montgolfier im Jahre 1796 erfundenen System werden die Trägheitswirkungen bewegter Wassermassen in sehr geschickter Weise dazu ausgenützt, um Wasser aus einem niedrig gelegenen Speicher S_1 in einen höheren Speicher S_2 zu schaffen. Fig. 89 zeigt ein Schema des Stoßhebers. Seine Wirkungsweise ist folgende: Aus dem Sammelspeicher S_1 fließt Wasser durch eine Gefälleleitung in eine Kammer, aus der es entweder durch ein Ventil A ins Freie abfließen oder durch ein Überdruckventil B in einen Kessel K eintreten kann. Da eine Steigleitung an den Kessel angeschlossen ist, herrscht in ihm normalerweise ein höherer Druck als in der darunterliegenden Kammer. Das Ventil B ist also im statischen Fall geschlossen. Wenn das Ventil A geöffnet ist, so wird die Druckverteilung in der Umgebung des Ventils durch das ausströmende Wasser so beeinflußt, daß das Ventil bei Erreichen

einer gewissen Strömungsgeschwindigkeit durch Strömungssog plötzlich geschlossen wird. Dieses Schließen verursacht einen „Wasserschlag", d.h. ein
ruckartiges Ansteigen des Druckes p in der Kammer. Dadurch wird das Ventil B geöffnet, so daß ein Teil des Wassers aus der Kammer in den Kessel K
eintreten kann. Dort treibt der Druckstoß das Wasser in die Steigleitung und
damit in das hochliegende Sammelgefäß S_2. Das im Kessel befindliche Luft-
polster dient zum Druckausgleich. Nach Absinken des Stoßdrucks schließt
sich das Ventil B wieder. Eine die Gefälleleitung hinauflaufende Druckwelle
hat zur Folge, daß der Druck in der Kammer vorübergehend unter den Normalwert sinkt. Dadurch wird das Ventil A automatisch geöffnet, so daß sich
der Vorgang in der beschriebenen Weise wiederholen kann.

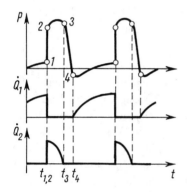

Fig. 90
Das Zeitverhalten des hydraulischen Stoßhebers

Fig. 90 zeigt das Zeitverhalten des Systems für den Gesamtdruck p in der
Kammer sowie für die beiden Ausflußmengen $\dot{Q}_1$ und $\dot{Q}_2$. Die eingetragenen
Zustandspunkte bedeuten:

1. Schließen des Ventils A – Wasserschlag,
2. Öffnen des Ventils B (erfolgt fast gleichzeitig mit dem Schließen von A),
3. Schließen des Ventils B,
4. Öffnen des Ventils A.

Die zwischen 3. und 4. verlaufende Zeit hängt von der Zeit ab, in der die
Druckwelle die Gefälleleitung durchläuft. Hierdurch sowie durch die Schnel-
ligkeit des Druckaufbaus am Ventil A ist die Wiederholungszeit oder Schwingungszeit des Vorganges gegeben. Sie liegt bei ausgeführten Anlagen in der
Größenordnung von 1 Sekunde.

Es sind Stoßheber gebaut worden, bei denen das Höhenverhältnis h_1/h_2
den Wert $1/20$ erreicht. Die Ergiebigkeit (Fördermenge $\dot{Q}_2$) wird allerdings

geringer, je höher die Steigleitung ist. Es sei bemerkt, daß das Anheben der Wassermenge Q_2 auf ein höheres Niveau dem Energiesatz nicht widerspricht, da ja gleichzeitig eine entsprechende Wassermenge Q_1 an Höhe verliert.

3.4.2 Schwingungen in einem Relaisregelkreis

Wir wollen das Verhalten einer Temperaturregelung betrachten und die in ihr möglichen Dauerschwingungen berechnen. Den prinzipiellen Aufbau einer derartigen Anlage, wie sie sich fast unverändert in Thermostaten, bei Raumheizungen, in Elektrobacköfen, Kühlschränken oder Klimaanlagen findet, zeigt Fig. 91. Der zu heizende Raum R werde durch einen Heizkörper H beheizt, wobei eine gewisse Temperatur x entsteht. Der zum Beispiel durch ein Thermoelement gemessene Wert x wird mit einem einstellbaren Sollwert x_s verglichen und die Differenz $x - x_s$ dem Eingang eines Verstärkers zugeführt. Am Ausgang des Verstärkers liegt ein Relais, das den Heizkörper H einschaltet, wenn der gemessene Wert x kleiner als der Sollwert ist, bzw. ausschaltet, wenn x größer als der Sollwert wird. An Stelle des Ausschaltens kann auch ein Herunterschalten auf eine niedrigere Heizstufe stattfinden.

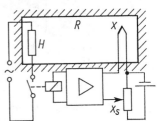

Fig. 91
Ein Temperaturregler vom Relaistyp

Um eine Gleichung für die Temperatur x zu bekommen, muß die Wärmebilanz des Systems betrachtet werden. Ist die durch die Heizung je Sekunde zugeführte Wärmemenge $\dot{Q}_z$, die entsprechende durch Wärmeverluste abgeleitete Wärmemenge $\dot{Q}_a$ und die im Raum gespeicherte Wärmemenge $\dot{Q}_s$, so gilt:

$$\dot{Q}_z = \dot{Q}_a + \dot{Q}_s . \qquad (3.62)$$

Die abgeführte Wärmemenge wird als proportional zur Temperatur angenommen:

$$\dot{Q}_a = kx .$$

Die zugeführte Wärmemenge soll konstant sein, so lange das Relais eine der beiden möglichen Schaltstellungen innehat. Für die im Raum gespeicherte Wärmemenge kann bei konstanter Wärmekapazität C geschrieben werden

$$\dot{Q}_s = C\dot{x}.$$

Durch Einsetzen in (3.62) folgt nun

$$C\dot{x} + kx = \dot{Q}_z. \tag{3.63}$$

Zur Abkürzung wird gesetzt

$$\frac{C}{k} = T_z \;\widehat{=}\; \text{Zeitkonstante}, \qquad \frac{\dot{Q}_z}{k} = \left\{\begin{array}{c} x_o \\ z_u \end{array}\right\} \;\widehat{=}\; \text{Grenztemperaturen}.$$

Dabei ist x_o der obere Grenzwert der Raumtemperatur, der sich im Laufe der Zeit einstellt, wenn die Heizung dauernd eingeschaltet ist; entsprechend ist x_u der untere Grenzwert, der bei abgeschalteter oder reduzierter Heizung nach entsprechend langer Zeit erhalten wird. Je nach der Schaltstellung I bzw. II des Relais ist einer der beiden Werte in die Gleichung des Systems einzusetzen. Somit folgt aus (3.63)

$$T_z\dot{x} + x = \left\{\begin{array}{cc} x_o & \text{I.} \\ x_u & \text{II.} \end{array}\right. \tag{3.64}$$

Die Lösungen dieser Differentialgleichungen erster Ordnung sind bekannt und haben für die Anfangsbedingung $x = x_a$ für $t = 0$ die Form

$$\begin{array}{l} \text{I.}\;\; x = x_o - (x_o - x_{aI})e^{-t/T_z} \\ \text{II.}\;\; x = x_u + (x_{aII} - x_u)e^{-t/T_z}. \end{array} \tag{3.65}$$

Das Zeitverhalten dieser Lösungen zeigt Fig. 92, die Phasenkurven Fig. 93.

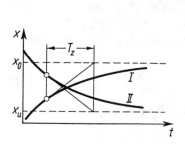

Fig. 92 Das Zeitverhalten der Teillösungen im Temperaturregelkreis

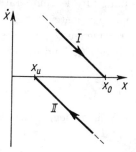

Fig. 93 Phasenkurven der Teillösungen im Temperaturregelkreis

Die wirkliche, dem Regelvorgang entsprechende Lösung muß nun aus den beiden Lösungen zusammengesetzt werden. Die Zeitpunkte, an denen von der einen auf die andere Lösung umzuschalten ist, werden dabei durch die Funktion des Relais, also durch den Regler bestimmt. Die Regelung schafft einen Wirkungskreislauf (Regelkreis), weil einerseits der Regler durch das Ein- und Ausschalten der Heizung die Raumtemperatur verändert, andererseits aber diese Raumtemperatur über das als Meßgerät dienende Thermometer den Regler beeinflußt.

Bei ideal arbeitendem Relais kann die Wirkungsweise des Reglers durch eine Funktion $f(x)$ erfaßt werden, für die gilt:

I. $x < x_s$ $f(x) = x_o$,

II. $x > x_s$ $f(x) = x_u$,

oder zusammengefaßt

$$f(x) = \frac{1}{2}(x_o + x_u) + \frac{1}{2}(x_o - x_u) \, \text{sgn} \, (x_s - x). \tag{3.66}$$

Diese Funktion ist in Fig. 94 skizziert.

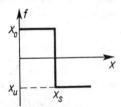

Fig. 94
Kennlinie des idealen Relaisreglers

Der Regelvorgang verläuft nun folgendermaßen: Wenn die Anfangstemperatur des Raumes unter dem Sollwert liegt, dann schaltet der Regler die Heizung ein. Die Temperatur steigt nach (3.65)$_I$ bzw. nach der ansteigenden Kurve von Fig. 92 an, bis der eingestellte Sollwert erreicht ist. Bei der geringsten Überschreitung des Sollwertes schaltet der Regler die Heizung aus, so daß danach der abfallende Teil der Lösung (Bereich II) gilt. Die Temperatur sinkt ab und unterschreitet damit fast augenblicklich wieder den Sollwert. Folglich schaltet der Regler wieder auf den Bereich I zurück. Bei idealem Regler würde der Regelvorgang in einem dauernden, theoretisch unendlich rasch erfolgenden Umschalten des Relais zwischen den beiden Bereichen bestehen. Die Temperatur würde unmerklich um den Sollwert zittern.

Reale Regler zeigen Abweichungen von dem hier betrachteten Verhalten, so daß die Regelschwingungen eine endliche Frequenz und nicht verschwindende Amplituden haben. Als Hauptursachen der Reglerschwingungen kommen in Frage:

1. Hysterese des Reglers bzw. des in ihm verwendeten Relais. In diesem Fall existiert um den Sollwert herum ein gewisser Totbereich oder eine Unempfindlichkeitszone, innerhalb der das Relais nicht anspricht. Die Kennlinie des Reglers hat dann die in Fig. 95 gezeigte Form. Das Schalten erfolgt nicht bei $x = x_s$, sondern bei den Werten x_1 bzw. x_2, die um den Betrag Δx über oder unter x_s liegen.

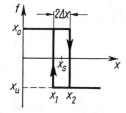

Fig. 95
Kennlinie des Relaisreglers mit Hysterese

2. Totzeit τ des Reglers. In diesem Falle braucht der Regler eine gewisse Zeit – die Totzeit oder Laufzeit τ – bis sich ein vom Meßgerät festgestelltes Schaltsignal am Ausgang des Reglers – also am Relais – auswirkt. In vielen Fällen kann die Totzeit als eine konstante Größe angenommen werden. Veränderliche Totzeiten können entstehen durch

3. Trägheit des Meßgerätes. In diesem Falle wird vom Meßgerät nicht die wirkliche Temperatur x angezeigt, sondern eine von x abhängige, aber wegen der Trägheit des Meßsystems nachhinkende Meßtemperatur x_m. Völlig analoge Erscheinungen entstehen auch dadurch, daß sich die Temperatur x im geheizten Raum nicht augenblicklich gleichmäßig verteilt. Dadurch hinkt die Temperatur am Meßort im allgemeinen hinter der unmittelbar am Heizkörper gemessenen her. Beide Effekte wirken sich in ähnlicher Weise aus.

Im Fall eines Reglers mit Hysterese (Fig. 95) stellt sich nach einer Einschwingzeit ein Zick-zack-förmiger x, t-Verlauf – ähnlich dem in Fig. 86 gezeigten – ein. Auch der zugehörige Grenzzykel in der $x, \dot{x}$-Phasenebene – entsprechend dem in Fig. 87 gezeigten – läßt sich leicht konstruieren.

3.5   Aufgaben

19. Man gebe die lineare Ersatzgleichung nach Gl. (3.16) für die nichtlineare Rayleighsche Differentialgleichung

$$\ddot{x} - (\alpha - \beta \dot{x}^2)\dot{x} + \omega_0^2 x = 0$$

an und berechne daraus Näherungswerte für Kreisfrequenz ω und Amplitude $\hat{x}$ der stationären Schwingungen. (Durch die Rayleighsche Gleichung werden die Schwingungen eines Röhrengenerators mit gegenüber Fig. 80 geänderter Schaltung beschrieben.)

20. Man berechne die Amplitude der in Aufgabe 19 erwähnten Schwingungen unter der Annahme $x \approx \hat{x} \cos \omega_0 t$ aus der Bedingung, daß bei stationären Schwingungen im Verlaufe einer Vollschwingung weder Energie zugeführt wird, noch verloren geht.

21. Man berechne die lineare Ersatzgleichung für die Differentialgleichung

$$\ddot{x} - (\alpha - \beta|x|)|\dot{x}|\dot{x} + \omega_0^2(x + \gamma x^3) = 0$$

und gebe Näherungswerte für Frequenz und Amplitude der stationären Schwingungen an.

22. Ein selbsterregungsfähiger Schwinger genüge der Differentialgleichung

$$x'' + 2Dx' + x = a \operatorname{sgn} x'.$$

Man berechne die Amplitude der stationären Schwingungen a) durch Anstückeln der bereichsweisen Lösungen ohne weitere Vernachlässigungen und b) durch Näherung nach der Methode der harmonischen Balance.

23. Die Schlagschwingungen eines Tragflügels mögen der Differentialgleichung

$$\ddot{x} + \omega_0^2 x = f(\dot{x}, \varphi) = av^2(\varphi - \frac{\dot{x}}{v})$$

genügen. Die durch den Auftrieb bestimmte Funktion f ist dem Anstellwinkel $\alpha = \varphi - \dot{x}/v$ proportional und wächst mit dem Quadrat der Fluggeschwindigkeit v. Mit der Schlagschwingung $x \approx \hat{x} \cos \omega_0 t$ verbunden ist eine um den Phasenwinkel ψ voreilende Verdrehung des Flügels $\varphi \approx b\hat{x} \cos(\omega_0 t + \psi)$. Man berechne aus der Energiebilanz die kritische Fluggeschwindigkeit, bei deren Überschreiten Flatterschwingungen zu befürchten sind.

24. Man berechne die Schwingungszeit T eines Uhrenpendels, dessen durch Festreibung verursachte Amplitudenverluste durch Stöße $s(t)$ im Augenblick des Nulldurchganges ausgeglichen werden (siehe Fig. 79). Die zugehörige Differentialgleichung sei

$$\ddot{x} + \omega_0^2 x = -p \operatorname{sgn} \dot{x} + s(t).$$

Um wieviel Sekunden geht die Uhr infolge Reibung im Laufe eines Tages nach, wenn $x_r = 0,01\hat{x}$ ist?

25. Wie groß ist die Schwingungszeit des Uhrenpendels von Aufgabe 24, wenn die Stöße in den Umkehrpunkten ($\dot{x} = 0$) erfolgen, a) für Stöße zur Gleichgewichtslage hin, b) für Stöße von der Gleichgewichtslage fort?

Um wieviel Sekunden geht die Uhr infolge Reibung im Laufe eines Tages vor (Fall a) bzw. nach (Fall b), wenn $x_r = 0,01\hat{x}$ ist?

26. Ein Nachführ-Regler genüge der Differentialgleichung

$$\dot{x} = h_0 - h \, \text{sgn} \, x_v,$$

wobei $x_v(t) = x(t-t_0)$ eine um die Totzeit t_0 gegenüber $x(t)$ verzögerte Funktion der Zeit ist. Man berechne die Schwingungszeit T, die Amplitude $\hat{x}$ und die Mittellage x_m der Schwingungen, die für $h > h_0$ erregt werden.

4 Parametererregte Schwingungen

In der einleitenden Übersicht (Abschn. 1.6) wurden solche Schwingungen als parametererregt bezeichnet, bei denen die Erregung als Folge der Zeitabhängigkeit irgendwelcher Parameter des schwingenden Systems zustande kommt. Es interessiert dabei vor allem eine periodische Abhängigkeit von der Zeit. Da die Periode der Parameteränderung durch äußere Einwirkungen vorgeschrieben ist, liegt eine Fremderregung vor. In Sonderfällen kann jedoch auch eine Parameteränderung mit einer von der Eigenfrequenz des Schwingers beeinflußten Periode vorkommen. Die Parameter ändern sich dann im Takte der Eigenfrequenz, so daß der Schwinger gewisse Kennzeichen eines Systems mit Selbsterregung besitzt. Man kann ihn sinngemäß als parameter-selbsterregt bezeichnen. Das bekannteste Beispiel dieser Art – die Schaukel – soll noch ausführlich behandelt werden.

Kennzeichnend für parametererregte Schwingungen ist die Tatsache, daß sich die Erregung nicht auswirken kann, wenn der Schwinger in seiner Gleichgewichtslage verharrt. Jedoch kann diese Gleichgewichtslage unter bestimmten Bedingungen, insbesondere bei gewissen Verhältnissen der Eigenfrequenz zur Erregerfrequenz instabil werden, so daß eine beliebig kleine Störung die Aufschaukelung parametererregter Schwingungen auslösen kann. Die Notwendigkeit des Vorhandenseins einer Störung bildet den wesentlichen Unterschied gegenüber den später (Kap. 5) zu besprechenden erzwungenen Schwingungen. Bei diesen kann das Aufschaukeln aus der Ruhelage heraus erfolgen, denn die erregenden Kräfte der erzwungenen Schwingungen sind auch dann wirksam, wenn der Schwinger ruht.

Man hat parametererregte Schwingungen auch rheonome Schwingungen genannt, entsprechend den in der theoretischen Mechanik üblichen Bezeichnungen für Systeme mit zeitveränderlichen Zwangsbedingungen. Nach der Gestalt der beschreibenden Differentialgleichungen des Schwingers spricht man von rheo-linearen bzw. rheo-nichtlinearen Schwingungen.

4.1 Beispiele von Schwingern mit Parametererregung

4.1.1 Das Schwerependel mit periodisch bewegtem Aufhängepunkt

Wir betrachten ein um eine horizontale Achse A drehbar aufgehängtes Schwerependel (Fig. 96), dessen Bewegungen durch den Winkel φ beschrieben werden. Der Aufhängepunkt A möge nach einem gewissen Zeitgesetz in vertikaler Richtung bewegt werden. Diese Bewegung sei durch $a = a(t)$ gege-

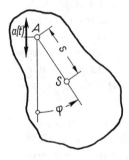

Fig. 96
Schwerependel mit vertikal bewegtem Aufhängepunkt

ben. Wird nun die Gleichung des Pendels in einem mit dem Aufhängepunkt bewegten Bezugssystem aufgestellt, dann muß zu dem auch im ruhenden System vorhandenen Schweremoment $M_s = -mgs\sin\varphi$ noch das Reaktionsmoment der Beschleunigungskraft $M_b = -m\ddot{a}s\sin\varphi$ hinzugefügt werden. Die Bewegungsgleichung des Pendels wird damit:

$$J_A\ddot{\varphi} = M_s + M_b = -m(g + \ddot{a})s\sin\varphi$$

oder

$$\ddot{\varphi} + \frac{ms}{J_A}(g + \ddot{a})\sin\varphi = 0. \tag{4.1}$$

Ist nun $a(t)$ eine periodische Funktion der Zeit, dann ist es auch der als Faktor von $\sin\varphi$ in diese Gleichung eingehende Koeffizient, so daß Gl. (4.1) eine nichtlineare Gleichung mit einem periodischen Koeffizienten wird.

4.1.2 Schwingungen in Kupplungsstangen-Antrieben

Im Antriebssystem elektrischer Lokomotiven sind Schwingungen beobachtet worden, deren Ursache in der periodischen Veränderlichkeit eines System-parameters – hier der Federsteifigkeit – zu suchen ist. Den prinzipiellen Aufbau des Antriebs zeigt Fig. 97. Das mit nahezu konstanter Geschwindig-keit auf der Schiene rollende Treibrad R der Lokomotive ist im allgemeinen über zwei Kupplungsstangen mit dem Motor M verbunden. Die mit dem Motor drehenden Massen können als ein elastisch an das Treibrad gekop-peltes Drehschwingungssystem aufgefaßt werden. Die Federsteifigkeit dieses Schwingers hängt aber von der Stellung des Rades, also von dem Winkel α ab. Ist $\alpha = 90°$, so befindet sich die vordere Kupplungsstange in einer Totlage und liefert fast keinen Beitrag zur Steifigkeit. Hingegen ist der Fe-derungsanteil der um 90° versetzten hinteren Kupplungsstange in dieser Lage ein Maximum. Die Veränderung der Steifigkeit in Abhängigkeit vom Winkel α ist in Fig. 98 schematisch skizziert. Durch Addition der für die vor-dere (v) und hintere (h) Kupplungsstange geltenden Werte ergibt sich eine Gesamtsteifigkeit, wie sie in Fig. 98 stark ausgezogen gezeichnet ist. Die Steifigkeit ist demnach eine periodische Funktion der Zeit, die im Verlauf einer Radumdrehung 4 Perioden durchläuft.

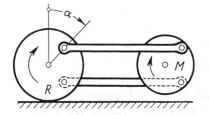

Fig. 97 Kupplungsstangen-Antrieb

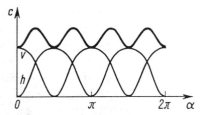

Fig. 98 Die Winkelabhängigkeit der Stei-figkeit eines Kupplungsstangen-Antriebes

Bezeichnet man den Relativwinkel zwischen Rad und Motor mit φ, dann kann man für den Drehschwinger unter der Voraussetzung $\varphi \ll 1$ die Bewe-gungsgleichung

$$J\ddot{\varphi} + c(t)\varphi = 0 \qquad (4.2)$$

erhalten. Das ist eine Schwingungsgleichung mit periodisch veränderlichem Koeffizienten.

Auf ähnliche Weise können infolge periodischer Steifigkeitsschwankungen parametererregte Biegeschwingungen bei Rotoren mit unsymmetrischen Wellen oder parametererregte Drehschwingungen in Systemen mit Zahnradgetrieben entstehen. Da die Zahl der eingreifenden Zähne von der Stellung der Zahnräder abhängt, ist auch die Drehsteifigkeit des angeschlossenen Wellenstranges periodischen Schwankungen unterworfen.

4.1.3 Der elektrische Schwingkreis mit periodischen Parametern

Für einen aus Kondensator (Kapazität C) und Spule (Induktivität L) zusammengesetzten elektrischen Schwingungskreis wurde im Kap. 2 die Differentialgleichung (2.16)

$$\ddot{Q} + \frac{1}{LC}Q = 0 \qquad (4.3)$$

hergeleitet. Ist darin die Kapazität $C = C(t)$ eine periodische Funktion der Zeit, dann wird (4.3) zu einer Gleichung mit periodischen Koeffizienten, und das System kann parametererregte Schwingungen ausführen.

Die periodische Abhängigkeit der Parameter kann eine unerwünschte Nebenerscheinung sein. Dann wird man das System so abstimmen, daß keine Parametererregung entstehen kann. Jedoch läßt sich die Fähigkeit eines Systems zu parametererregten Schwingungen auch zur Konstruktion von Generatoren nutzbringend verwenden. So haben Mandelstam und Papalexi einen elektrischen Wechselstromgenerator gebaut und erprobt, bei dem die Kapazität des Kondensators eines geeignet abgestimmten Schwingkreises in periodischer Weise dadurch verändert wurde, daß ein rotierendes Zahnrad einen Teil der Kondensatorfläche bildete.

4.1.4 Nachbarbewegungen stationärer Schwingungen

Bei der Untersuchung der Stabilität von stationären Schwingungen in nichtlinearen Systemen wird man stets auf Differentialgleichungen geführt, die periodische Koeffizienten haben. Daher besteht ein enger Zusammenhang zwischen den Schwingungen nichtlinearer Systeme und den parametererregten Schwingungen.

Es sei $x = x_s(t)$ eine stationäre periodische Lösung der nichtlinearen Schwingungsgleichung

$$\ddot{x} + f(x) = 0. \tag{4.4}$$

Um die Stabilität des Schwingers beurteilen zu können, interessiert man sich nun für Nachbarbewegungen, die nur um kleine Abweichungen ξ von der stationären Bewegung x_s verschieden sind. Mit

$$x = x_s + \xi; \qquad \ddot{x} = \ddot{x}_s + \ddot{\xi}$$

kann man entwickeln

$$f(x) = f(x_s) + \left(\frac{\partial f}{\partial x}\right)_{x=x_s} \xi + \dots$$

Bei hinreichend klein angenommener „Störung" ξ begnügt man sich mit den beiden angegebenen Gliedern der Taylor-Reihe und bekommt so nach Einsetzen in (4.4)

$$\ddot{x}_s + \ddot{\xi} + f(x_s) + \left(\frac{\partial f}{\partial x}\right)_{x=x_s} \xi = 0.$$

Berücksichtigt man nun, daß x_s selbst eine Lösung der Ausgangsgleichung (4.4) ist, dann bleibt als Bestimmungsgleichung für die Störung ξ:

$$\ddot{\xi} + \left(\frac{\partial f}{\partial x}\right)_{x=x_s} \xi = 0. \tag{4.5}$$

In nichtlinearen Systemen ist die Ableitung $\partial f/\partial x$ selbst noch von x abhängig. Da nun x_s als periodische Funktion vorausgesetzt wurde, ist somit der Faktor von ξ in (4.5) eine periodische Funktion der Zeit.

4.1.5 Das ebene Fadenpendel mit veränderlicher Pendellänge

Als letztes Beispiel soll ein Fadenpendel erwähnt werden, bei dem die Länge des Fadens $L = L(t)$ eine periodische Funktion der Zeit ist.

Zur Herleitung der Bewegungsgleichung kann der Drallsatz verwendet werden, der besagt, daß die zeitliche Änderung des Dralls gleich dem resultierenden äußeren Moment ist. Der Drall des Pendels bezüglich des Aufhängepunktes A ist gleich $mL^2\dot{\varphi}$; das Moment der Schwerkraft ist $M_s = -mgL\sin\varphi$. Also gilt:

$$\frac{d}{dt}(mL^2\dot{\varphi}) = 2mL\dot{L}\dot{\varphi} + mL^2\ddot{\varphi} = -mgL\sin\varphi$$

oder

$$\ddot{\varphi} + \frac{2\dot{L}}{L}\dot{\varphi} + \frac{g}{L}\sin\varphi = 0. \tag{4.6}$$

Diese Gleichung unterscheidet sich von den bisher abgeleiteten durch das Auftreten eines Gliedes mit dem Faktor $\dot{\varphi}$. Da L und $\dot{L}$ periodische Funktionen der Zeit sind, ist auch (4.6) eine Gleichung für parametererregte Schwingungen. Gerade das Beispiel des Fadenpendels mit veränderlicher Pendellänge läßt die bei Parametererregung typischen Erscheinungen besonders anschaulich erkennen. Wir wollen deshalb im folgenden Abschnitt das Verhalten eines derartigen Pendels für den Fall einer speziellen Funktion $L = L(t)$ ausführlicher untersuchen.

4.2   Berechnung eines Schaukelschwingers

Die Schaukel kann als Musterbeispiel eines parameter-selbsterregten Systems angesehen werden. Das Ingangbringen einer Schaukel geschieht bekanntlich durch rhythmisches Neigen und Wiederaufrichten des Körpers (bzw. durch periodisches Knie-Beugen und -Strecken) derart, daß der Schwerpunkt während des Durchgangs der Schaukel durch ihre tiefste Lage gehoben und in den Bereichen der Größtausschläge wieder entsprechend gesenkt wird. Man wird mit recht guter Annäherung die Schaukel mit dem Schaukelnden als ein Fadenpendel ansehen dürfen, wobei die in der Richtung des Fadens erfolgenden Schwerpunktsverschiebungen als periodische Veränderungen der Fadenlänge aufgefaßt werden können. Damit entspricht die Schaukel genau dem im Abschn. 4.1.5 behandelten Beispiel.

Besonders übersichtlich werden die Verhältnisse, wenn man sich das Heben und Senken des Schwerpunktes als zeitlich konzentrierte, also momentan erfolgende Vorgänge vorstellt. Man kommt so zu einem Gedankenmodell, wie es in Fig. 99 dargestellt ist. Das Pendel kann die beiden Fadenlängen

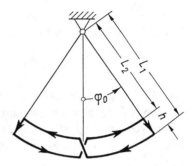

Fig. 99
Zur Berechnung des Schaukelschwingers

L_1 und L_2 annehmen, wobei der größere Wert L_1 für die Bewegungen von den Maximalausschlägen bis zum Erreichen des tiefsten Punktes – also für die Abstiegsphase – gilt, während der kleinere Wert L_2 entsprechend für die Aufstiegsphase einzusetzen ist. Der Weg des Schwerpunktes bildet dann die in Fig. 99 eingezeichnete Schleifenkurve.

Es sei bemerkt, daß die Schaukel auch zu den Schwingern mit reiner Selbsterregung gezählt werden kann, da sich die Fadenlänge eindeutig als Funktion von φ und $\dot{\varphi}$ ausdrücken läßt. Für den in Fig. 99 dargestellten Fall bekommt man z.B.:

$$L = L(\varphi, \dot{\varphi}) = \frac{1}{2}(L_1 + L_2) - \frac{1}{2}(L_1 - L_2)\,\operatorname{sgn}\varphi\,\operatorname{sgn}\dot{\varphi}.$$

Diesen Ausdruck in die Gl. (4.6) einzusetzen ist jedoch nicht zweckmäßig, da dort die zeitliche Ableitung der Sprungfunktion zu bilden ist. Es ist einfacher und durchsichtiger, Energiebetrachtungen anzustellen, weil sich damit nicht nur die Gesetzmäßigkeiten des Aufschaukelns, sondern auch die Auswirkungen von Dämpfungs- bzw. Reibungskräften auf den Bewegungsverlauf erkennen lassen.

4.2.1 Das Anwachsen der Amplituden

Für die zwischen Heben und Senken liegenden Viertelschwingungen der Schaukel gelten die bereits im Kap. 2 (Abschn. 2.1.3.2) abgeleiteten Beziehungen. Insbesondere gilt bei Abwesenheit von Dämpfungskräften der Energiesatz

$$\frac{1}{2}mv^2 + mgL(1 - \cos\varphi) = mgL(1 - \cos\varphi_0). \tag{4.7}$$

Wegen $v = L\dot{\varphi}$ kann daraus sofort die Winkelgeschwindigkeit $\dot{\varphi}_1$ im tiefsten Punkt ($\varphi = 0$), also am Ende der Abstiegsphase berechnet werden:

$$\dot{\varphi}_1^2 = \frac{2g}{L_1}(1 - \cos\varphi_{01}). \tag{4.8}$$

Der Winkel φ_{01} bezeichnet die Anfangsauslenkung, aus der das Pendel freigelassen wurde. Eine ganz entsprechende Beziehung gilt auch zwischen der Winkelgeschwindigkeit $\dot{\varphi}_2$ am Anfang und dem Maximalausschlag φ_{02} am Ende der Aufstiegsphase, denn auch für diese Viertelschwingung gilt der Energiesatz:

$$\dot{\varphi}_2^2 = \frac{2g}{L_2}(1 - \cos\varphi_{02}). \tag{4.9}$$

Zwischen Abstiegs- und Aufstiegsphase liegt das momentane Heben des Schwerpunktes. Es erfolgt durch Kräfte, die in der Richtung des Fadens liegen, also kein Moment bezüglich des Aufhängepunktes haben. Folglich bleibt der Drall des Pendels während des plötzlichen Anhebevorganges unverändert:

$$mL_1^2\dot{\varphi}_1 = mL_2^2\dot{\varphi}_2. \tag{4.10}$$

Diese Beziehung zwischen den beiden Geschwindigkeiten $\dot{\varphi}_1$ und $\dot{\varphi}_2$ ermöglicht es, den Zusammenhang zwischen den aufeinanderfolgenden Maximalausschlägen φ_{01} und φ_{02} zu finden. Durch Quadrieren von (4.10) und Einsetzen der Werte von (4.8) und (4.9) folgt nämlich

$$L_1^3(1 - \cos\varphi_{01}) = L_2^3(1 - \cos\varphi_{02}). \tag{4.11}$$

Entsprechendes gilt auch für alle folgenden Halbschwingungen, so daß die Größtausschläge durch Iteration leicht ausgerechnet werden können:

$$L_1^3(1 - \cos\varphi_{0n}) = L_2^3[1 - \cos\varphi_{0(n+1)}]. \tag{4.12}$$

Die Auswertung dieser Formel kann in besonders anschaulicher Weise graphisch geschehen, wenn man die beiden Funktionen

$$L_1^3(1 - \cos\varphi_0) \qquad \text{und} \qquad L_2^3(1 - \cos\varphi_0)$$

als Kurven aufträgt (s. Fig. 100). Beginnt man mit einer Anfangsamplitude φ_{01}, so findet man die nachfolgenden Amplitudenwerte in einer aus der Abbildung unmittelbar verständlichen Weise dadurch, daß man von φ_{01} ausgehend die Treppenkurve zwischen den beiden gezeichneten Kurven aufwärts

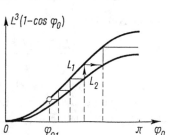

Fig. 100
Die Amplitudenzunahme beim Schaukelschwinger

steigt. Die Abszissen der Sprungstellen sind dann die jeweiligen Umkehramplituden.

Nicht nur für die Größtausschläge, sondern auch für die im Schwinger vorhandene Energie läßt sich eine einfache und für das hier untersuchte Modell völlig exakte Beziehung finden. Änderungen der im System vorhandenen Energie kommen nur beim Heben bzw. Senken vor; für eine Energiebilanz genügt es also, diese Vorgänge zu betrachten. Bei dem Hubvorgang ändert sich die dem System innewohnende Energie um den Betrag

$$E_H = mgh + \frac{1}{2}m(v_2^2 - v_1^2). \qquad (4.13)$$

Der erste Anteil gibt den Gewinn an potentieller Energie, der zweite den Zuwachs an kinetischer Energie an; $h = L_1 - L_2$ ist die Hubhöhe. Unter Berücksichtigung von (4.8), (4.9), (4.11) und $v = L\dot\varphi$ kann (4.13) so umgeformt werden, daß E_H als Funktion der Anfangsamplitude φ_{01} erscheint:

$$E_H = mg\left\{ h + L_1(1 - \cos\varphi_{01}) \left[\left(\frac{L_1}{L_2}\right)^2 - 1 \right] \right\}. \qquad (4.14)$$

Dem Energiezuwachs beim Hubvorgang steht ein Verlust an potentieller Energie beim Senken, also in den Umkehrpunkten gegenüber:

$$E_S = mgh\cos\varphi_{02}. \qquad (4.15)$$

Für eine Halbschwingung mit je einem Hub- und Senk-Vorgang bekommt man demnach einen Energiegewinn von der Größe

$$\Delta E = E_H - E_S$$
$$\Delta E = mg\left\{ h(1 - \cos\varphi_{02}) + L_1 \left[\left(\frac{L_1}{L_2}\right)^2 - 1 \right](1 - \cos\varphi_{01}) \right\}.$$

Dieser Ausdruck läßt sich unter Berücksichtigung von (4.11) umformen in

$$\Delta E = \frac{h(L_1^2 + L_1 L_2 + L_2^2)}{L_2^3} mgL_1(1 - \cos\varphi_{01}) = kE_{01}. \tag{4.16}$$

Darin ist E_{01} die anfängliche (potentielle) Energie im Schwinger und k ein nur noch von den geometrischen Verhältnissen des Pendels abhängiger konstanter Faktor. Die Energie am Ende der ersten Halbschwingung ist nun:

$$E_{02} = E_{01} + \Delta E = E_{01}(1 + k). \tag{4.17}$$

Da Entsprechendes für alle folgenden Halbschwingungen gilt, kann der Wert der Energie nach $n - 1$ Halbschwingungen explizit angegeben werden:

$$E_{0n} = E_{01}(1 + k)^{n-1}. \tag{4.18}$$

Die Energie wächst demnach in geometrischer Progression, also wie ein Kapital, das zu einem Zinsfaktor $1 + k$ angelegt wurde.

4.2.2   Der Einfluß von Dämpfung und Reibung

Um den Einfluß von Bewegungswiderständen abzuschätzen, wollen wir jetzt eine Näherungsbetrachtung für den Fall kleiner Amplituden des Pendels durchführen. Wir setzen $\varphi_0 \ll 1$ voraus und können $1 - \cos\varphi_0 \approx \frac{1}{2}\varphi_0^2$ setzen. Damit geht (4.16) in die Form über:

$$\Delta E = \frac{mghL_1(L_1^2 + L_1 L_2 + L_2^2)}{2L_2^3} \varphi_0^2 = k_1\varphi_0^2. \tag{4.19}$$

Dieser Energiegewinn muß mit den Energieverlusten verglichen werden, die als Folge der Bewegungswiderstände auftreten. Wir wollen hier zwei Fälle untersuchen: eine der Bewegungsgeschwindigkeit proportionale Dämpfungskraft von der Größe

$$F_D = -dv = -dL\dot\varphi \tag{4.20}$$

sowie eine von der Geschwindigkeit unabhängige Reibungskraft

$$F_R = \begin{cases} +r & \text{für} \quad v < 0 \\ -r & \text{für} \quad v > 0. \end{cases} \tag{4.21}$$

Die von diesen Kräften geleistete Arbeit

$$W = \int F \mathrm{d}s = \int Fv\mathrm{d}t = \int FL\dot\varphi\mathrm{d}t \tag{4.22}$$

geht der Gesamtenergie des Schwingers verloren. Für die Dämpfungskraft (4.20) erhält man den Energieverlust:

$$E_D = \int dL^2\dot{\varphi}^2 dt = dL^2 \int \dot{\varphi}^2 dt. \tag{4.23}$$

Wenn die Schwingungsform $\varphi = \varphi(t)$ bekannt ist, dann kann $\dot{\varphi}$ bestimmt und damit E_D ausgerechnet werden. Da E_D normalerweise klein gegenüber der Gesamtenergie ist, kann der Schwingungsverlauf für eine näherungsweise Berechnung von E_D als sinusförmig angenommen werden:

$$\varphi \approx \varphi_0 \cos\omega t; \qquad \dot{\varphi} \approx -\varphi_0\omega \sin\omega t; \qquad \omega^2 = \frac{g}{L}. \tag{4.24}$$

Diese Annahme ist insbesondere dann gerechtfertigt, wenn man den Amplitudenbereich untersuchen will, in dem sich Energiezufuhr durch Parametererregung und Energieverlust durch Dämpfung etwa ausgleichen. Unter Berücksichtigung von (4.24) folgt nun für eine Halbschwingung aus (4.23) die Energiedifferenz:

$$\Delta E_D = dL_1^2\varphi_0^2\omega_1 \int\limits_0^{\pi/2} \sin^2\omega_1 t\, d(\omega_1 t) + dL_2^2\varphi_0^2\omega_2 \int\limits_{\pi/2}^{\pi} \sin^2\omega_2 t\, d(\omega_2 t)\,,$$

$$\Delta E_D = \frac{1}{4}\pi d\sqrt{g}\left(\sqrt{L_1^3} + \sqrt{L_2^3}\right)\varphi_0^2 = k_2\varphi_0^2. \tag{4.25}$$

Man wird angefachte Schwingungen erhalten, wenn ΔE (4.19) größer als ΔE_D (4.25) ist; für $\Delta E < \Delta E_D$ sind gedämpfte Schwingungen zu erwarten. Da beide Ausdrücke in gleicher Weise von φ_0 abhängen, hat man also

Anfachung für $k_1 > k_2$,
Dämpfung für $k_1 < k_2$.

Der Grenzfall $k_1 = k_2$ entspricht stationären Schwingungen, die in diesem Sonderfall bei beliebigen Werten der Amplitude φ_0 – freilich unter der Voraussetzung $\varphi_0 \ll 1$ – möglich sind.

Eine entsprechende Rechnung für den Fall einer konstanten Reibungskraft (4.21) gibt den Energieverlust

$$E_R = -\int F_R ds = -\int F_R v dt = rL \int |\dot{\varphi}|\, dt.$$

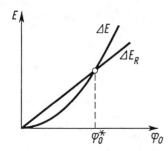

Fig. 101
Energiediagramm für einen Schaukelschwinger mit Festreibung

Für eine Halbschwingung folgt:

$$\Delta E_R = r L_1 \varphi_0 \int\limits_0^{\pi/2} \sin \omega_1 t \, \mathrm{d}(\omega_1 t) + r L_2 \varphi_0 \int\limits_{\pi/2}^{\pi} \sin \omega_2 t \, \mathrm{d}(\omega_2 t)$$

$$\Delta E_R = r(L_1 + L_2)\varphi. \tag{4.26}$$

Trägt man diesen Reibungsverlust zusammen mit dem Energiegewinn (4.19) als Funktion der Amplitude φ_0 auf, so kommt man zu dem Diagramm von Fig. 101. Beide Energiekurven schneiden sich bei dem Amplitudenwert

$$\varphi_0^* = \frac{r(L_1 + L_2)}{k_1}. \tag{4.27}$$

Für kleinere Amplituden ist $\Delta E_R > \Delta E$, es wird also mehr Energie entzogen als zugeführt, so daß die Schwingungen gedämpft verlaufen; umgekehrt werden Schwingungen mit Amplituden, die größer als der Grenzwert φ_0^* sind, aufgeschaukelt. Es liegt also ein Schwinger vor, der im Kleinen stabil, im Großen dagegen instabil ist. Soll der Schwinger zu parametererregten Schwingungen veranlaßt werden, dann ist dazu eine Anfangsstörung von solcher Größe notwendig, daß die kritische Amplitudengrenze $\varphi_0 = \varphi_0^*$ überschritten wird.

4.3   Parametererregte Schwingungen in linearen Systemen

4.3.1   Allgemeine mathematische Zusammenhänge

Wir wollen uns hier auf die Betrachtung von Systemen mit einem Freiheitsgrad beschränken, die durch Differentialgleichungen zweiter Ordnung beschrieben werden. Bereits an diesen Schwingern können die für parametererregte Schwingungen typischen Erscheinungen beobachtet werden. Bezüglich der Verhältnisse bei Systemen mit mehreren Freiheitsgraden sei auf Kapitel 6 sowie auf das Schrifttum, insbesondere auf das Buch von Malkin [28] verwiesen.

Die Differentialgleichung für einen linearen Schwinger mit einem Freiheitsgrad und zeitabhängigen Parametern kann in die Form

$$\ddot{x} + p_1(t)\dot{x} + p_2(t)x = 0 \tag{4.28}$$

gebracht werden. Sie entsteht z.B. aus der im Abschn. 2.2.2.1 angegebenen Gleichung (2.100), wenn durch $m(t)$ dividiert wird. Schon dort wurde gezeigt, daß die Gleichung durch Einführung einer neuen Veränderlichen vereinfacht werden kann. Setzt man nämlich

$$x = y\exp\left(-\frac{1}{2}\int p_1(t)\mathrm{d}t\right), \tag{4.29}$$

so geht (4.28) über in

$$\ddot{y} + P(t)y = 0 \tag{4.30}$$

mit

$$P(t) = p_2(t) - \frac{1}{2}\frac{\mathrm{d}}{\mathrm{d}t}[p_1(t)] - \frac{1}{4}p_1^2(t). \tag{4.31}$$

Wenn die Parameter p_1 und p_2 periodische Funktionen der Zeit mit der Periode T_p sind, dann gilt das gleiche auch für $P(t)$:

$$P(t + T_p) = P(t). \tag{4.32}$$

Gl. (4.30) ist eine sogenannte Hillsche Differentialgleichung, die in den praktisch interessierenden Fällen Lösungen von der Form

$$y(t) = C_1 e^{\mu_1 t} y_1(t) + C_2 e^{\mu_2 t} y_2(t) \tag{4.33}$$

besitzt. Dabei sind y_1 und y_2 periodische Funktionen der Zeit, C_1 und C_2 sind Konstanten, μ_1 und μ_2 sind die sogenannten charakteristischen Exponenten der Gleichung (4.30). Diese Exponenten, die nur von den in die Ausgangsgleichung (4.30) eingehenden Größen, nicht aber von den jeweiligen Anfangsbedingungen abhängen, bestimmen das Stabilitätsverhalten der Lösung (4.33). Hat einer der beiden charakteristischen Exponenten einen positiven Realteil, dann wächst die Lösung (4.33) mit $t \to \infty$ unbeschränkt an, sie wird also instabil. Sind dagegen die Realteile beider

Exponenten negativ, dann geht y mit $t \to \infty$ asymptotisch gegen Null. Die Lösung ist dann (asymptotisch) stabil. Im Grenzfall kann natürlich auch der Realteil eines (oder beider) Exponenten verschwinden. Dann bleibt y beschränkt, ohne sich asymptotisch der Nullage zu nähern; y kann in diesem Fall periodisch sein. In der Schwingungslehre interessieren vor allem reelle Exponenten μ. Dann werden die Bereiche stabiler Lösungen von den instabilen stets durch Grenzen voneinander getrennt, auf denen rein periodische Lösungen existieren. Daher läuft das Aufsuchen instabiler Bereiche letzten Endes auf ein Ermitteln der Bedingungen hinaus, unter denen die Exponenten μ verschwinden, also rein periodische Lösungen möglich sind.

Für einige spezielle Formen der periodischen Funktion $P(t)$ sind die Lösungen von (4.30) systematisch untersucht worden, z.B. für

$$P(t) = P_0 + \Delta P \cos \Omega t, \tag{4.34}$$

$$P(t) = P_0 + \Delta P \operatorname{sgn} (\cos \Omega t). \tag{4.35}$$

Im erstgenannten Fall schwankt der Parameter nach einem harmonischen Gesetz, im zweiten Fall erfolgen die Änderungen sprunghaft, so daß $P(t)$ eine Mäanderfunktion bildet. Mit (4.34) geht die Hillsche Differentialgleichung in eine Mathieusche über, mit (4.35) in eine sog. Meißnersche.

Da eine Differentialgleichung vom Mathieuschen Typ im Abschnitt 4.3.2, eine der Meißnerschen ähnliche Gleichung im Abschnitt 4.4 untersucht werden sollen, wollen wir beide Gleichungen noch in die übliche und mathematisch leichter zu handhabende Normalform überführen. Zu diesem Zweck führen wir die dimensionslose Zeit

$$\tau = \Omega t \tag{4.36}$$

ein und kommen dann mit den Abkürzungen

$$\lambda = \frac{P_0}{\Omega^2}; \quad \gamma = \frac{\Delta P}{\Omega^2} \tag{4.37}$$

zu der Normalform der Mathieuschen Differentialgleichung

$$y'' + (\lambda + \gamma \cos \tau)y = 0. \tag{4.38}$$

Die Striche bedeuten dabei Ableitungen nach der dimensionslosen Zeit τ.

Mit denselben Abkürzungen (4.36) und (4.37) geht die Meißnersche Gleichung über in

$$y'' + [\lambda + \gamma \text{ sgn } (\cos \tau)]y = 0. \tag{4.39}$$

Das ist gleichbedeutend mit

$$
\begin{aligned}
y'' + (\lambda + \gamma)y = 0 \quad &\text{für} \quad -\frac{\pi}{2} < \tau < +\frac{\pi}{2}, \\
y'' + (\lambda - \gamma)y = 0 \quad &\text{für} \quad \frac{\pi}{2} < \tau < \frac{3\pi}{2}.
\end{aligned}
\tag{4.40}
$$

4.3.2 Das Verhalten von Schwingern, die einer Mathieuschen Differentialgleichung genügen

Die für das Stabilitätsverhalten maßgebenden charakteristischen Exponenten μ der Mathieuschen Gleichung (4.38) hängen ausschließlich von den beiden Größen λ und γ ab, nicht aber von den Anfangsbedingungen. Zu jedem Wertepaar λ, γ läßt sich daher angeben, ob die zugehörigen Lösungen stabil oder instabil sind. In einer λ, γ-Ebene können die Bereiche stabiler bzw. instabiler Lösungen aufgetragen werden. Eine derartige, von Ince und Strutt ausgerechnete Stabilitätskarte zeigt Fig. 102. Die instabilen Bereiche sind schraffiert, die stabilen unschraffiert wiedergegeben. Die verschiedenen Bereiche werden durch Grenzlinien voneinander getrennt, auf denen die Lösungen periodisch sind. Die Stabilitätskarte ist zur λ-Achse symmetrisch, so daß es genügt, die obere Halbebene zu zeichnen.

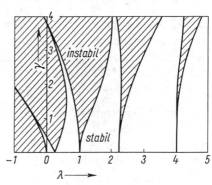

Fig. 102
Stabilitätskarte für die MathieuSche Differentialgleichung

Welche Aussagen läßt die Stabilitätskarte Fig. 102 zu? Es werde zunächst der Fall $\gamma = 0$ betrachtet, für den (4.38) in die einfache Schwingungsgleichung

$$y'' + \lambda y = 0 \tag{4.41}$$

übergeht. Die Lösungen dieser Gleichung sind für $\lambda > 0$ bekanntlich rein periodische Sinus- bzw. Cosinus-Funktionen mit der Kreisfrequenz $\omega_0 = \sqrt{\lambda}$. Diese Schwingungen können als stabil bezeichnet werden; in der Stabilitätskarte entspricht ihnen die positive λ-Achse. Für $\lambda < 0$ ergeben sich keine Schwingungen, sondern Exponentialfunktionen mit dem reellen Exponenten $\sqrt{|\lambda|}\tau$. Diese Lösungen sind instabil, wie es auch der linke Ast der λ-Achse in der Stabilitätskarte zeigt.

Wenn wir nun einen Schwinger mit konstantem, nicht verschwindendem γ betrachten, so wird sich der Bildpunkt dieses Schwingers in der Stabilitätskarte bei Veränderungen von λ längs einer Parallelen zur λ-Achse bewegen. Dabei können für $\lambda > 0$ instabile Bereiche durchschritten werden. Praktisch bedeutet das, daß der bei $\gamma = 0$ stabile Schwinger für $\gamma \neq 0$ bei bestimmten Werten von λ instabil werden kann. Das Schwankungsglied kann also eine stabilitätsmindernde Wirkung haben. Andererseits aber ist es möglich, daß für $\lambda < 0$ – also in dem Bereich, für den ein Schwinger mit nicht schwankendem Parameter stets instabile Lösungen ergab – stabiles Verhalten vorhanden ist. In diesem Falle wirkt sich die Parameterschwankung stabilisierend aus.

Die Spitzen der instabilen Bereiche berühren die Abszisse (λ-Achse) bei den Werten

$$\lambda = \left(\frac{n}{2}\right)^2 \quad (n = 1, 2, \ldots). \tag{4.42}$$

Die Breite der Bereiche – und damit auch ihre praktische Bedeutung – nimmt mit wachsendem n ab. Das ist vor allem auf Dämpfungseinflüsse zurückzuführen, die zwar bei den vorliegenden Betrachtungen nicht berücksichtigt wurden, bei realen Schwingern aber stets vorhanden sind. Sie führen zu einer Verringerung der instabilen Bereiche (s. hierzu z.B. Klotter [19]).

In vielen Fällen interessiert nur die unmittelbare Umgebung des Nullpunktes $\lambda = \gamma = 0$ der Stabilitätskarte. Hier lassen sich die Grenzlinien der Bereiche mit einer im allgemeinen ausreichenden Genauigkeit durch einfache Funktionen $\lambda = \lambda(\gamma)$ ausdrücken. Diese seien hier ohne Beweis für die ersten 5 Grenzlinien (von links gezählt) angegeben:

$$\left.\begin{aligned}
\lambda_1 &= -\frac{1}{2}\gamma^2 \\[4pt]
\lambda_2 &= \frac{1}{4} - \frac{\gamma}{2} \\[4pt]
\lambda_3 &= \frac{1}{4} + \frac{\gamma}{2} \\[4pt]
\lambda_4 &= 1 - \frac{1}{12}\gamma^2 \\[4pt]
\lambda_5 &= 1 + \frac{5}{12}\gamma^2
\end{aligned}\right\} \quad (\gamma \ll 1). \tag{4.43}$$

In dem in Fig. 103 gezeichneten vergrößerten Ausschnitt der Stabilitätskarte sind die aus diesen Näherungen folgenden Grenzlinien gestrichelt eingetragen.

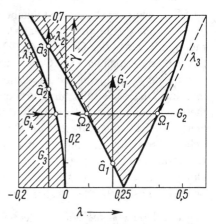

Fig. 103
Zur Stabilität des Pendels mit bewegtem Aufhängepunkt

An einem der im Abschn. 4.1 aufgeführten Beispiele soll nun die Handhabung der Stabilitätskarte erläutert werden: es seien die kleinen Schwingungen eines Schwerependels betrachtet, dessen Aufhängepunkt in vertikaler Richtung periodisch bewegt wird. Für diesen Schwinger gilt Gl. (4.1), wobei wegen der Beschränkung auf kleine Amplituden noch $\sin \varphi \approx \varphi$ gesetzt werden kann. Wird der Aufhängepunkt harmonisch bewegt, dann kann

$$a = -\hat{a}\cos \Omega t$$

gesetzt werden. Gl. (4.1) geht damit über in

$$\ddot{\varphi} + \frac{ms}{J_A}(g + \hat{a}\Omega^2 \cos \Omega t)\varphi = 0. \tag{4.44}$$

Mit

$$\tau = \Omega t; \quad \lambda = \frac{msg}{J_A \Omega^2} = \frac{g}{L_r \Omega^2} = \left(\frac{\omega_0}{\Omega}\right)^2, \quad \gamma = \frac{ms\hat{a}}{J_A} = \frac{\hat{a}}{L_r}, \quad (4.45)$$

($L_r = J_A/ms \,\hat{=}\,$ reduzierte Pendellänge, $\omega_0 = \sqrt{g/L_r} \,\hat{=}\,$ Kreisfrequenz der freien Schwingungen bei ruhendem Aufhängepunkt) geht (4.44) in die Normalform (4.38) der Mathieuschen Gleichung über.

Es sei nun zunächst das hängende Pendel betrachtet, bei dem der Schwerpunkt unter dem Aufhängepunkt liegt ($\lambda > 0$). Der Aufhängepunkt des Pendels werde mit der konstanten Kreisfrequenz Ω bewegt, die näherungsweise gleich dem doppelten Wert der Kreisfrequenz ω_0 sein möge ($\Omega \approx 2\omega_0$). Wird die Amplitude $\hat{a}$ der Bewegung des Aufhängepunktes von Null beginnend immer mehr gesteigert, so wächst nach Gl. (4.45) γ proportional zu $\hat{a}$ an, während λ konstant bleibt. Folglich wandert der das System repräsentierende Bildpunkt in der Stabilitätskarte längs einer vertikalen Geraden, z.B. längs der Geraden G_1. Diese Gerade beginnt in einem stabilen Bereich, sie schneidet eine Grenzkurve bei dem Amplitudenwert $\hat{a} = \hat{a}_1$. Für $0 \le \hat{a} \le \hat{a}_1$ bleibt die Bewegung stabil, dagegen wird sie für $\hat{a} > \hat{a}_1$ instabil. Dieses Beispiel für die stabilitätsaufhebende Wirkung von Parameterschwankungen entspricht übrigens dem in Abschn. 4.2 berechneten Schaukeleffekt, nur war dort die Parameterfrequenz genau gleich der doppelten Eigenfrequenz angenommen worden. Das würde in Fig. 103 einer zu G_1 parallelen Geraden entsprechen, die durch den Punkt $\lambda = 0,25$ geht. Dann wird $\hat{a}_1 = 0$, also ist das Aufschaukeln schon bei beliebig kleinen Schwankungsamplituden des Aufhängepunktes möglich.

Wird andererseits die Amplitude $\hat{a}$ festgehalten, aber die Frequenz Ω von Null beginnend immer weiter gesteigert, so wandert der zugehörige Bildpunkt (wie man aus dem Ausdruck für λ in Gl. (4.45) erkennt) längs einer horizontalen Geraden (G_2) von großen Werten von λ kommend gegen die Ordinate (γ-Achse). Dabei werden mehrere Instabilitätsbereiche durchlaufen (von denen in Fig. 103 nur einer, in Fig. 102 dagegen mehrere zu erkennen sind). Instabilität herrscht insbesondere in dem letzten dieser Bereiche für

$$\Omega_1 < \Omega < \Omega_2.$$

Dieser Bereich entspricht wieder dem Aufschaukelbereich eines Schaukelschwingers. Bei dem für die Gerade G_2 gewählten γ-Wert wird das Pendel für $\Omega > \Omega_2$ bis zu beliebig großen Frequenzen Ω stabil bleiben.

Es sei nun das aufrecht stehende Pendel betrachtet. Ein derartiges Pendel befindet sich im instabilen Gleichgewicht, weil der Schwerpunkt über dem Unterstützungspunkt liegt. Bemerkenswert ist, daß die bei ruhendem Aufhängepunkt stets instabile obere Gleichgewichtslage des Pendels durch geeignete Schwingungen des Aufhängepunktes stabilisiert werden kann. Das bedeutet, daß das Pendel bei kleinen Auslenkungen aus dieser Gleichgewichtslage nicht umfällt, sondern stabile Schwingungen um die obere Gleichgewichtslage ausführen kann. Wird beispielsweise Ω festgehalten und die Amplitude der Aufhängepunktsschwankung variiert, dann bewegt sich der zugehörige Bildpunkt längs der in Fig. 103 eingezeichneten vertikalen Geraden G_3. Sie verläuft für $0 < \hat{a} < \hat{a}_2$ im instabilen Bereich, für $\hat{a}_2 < \hat{a} < \hat{a}_3$ jedoch in einem stabilen.

Wir wollen untersuchen, welche Beziehungen erfüllt sein müssen, damit dieser Stabilisierungseffekt eintritt. Es sei beispielsweise $\lambda = -0{,}01$ angenommen; das bedeutet nach Gl. (4.45), daß Ω zehnmal größer ist als die Kreisfrequenz ω_0, mit der das Pendel um seine untere stabile Gleichgewichtslage schwingen würde. Nach Gl. (4.43) errechnet sich nun der zugehörige Wert von γ für einen Punkt auf der Stabilitätsgrenze zu $\gamma \approx \sqrt{-2\lambda} = 0{,}141$. Nach Gl. (4.45) bedeutet dies, daß die Amplitude der Aufhängepunktschwankung mindestens $14\,\%$ der reduzierten Pendellänge betragen muß, damit der Stabilisierungseffekt einsetzt. Will man bei kleineren Amplituden $\hat{a}$ stabilisieren, dann muß Ω entsprechend gesteigert werden. So braucht $\hat{a}$ nur noch $1{,}4\,\%$ der reduzierten Pendellänge zu betragen, wenn $\lambda = -10^{-4}$ ist, d.h. wenn der Aufhängepunkt mit $\Omega = 100\,\omega_0$ rasch vibrierend erschüttert wird.

Man kann auch jetzt die Amplitude $\hat{a}$ festhalten und Ω von Null beginnend steigern. Dann bewegt sich der Bildpunkt in der Stabilitätskarte längs der horizontalen Geraden G_4 von links nach rechts. Bei den im allgemeinen realisierbaren Amplituden (also γ-Werten) wird die obere Gleichgewichtslage von einer bestimmten Grenzfrequenz Ω an stabil und bleibt dann bei weiterer Steigerung von Ω stabil.

Das Zustandekommen dieses merkwürdigen Stabilisierungseffektes läßt sich auch physikalisch erklären. Wenn der Aufhängepunkt des Pendels (siehe Fig. 104) in vertikaler Richtung zwischen den Punkten 1 und 2 periodisch bewegt wird, dann führt das Pendel eine Zwangsbewegung aus, die aus den beiden eingezeichneten Grenzlagen erkennbar ist. Die Reaktionskraft aus der Zwangsbeschleunigung des Pendels infolge der Bewegung des Aufhängepunktes greift im Schwerpunkt an und erzeugt ein Moment, das das Pendel um den Aufhängepunkt zu drehen sucht. Dieses Moment schwankt infolge

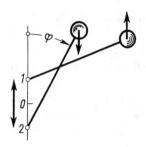

Fig. 104
Zur Deutung des Stabilisierungseffektes am Pendel mit bewegtem Aufhängepunkt

der periodischen Bewegung des Aufhängepunktes ebenfalls periodisch; sein Mittelwert ist jedoch nicht gleich Null, da bei einer nach unten gerichteten Beschleunigung des Aufhängepunktes (Weg 0-1-0) und entsprechend einer nach oben gerichteten Reaktionskraft im Schwerpunkt des Pendels der Winkel φ einen im Mittel größeren Wert einnimmt als bei der Bewegungsphase mit nach oben gerichteter Beschleunigung des Aufhängepunktes (Weg 0-2-0). Es bleibt also ein gewisses Restmoment übrig, das die Tendenz hat, das Pendel in die obere Gleichgewichtslage hereinzuziehen. Man kann dieses Moment als ein Rüttelrichtmoment bezeichnen. Ist dieses Moment größer als das umwerfende Moment der Schwerkraft, dann kann das Pendel stabil in der oberen Lage verharren und wird auch durch kleine Störungen nicht aus dieser Gleichgewichtslage herausgeworfen.

Der Stabilisierungseffekt läßt sich auch an Magnetnadeln beobachten, wenn diese nicht nur dem magnetischen Erdfeld, sondern zusätzlich noch einem schwachen magnetischen Wechselfeld ausgesetzt sind, wie es vielfach in der Nähe von wechselstromdurchflossenen Maschinen der Fall ist. Es kann dabei vorkommen, daß die normalerweise instabile Lage, bei der der Nordpol der Nadel nach Süden zeigt, infolge der Wechselkomponente des Magnetfeldes stabilisiert wird.

Bei schwingend gelagerten Anzeigegeräten können Rüttelrichtmomente in den Momentenhaushalt des Systems eingreifen und damit zu Fehlanzeigen der Geräte führen (siehe z.B. Klotter [19]).

4.3.3 Methoden zur näherungsweisen Berechnung

Wenn auch für die Mathieusche Gleichung sowie für einige andere Differentialgleichungen vom Hillschen Typ Stabilitätskarten vorhanden sind, so ist es doch häufig notwendig, für noch nicht systematisch untersuchte Gleichungen, insbesondere aber für Systeme von Gleichungen die Stabilitätsbereiche näherungsweise zu berechnen. Ohne auf Einzelheiten einzugehen, sollen hier Wege angedeutet werden, die zum Ziel führen können.

Wenn die Schwankungen der Parameter klein gegenüber ihrem Normalwert bleiben, wenn z.B. bei der Mathieuschen Gleichung $\gamma \ll \lambda$ ist, dann kann eine Störungsrechnung zweckmäßig sein, bei der die Lösung als Potenzreihe der kleinen Schwankungsgröße γ angesetzt wird:

$$y = \sum_{n=0}^{\infty} \gamma^n y_n. \tag{4.46}$$

Mit diesem Ansatz geht man in die Differentialgleichung ein und ordnet nach Potenzen von γ. Die in den Ansatz (4.46) eingehenden Funktionen y_n können schrittweise bestimmt werden, wenn die Faktoren der entsprechenden Potenzen von γ gleich Null gesetzt werden. Das System zur Bestimmung der y_n läßt sich manchmal einfach lösen, wenn man sich darauf beschränkt, periodische Lösungen – also die Grenzen zwischen den stabilen und den instabilen Bereichen – zu bestimmen. Nähere Einzelheiten hierzu siehe z.B. bei Stoker [48], Malkin [28] oder Riemer-Wauer-Wedig [43].

Wenn die Schwankungsanteile nicht klein sind, also ein Störungsansatz voraussichtlich schlecht oder gar nicht konvergieren würde, können die Grenzen der stabilen Bereiche durch Aufsuchen der periodischen Lösungen mit Hilfe eines Fourier-Ansatzes bestimmt werden:

$$y = \frac{a_0}{2} + \sum_{n=1}^{\infty} (a_n \cos n\omega t + b_n \sin n\omega t). \tag{4.47}$$

Die Kreisfrequenz ω dieses Ansatzes kann dabei als durch die Frequenz der Parameteränderung vorgegeben betrachtet werden. Sie ist ihr entweder unmittelbar gleich oder steht in einem rationalen Verhältnis zu ihr. Nach Einsetzen von (4.47) in die Ausgangsgleichungen kann nach Sinusbzw. Cosinus-Gliedern der einzelnen Harmonischen geordnet werden. Die Ausgangsgleichung ist erfüllt, wenn die Faktoren aller dieser Glieder für sich verschwinden. Diese Bedingung führt auf Systeme von unendlich vielen Gleichungen zur Bestimmung der Amplitudenfaktoren a_n und b_n. Nach bekannten Verfahren der praktischen Analysis können diese Gleichungssysteme iterativ gelöst werden.

4.4 Der Schaukelschwinger mit Parametererregung

Die im Abschnitt 4.3 für parametererregte Schwingungen in linearen Systemen erhaltenen Ergebnisse werfen die Frage nach der Auswirkung von Nichtlinearitäten auf. Natürlich kommt es dabei wesentlich auf die Art der Nichlinearität an. Als Beispiel soll hier der schon im Abschnitt 4.2 betrachtete Schaukelschwinger noch einmal aufgegriffen werden. Doch wird jetzt reine Parametererregung vorausgesetzt, bei der die Frequenz der Parameterschwankungen nicht vom jeweiligen Schwingungszustand des erregten Systems, sondern nur von der Zeit abhängt. Der in 4.2 als einfaches Schwerependel mit veränderlicher Pendellänge aufgefaßte Schaukelschwinger bildet demgegenüber eine Mischform von selbsterregtem und parametererregtem System, bei dem die Parameterfrequenz nur für kleine Amplituden als konstant angenommen werden kann: sie wird jedoch – wie auch die Eigenfrequenz des Schwingers selbst – mit wachsender Amplitude kleiner (s. Abschnitt 2.1.3.2).

Setzt man – wie schon in 4.2 – eine sprunghafte Veränderung der Pendellänge mit der Kreisfrequenz Ω voraus, dann läßt sich das Verhalten des Schwingers aus der bereits in 4.1.5 abgeleiteten Bewegungsgleichung (4.6)

$$\ddot{\varphi} + \frac{2\dot{L}}{L}\dot{\varphi} + \frac{g}{L}\sin\varphi = 0 \tag{4.48}$$

mit

$$L = L_0[1 + \varepsilon \text{ sgn } (\sin \Omega t)] \tag{4.49}$$

berechnen. Gleichung (4.49) entspricht dem in der Meissnerschen Differentialgleichung auftretenden Schwankungsterm (4.35). Das mathematische Ersatzmodell (4.48) mit (4.49) für den parametererregten Schaukelschwinger kann exakt gelöst werden, doch wollen wir diese etwas mühsame Prozedur hier nicht vorführen (s. hierzu [27]). Einige der wesentlichsten Folgerungen aus der Lösung seien jedoch hier zusammengestellt:

1. Eine Stabilitätskarte nach Art der Fig. 102 für die Mathieusche Differentialgleichung kann auch für den hier betrachteten Schaukelschwinger konstruiert werden, sofern $\varphi \ll 1$ angenommen wird:

2. Der Einfluß der Nichtlinearität wirkt sich bei wachsender Amplitude in einer Verschiebung der Grenzlinien im Stabilitätsdiagramm aus. Um hier einen Gesamtüberblick zu erhalten, muß ein dreidimensionales Stabilitätsgebirge konstruiert werden, bei dem die Schwingungsamplitude als dritte Koordinate verwendet wird.

3. Während der Schaukelschwinger von 4.2 instabil ist und sich monoton aufschaukelt (s. Fig. 100), bleiben beim parametererregten Schaukelschwinger die Amplituden begrenzt. Das kann als ein Verstimmungseffekt gedeutet werden: in 4.2 bleibt die Parameterfrequenz stets auf den doppelten Wert der mit wachsender Amplitude kleiner werdenden Eigenfrequenz abgestimmt, während die Parameterfrequenz Ω in 4.4, Gl. (4.49), konstant ist.

4. Es gibt sowohl stabile als auch instabile periodische Lösungen. Geometrische Orte solcher Lösungen sind im Stabilitätsdiagramm Linien, im Stabilitätsgebirge Flächen. Diese Linien bzw. Flächen trennen die stabilen von den instabilen Bereichen.

5. Beliebig viele periodische Bewegungsformen sind möglich, bei denen entweder eine gerade Anzahl von Parametersprüngen während einer Schwingungsperiode, oder aber zwischen je zwei Sprüngen noch eine oder mehrere Vollschwingungen stattfinden.

Das hier betrachtete Beispiel ist verwandt mit einem im Abschnitt 6.1.4 untersuchten Schwinger von zwei Freiheitsgraden, bei dem parametererregte Schwingungen durch die Verkopplung der beiden Teilsysteme auftreten. Sie führen zu ähnlichen Erscheinungen, wie sie bei dem hier behandelten Schaukelschwinger beobachtet werden können.

4.5 Aufgaben

27. Der im Abschnitt 4.2 berechnete Schaukelschwinger sei einer dämpfenden Kraft ($F_D = -q|v|v$) unterworfen, die dem Quadrat der Geschwindigkeit proportional ist. Unter der Voraussetzung $\varphi_0 \ll 1$ berechne man den Energieverlust ΔE_D für eine Halbschwingung und ermittle daraus die Amplitude φ_0^* der stationären Schwingung. Ist diese Schwingung stabil?

28. Der Aufhängepunkt eines hängenden Pendels mit der Eigenkreisfrequenz ω_0 werde periodisch mit $x = \hat{x}\cos\Omega t$ in vertikaler Richtung bewegt, wobei $\hat{x} = 0,1L_r$, also $\hat{x}$ 10 % des Wertes der reduzierten Pendellänge L_r betragen soll. Man gebe unter

Verwendung der Näherungsformeln (4.43) die oberen beiden Frequenzbereiche an, in denen aufschaukelnde Schwingungen zu erwarten sind.

29. Wie groß muß die Kreisfrequenz Ω der Vertikalschwingungen des Aufhängepunktes für das Pendel von Aufgabe 28 mindestens sein, wenn die obere Gleichgewichtslage stabilisiert werden soll?

30. Man bringe die Gl. (4.2) für die Schwingungen im Kupplungsstangenantrieb mit $c(t) = c_0 + \Delta c \cos 4\Omega t$ auf die Normalform (4.38) und gebe die zugehörigen Werte für λ und γ an. Man beachte, daß die Winkelgeschwindigkeit des Rades $\Omega = v/R$ ist ($v \,\hat{=}\, $ Fahrgeschwindigkeit, $R \,\hat{=}\, $ Radradius).

Man gebe unter Verwendung der Näherungsformeln (4.43) explizite Ausdrücke für die Grenzen v_1 und v_2 des obersten kritischen Bereiches der Fahrgeschwindigkeit an, in dem parametererregte Schwingungen zu erwarten sind.

31. Man zeige, daß aus der Mathieuschen Gl. (4.38) mit dem Fourier-Ansatz (4.47) und $\omega t = \tau/2$ bei Vernachlässigung höherer Glieder der Entwicklung die Näherungslösung (4.43) für λ_2 und λ_3 erhalten wird.

5 Erzwungene Schwingungen

Kennzeichen erzwungener Schwinger ist das Vorhandensein einer äußeren Erregung, durch die das Zeitgesetz der Bewegungen des Schwingers bestimmt wird. Erzwungene Schwingungen sind fremderregt, da die Erregung von außen kommt. Die erregenden Kräfte sind auch dann wirksam, wenn sich der Schwinger selbst nicht bewegt. Darin unterscheiden sich die erzwungenen Schwingungen von den zuvor behandelten selbsterregten oder parametererregten Schwingungen. So sind die schwingungserregenden Kräfte eines Verbrennungsmotors auch dann vorhanden, wenn das Fundament, auf dem der Motor steht, durch irgendwelche Maßnahmen festgehalten, also am Schwingen gehindert wird.

In den Bewegungsgleichungen erzwungener Schwingungen gibt es stets ein zeitabhängiges Erregerglied $f(t)$, das von der schwingenden Zustandsgröße x unabhängig ist. Die Bewegungsgleichungen haben daher die allgemeine Form $D(x) = f(t)$, wobei $D(x)$ ein Differentialausdruck in x ist. Freilich beschränkt man sich bei der Untersuchung erzwungener Schwingungen im allgemeinen auf einfache Fälle, bei denen entweder die linke oder die rechte Seite der Gleichung – oder auch beide – spezielle Formen annehmen. So interessieren vor allem Gleichungen, bei denen die linke Seite zu einem linearen Differentialausdruck

$$D(x) \rightarrow L(x) = a_n \frac{\mathrm{d}^n x}{\mathrm{d}t^n} + a_{n-1} \frac{\mathrm{d}^{n-1} x}{\mathrm{d}t^{n-1}} + \ldots + a_1 \frac{\mathrm{d}x}{\mathrm{d}t} + a_0 x \qquad (5.1)$$

wird. Für einen Schwinger mit nur einem Freiheitsgrad gilt $n = 2$. Die Bewegungsgleichung des Schwingers wird mit Gl. (5.1) zu einer linearen, inhomogenen Differentialgleichung, für deren Lösung die mathematische Theorie der Differentialgleichungen zahlreiche Methoden zur Verfügung stellt. Es läßt sich zeigen, daß die allgemeine Lösung der vollständigen (inhomogenen) Gleichung $L(x) = f(t)$ aus der allgemeinen Lösung der zugehörigen homogenen Gleichung $L(x) = 0$ und einer partikulären Lösung der inhomogenen Gleichung zusammengesetzt werden kann. Da die Lösung der homogenen Gleichung den freien Schwingungen des betrachteten Systems entspricht, so folgt, daß sich die allgemeine Bewegung eines durch äußere Erregungen in

Gang gesetzten Schwingers durch eine Überlagerung von freien und erzwungenen Schwingungen ergibt.

Bei den Erregerfunktionen interessieren in der Schwingungspraxis vor allem periodische $f(t)$, die in vielen Fällen sogar durch ein harmonisches Zeitgesetz wiedergegeben werden können. Darüber hinaus aber hat es sich gezeigt, daß auch Sprung- und Stoß-Funktionen von Interesse sind, da sie nicht nur als Prüffunktionen zum Erkennen der Eigenschaften eines Schwingers verwendet werden können, sondern auch geeignet sind, die Lösungen für den allgemeinsten Fall beliebiger Erregerfunktionen aufzubauen.

Entsprechend den genannten Vereinfachungen sollen in diesem Kapitel zunächst die linearen Schwinger behandelt werden; danach bleiben die charakteristischen Einwirkungen von Nichtlinearitäten auf das Schwingungsverhalten zu untersuchen. Daneben soll das Zeitgesetz der Erregerfunktionen variiert werden, um so die bei erzwungenen Schwingungen vorkommenden und praktisch interessierenden Erscheinungen zu beleuchten.

5.1   Die Reaktion linearer Systeme auf nichtperiodische äußere Erregungen

5.1.1   Übergangsfunktionen bei Erregung durch eine Sprungfunktion

Es soll zunächst das Verhalten eines Schwingers mit einem Freiheitsgrad betrachtet werden. Dazu greifen wir auf die früher schon behandelte Gleichung (2.96) zurück und ergänzen sie durch Hinzufügen einer äußeren Erregerfunktion $f(t)$:

$$m\ddot{x} + d\dot{x} + cx = f(t). \qquad (5.2)$$

$f(t)$ sei eine Sprungfunktion, wie sie in Fig. 105 dargestellt ist:

$$f(t) = \begin{cases} 0 & \text{für} \quad t < 0 \\ F_0 & \text{für} \quad t \geq 0. \end{cases} \qquad (5.3)$$

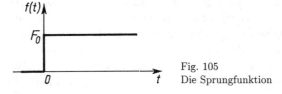

Fig. 105
Die Sprungfunktion

Man erkennt aus Gl. (5.2), daß die stückweise konstante Erregung $f(t)$ zu einer Verlagerung der Gleichgewichtslage des Schwingers führt:

$$x_{Gl} = \begin{cases} 0 & \text{für } t < 0 \\ \dfrac{F_0}{c} = x_0 & \text{für } t \geq 0. \end{cases}$$

Die Bewegung des Schwingers besteht aus freien Schwingungen, die um die sich sprunghaft ändernde Gleichgewichtslage herum erfolgen. Zur Ausrechnung bringen wir die Bewegungsgleichung (5.2) in die schon im Kap. 2 verwendete dimensionslose Form

$$x'' + 2Dx' + x = \begin{cases} 0 & \text{für } t < 0 \\ x_0 & \text{für } t \geq 0. \end{cases} \tag{5.4}$$

Wir wollen uns darauf beschränken, das Verhalten für $t \geq 0$ zu untersuchen und können – wie bereits erwähnt – die allgemeine Lösung als Summe einer partikulären Lösung der inhomogenen Gleichung und der allgemeinen Lösung der homogenen Gleichung aufbauen. Die partikuläre Lösung ist einfach $x = x_0$, die Lösung der homogenen Gleichung (freie Schwingungen) ist aus Gl. (2.108) bekannt. Folglich hat die allgemeine Lösung von Gl. (5.4) für $t \geq 0$ die Gestalt:

$$x = x_0 + Ce^{-D\tau} \cos(\sqrt{1 - D^2}\, \tau - \varphi_0), \qquad (D < 1). \tag{5.5}$$

Nehmen wir nun an, daß der Schwinger für $t < 0$ in Ruhe war, dann ist als Anfangsbedingung einzusetzen

$$t = 0: \ x = 0, \qquad x' = 0.$$

Die Bestimmung der Konstanten C und φ_0 aus diesen Anfangsbedingungen führt nach einfacher Rechnung (s. Gl. (2.110)) zu

$$C = -\frac{x_0}{\sqrt{1 - D^2}}, \qquad \tan\varphi_0 = \frac{D}{\sqrt{1 - D^2}} = \tan\delta = \tan\sqrt{1 - D^2}\, \tau_0.$$

Dabei kennzeichnet $\delta = \nu\tau_0$ die Verschiebung der Extremwerte der freien gedämpften Schwingung gegenüber den Berührungspunkten mit der Hüllkurve (s.Abschnitt 2.2.2.3). Gl. (5.5) geht nun über in:

$$x_{sp} = \frac{x(\tau)}{x_0} = 1 - \frac{e^{-D\tau}}{\sqrt{1 - D^2}} \cos\sqrt{1 - D^2}(\tau - \tau_0), \qquad (D < 1). \tag{5.6}$$

Durch diese Beziehung wird der Übergang des Schwingers aus der alten Gleichgewichtslage in die neue beschrieben. Den bezogenen Wert x_{sp}, der die Reaktion auf einen Einheitssprung darstellt, bezeichnet man deshalb auch als Sprung-Übergangsfunktion des Schwingers.

Gl. (5.6) gilt für $D < 1$. Es bereitet keine Schwierigkeiten, die entsprechenden Übergangsfunktionen auch für die anderen beiden Fälle $D = 1$ und $D > 1$ anzugeben. Ohne auf die Ausrechnung einzugehen, seien hier nur die Ergebnisse angeführt:

$$x_{sp} = \frac{x}{x_0} = 1 - (1 + \tau)e^{-\tau}, \qquad\qquad (D = 1), \qquad (5.7)$$

$$x_{sp} = \frac{x}{x_0} = 1 - \frac{D+k}{2k}e^{-(D-k)\tau} + \frac{D-k}{2k}e^{-(D+k)\tau}, \quad (D > 1) \qquad (5.8)$$

mit der Abkürzung $k = \sqrt{D^2 - 1}$. Der Verlauf der Übergangsfunktionen ist aus Fig. 106 für verschiedene Werte von D zu ersehen.

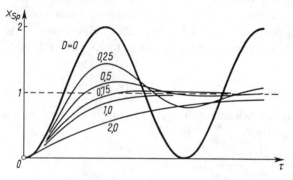

Fig. 106 Sprung-Übergangsfunktionen für verschiedene Werte der Dämpfung

Die hier angestellten Überlegungen lassen sich sinngemäß auch auf Schwinger mit mehreren Freiheitsgraden übertragen. Man kann die Übergangsfunktion, d.h. die Reaktion eines Schwingers auf eine sprunghafte Einheitsstörung geradezu als Visitenkarte des Schwingers betrachten, und man macht von dieser Möglichkeit in der Regelungstechnik ausgiebigen und sehr erfolgreichen Gebrauch. Es ist dabei üblich, das einfache Schema von Fig. 17 zugrunde zu legen, bei dem der Schwinger – unabhängig von seinem inneren Aufbau – als ein Kästchen dargestellt wird, in das eine Eingangsgröße x_e (Erregergröße) hineingeführt und eine Ausgangsgröße x_a (z.B. der Schwingungsausschlag) herausgeführt wird. Ist $x_e(t)$ eine Sprungfunktion, speziell ein Einheitssprung, dann wird $x_a(t)$ zur Sprung-Übergangsfunktion x_{sp}, die für das Verhalten des Schwingers charakteristisch ist.

5.1.2 Übergangsfunktionen bei Erregung durch eine Stoßfunktion

Es sei jetzt $f(t)$ eine Stoßfunktion, wie sie in Fig. 107 skizziert ist. Für sie gilt fast überall $f(t) = 0$, mit Ausnahme eines sehr kleinen Zeitintervalles $-\varepsilon \leq t \leq +\varepsilon$ in der Umgebung des Nullpunktes. Für $\varepsilon \to 0$ läßt sich $f(t)$ mit Hilfe der Dirac-Funktion $\delta(t)$ (Einheits-Stoßfunktion) kennzeichnen:

$$f(t) = I\delta(t) \quad \text{mit} \quad \delta(t) = \begin{cases} 0 & \text{für} \quad t \neq 0 \\ \infty & \text{für} \quad t = 0 \end{cases}$$

und

$$\lim_{\varepsilon \to 0} \int\limits_{-\varepsilon}^{+\varepsilon} \delta(t)\mathrm{d}t = 1.$$

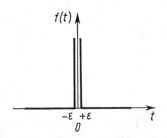

Fig. 107 Die Stoßfunktion

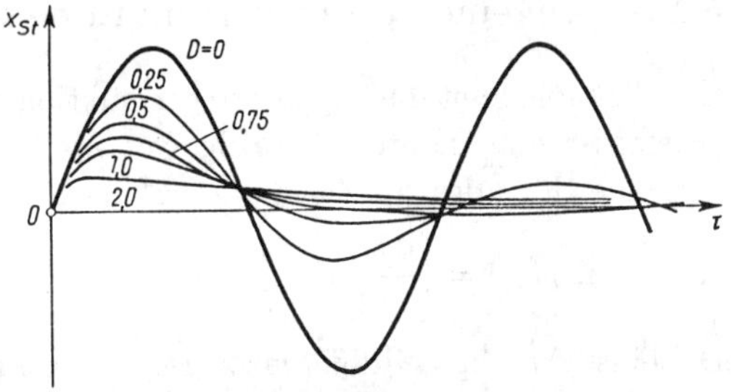

Fig. 108 Stoß-Übergangsfunktionen für verschiedene Werte der Dämpfung

Dabei gibt I die Stoßintensität an; sie hat die Dimension Kraft × Zeit. Unmittelbare Folge des Stoßes ist eine Änderung des Geschwindigkeitszustandes des Schwingers. War der Schwinger vor dem Stoß in Ruhe, dann kann die Bewegung nach dem Stoß durch Anpassen der allgemeinen Lösung (5.5) an die Anfangsbedingungen

$$\tau = 0; \qquad x = 0; \qquad x' = v_0 \neq 0$$

errechnet werden.

Die Ausrechnung führt bei den verschiedenen Bereichen von D zum Ergebnis:

$$x_{st} = \frac{v_0 e^{-D\tau}}{\sqrt{1-D^2}} \sin \sqrt{1-D^2}\,\tau, \qquad (D < 1), \qquad (5.9)$$

$$x_{st} = v_0 \tau e^{-\tau}, \qquad (D = 1), \qquad (5.10)$$

$$x_{st} = \frac{v_0}{2k} \left[e^{-(D-k)\tau} - e^{-(D+k)\tau} \right], \qquad (D > 1). \qquad (5.11)$$

Den Verlauf dieser **Stoß-Übergangsfunktion** oder auch **Gewichtsfunktion** zeigt Fig. 108 für einige Werte der Dämpfungsgröße D. Die absolute Größe des Stoßes, d.h. der Wert von v_0, hat keinen Einfluß auf den Charakter der Übergangsfunktion, so daß man sich – bei linearen Systemen – darauf beschränken kann, den Fall $v_0 = 1$ zu betrachten.

Auch die Stoß-Übergangsfunktion läßt sich allgemein für Schwinger mit mehreren Freiheitsgraden definieren: bei stoßartigem Verlauf einer Eingangsgröße x_e erhält man als Ausgangsgröße die Stoß-Übergangsfunktion, die – wie auch die Sprung-Übergangsfunktion – zur Kennzeichnung eines Schwingers verwendet werden kann.

5.1.3   Allgemeine Erregerfunktionen

Eine beliebige zeitabhängige Erregerfunktion $f(t)$ kann – wie dies in Fig. 109 gezeigt ist – stets durch eine Folge von Sprungfunktionen approximiert werden. Die Höhe des zur Zeit $t = t^*$ erfolgenden Sprunges ist:

$$\Delta f(t^*) = \left[\frac{df(t)}{dt} \right]_{t=t'} \Delta t^*. \qquad (5.12)$$

Dabei ist Δt^* die Zeitdifferenz zwischen zwei benachbarten Sprüngen und t' ein geeignet gewählter Wert im Intervall $t^* \le t' \le t^* + \Delta t^*$. Der Einzelsprung zur Zeit $t = t^*$ liefert für die Ausgangsfunktion den Beitrag:

$$\Delta x(t) = \begin{cases} 0 & \text{für} \quad t < t^* \\ \Delta f(t^*) x_{sp}(t-t^*) & \text{für} \quad t \ge t^*. \end{cases} \qquad (5.13)$$

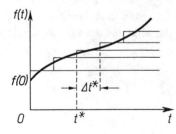

Fig. 109
Aufbau einer Erregerfunktion $f(t)$ aus Sprungfunktionen

Da der Schwinger als linear vorausgesetzt werden soll, kann die Ausgangsgröße durch Überlagerung der von den Einzelsprüngen herrührenden Beiträge erhalten werden:

$$x(t) = \sum \Delta x(t).$$

Geht man nun zur Grenze $\Delta t^* \to 0$ über, so folgt:

$$x(t) = \int\limits_0^t \frac{\mathrm{d}f(t^*)}{\mathrm{d}t^*} x_{sp}(t - t^*)\mathrm{d}t^*. \tag{5.14}$$

Beginnt die Erregerfunktion $f(t)$, wie in Fig. 109 dargestellt, mit einem Anfangssprung von der Größe $f(0)$, dann muß dies in (5.14) durch den Zusatzterm $f(0)x_{sp}(t)$ berücksichtigt werden. Entsprechend ergeben endliche Sprünge $\Delta f(t_j)$ zu den Zeiten $t_j > 0$ die Zusatzterme $\Delta f(t_j)x_{sp}(t-t_j)$. Aus dem von D u h a m e l angegebenen und nach ihm benannten Integral (5.14) kann die Reaktion eines linearen Schwingers bei Erregung durch beliebige Zeitfunktionen $f(t)$ berechnet werden. Die Lösung (5.14) gilt für dieselben Anfangsbedingungen, für die die Übergangsfunktion $x_{sp}(t)$ ausgerechnet wurde, also für ein zur Zeit $t \leq 0$ in Ruhe befindliches System. Fügt man zu Gl. (5.14) noch den Ausdruck für die freien Schwingungen hinzu, dann erhält man die allgemeinste Lösung, die beliebigen Anfangsbedingungen angepaßt werden kann.

Wendet man das D u h a m e l sche Integral auf Schwinger von einem Freiheitsgrad im Fall $D < 1$ an, so erhält man mit Gl. (5.6) und bei Hinzufügen der Ausdrücke für die freien Schwingungen und einem Anfangssprung $f(0)$:

$$x(\tau) = f(0)x_{sp}(\tau) + \int\limits_0^\tau \frac{\mathrm{d}f(\tau^*)}{\mathrm{d}\tau^*} \left[1 - \frac{\mathrm{e}^{-D(\tau-\tau^*)}}{\nu} \cos\nu(\tau - \tau^* - \tau_0)\right] \mathrm{d}\tau^*$$

$$+ C\mathrm{e}^{-D\tau} \cos(\nu\tau - \varphi_0). \tag{5.15}$$

Die gezeigte Vorgehensweise kann man beispielsweise auf den Fall anwenden, daß $f(t)$ eine Stoßfunktion nach Fig. 107 ist. Dann muß $x(t)$ gleich der Stoß-Übergangsfunktion $x_{st}(t)$ werden. Ersetzt man die Stoßfunktion durch zwei Sprünge von der Höhe H, die zu den Zeiten $\tau^* = -\varepsilon$ und $\tau^* = +\varepsilon$ erfolgen, dann kann die partikuläre Lösung für $\tau > \varepsilon$ durch die beiden Ausdrücke ersetzt werden:

$$x(\tau) = H\left[1 - \frac{\mathrm{e}^{-D(\tau+\varepsilon)}}{\nu} \cos\nu(\tau-\tau_0+\varepsilon)\right] - H\left[1 - \frac{\mathrm{e}^{-D(\tau-\varepsilon)}}{\nu} \cos\nu(\tau-\tau_0-\varepsilon)\right].$$

Für $\varepsilon \ll 1$ kann durch Entwicklung vereinfacht werden:

$$x(\tau) = \frac{2H\varepsilon}{\nu} e^{-D\tau}[\nu \sin \nu(\tau - \tau_0) + D \cos \nu(\tau - \tau_0)].$$

Berücksichtigt man, daß $D = \sin \nu \tau_0$ und $\nu = \sqrt{1 - D^2} = \cos \nu \tau_0$ ist, dann wird

$$x(\tau) = \frac{2H\varepsilon}{\nu} e^{-D\tau} \sin \nu \tau.$$

Beim Grenzübergang $\varepsilon \to 0$ muß gleichzeitig $H \to \infty$ gewählt werden, so daß das Produkt $H\varepsilon$ einen endlichen Wert bekommt. Setzt man $2H\varepsilon = v_0$, dann erhält man genau die Stoß-Übergangsfunktion von Gl. (5.9).

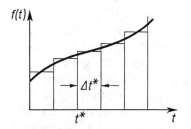

Fig. 110
Aufbau einer Erregerfunktion $f(t)$ aus Stoßfunktionen

Eine beliebige Erregerfunktion $f(t)$ kann aber auch durch eine Folge von Einzelstößen approximiert werden, wie dies in Fig. 110 angedeutet ist. Entsprechend kann die Reaktion linearer Systeme auch durch Überlagerung von Stoß-Übergangsfunktionen $x_{st}(t)$ berechnet werden. Der Anteil des zur Zeit $t = t^*$ erfolgenden Teilstoßes ist

$$\Delta x(t) = \begin{cases} 0 & \text{für } t < t^* \\ f(t^*)\Delta t^* x_{st}(t - t^*) & \text{für } t \geq t^*. \end{cases}$$

Als Maß für die Stärke eines Teilstoßes tritt hier das Produkt $f(t^*)\Delta t^*$, also die Fläche eines der vertikalen Streifen in Fig. 110 auf. Durch Summation und Grenzübergang $\Delta t^* \to dt^*$ bekommt man schließlich

$$x(t) = \int\limits_0^t f(t^*)x_{st}(t - t^*)\mathrm{d}t^*. \tag{5.16}$$

Zusatzterme zur Berücksichtigung endlicher Sprünge sind jetzt nicht erforderlich. Auch das Integral (5.16) kann – wie das Duhamelsche Gl. (5.14) –

zur Berechnung der Reaktion linearer Schwinger bei beliebigen Erregerfunktionen verwendet werden. Die Ausrechnung von (5.16) ergibt die Lösung für ein zur Zeit $t < 0$ in Ruhe befindliches System. Andere Anfangsbedingungen lassen sich durch Hinzufügen der Lösung für die homogene Gleichung, also für die freien Schwingungen, erfüllen.

Für Schwinger von einem Freiheitsgrad bekommt man unter Berücksichtigung von Gl. (5.9) und unter Hinzufügen des Ausdrucks für die freien Schwingungen die Lösung:

$$x(\tau) = \frac{v_0 e^{-D\tau}}{\nu} \int\limits_0^\tau f(\tau^*) e^{D\tau^*} \sin\nu(\tau - \tau^*) d\tau^* + C e^{-D\tau} \cos(\nu\tau - \varphi_0). \quad (5.17)$$

Setzt man darin $f(\tau)$ als eine Sprungfunktion aus der Ruhe heraus an, dann erhält man wieder die Übergangsfunktion (5.6). Mit $f(\tau) = 1$ und der Abkürzung $\tau - \tau^* = z$ wird nämlich:

$$x(\tau) = -\frac{1}{\nu} \int\limits_\tau^0 e^{-Dz} \sin\nu z \, dz$$

$$x(\tau) = -\frac{1}{\nu} \left[e^{-D\tau}(D\sin\nu\tau + \nu\cos\nu\tau) - \nu \right],$$

woraus unter Berücksichtigung von $\sin\nu\tau_0 = D$ und $\cos\nu\tau_0 = \sqrt{1 - D^2} = \nu$ die Sprung-Übergangsfunktion (5.6) folgt.

5.2   Periodische Erregungen in linearen Systemen

Wenn auch im vorhergehenden Abschnitt die Lösung einer linearen Schwingungsgleichung für ganz beliebige Erregerfunktionen $f(t)$ in Integralform angegeben werden konnte, so kann es doch in Sonderfällen zweckmäßiger und einfacher sein, andere Lösungswege einzuschlagen. Das gilt insbesondere für periodische Erregerfunktionen, die in der Schwingungstechnik eine große Rolle spielen. Bei ihnen läßt sich verhältnismäßig einfach eine partikuläre Lösung der vollständigen, inhomogenen Schwingungsgleichung finden.

Jede periodische Funktion $f(t)$ kann nach Fourier als Grenzwert einer Summe von harmonischen Funktionen – also durch eine Fourier-Reihe – dargestellt werden. Genau so wie dabei die harmonische Funktion den Baustein einer allgemeinen periodischen Funktion bildet, läßt sich nun in linearen Systemen auch die Gesamtreaktion eines Schwingers aus der Summe aller Einzelreaktionen zusammensetzen, die durch die harmonischen Erregeranteile hervorgerufen werden. Es liegt daher nahe, zunächst rein harmonische Erregerfunktionen zu betrachten.

5.2.1 Harmonische Erregerfunktionen

5.2.1.1 Die Bewegungsgleichungen von Schwingern mit harmonischer Erregung
Im Abschnitt 2.1.1 sind verschiedene einfache Schwinger besprochen und ihre Bewegungsdifferentialgleichungen abgeleitet worden. Bei allen diesen Schwingern können durch äußere Einwirkungen auf verschiedene Art harmonische Erregungen auftreten. Die Zahl der möglichen Fälle ist so groß, daß wir uns hier damit begnügen wollen, einige charakteristische Erscheinungen am Beispiel des einfachen Feder-Masse-Schwingers zu untersuchen. Ähnlich, wie es früher gelungen war, das Verhalten verschiedenartiger Schwinger durch dieselbe Differentialgleichung zu beschreiben, so kann auch das Problem der Erregung durch harmonische Funktionen auf wenige Grundtypen der Bewegungsgleichungen zurückgeführt werden.

Es seien vier Arten der Erregung eines mechanischen Schwingers durch erzwungene Bewegungen betrachtet, die zu drei Typen (A,B,C) von Bewegungsgleichungen führen:

A) Erregung durch harmonisch bewegten Aufhängepunkt der Feder, Fig. 111.

B) Erregung durch ein schwingendes Dämpfungsgehäuse, Fig. 112.

C) Erregung durch Bewegung des Gestells, an dem Feder und Dämpfungsgehäuse befestigt sind, Fig. 113. Zu C) soll außerdem der in Fig. 114 dargestellte Fall einer Erregung durch rotierende Unwuchten gezählt werden, da beide Systeme Bewegungsgleichungen des gleichen Typs ergeben.

Fall A: Wenn der Aufhängepunkt der Feder nach dem Gesetz

$$x_A = x_0 \cos \Omega t \tag{5.18}$$

bewegt wird, so erleidet die Feder Verlängerungen oder Verkürzungen, die durch $x - x_A$ gegeben sind. Die Federkraft ist dieser Differenz proportional, so daß die Bewegungsgleichung in der Form

$$m\ddot{x} = -d\dot{x} - c(x - x_A)$$

A)

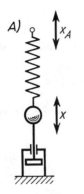

B)

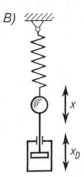

Fig. 111 Ein-Massen-Schwinger, Erregung
über die Feder

Fig. 112 Ein-Massen-Schwinger, Erregung
über den Dämpfer

C)

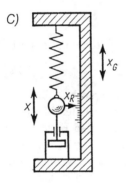

C)

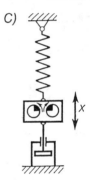

Fig. 113 Ein-Massen-Schwinger, Erregung
durch Trägheitskräfte

Fig. 114 Ein-Massen-Schwinger, Erregung
durch rotierende Unwuchten

geschrieben werden kann. Setzt man die Erregerfunktion (5.18) ein und macht die Gleichung in der früher besprochenen Weise dimensionslos, so folgt:

$$x'' + 2Dx' + x = x_0 \cos \eta \tau. \tag{5.19}$$

Dabei ist $\eta = \Omega/\omega_0 = \Omega\sqrt{m/c}$ das dimensionslose Verhältnis der Erregerkreisfrequenz zur Eigenkreisfrequenz des ungedämpften Systems. Neben dem Dämpfungsmaß D bildet dieses Frequenzverhältnis η einen wichtigen Parameter des Schwingers. Das Erregerglied in Gl. (5.19) kann übrigens auch durch eine unmittelbar an die Schwingermasse angreifende, harmonisch veränderliche Kraft zustande kommen.

Fall B: Die dämpfenden Kräfte des Schwingers von Fig. 112 sollen wieder der Relativgeschwindigkeit zwischen Kolben und Dämpfungsgehäuse proportional sein. Dann kann die Bewegungsgleichung wie folgt angesetzt werden:

$$m\ddot{x} = -d(\dot{x} - \dot{x}_D) - cx,$$

woraus mit $x_D = x_0 \sin \Omega t$ und den früheren Abkürzungen die dimensionslose Gleichung

$$x'' + 2Dx' + x = 2D\eta x_0 \cos \eta\tau \tag{5.20}$$

abgeleitet werden kann.

Fall C: Dieser Fall stellt eine Kombination der beiden schon betrachteten Fälle dar, so daß sich als Bewegungsgleichung ergibt:

$$m\ddot{x} = -d(\dot{x} - \dot{x}_G) - c(x - x_G). \tag{5.21}$$

Mit $x_G = x_0 \cos \Omega t$ nimmt die dimensionslos gemachte Gleichung die Form

$$x'' + 2Dx' + x = x_0 \cos \eta\tau - 2D\eta x_0 \sin \eta\tau \tag{5.22}$$

an. Die Koordinate x gibt dabei – wie in allen vorher untersuchten Fällen – die gegenüber einem Inertialsystem gemessene Auslenkung der Masse m an. Sie ist oft nur schwer zu messen und interessiert in vielen Fällen auch gar nicht. Wenn sich nämlich der Schwinger auf einem bewegten Fahrzeug befindet, dann macht das Gestell die Bewegungen des Fahrzeuges mit. Ein im Fahrzeug sitzender Beobachter kann dann nur die Relativbewegung x_R der Masse m gegenüber dem Gestell feststellen. Für diese gilt $x_R = x - x_G$. Damit aber läßt sich Gl. (5.21) umformen in:

$$m(\ddot{x}_R + \ddot{x}_G) = -d\dot{x}_R - cx_R,$$

oder in dimensionsloser Form

$$x_R'' + 2Dx_R' + x_R = x_0\eta^2 \cos \eta\tau. \tag{5.23}$$

Eine Differentialgleichung derselben Form wird auch bei der Erregung eines Schwingers durch rotierende Unwuchten erhalten, ein Fall, der in der Schwingungstechnik außerordentlich häufig vorkommt. Wie in Fig. 114 angedeutet ist, verwendet man dabei zwei gegenläufig rotierende Unwuchtmassen gleicher Größe, die zusammengenommen eine Trägheitskraft nur in der x-Richtung erzeugen, während sich die Komponenten senkrecht zur x-Richtung gegenseitig aufheben. Bezeichnet man die gesamte Unwuchtmasse mit m_u und die Koordinate ihres Schwerpunktes relativ zum Gehäuse mit x_u, so wird durch die Unwuchten eine Trägheitskraft von der Größe

$$F_t = -m_u(\ddot{x} - \ddot{x}_u)$$

erzeugt. Damit bekommt man als Bewegungsgleichung

$$(m + m_u)\ddot{x} = -d\dot{x} - cx + m_u\ddot{x}_u.$$

Bei gleichförmig umlaufenden Unwuchtmassen kann $x_u = x_0 \cos \Omega t$ gesetzt werden. Macht man die Bewegungsgleichung nun unter Verwendung der Gesamtmasse $m + m_u$ des Schwingers dimensionslos, dann folgt mit $\kappa = m_u/(m + m_u)$:

$$x'' + 2Dx' + x = -\kappa\eta^2 x_0 \cos \eta\tau. \tag{5.24}$$

Die in den betrachteten drei Fällen A, B, C erhaltenen dimensionslosen Bewegungsgleichungen (5.19), (5.20), (5.23) und (5.24) unterscheiden sich nur noch durch den Faktor, der auf den rechten Seiten vor der Cosinusfunktion steht. Man kann daher allgemein schreiben:

$$x'' + 2Dx' + x = x_0 E \cos \eta\tau \tag{5.25}$$

Darin ist:

$$\left.\begin{array}{ll} \text{Fall A, Gl. (5.19):} & E = 1; \\ \text{Fall B, Gl. (5.20):} & E = 2D\eta; \\ \text{Fall C, Gl. (5.23):} & E = \eta^2; \\ \text{Gl. (5.24):} & E = -\kappa\eta^2. \end{array}\right\} \tag{5.26}$$

Da die Faktoren E von der dimensionslosen Zeit τ unabhängig sind, können die Bewegungsgleichungen für alle drei Fälle gemeinsam gelöst werden. Erst bei der Untersuchung der Abhängigkeit von den Parametern sind die verschiedenen Fälle getrennt zu untersuchen.

5.2.1.2 Vergrößerungsfunktion und Phasenverlauf

Wenn ein Schwinger durch eine periodische äußere Erregung von der Kreisfrequenz Ω beeinflußt wird, dann ist zu vermuten, daß sich die Kreisfrequenz Ω auch in den erzwungenen Bewegungen des Schwingers auswirkt. Tatsächlich kann man eine partikuläre Lösung für die Bewegungsgleichung (5.25) durch einen Ansatz von der Form

$$x = x_0 V \cos(\eta\tau - \psi) \tag{5.27}$$

erhalten. Physikalisch bedeutet dieser Ansatz eine um den Phasenwinkel ψ gegenüber der Erregung nacheilende harmonische Schwingung mit der Amplitude $x_0 V$. Dabei ist x_0 ein Maß für die Stärke der Erregung; die Größe V gibt an, um wieviel die Schwingungsamplitude gegenüber der Erregeramplitude x_0 vergrößert ist; man nennt daher V die **Vergrößerungsfunktion** (oder den **Vergrößerungsfaktor**).

Aus Vergrößerungsfunktion und Phasenverlauf lassen sich die wesentlichsten Eigenschaften der erzwungenen Schwingungen ablesen. V und ψ müssen so gewählt werden, daß der Ansatz (5.27) die Bewegungsgleichung (5.25) erfüllt. Durch Einsetzen in (5.25) und Ordnen der Glieder findet man leicht

$$\cos \eta\tau[x_0 V(1 - \eta^2)\cos\psi + 2D\eta x_0 V \sin\psi - x_0 E]$$
$$+ \sin \eta\tau[x_0 V(1 - \eta^2)\sin\psi - 2D\eta x_0 V \cos\psi] = 0.$$

Diese Beziehung ist bei beliebigen Werten von τ nur erfüllt, wenn die Ausdrücke in den eckigen Klammern für sich verschwinden. Das ergibt

$$\tan\psi = \frac{2D\eta}{1 - \eta^2}, \tag{5.28}$$

$$V = \frac{E}{(1 - \eta^2)\cos\psi + 2D\eta \sin\psi}. \tag{5.29}$$

Die Phasenfunktion nach Gl. (5.28) ist unabhängig von E und deshalb für die drei hier betrachteten Fälle gleichzeitig gültig. Man beachte jedoch, daß ψ im Falle B der Phasenwinkel zwischen der Auslenkung x und der Geschwindigkeit $\dot{x}$ ist.

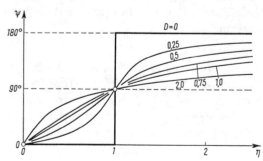

Fig. 115 Phasenfunktionen für verschiedene Werte der Dämpfung

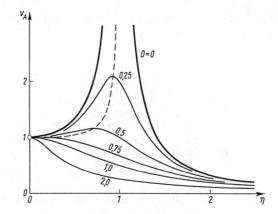

Fig. 116
Vergrößerungsfunktionen
nach Gl. (5.30) für verschiedene Werte der Dämpfung

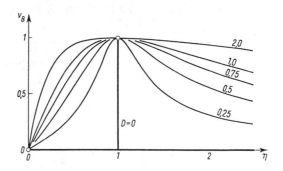

Fig. 117
Vergrößerungsfunktionen
nach Gl. (5.31) für verschiedene Werte der Dämpfung

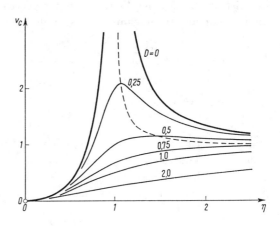

Fig. 118
Vergrößerungsfunktionen
nach Gl. (5.32) für verschiedene Werte der Dämpfung

Die Vergrößerungsfunktionen kann man unter Berücksichtigung von (5.28) und (5.26) wie folgt umformen:

A) $\qquad V_A = \dfrac{1}{\sqrt{(1-\eta^2)^2 + 4D^2\eta^2}},$ $\qquad\qquad$ (5.30)

B) $\qquad V_B = \dfrac{2D\eta}{\sqrt{(1-\eta^2)^2 + 4D^2\eta^2}},$ $\qquad\qquad$ (5.31)

C) $\qquad V_C = \dfrac{\eta^2}{\sqrt{(1-\eta^2)^2 + 4D^2\eta^2}}.$ $\qquad\qquad$ (5.32)

Diese drei Vergrößerungsfaktoren sind zusammen mit dem Phasenwinkel ψ Gl. (5.28) als Funktionen des Frequenzverhältnisses in den Fig. 115 bis 118 für verschiedene Werte des Dämpfungsgrades D aufgetragen. Einige charakteristische Werte dieser Funktionen sind in der folgenden Tabelle zusammengestellt:

η	φ	V_A	V_B	V_C
0	0	1	0	0
1	$\dfrac{\pi}{2}$	$\dfrac{1}{2D}$	1	$\dfrac{1}{2D}$
∞	π	0	0	1
(η_{max})	–	$\dfrac{1}{2D\sqrt{1-D^2}}$	1	$\dfrac{1}{2D\sqrt{1-D^2}}$

η_{max} ist dabei derjenige Wert von η, für den die Vergrößerungsfunktionen ihren Maximalwert annehmen. Er ist in den drei Fällen verschieden:

A) $\qquad \eta_{max} = \sqrt{1-2D^2},$

B) $\qquad \eta_{max} = 1,$

C) $\qquad \eta_{max} = \dfrac{1}{\sqrt{1-2D^2}}.$

Es ist bemerkenswert, daß das Maximum der Vergrößerungsfunktionen, die auch als Resonanzfunktionen bezeichnet werden, in keinem der drei Fälle wirklich bei „Resonanz", also bei Übereinstimmung von Eigenkreisfrequenz $\omega_d = \omega_0\sqrt{1-D^2}$ und Erregerkreisfrequenz Ω, also bei dem Werte $\eta = \sqrt{1-D^2}$ auftritt.

Der geometrische Ort der Maxima läßt sich aus den angegebenen Werten leicht berechnen. Durch Elimination von D findet man

A) $\qquad V_{\text{max}} = \dfrac{1}{\sqrt{1 - \eta_{\text{max}}^4}}\,,$ $\qquad\qquad\qquad$ (5.33)

C) $\qquad V_{\text{max}} = \dfrac{\eta_{\text{max}}^2}{\sqrt{\eta_{\text{max}}^4 - 1}}\,.$ $\qquad\qquad\qquad$ (5.34)

In den Fig. 116 und 118 sind die geometrischen Örter als gestrichelte Kurven eingetragen. Aus den Ausdrücken für η_{max} läßt sich weiter entnehmen, daß Maxima in den Fällen A und C nur existieren, wenn $D \le \sqrt{0{,}5} = 0{,}7071$ ist. Für $D > \sqrt{0{,}5}$ verlaufen die V, η-Kurven monoton. Für $D = 0$ gilt in allen drei Fällen $\eta_{\text{max}} = 1$. Man spricht dann von strenger Resonanz. In den Fällen A und C gilt dann $V_{\text{max}} \to \infty$ (kritische Resonanz oder Resonanzkatastrophe). Für $\eta < 1$ wird von unterkritischer Erregung, bei $\eta > 1$ von überkritischer Erregung gesprochen.

Es muß hier ausdrücklich darauf hingewiesen werden, daß in allen drei Fällen die Koordinate x des Schwingers, also der Schwingungsausschlag, ausgerechnet und die für diesen geltenden Vergrößerungsfunktionen aufgetragen wurden. Vielfach interessieren daneben auch die Schwinggeschwindigkeit $\dot{x}$ oder die Beschleunigung $\ddot{x}$. Beide Größen lassen sich leicht durch Differenzieren von x gewinnen. Bei jeder dieser Differentiationen tritt der Faktor η zur Vergrößerungsfunktion hinzu, so daß die Vergrößerungsfunktionen für $\dot{x}$ und $\ddot{x}$ eine andere η-Abhängigkeit bekommen, als sie für den Ausschlag x hier diskutiert wurde. Zum Beispiel kann Gl. (5.32) bzw. Fig. 118 als Vergrößerungsfunktion der Beschleunigung im Fall A aufgefaßt werden. Während also der Ausschlag x für $\eta \to \infty$ gegen Null geht (Fig. 116), strebt die Beschleunigung einem von Null verschiedenen, konstanten Wert zu. Diese Zusammenhänge müssen insbesondere bei der Auswertung von Schwingungsmessungen sehr sorgfältig beachtet werden.

5.2.1.3 Leistung und Arbeit bei erzwungenen Schwingungen Bei einem mechanischen Schwinger wird die Leistung P als skalares Produkt von Kraftvektor $\bar{F}$ und Geschwindigkeitsvektor $\bar{\dot{x}}$ berechnet

$$P = \bar{F} \cdot \bar{\dot{x}} \qquad\qquad\qquad (5.35)$$

Wenn Kraftrichtung und Geschwindigkeitsrichtung zusammenfallen, kann dafür das gewöhnliche Produkt $F\dot{x}$ gesetzt werden; ist das nicht der Fall, dann darf nur die in die Geschwindigkeitsrichtung fallende Komponente der Kraft eingesetzt werden.

Bei periodischer Erregerkraft gilt:

$$F = F_0 \cos \Omega t.$$

Bezeichnet man die Amplitude der erzwungenen Schwingung allgemein mit $\hat{x}$, dann wird durch die periodische Kraft eine Bewegung

$$x = \hat{x} \cos(\Omega t - \psi)$$

ausgelöst, wie dies im vorhergehenden Abschnitt gezeigt wurde. Damit bekommt man aus Gl. (5.35) nach trigonometrischen Umformungen eine Schwingungsleistung von der Größe

$$P = F\dot{x} = \frac{F_0 \hat{x} \Omega}{2}[\sin \psi - \sin(2\Omega t - \psi)] = P_m - P_s. \tag{5.36}$$

Die Gesamtleistung kann in einen konstanten Anteil, die mittlere Leistung P_m, sowie in einen periodisch schwankenden Anteil P_s zerlegt werden. P_s hat die doppelte Frequenz der Erregerkraft. Entsprechend den in der Elektrotechnik üblichen Bezeichnungen kann man P_m Wirkleistung und P_s Blindleistung nennen.

Durch Einsetzen der jeweiligen Werte für F_0 und $\hat{x}$ kann man aus der noch allgemein gültigen Beziehung (5.36) leicht für alle Sonderfälle die entsprechenden Ausdrücke für die Leistung erhalten. So folgt für den Fall A von Abschnitt 5.2.1.2 unter der Voraussetzung, daß an der Masse m eine Kraft $F(t) = F_0 \cos \Omega t = cx_0 \cos \Omega t$ angreift:

$$\hat{x} = x_0 V_A = \frac{x_0}{\sqrt{(1 - \eta^2)^2 + 4D^2\eta^2}},$$

$$\sin \psi = \frac{2D\eta}{\sqrt{(1 - \eta^2)^2 + 4D^2\eta^2}},$$

und damit unter Berücksichtigung von $\Omega = \omega_0 \eta$:

$$P_m = cx_0^2\omega_0 \frac{D\eta^2}{(1 - \eta^2)^2 + 4D^2\eta^2} = cx_0^2\omega_0 V_m,$$

$$P_s = cx_0^2\omega_0 \frac{\eta}{2\sqrt{(1 - \eta^2)^2 + 4D^2\eta^2}} \sin(2\Omega t - \psi), \tag{5.37}$$

$$= cx_0^2\omega_0 V_s \sin(2\Omega t - \psi).$$

Der Faktor $cx_0^2\omega_0$ hat die Dimension einer Leistung; die Abkürzungen V_m bzw. V_s können als dimensionslose Vergrößerungsfaktoren für die Leistung aufgefaßt werden. Diese Funktionen geben den Einfluß von Dämpfung D

und Frequenzverhältnis η wieder. Ganz entsprechend, wie dies bei den Vergrößerungsfunktionen für den Schwingungsausschlag x geschah, können nun auch für die Leistung „Resonanzkurven" gezeichnet werden. Man sieht aus (5.37) leicht, daß sowohl V_m als auch V_s verschwinden, wenn entweder $\eta = 0$ ist oder aber $\eta \to \infty$ geht. Dazwischen haben beide Kurvenscharen unabhängig von der Größe von D Maxima bei dem Wert $\eta = 1$. Es ist

$$(V_m)_{\max} = (V_s)_{\max} = \frac{1}{4D}.$$

Das bedeutet, daß bei der Erregerfrequenz $\Omega = \omega_0$ die mittlere Leistung (Wirkleistung) gleich dem Maximalwert der wechselnden Leistung (Blindleistung) ist. Um eine bestimmte Nutzleistung in einen Schwinger hereinzustecken, muß eine Blindleistung aufgebracht werden, deren Maximalbetrag dieselbe Größe wie die Wirkleistung hat. Erfolgt die Erregung nicht mit $\Omega = \omega_0$, so wird das Verhältnis von Wirk- und Blindleistung kleiner. Man findet aus (5.37) leicht:

$$\frac{P_m}{(P_s)_{\max}} = \frac{V_m}{V_s} = \frac{2D\eta}{\sqrt{(1 - \eta^2)^2 + 4D^2\eta^2}}. \tag{5.38}$$

Dieser Ausdruck entspricht aber genau dem schon früher ausgerechneten Wert für V_B von Gl. (5.31), dessen Abhängigkeit von η und D aus Fig. 117 zu ersehen ist. Man erkennt daraus unmittelbar, daß es günstig ist, zum Resonanzantrieb überzugehen, wenn man einen Schwinger mit möglichst geringer Blindleistung betreiben möchte.

Ohne die Berechnung im einzelnen durchzuführen, seien hier noch die Wirk- und Blindleistungen für die beiden anderen Fälle B und C (siehe Abschnitt 5.2.1.2) angegeben:

Fall B:

$$P_m = dx_0^2\omega_0^2 \frac{2D^2\eta^4}{(1 - \eta^2)^2 + 4D^2\eta^2},$$

$$P_s = dx_0^2\omega_0^2 \frac{D\eta^3}{\sqrt{(1 - \eta^2)^2 + 4D^2\eta^2}} \sin(2\Omega t - \psi). \tag{5.39}$$

Fall C:

$$P_m = m_u x_0^2\omega_0^3 \frac{D\eta^6}{(1 - \eta^2)^2 + 4D^2\eta^2},$$

$$P_s = m_u x_0^2\omega_0^3 \frac{\eta^5}{2\sqrt{(1 - \eta^2)^2 + 4D^2\eta^2}} \sin(2\Omega t - \psi). \tag{5.40}$$

Bemerkenswert ist dabei, daß das Verhältnis von Wirkleistung und maximaler Blindleistung in beiden Fällen genau denselben Wert besitzt, wie er schon im Falle A ausgerechnet wurde (Gl. (5.38)). Die dort gezogenen Folgerungen behalten also auch für die Fälle B und C Gültigkeit.

Die Vergrößerungsfunktionen der Leistung zeigen einen teilweise völlig anderen Verlauf, als er in den Fig. 116 bis 118 für den Schwingungsausschlag gezeigt wurde. Fig. 119 zeigt als Beispiel die Funktion V_m für den Fall C. Man kann sich aus Gl. (5.40) leicht davon überzeugen, daß das Resonanzmaximum bereits bei ziemlich geringen Dämpfungen völlig verschwindet. Die Kurven verlaufen für $D > 0{,}259$ monoton, so daß um so mehr Leistung aufzubringen ist, je höher die Frequenz der Erregung wird.

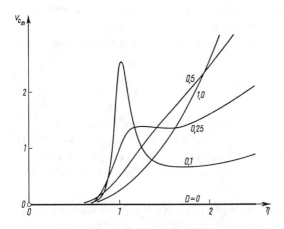

Fig. 119
Vergrößerungsfunktionen der
Leistung nach Gl. (5.40)

Aus der Leistung läßt sich die zu leistende Arbeit durch Integration ermitteln. Unter Berücksichtigung von Gl. (5.36) bekommt man für die Arbeit E_e der äußeren Erregerkraft:

$$E_e = \int P \mathrm{d}t = \frac{1}{2} F_0 \hat{x} \Omega t \sin \psi + \frac{1}{4} F_0 \hat{x} \cos(2\Omega t - \psi). \tag{5.41}$$

Auch hier ist eine Aufteilung in eine Wirkarbeit und eine Blindarbeit möglich. Die Wirkarbeit wächst linear mit der Zeit an, während die Blindarbeit eine periodische Funktion der Zeit ist. Bei den Anwendungen interessiert vor allem die im Verlaufe einer Vollschwingung geleistete Arbeit E^*:

$$E_e^* = E_e \left(t = \frac{2\pi}{\Omega} \right) - E_e(t = 0) = \pi F_0 \hat{x} \sin \psi. \tag{5.42}$$

Neben der äußeren Erregerkraft leisten aber auch die inneren Kräfte des Schwingers Arbeit. Man erhält für die Arbeit der

Trägheitskraft : $\quad E_T = \int m\ddot{x}\dot{x}\mathrm{d}t = \frac{1}{2}m\dot{x}^2,$

Dämpfungskraft : $E_D = \int d\dot{x}\dot{x}\mathrm{d}t,$

Rückführkraft : $\quad E_R = \int cx\dot{x}\mathrm{d}t = \frac{1}{2}cx^2.$

Die Arbeit der Trägheitskraft ist gleich der kinetischen Energie der Schwingermasse, die Arbeit der Rückführkraft ist gleich der potentiellen Energie der gespannten Feder. Bei periodischen Bewegungen sind diese beiden Arbeiten periodisch und fallen heraus, wenn man ihre Größe für eine Vollschwingung berechnet; beide Arbeiten sind also Blindarbeiten. Dagegen fällt die für eine volle Periode gebildete Arbeit der Dämpfungskräfte nicht heraus. Mit $\dot{x} = -\Omega\hat{x}\sin(\Omega t - \psi)$ bekommt man:

$$E_D^* = d\Omega\hat{x}^2 \int\limits_0^{2\pi} \sin^2(\Omega t - \psi)\mathrm{d}(\Omega t) = \pi d\hat{x}^2\Omega. \tag{5.43}$$

Ein Vergleich der von der äußeren Kraft in den Schwinger hereingesteckten Energie (5.42) mit der im Schwinger durch Dämpfung verbrauchten Energie (5.43) gewährt einen Einblick in die Entstehung der erzwungenen Schwingungen. E_e^* ist eine lineare Funktion der Schwingungsamplitude $\hat{x}$, während E_D^* quadratisch von $\hat{x}$ abhängt. Man kann sich diese Abhängigkeiten für irgendeinen festgehaltenen Wert von Ω bzw. η auftragen und bekommt dann das Diagramm von Fig. 120. Die E_e^*-Gerade schneidet die E_D^*-Parabel bei dem Ordinatenwert $\hat{x} = \hat{x}_s$, dem stationären Wert für die Amplitude. Ist $\hat{x} < \hat{x}_s$, dann wird mehr Energie in den Schwinger hereingepumpt, als durch Dämpfung verbraucht wird; folglich wächst die Amplitude an. Umgekehrt wird für $\hat{x} > \hat{x}_s$ mehr Energie durch Dämpfung verbraucht, als die äußere

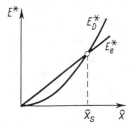

Fig. 120
Energiediagramm erzwungener Schwingungen

Kraft leisten kann; die Folge ist ein Absinken der Amplitude. Für $\hat{x} = \hat{x}_s$ herrscht Gleichgewicht der beiden Arbeiten

$$E_e^* = \pi F_0 \hat{x}_s \sin \psi = E_D^* = \pi d \hat{x}_s^2 \Omega,$$

woraus die stationäre Amplitude selbst berechnet werden kann:

$$\hat{x}_s = \frac{F_0 \sin \psi}{d\Omega}. \tag{5.44}$$

5.2.1.4 Übertragungsfunktion, Frequenzgang und Ortskurven

Bereits in der Einleitung (Abschnitt 1.5) wurde gezeigt, welche verschiedenen Darstellungsarten für Schwingungen verwendet werden. Wenn die Schwingungen durch harmonische Erregerkräfte erzwungen sind, kann man neben den schon besprochenen Vergrößerungsfunktionen und Phasenkurven auch noch die Übertragungsfunktionen, den Frequenzgang und die verschiedenen Ortskurven zur Beschreibung der Schwingungserscheinungen heranziehen. Ohne auf die Einzelheiten einzugehen, soll hier nur auf den engen Zusammenhang zwischen diesen Darstellungen hingewiesen werden, und es soll gezeigt werden, daß man durch geeignete Auswahl unter ihnen nicht nur viel Rechenarbeit sparen, sondern auch eine bessere Durchschaubarkeit der Ergebnisse erreichen kann.

Als Beispiel betrachten wir wieder den einfachen linearen Schwinger, für den die Bewegungsgleichung (5.19) gilt. Die auf der rechten Seite dieser Gleichung stehende Erregerfunktion kann als eine harmonische „Eingangsfunktion"

$$x_e = x_0 \cos \eta\tau$$

aufgefaßt werden, auf die der Schwinger mit einer ebenfalls harmonischen Schwingung, der „Ausgangsfunktion"

$$x_a = x = x_0 V \cos(\eta\tau - \psi)$$

antwortet. Sowohl x_e als auch x_a lassen sich nach Fig. 121 als Projektionen von rotierenden Vektoren oder Zeigern darstellen. An Stelle der Projektionen kann man jedoch auch mit den Vektoren selbst rechnen. Denkt man sich die Zeichenebene von Fig. 121 als komplexe Ebene, dann werden die Vektoren durch die komplexen Größen

$$\underline{x}_e = x_0 e^{i\eta\tau}, \qquad \underline{x}_a = x_0 V e^{i(\eta\tau - \psi)} \tag{5.45}$$

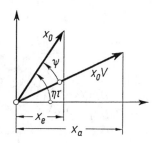

Fig. 121
Eingangsschwingung x_e und Ausgangsschwingung x_a als
Projektionen rotierender Vektoren

ausgedrückt. Durch Einsetzen dieser Größen kann man leicht feststellen, daß $\underline{x}_a$ wirklich eine Lösung der Bewegungsgleichung (5.19) ist, und daß die Größen V und ψ genau dieselben Werte annehmen, wie sie bereits früher in den Gl. (5.28) und (5.30) ausgerechnet wurden.

Die komplexe Darstellung (5.45) erweist sich als besonders zweckmäßig bei der Bildung des Übertragungsfaktors $\underline{F}$ bzw. der Übertragungsfunktion

$$\underline{F} = \frac{\underline{x}_a}{\underline{x}_e} = V e^{-i\psi}. \tag{5.46}$$

$\underline{F}$ ist der Faktor, mit dem die Eingangsgröße $\underline{x}_e$ multipliziert werden muß, um die Ausgangsgröße $\underline{x}_a$ zu erhalten. Aus $\underline{F}$ läßt sich demnach ablesen, wie eine Eingangsstörung auf den Ausgang übertragen wird, d.h. welches Schicksal die Eingangsstörung beim Durchlaufen des Schwingers erleidet. Ein reelles $\underline{F}$ zeigt eine „statische" (vergrößerte oder verkleinerte) Übertragung der Eingangsgröße auf den Ausgang an. Das Komplexwerden von $\underline{F}$ deutet auf eine Phasenverschiebung hin. In der Darstellung von (5.46) ist die Aufspaltung des Übertragungsfaktors in den Betrag oder Modul $V = |\underline{F}|$ und das Argument ψ zu erkennen.

Sowohl $\underline{F}$ als auch V und ψ hängen von der Frequenz bzw. von dem Frequenzverhältnis η ab. Man nennt

$\underline{F}(\eta)$ den (komplexen) Frequenzgang des Schwingers,
$V(\eta)$ den Amplituden-Frequenzgang,
$\psi(\eta)$ den Phasen-Frequenzgang.

Der Amplituden-Frequenzgang – manchmal auch Amplituden-Frequenz-Charakteristik genannt – ist mit der Vergrößerungsfunktion identisch.

V und ψ können als Polarkoordinaten eines Punktes aufgefaßt werden. Jedem Werte von η wird damit ein Punkt in der komplexen Ebene zugeordnet; die Gesamtheit aller dieser Punkte bildet eine Kurve, die als Ortskurve des

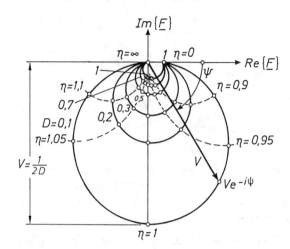

Fig. 122
Ortskurven für verschiedene
Werte der Dämpfung

Schwingers bezeichnet wird. Man nennt sie auch Amplituden-Phasen-Charakteristik. Betrachten wir wieder den früheren Fall A, so läßt sich wegen

$$V = \frac{1}{\sqrt{(1-\eta^2)^2 + 4D^2\eta^2}}, \qquad \tan\psi = \frac{2D\eta}{1-\eta^2} \tag{5.47}$$

die Ortskurve leicht konstruieren, vgl. Fig 122. Man trägt jedoch im vorliegenden Fall einfacher nicht die Ortskurve selbst, sondern die inverse Ortskurve auf, die sich als Darstellung der reziproken Übertragungsfunktion

$$\frac{1}{\underline{F}} = \frac{1}{V}e^{i\psi} \tag{5.48}$$

in der komplexen Ebene ergibt. Zu diesem Zweck trägt man

$$u = 1 - \eta^2, \qquad v = 2D\eta \tag{5.49}$$

auf, wie dies in Fig. 123 gezeichnet ist. Der Radiusvektor vom Koordinatennullpunkt zu einem Punkt P der gezeichneten Ortskurve ist dann tatsächlich durch den inversen Betrag $1/V$ und das Argument ψ bestimmt, wie es nach (5.48) verlangt wird. Gl. (5.49) ist also die Parameterdarstellung der inversen Ortskurve mit η als Parameter. Durch Elimination von η findet man leicht

$$u = 1 - \frac{v^2}{4D^2}. \tag{5.50}$$

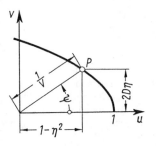

Fig. 123 Konstruktion der inversen Ortskurve

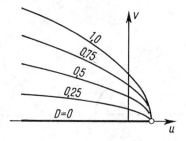

Fig. 124 Inverse Ortskurven für verschiedene Werte der Dämpfung

Die inversen Ortskurven sind also Parabeln, deren Scheitelpunkt die Koordinaten $(1, 0)$ besitzt. Man bezeichnet diese Kurven auch als Runge-Parabeln, weil C. Runge diese Art der Darstellung in der Schwingungslehre verwendet hat. Zu jedem Wert der Dämpfung gehört eine Parabel. Eine zu verschiedenen Werten von D gehörende Parabelschar, wie sie in Fig. 124 gezeichnet ist, hat dieselbe Aussagekraft wie die Diagramme von Fig. 115 und 116 zusammengenommen. Denn auch aus Fig. 124 können zu jedem Wert des Frequenzverhältnisses η Vergrößerungsfunktion und Phase abgelesen werden. Wenn man will, kann man Fig. 124 noch durch Einzeichnen der Kurven $\eta = $ const ergänzen; diese Kurven sind – wie man aus (5.49) sehen kann – Parallelen zur v-Achse. Alle Parabeln beginnen mit $\eta = 0$ auf der u-Achse, sie durchschneiden die v-Achse bei dem Wert $\eta = 1$ und laufen mit weiter anwachsenden Werten von η in den zweiten Quadranten hinein zu immer größeren negativen Werten von u.

Man kann aus der inversen Ortskurve leicht den Maximalwert für die Amplitude bestimmen und das Frequenzverhältnis, bei dem es auftritt, ausrechnen. Dem Maximum von V entspricht das Minimum von $1/V$; dieses kann aber gefunden werden, wenn vom Koordinatenursprung aus das Lot auf die Parabel gefällt wird (Fig. 125a). Da das Lot senkrecht auf der Kurve steht, gilt für den Fußpunkt des Lotes

$$\frac{\mathrm{d}v}{\mathrm{d}u} = -\frac{u}{v}.$$

Berechnet man den Differentialquotienten aus (5.50) und setzt dann die Werte von (5.49) ein, so folgt eine Bestimmungsgleichung für das Frequenzverhältnis η mit der Lösung:

$$\eta_{\max} = \sqrt{1 - 2D^2}.$$

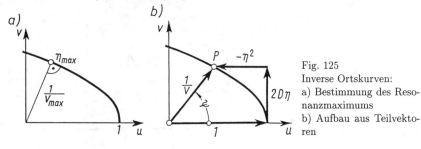

Fig. 125
Inverse Ortskurven:
a) Bestimmung des Resonanzmaximums
b) Aufbau aus Teilvektoren

Das stimmt mit dem früheren Ergebnis überein. Setzt man schließlich diesen Wert in

$$V_{\max} = \frac{1}{\sqrt{u^2 + v^2}} \qquad (5.51)$$

unter Berücksichtigung von (5.49) ein, so erhält man wieder den früher schon auf anderem Wege ausgerechneten Wert für das Maximum der Vergrößerungsfunktion.

Den Aufbau der inversen Ortskurve kann man im vorliegenden Beispiel noch besonders durchsichtig machen, wenn man die komplexen Werte (5.45) in die Bewegungsgleichung einsetzt. Diese kann dann in die Form gebracht werden

$$x_0 V e^{i(\eta\tau - \psi)} \left[-\eta^2 + i(2D\eta) + 1 - \frac{1}{V} e^{i\psi} \right] = 0. \qquad (5.52)$$

Damit die Gleichung erfüllt ist, muß der in eckigen Klammern stehende Ausdruck für sich verschwinden. Jedes der Glieder in der Klammer kann aber als ein Vektor in der komplexen Ebene gedeutet werden. Alle vier Vektoren zusammen müssen ein geschlossenes Vektorpolygon ergeben, wie es in Fig. 125b gezeichnet ist. Der Punkt P der inversen Ortskurve kann als der Endpunkt eines aus den ersten drei Gliedern gebildeten Vektorpolygons gefunden werden. Jedem Vektor entspricht dabei ein Glied der Differentialgleichung, und jede Ableitung nach τ macht sich als eine Drehung des zugeordneten Vektors um 90° bemerkbar.

Man kann sich nach dem Gesagten leicht vorstellen, wie die inverse Ortskurve eines Schwingers aufzubauen ist, dessen Bewegungsgleichung eine Differentialgleichung n-ter Ordnung ist. Wir wollen jedoch auf diese naheliegenden Verallgemeinerungen hier nicht eingehen und nur bemerken, daß von dieser Art der Darstellung besonders in der Regelungstechnik Gebrauch gemacht wird.

5.2.1.5 Einschwingvorgänge

Die in den vorhergehenden Abschnitten diskutierte Lösung (5.27) ist nicht die allgemeine, sondern nur eine partikuläre Lösung der Bewegungsgleichung (5.25). Nach dem früher Gesagten läßt sich aber die allgemeine Lösung durch Hinzufügen des Ausdruckes für die freien Schwingungen (allgemeine Lösung der homogenen Gleichung) gewinnen; sie hat also die Form

$$x = x_0 V \cos(\eta\tau - \psi) + Ce^{-D\tau} \cos(\sqrt{1 - D^2}\,\tau - \varphi_0). \tag{5.53}$$

Durch entsprechende Wahl der beiden noch verfügbaren Konstanten C und φ_0 läßt sich diese Lösung den jeweiligen Anfangsbedingungen anpassen. Je nach den Werten von Eigenfrequenz und Erregerfrequenz und je nach der Art der Anfangsbedingungen sind außerordentlich viele Schwingungstypen möglich. Zwei zu den Anfangsbedingungen $\tau = 0$: $x = x' = 0$ gehörende x, τ-Kurven sind in den Fig. 126 und 127 skizziert worden.

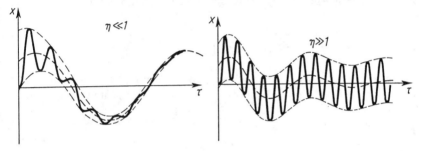

Fig. 126 Überlagerung von freier und erzwungener Schwingung im Fall $\eta \ll 1$

Fig. 127 Überlagerung von freier und erzwungener Schwingung im Fall $\eta \gg 1$

Von Interesse ist das Verhalten des Schwingers, wenn Eigenfrequenz und Erregerfrequenz nahe beieinander liegen. Beschränken wir uns hier auf eine Betrachtung des ungedämpften Falles ($D = 0$), so geht (5.53) unter Berücksichtigung von (5.28) und (5.30) über in

$$x = x_0 \frac{1}{1 - \eta^2} \cos \eta\tau + C \cos(\tau - \varphi_0). \tag{5.54}$$

Bestimmt man die Konstanten zu den Anfangsbedingungen $\tau = 0$: $x = x' = 0$, so findet man

$$C = -\frac{x_0}{1 - \eta^2}; \qquad \varphi_0 = 0.$$

Damit geht (5.54) über in

$$x = \frac{x_0}{1 - \eta^2}(\cos \eta\tau - \cos \tau).$$

Dieser Ausdruck kann durch trigonometrische Umformung überführt werden in:

$$x = -\frac{2x_0}{1 - \eta^2} \sin\left(\frac{\eta - 1}{2} \cdot \tau\right) \sin\left(\frac{\eta + 1}{2} \cdot \tau\right). \tag{5.55}$$

Dieser zunächst noch allgemein gültige Ausdruck läßt eine besonders anschauliche Deutung zu, wenn $\eta \approx 1$ ist, also Eigenfrequenz und Erregerfrequenz benachbart sind. In diesem Fall gilt nämlich $\eta - 1 \ll \eta + 1$. Folglich wird sich das Argument der ersten Sinusfunktion nur langsam ändern, verglichen mit den Änderungen des Argumentes der zweiten Sinusfunktion. Daher kann man die Bewegung als eine Schwingung mit der Frequenz $(\eta + 1)/2 \approx 1$ auffassen, deren Amplitude $\hat{x}(t)$ langsam nach einem Sinusgesetz verändert wird

$$\hat{x}(t) = -\frac{2x_0}{1 - \eta^2} \sin\left(\frac{\eta - 1}{2} \cdot \tau\right).$$

Das zugehörige x, τ-Bild dieser Schwingungen ist in Fig. 128 gezeichnet. Der Schwinger vollführt S c h w e b u n g e n, wobei der Zeitabstand zweier Minima der Amplitude zu

$$\tau_s = \frac{2\pi}{\eta - 1} \tag{5.56}$$

ausgerechnet werden kann.

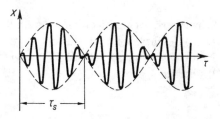

Fig. 128
Überlagerung von freier und erzwungener Schwingung im Fall $\eta \approx 1$ für $D = 0$

Mit Hilfe der Formel (5.55) läßt sich auch der Sonderfall des Einschwingens bei Resonanz in befriedigender Weise klären. Die Betrachtung der partikulären Lösung allein ergibt für diesen Fall ein praktisch wertloses Ergebnis, weil die Vergrößerungsfunktion für $\eta = 1$ im Falle $D = 0$ unendlich wird. Man kann jedoch (5.55) unter Berücksichtigung von $\eta \approx 1$ wie folgt umformen:

$$x = -\frac{2x_0}{(1 + \eta)(1 - \eta)} \frac{\eta - 1}{2} \tau \sin\left(\frac{\eta + 1}{2} \cdot \tau\right).$$

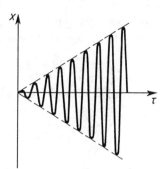

Fig. 129
Einschwingen im Resonanzfall $\eta = 1$ für $D = 0$

Im Grenzübergang $\eta \to 1$ folgt daraus:

$$x = \frac{x_0}{2} \tau \sin \tau. \tag{5.57}$$

Das ist eine Schwingung mit linear anwachsender Amplitude, wie sie in Fig. 129 dargestellt ist. Man kann sich übrigens leicht überlegen, daß Fig. 129 aus Fig. 128 mit $\tau_s \to \infty$ entsteht, wenn also das erste Minimum der Schwingungskurve immer weiter nach rechts rückt. Tatsächlich sieht man aus Gl. (5.56), daß die Schwebungszeit τ_s für $\eta \to 1$ unbegrenzt anwächst.

5.2.2 Allgemein periodische Erregung; Lösung mit Hilfe der Fourier-Zerlegung

Ist die auf einen Schwinger einwirkende Erregung periodisch, dann kann sie durch eine Fourier-Reihe dargestellt werden. Man kann dann für die Eingangsfunktion schreiben:

$$x_e = f(t) = \sum_{n=1}^{N} k_n \cos(n\eta\tau - \chi_n) = \sum_{n=1}^{N} f_n(t). \tag{5.58}$$

Bei Schwingern, deren Bewegungsgleichungen linear sind, kann man wegen der Gültigkeit des Superpositionsprinzips die Lösung als Summe der Teilreaktionen des Schwingers auf die verschiedenen Anteile der Erregung finden. Das ist leicht einzusehen: Ist allgemein $L(x)$ ein linearer Differentialausdruck von x, dann läßt sich die Gleichung für einen linearen Schwinger durch

$$L(x_a) = x_e \tag{5.59}$$

ausdrücken. Ist nun $x_e = \sum f_n(t)$, dann kann man entsprechend $x_a = \sum x_{an}$ ansetzen. Wegen der Linearität gilt dann

$$L(x_a) = L(\sum x_{an}) = \sum L(x_{an}).$$

Folglich läßt sich die Ausgangsgleichung in die Form bringen

$$\sum_{n=1}^{N} [L(x_{an}) - f_n(t)] = 0.$$

Wählt man nun die x_{an} so, daß jedes Glied der Summe, also jede der eckigen Klammern für sich verschwindet, dann ist die Gleichung erfüllt, und die Gesamtlösung x_a ergibt sich aus der Summe der Teillösungen.

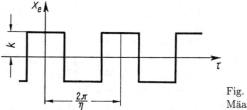

Fig. 130
Mäanderfunktion

Wir wählen als Beispiel wieder die Bewegungsgleichung

$$x'' + 2Dx' + x = x_e, \tag{5.60}$$

wobei x_e eine Mäanderfunktion nach Fig. 130 sein soll. Die Fourier-Zerlegung für diese Funktion lautet:

$$x_e(\tau) = \frac{4k}{\pi} \left[\cos \eta\tau - \frac{\cos 3\eta\tau}{3} + \frac{\cos 5\eta\tau}{5} - \dots \right],$$

$$= \frac{4k}{\pi} \sum_{n=0}^{\infty} \frac{(-1)^n \cos[(2n+1)\eta\tau]}{2n+1}. \tag{5.61}$$

Mit den früheren Ergebnissen für Vergrößerungsfunktion Gl. (5.30) und Phase Gl. (5.28) läßt sich nun leicht jede Teillösung finden, so daß die Gesamtlösung die folgende Gestalt annimmt:

$$x_a = x = \frac{4k}{\pi} \sum_{n=0}^{\infty} \frac{(-1)^n \cos[(2n+1)\eta\tau - \psi_n]}{(2n+1)\sqrt{[1 - (2n+1)^2\eta^2]^2 + 4D^2(2n+1)^2\eta^2}}$$

$$+ Ce^{-D\tau} \cos[\sqrt{1-D^2}\,\tau - \varphi_0] \tag{5.62}$$

mit

$$\tan \psi_n = \frac{2D(2n+1)\eta}{1 - (2n+1)^2 \eta^2}.$$

Die praktische Ausrechnung dieser Reihe ist naturgemäß recht mühsam, wenngleich (5.62) wegen des starken Abklingens der Vergrößerungsfunktion erheblich rascher konvergiert als die Reihe für die Erregerfunktion (5.61). Wir werden im Abschnitt 5.2.3 sehen, daß für das vorliegende Beispiel eine viel bequemere, leicht auszuwertende exakte Lösung auf gänzlich anderem Wege gefunden werden kann.

Das hier verwendete Verfahren kann auch auf nichtperiodische Erregerfunktionen angewendet werden. Beispielsweise liegt eine nicht periodische Funktion bereits dann vor, wenn die Erregung zwei harmonische Anteile besitzt, deren Frequenzen kein rationales Verhältnis haben (inkommensurable Frequenzen). Noch wichtiger sind in der Schwingungspraxis jedoch solche Erregungen, bei denen die Frequenzen mehr oder weniger stetig verteilt sind, bei denen also ein ganzes Frequenzspektrum existiert. Man kann in diesem Fall die Erregung als Grenzwert einer Summe von Einzelerregungen – also als ein Integral – darstellen und die Lösung in entsprechender Form ausrechnen – wie dies ähnlich auch bei der hier berechneten Erregung durch eine Mäanderfunktion geschehen ist. Doch sei für die auch als stochastisch oder zufallserregt bezeichneten Schwingungen auf die speziellere Literatur (z.B. [33] Kap. 9) verwiesen.

5.2.3 Allgemein periodische Erregung; das Anstückelverfahren

Nach dem im Abschnitt 5.2.2 angegebenen Lösungsverfahren lassen sich zwar im Prinzip die erzwungenen Schwingungen bei allgemeinen periodischen Erregungsfunktionen errechnen, jedoch kann die praktische Auswertung sehr mühsam sein. Es soll nun an einem einfachen Beispiel gezeigt werden, daß man stets dann mit elementaren Mitteln zu einer partikulären Lösung kommen kann, wenn die Erregerfunktion stückweise konstant ist. Als Beispiel wählen wir die Erregerfunktion:

$$x_e(\tau) = k \, \text{sgn} \, (\sin \eta \tau). \tag{5.63}$$

Diese Funktion entspricht der Mäanderfunktion von Fig. 130, nur ist der Zeitnullpunkt in einen Sprungpunkt verlegt worden. Die halbe Periode der

Erregerfunktion soll mit τ_1 bezeichnet werden. Wegen der stückweisen Konstanz von x_e kann nun die Bewegungsgleichung

$$x'' + 2Dx' + x = x_e = k \, \text{sgn} \, (\sin \eta\tau) \tag{5.64}$$

in den Bereichen zwischen je zwei Sprüngen der Erregerfunktion gelöst werden. Die Lösung, s. Gl. (5.5), ist eine gedämpfte Schwingung um die Gleichgewichtslage $\pm k$:

$$x = \pm k + Ce^{-D\tau} \cos(\nu\tau - \varphi_0) \tag{5.65}$$

mit $\nu = \sqrt{1 - D^2}$. Im Bereich $0 < \tau < \tau_1$ gilt das Pluszeichen vor k, im Bereich $\tau_1 < \tau < 2\tau_1$ ist das Minuszeichen zu nehmen. Die noch verfügbaren Konstanten C und φ_0 der Lösung sollen nun so bestimmt werden, daß eine mit $2\tau_1$ periodische Gesamtlösung herauskommt. Dazu muß nicht nur ein stetiger und knickfreier Übergang der Schwingungskurven an den Sprungstellen der Erregung gefordert werden, sondern es muß auch nach einer vollen Periode $\tau = 2\tau_1$ wieder derselbe Schwingungszustand erreicht werden wie für $\tau = 0$. Die Aufgabe besteht also darin, in die mäanderförmig verlaufende Kurve für die Gleichgewichtslage jeweils solche Teilstücke der freien gedämpften Schwingung hineinzulegen, daß ein stetiger, knickfreier und mit

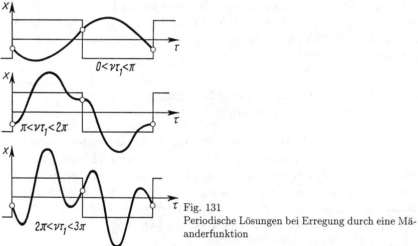

Fig. 131
Periodische Lösungen bei Erregung durch eine Mäanderfunktion

$2\tau_1$ periodischer Kurvenzug entsteht. Das ist in Fig. 131 für drei verschiedene Frequenzbereiche angedeutet. Wegen der Symmetrie der Erregerfunktion genügt es im vorliegenden Falle, den Verlauf im Bereich $0 \leq \tau \leq \tau_1$ zu untersuchen. Die Randbedingungen lauten hierfür:

$$x(\tau_1) = -x(0),$$
$$x'(\tau_1) = -x'(0).$$

(5.66)

Aus diesen Bedingungsgleichungen können die beiden Konstanten bestimmt werden. Nach Einsetzen von (5.65) in (5.66) und Auflösen folgt:

$$C = -\frac{2k}{\cos\varphi_0 + e^{-D\tau_1}\cos(\nu\tau_1 - \varphi_0)},$$

$$\tan\varphi_0 = \frac{D + e^{-D\tau_1}(D\cos\nu\tau_1 + \nu\sin\nu\tau_1)}{\nu + e^{-D\tau_1}(\nu\cos\nu\tau_1 - D\sin\nu\tau_1)}.$$

(5.67)

Da $\tau_1 = \pi/\eta$ ist, sind somit C und φ_0 als Funktionen der bezogenen Erregerfrequenz bekannt.

Will man aus der nunmehr bekannten Lösung (5.65) die Resonanzkurve, d.h. den jeweiligen Maximalausschlag als Funktion der Frequenz ausrechnen, dann müssen zunächst die Maxima relativ zur verschobenen Gleichgewichtslage bestimmt werden. Diese Maxima liegen bei dem Werte $\tau = \tau_m$, der durch

$$\tan(\nu\tau_m - \varphi_0) = -\frac{D}{\nu}$$

definiert ist. Durch Einsetzen von τ_m in (5.65) werden die Maxima selbst erhalten. Die Schwingungskurve kann innerhalb eines Bereiches mehrere Extremwerte besitzen. Von diesen muß derjenige bestimmt werden, der ein bezüglich der Gleichgewichtslage $x = 0$ absolutes Maximum darstellt.

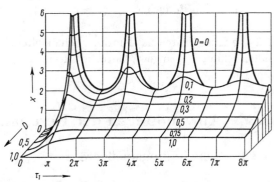

Fig. 132
Resonanz-Relief bei Erregung durch eine Mäanderfunktion

Als Ergebnis der Auswertung zeigt Fig. 132 ein Resonanzrelief, aus dem der Einfluß von Frequenz und Dämpfung abgelesen werden kann. Zum Unterschied von den sonst gewohnten Resonanzkurven, bei denen auf der Abszisse die Frequenz bzw. das Frequenzverhältnis η aufgetragen wird, ist in Fig. 132 die halbe Periodendauer $\tau_1 = \pi/\eta$ verwendet worden. Das ist geschehen, um die Maxima des Reliefs besser zu trennen; sie wären bei der üblichen Auftragung im Bereich $0 \leq \eta \leq 1$ zusammengedrängt worden.

Im Sonderfall verschwindender Dämpfung ($D = 0$) lassen sich übrigens explizite Formeln für die Schwingungskoordinate sowie für die Maxima angeben. Mit $D = 0$ wird $\nu = 1$; damit vereinfachen sich die Formeln (5.67)

$$\tan \varphi_0 = \frac{\sin \tau_1}{1 + \cos \tau_1} = \tan \frac{\tau_1}{2}, \qquad \varphi_0 = \frac{\tau_1}{2},$$

$$C = -\frac{k}{\cos(\tau_1/2)}.$$

Aus (5.65) folgt damit:

$$x = k \left[1 - \frac{\cos(\tau - \tau_1/2)}{\cos(\tau_1/2)} \right].$$

Man sieht daraus, daß die Schwingungskurven die Abszisse stets an den Sprungstellen der Erregerfunktion schneiden, denn es gilt $x = 0$ für $\tau = 0$ und $\tau = \tau_1$. Die Maxima der Schwingungskurven liegen jeweils in der Mitte zwischen den Sprungstellen. Für die absoluten Maxima gilt

im Bereich $\qquad 0 < \tau_1 < \pi: \qquad x_{max} = k \left[1 - \frac{1}{\cos(\tau_1/2)} \right]$

in den Bereichen $\qquad \tau_1 > \pi: \qquad x_{max} = k \left[1 + \frac{1}{\cos(\tau_1/2)} \right].$

Nähere Einzelheiten zu dem hier behandelten Problem können einer Veröffentlichung (Z. angew. Math. u. Mech. **31** (1951) 324–329) entnommen werden.

5.3   Anwendungen der Resonanztheorie

5.3.1   Schwingungsmeßgeräte

Zum Messen, d.h. zum Anzeigen oder Registrieren von Bewegungen können Schwinger in vielseitiger Weise verwendet werden. Von den zahlreichen Möglichkeiten sollen hier nur wenige Beispiele herausgegriffen werden, um an ihnen die typischen Problemstellungen zu erklären.

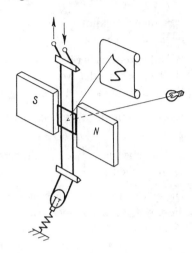

Fig. 133
Oszillographenschleife

Eines der bekanntesten Schwingungsmeßgeräte ist die Oszillographen-schleife, deren prinzipiellen Aufbau Fig. 133 zeigt: die beiden parallelen Schenkel eines zu einer Schleife gebogenen leitenden Bandes befinden sich im Felde eines Magneten; das an der Umlenkrolle durch eine Feder gespannte Band ist über zwei Stege geführt und trägt in der Mitte zwischen den beiden Stegen einen kleinen Spiegel. Wird das Band vom Strom durchflossen, so wirken auf die beiden im Magnetfeld verlaufenden Teile Kräfte in entgegengesetzten Richtungen; diese führen zu einer Verdrehung des Spiegels, so daß die Auslenkung eines vom Spiegel reflektierten Lichtstrahls ein Maß für die Größe des durch das Band geschickten Stromes ist. Band und Spiegel bilden einen Schwinger, dessen Bewegungsgleichung in die bekannte Form gebracht werden kann:

$$x'' + 2Dx' + x = x_e. \tag{5.68}$$

Dabei ist x z.B. die Auslenkung des Lichtstrahls auf dem Registrierpapier, x_e kann als ein Maß für die Stärke des Stromes betrachtet werden. Die Dämpfung wird dadurch erreicht, daß sich der Schleifenschwinger in Öl bewegt.

Das Gerät soll zur Messung des durch die Schleife geschickten Stromes, also der Größe x_e verwendet werden. Der Ausschlag des Spiegels – bzw. des Lichtzeigers – ist aber der Größe x proportional, die mit der Eingangsgröße x_e über die Gl. (5.68) zusammenhängt. Nur bei stationären, also zeitunabhängigen Werten von x_e wird auch x nach einiger Zeit, wenn Einschwingvorgänge abgeklungen sind, einen stationären Wert annehmen; nur dann ist nach Gl. (5.68) wirklich $x = x_e$.

Bei allen zeitlich veränderlichen Werten von x_e weicht dagegen die gemessene Größe x mehr oder weniger von der zu messenden Größe x_e ab. Aus dieser Erkenntnis erwachsen zwei Fragestellungen:

1. Wie kann im allgemeinen Fall aus x die gesuchte Größe x_e bestimmt werden?

2. Unter welchen Bedingungen kann x als eine brauchbare Annäherung für x_e angesehen werden?

Die erste der genannten Fragen ist im Prinzip leicht beantwortet: man kann die Größe x_e bekommen, wenn man die gemessene Größe x zweimal differenziert und dann aus x und seinen beiden zeitlichen Ableitungen den in Gl. (5.68) auf der linken Seite stehenden Ausdruck bildet. Da jedoch die Bildung der Ableitungen von gemessenen Kurven recht unsicher ist und im allgemeinen ziemlich große Fehler mit sich bringt, ist das Verfahren nur sinnvoll, wenn die Zusatzglieder mit den zeitlichen Ableitungen lediglich als kleine Korrekturen aufgefaßt werden können, die zu dem Hauptglied x hinzukommen.

Die zweite Frage kennzeichnet das Grundproblem der Schwingungsmeßtechnik. Man kann es allgemein für ganz beliebige Eingangsfunktionen $x_e(\tau)$ nicht lösen, wohl aber lassen sich wichtige Aussagen für solche Funktionen x_e gewinnen, die entweder selbst periodisch sind oder durch periodische Funktionen approximiert werden können. Wegen der Gültigkeit des Superpositionsprinzips genügt es dabei zunächst, eine rein harmonische Eingangsfunktion

$$x_e(\tau) = x_0 \cos \eta \tau \tag{5.69}$$

zu betrachten. Wie bekannt, folgt damit aus Gl. (5.68) die partikuläre Lösung

$$x(\tau) = x_0 V(\eta) \cos(\eta \tau - \psi) \tag{5.70}$$

mit der Vergrößerungsfunktion (5.30). Die Ausgangsgröße x stimmt mit der Eingangsgröße x_e überein, wenn

$$V(\eta) = 1; \qquad \psi(\eta) = 0 \tag{5.71}$$

gilt. Ein Blick auf die Fig. 115 und 116 zeigt, daß diese Bedingung nur für $\eta = 0$, also für $\Omega = 0$ erfüllt werden kann. Das entspricht einer „unendlich langsamen" Schwingung, also einem fast statischen Vorgang. Wenn sich auch die Bedingungen (5.71) für Schwingungen mit $\eta \neq 0$ nicht streng erfüllen lassen, so kann man sie doch mit einer für praktische Zwecke meist ausreichenden Genauigkeit näherungsweise erfüllen, wenn $\eta \ll 1$ gewählt wird. Das ist gleichbedeutend mit $\Omega \ll \omega_0$; die Eigenfrequenz des Gerätes muß also hinreichend weit über den Frequenzen liegen, die man zu messen wünscht. Man spricht dann von quasistatischer oder auch unterkritischer Messung, weil die Meßkreisfrequenzen Ω unter der kritischen Eigenkreisfrequenz ω_0 liegen.

Wie groß soll nun die Dämpfungsgröße D des Meßschwingers gewählt werden? Aus Fig. 116 sieht man, daß $V(\eta) = 1$ mit $D \approx 0{,}6$ für einen Frequenzbereich von etwa $0 \leq \eta < 1$ recht gut erfüllt wird. Allerdings läßt sich die Bedingung $\psi = 0$ nicht gleichzeitig erfüllen. Diese würde vielmehr als günstigsten Wert $D = 0$ ergeben (s. Fig. 115), ein Wert, der weder realisiert werden kann noch erwünscht ist, weil ungedämpfte freie Schwingungen die Messung stören würden. Man gibt daher dem Schwinger stets eine ausreichende Dämpfung und sorgt zugleich dafür, daß die entstehenden Meßfehler oder Verzerrungen möglichst klein bleiben. Um das verständlich zu machen, seien die möglichen Verzerrungen näher betrachtet.

Verzerrungen bei der Messung einer aus mehreren harmonischen Schwingungen zusammengesetzten Kurve können entstehen erstens durch Änderungen der Amplitudenverhältnisse der Teilschwingungen (Amplitudenverzerrung), zweitens durch Phasenverschiebungen, die nicht der jeweiligen Frequenz der Teilschwingungen proportional sind (Phasenverzerrungen). Amplitudenverzerrungen können – wie gezeigt wurde – klein gehalten werden, wenn bei $D \approx 0{,}6$ die Frequenzen Ω_n aller Teilschwingungen kleiner als die Eigenkreisfrequenz ω_0 des Meßgerätes sind. Die Phasenverschiebungen für die Teilschwingungen sind – wie aus Fig. 115 zu ersehen ist – bei nicht verschwindender Dämpfung stets verschieden. Für die Verzerrung sind jedoch nicht die Phasenverschiebungswinkel ψ selbst, sondern die dadurch hervorgerufenen Zeitverschiebungen $\Delta\tau$ maßgebend. Es gilt

$$\psi : 2\pi = \Delta\tau : \frac{2\pi}{\eta}; \qquad \Delta\tau = \frac{\psi}{\eta}. \tag{5.72}$$

Wenn die Zeitverschiebungen für alle Teilschwingungen gleich groß sind, dann behalten die Kurven der Teilschwingungen ihre relative Lage bei (Fig. 134), so daß bei Addition aller Teilschwingungen genau wieder die Eingangskurve, allerdings mit einer zeitlichen Verschiebung um den Betrag

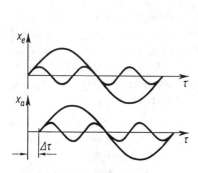

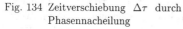

Fig. 134 Zeitverschiebung $\Delta\tau$ durch Phasennacheilung

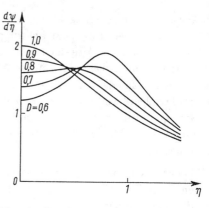

Fig. 135 Zur Berechnung der Phasenverzerrung

$\Delta\tau$, herauskommt. Die Bedingung für verschwindende Phasenverzerrung kann somit wegen (5.72) wie folgt

$$\psi = \text{const}\,\eta \quad \text{oder} \quad \frac{\mathrm{d}\psi}{\mathrm{d}\eta} = \text{const}$$

geschrieben werden. Aus Gl. (5.28) findet man damit leicht

$$\frac{\mathrm{d}\psi}{\mathrm{d}\eta} = \frac{2D(1+\eta^2)}{(1-\eta^2)^2 + 4D^2\eta^2} = \text{const}. \tag{5.73}$$

Dieser Ausdruck ist in Fig. 135 in Abhängigkeit von η aufgetragen. Man erkennt aus diesen Kurven, daß die geforderte Konstanz bei einem Wert von $D \approx 0,8$ über einen größeren η-Bereich erreicht werden kann. Wenngleich dieser Wert nicht ganz mit dem übereinstimmt, der mit Rücksicht auf geringe Amplitudenverzerrungen als optimal erkannt wurde, so kann man doch bei Dämpfungswerten im Bereich $0,7 < D < 0,8$ sowohl Amplituden- als auch Phasenverzerrungen klein halten, insbesondere dann, wenn $\eta \lesssim 0,3$ gewählt wird.

Als zweites Beispiel für ein Schwingungsmeßgerät betrachten wir einen Erschütterungsmesser, wie er in Fig. 113 dargestellt ist. Wenn dieses Gerät auf einem bewegten Fahrzeug angebracht wird, dann macht sein Gestell dessen Bewegungen $x_G(\tau)$ mit. Für den vom Gerät gemessenen Relativausschlag x_R gilt nach den früheren Überlegungen eine Lösung von der Form (5.70) mit der Vergrößerungsfunktion (5.32) und der Phasenverschiebung (5.28). Die grundlegenden Bedingungen $V = 1$ und $\psi = 0$

können jetzt – wie am einfachsten aus den Fig. 118 und 115 zu ersehen ist – auch nicht näherungsweise für einen größeren η-Bereich verwirklicht werden; folglich kann $x_R \approx x_e = x_G$ nicht erreicht werden. Allerdings kann $x_R \approx -x_e$ verwirklicht werden, wenn $\eta \gg 1$ gewählt wird. In diesem Fall werden die Phasen aller Teilschwingungen um $\psi \approx \pi$ verschoben, was einem Vorzeichenwechsel gleichkommt. $\eta \gg 1$ bedeutet $\Omega \gg \omega_0$, das Gerät muß überkritisch abgestimmt werden. Ist diese Bedingung erfüllt, dann gibt die Relativbewegung x_R (Fig. 113) die Gestellbewegung x_G spiegelbildlich wieder. Das ist auch physikalisch sofort einzusehen: wenn der Schwinger eine niedrige Eigenfrequenz hat, dann bleibt die Masse näherungsweise in Ruhe, während das Gestell die Bewegung des Fahrzeugs mitmacht. Es muß also $x = x_R + x_G \approx 0$ und damit $x_R \approx -x_G$ gelten.

Dieses Meßprinzip kann verwendet werden, wenn Schwingwege gemessen werden sollen; es findet z.B. Anwendung bei Seismographen zur Messung von Erschütterungen der Erdoberfläche. Die Verwirklichung der notwendigen tiefen Abstimmung, sowie die Herstellung einer dabei noch hinreichend wirksamen Dämpfung verursachen beträchtliche konstruktive Schwierigkeiten.

Geräte der beschriebenen Art (Fig. 113) können aber auch mit unterkritischer Abstimmung, d.h. bei $\eta \ll 1$, verwendet werden. Sie messen dann allerdings nicht den Schwingweg, sondern die Schwingbeschleunigung des Gestells. Man sieht das am einfachsten aus der Bewegungsgleichung des Schwingers, die nach dem im Abschnitt 5.2.1.1 Gesagten in die Form gebracht werden kann:

$$x_R'' + 2Dx_R' + x_R = -x_G''. \tag{5.74}$$

Das entspricht genau der Gleichung (5.68), sofern man die negativ genommene Gestellbeschleunigung x_G'' als Eingangsgröße x_e auffaßt. Bei unterkritischer Abstimmung arbeitet demnach der Erschütterungsmesser als Beschleunigungsmesser. Das läßt sich auch anschaulich leicht einsehen: bei hoher Abstimmung des Gerätes von Fig. 113 macht die Masse die Bewegungen des Gestells „quasistatisch" mit, und die dabei auftretenden Beschleunigungskräfte der Masse werden von der als Kraftmesser wirkenden Feder mit kleinem Federweg gemessen.

Außer den beiden hier erwähnten Abstimmungsarten, der überkritischen ($\eta > 1$) und der unterkritischen ($\eta < 1$), verwendet man bei bestimmten Geräten auch Abstimmungen in der Nähe der Eigenfrequenz ($\eta \approx 1$). Das geschieht bei Schwingungsmessern, die nach dem Resonanzprinzip arbeiten und die im allgemeinen nur der Feststellung von Frequenzen dienen. Bei ihnen wird die Tatsache ausgenutzt, daß die Resonanzmaxima bei geringer Dämpfung ($D \ll 1$) sehr groß werden können. Das

Meßgerät siebt dann aus dem ihm angebotenen Gemisch von Schwingungen diejenige Teilschwingung heraus, deren Frequenz mit seiner Eigenfrequenz übereinstimmt. Mechanische Geräte dieses Typs sind die Zungenfrequenzmesser, elektrische die sogenannten Wellenmesser der Funktechnik.

5.3.2 Schwingungsisolierung von Maschinen und Geräten

Bei der Schwingungsisolierung sind zwei grundsätzlich verschiedene Aufgaben zu unterscheiden: erstens die aktive Entstörung, die dazu dient, Maschinen so aufzustellen, daß die von ihnen erzeugten Rüttelkräfte nicht in das Fundament bzw. das Gebäude abgestrahlt werden; zweitens die passive Entstörung, die angewendet wird, um empfindliche Meßgeräte gegen mögliche Erschütterungen der Unterlage abzuschirmen. Beide Aufgaben können durch eine elastische, also schwingungsfähige Lagerung der Maschinen bzw. Geräte gelöst werden.

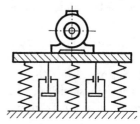

Fig. 136
Maschine auf elastischer Lagerung

Zur aktiven Entstörung von Maschinen werden diese auf federndes und dämpfendes Material oder spezielle Bauelemente gestellt, wobei vielfach die Masse der Maschine noch durch Zusatzgewichte oder Fundamente vergrößert wird. Das Schema einer solchen Aufstellung zeigt Fig. 136. Die fast immer vorhandenen Unwuchten wirken als Erregerkräfte und wachsen mit dem Quadrat der Kreisfrequenz Ω an. Bei gleichmäßig umlaufender Maschine kann die Unwuchtkraft durch

$$F_u = m_u \ddot{x}_u = -m_u x_0 \Omega^2 \cos \Omega t \qquad (5.75)$$

gekennzeichnet werden. Die für diese Erregerkraft geltende Schwingungsgleichung wurde bereits früher, Gl. (5.24), aufgestellt. Sie hat die partikuläre Lösung

$$x = -\kappa x_0 V_C \cos(\eta\tau - \psi) = -\kappa x_0 V_C \cos(\Omega t - \psi) \qquad (5.76)$$

mit der Vergrößerungsfunktion V_C von Gl. (5.32).

Es interessiert nun die Kraft F_f, die von der rüttelnden Maschine auf das Fundament übertragen wird. Die Kraftübertragung geschieht über Federung und Dämpfung gleichermaßen, so daß gilt

$$F_f = cx + d\dot{x} = -c\kappa x_0 V_C \cos(\Omega t - \psi) + d\kappa x_0 V_C \Omega \sin(\Omega t - \psi)$$
$$= -\kappa x_0 V_C \sqrt{c^2 + d^2\Omega^2} \cos(\Omega t - \psi + \vartheta) \qquad (5.77)$$

mit

$$\tan\vartheta = \frac{\Omega d}{c} = 2D\eta.$$

Ziel der Schwingungsisolierung ist, möglichst wenig von den rüttelnden Unwuchtkräften F_u in den Boden zu leiten. Als geeignetes Maß für die Güte der Isolierung kann daher das Verhältnis der Maximalwerte

$$\frac{F_{f\,max}}{F_{u\,max}} = \frac{\kappa x_0 V_C \sqrt{c^2 + d^2\Omega^2}}{m_u x_0 \Omega^2}$$

gewählt werden. Unter Berücksichtigung der verwendeten Abkürzungen kann dieses Verhältnis in die Form gebracht werden:

$$\frac{F_{f\,max}}{F_{u\,max}} = \sqrt{\frac{1 + 4D^2\eta^2}{(1 - \eta^2)^2 + 4D^2\eta^2}} = V_{A,B}. \qquad (5.78)$$

Dieser Wert ist in Fig. 137 als Funktion von η aufgetragen. Unabhängig von der Größe der Dämpfung gehen alle Kurven durch den Fixpunkt

$$\eta = \sqrt{2}; \qquad V_{A,B}(\eta = \sqrt{2}) = 1,$$

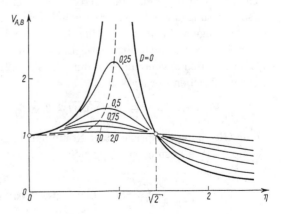

Fig. 137
Zur Beurteilung der Wirksamkeit einer elastischen Lagerung

wovon man sich durch Einsetzen in (5.78) leicht überzeugen kann. Gewünscht wird ein möglichst kleiner Wert des Verhältnisses (5.78), der – wie man aus Fig. 137 sieht – durch einen möglichst großen Wert von η und einen möglichst kleinen Wert von D erzielt werden kann. Zu kleine Werte von D können allerdings beim Durchlaufen der Resonanzstelle ($\eta \approx 1$) zu Schwierigkeiten führen. Es muß daher ein Kompromiß gesucht werden, sofern man nicht eine einstellbare Dämpfung anbringen kann, die nach Durchlaufen des kritischen Bereiches abgeschaltet wird.

Sinngemäß lassen sich diese Überlegungen auch auf den häufig vorkommenden Fall übertragen, daß die Maschine ein Gemisch von Schwingungen verschiedener Frequenzen erzeugt. Man muß dann darauf achten, daß die Eigenfrequenzen der elastisch gelagerten Maschine etwa dreimal kleiner sind als die niedrigste Erregerfrequenz.

Es darf nicht verschwiegen werden, daß die hier durchgeführten Überlegungen zwar Wesentliches erkennen lassen, aber in praktischen Fällen fast immer ergänzt werden müssen. So gehorchen die meist verwendeten isolierenden Materialien im allgemeinen nicht den einfachen, hier angenommenen Gesetzen; außerdem darf das Fundament vielfach nicht als ein starrer Körper betrachtet werden. Insbesondere müssen die Überlegungen ergänzt werden, wenn an Stelle der stetigen Erregerkräfte unstetige Stoßkräfte einwirken können. Doch muß bezüglich dieser Probleme auf das reichhaltige Spezialschrifttum hingewiesen werden (siehe z.B. [24]).

Bei der passiven Schwingungsentstörung muß man zwischen zwei verschiedenen Arten unterscheiden, je nachdem ob die Dämpfung relativ – d.h. gegenüber der schwingenden Unterlage – oder absolut – d.h. gegenüber dem Raum – wirkt. Als Schema einer elastischen Lagerung mit Relativdämpfung kann Fig. 136 genommen werden, nur hat man sich an Stelle der Maschine jetzt ein Meßgerät vorzustellen, das vor den Erschütterungen der Unterlage geschützt werden soll. Für die Bewegungen des Schwingers gilt dann die schon früher abgeleitete Gleichung (5.21), wobei $x_G(\tau)$ die Erschütterungsbewegung der Unterlage wiedergibt. Wird diese als harmonisch angenommen, dann gilt Gl. (5.22), die mit $\tan \vartheta = 2D\eta$ wie folgt geschrieben werden kann:

$$x'' + 2Dx' + x = x_0 \sqrt{1 + 4D^2\eta^2} \cos(\eta\tau + \vartheta). \tag{5.79}$$

Diese Gleichung entspricht einer Kombination der früher behandelten Fälle A und B. Ihre Lösung ist

$$x = x_0 \sqrt{\frac{1 + 4D^2\eta^2}{(1-\eta^2)^2 + 4D^2\eta^2}} \cos(\eta\tau + \vartheta - \psi) = x_0 V_{A,B} \cos(\eta\tau + \vartheta - \psi). \tag{5.80}$$

Die hier auftretende Vergrößerungsfunktion $V_{A,B}$ ist dem in Gl. (5.78) ausgerechneten Kräfteverhältnis gleich, das in Fig. 137 dargestellt ist. Die Forderung, daß die Erschütterungen der Unterlage durch die elastische Lagerung möglichst ausgeschaltet werden sollen, führt demnach zu den schon bekannten Bedingungen für die Abstimmung der elastischen Lagerung: es muß D möglichst klein gewählt werden, während gleichzeitig η möglichst groß sein soll. Das bedeutet wieder ein möglichst tiefes Abstimmen der elastischen Lagerung, also ein kleines ω_0. Da ω_0 mit der Durchsenkung x_0 des elastisch gelagerten Gerätes unter Eigengewicht wegen

$$\omega_0 = \sqrt{\frac{g}{x_0}} \tag{5.81}$$

zusammenhängt, s. Gl. (2.53), so kann die praktische Verwirklichung zu unangenehm großen Werten von x_0 führen.

Bei elastischen Lagerungen mit Absolutdämpfung läßt sich die zugehörige Bewegungsgleichung in der Form

$$x'' + 2Dx' + x = x_G$$

schreiben, deren partikuläre Lösung

$$x = x_0 V_A \cos(\eta\tau - \psi)$$

ist. Die Vergrößerungsfunktion V_A ist in Fig. 116 dargestellt. Man erkennt, daß auch in diesem Fall eine weiche Lagerung (kleines ω_0, großes η) günstig ist. Zum Unterschied von den Verhältnissen bei Relativdämpfung ist aber jetzt eine möglichst starke Dämpfung (großes D) erwünscht. Das ist verständlich, da ja eine Absolutdämpfung die Erschütterungen der Unterlage nicht an das Gerät weitergeben kann.

Auch zum Auffangen von Stößen verwendet man elastische Lagerungen. Wenn die zu schützenden Geräte ortsfest eingebaut sind, so läßt sich eine wirksame Abschirmung meist durch entsprechend weiche Lagerung erreichen. Dagegen können die Anforderungen für die elastischen Lagerungen von empfindlichen Geräten in Fahrzeugen so weit gehen, daß es nicht immer möglich ist, sie zu erfüllen. Hierzu sei eine einfache Überlegung angestellt.

Wie schon gezeigt wurde, gilt für die Relativbewegung eines in einem Fahrzeug befestigten Schwingers die Bewegungsgleichung (5.74), wobei wir jetzt unter x_G'' die Beschleunigung (bzw. die Verzögerung) des Fahrzeuges verstehen können, sofern die Bewegungsrichtung des Schwingers mit der Fahrtrichtung zusammenfällt. Wir nehmen an, daß das Fahrzeug stoßartig gebremst

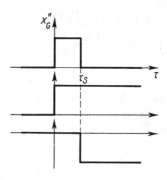

Fig. 138
Vereinfacht   angenommener   Verzögerungs-Zeit-Verlauf

wird, wofür der in Fig. 138 skizzierte Verzögerungs-Zeit-Verlauf angenommen werden soll. Da dieser Verlauf als Summe zweier zeitlich um den Betrag τ_s versetzter Sprünge aufgefaßt werden kann, läßt sich die Reaktion des Schwingers als Summe zweier Übergangsfunktionen (s. Abschnitt 5.1.1) darstellen:

$$x = x''_{G_0}[x_{sp}(\tau) - x_{sp}(\tau - \tau_s)]. \tag{5.82}$$

Für einen beliebigen Verzögerungs-Zeit-Verlauf kann selbstverständlich die Reaktion des Schwingers durch ein Duhamel-Integral (5.14) ausgedrückt werden. Bei stoßartigen Beanspruchungen ist die Stoßzeit τ_s im allgemeinen sehr kurz, so daß $\tau_s = \omega_0 t_s \ll 2\pi$ angenommen werden kann. Wir wollen außerdem für unsere Näherungsbetrachtung $D = 0$ setzen. Dann ist nach Gl. (5.6):

$$x_{sp}(\tau) = 1 - \cos\tau,$$

so daß aus (5.82) folgt:

$$x = x''_{G_0}[\cos(\tau - \tau_s) - \cos\tau] = 2x''_{G_0}\sin\frac{\tau_s}{2}\sin\frac{2\tau - \tau_s}{2}.$$

Wegen $\tau_s \ll 2\pi$ kann dafür angenähert geschrieben werden

$$x \approx x''_{G_0}\tau_s \sin\left(\tau - \frac{\tau_s}{2}\right). \tag{5.83}$$

Für die Beurteilung der elastischen Lagerung interessiert nun die maximale Auslenkung $x_{\max}$ sowie die maximale Beschleunigung $\ddot{x}_{\max}$. Man erhält dafür aus Gl. (5.83):

$$x_{\max} = x''_{G_0}\tau_s = \frac{\ddot{x}_{G_0}}{\omega_0^2}\omega_0 t_s = \frac{\ddot{x}_{G_0}}{\omega_0}t_s,$$

$$\ddot{x}_{\max} = x_{\max}\omega_0^2 = \ddot{x}_{G_0}t_s\omega_0. \tag{5.84}$$

Berücksichtigt man nun, daß $\ddot{x}_{G_0} t_s = \Delta v$ gleich der Geschwindigkeitsänderung des Fahrzeugs ist und daß zwischen ω_0 und der statischen Durchsenkung unter Eigengewicht die Gl. (5.81) gilt, dann kann man schreiben:

$$x_{max} = \Delta v \sqrt{\frac{x_0}{g}}, \qquad \ddot{x}_{max} = \Delta v \sqrt{\frac{g}{x_0}}. \tag{5.85}$$

Ein Zahlenbeispiel soll diese wichtigen Beziehungen veranschaulichen: Das Gerät sei in einen Kasten so eingebaut, daß die statische Durchsenkung in der Bewegungsrichtung des Schwingers $x_0 = 1\,\text{cm}$ beträgt. Der Kasten werde aus einer Höhe von 1 m frei fallengelassen, wobei er nach den Fallgesetzen eine Geschwindigkeit von $v = 4{,}47\,\text{m/s}$ erreicht. Durch Aufschlag werde diese Geschwindigkeit innerhalb einer sicher kurzen Stoßzeit auf Null abgebremst. Dann ergeben die Beziehungen (5.85) die Werte $x_{max} = 14{,}3\,\text{cm}$ und $\ddot{x}_{max} = 140\,\text{m/s}^2 = 14{,}3$-fache Fallbeschleunigung! Obwohl also die elastische Lagerung den langen Federweg von 14 cm zulassen muß, wirkt immer noch eine Beschleunigung vom 14-fachen Betrag der Fallbeschleunigung auf das Gerät.

Es mag noch betont werden, daß die Hinzunahme von Dämpfung an diesem Ergebnis qualitativ nichts ändert. Auch ein anderer Verlauf der Beschleunigungs-Zeit-Kurve hat keinen Einfluß, da ja nicht die Beschleunigung, sondern die durch sie bewirkte Geschwindigkeitsänderung maßgebend ist. Es ist also für das Gerät ziemlich gleichgültig ob der Kasten hart aufschlägt oder ob der Aufschlag durch eine weiche Unterlage etwas gemildert wird.

5.4 Erzwungene Schwingungen von nichtlinearen Schwingern

Die Berechnung der Bewegungen von nichtlinearen Schwingern, die äußeren Erregungen ausgesetzt sind, ist eine recht schwierige und bisher nur in wenigen Sonderfällen exakt gelöste Aufgabe. Die Schwierigkeit ist wesentlich durch die Tatsache bedingt, daß das Superpositionsprinzip für nichtlineare Systeme nicht gilt, so daß die bei linearen Schwingern so bequeme Zusammensetzung der Gesamtlösung aus einzelnen Teillösungen nicht mehr möglich ist. Daher darf auch die allgemeine Lösung nicht einfach als Überlagerung von Eigenbewegung (Lösung der homogenen Gleichung) und erzwungener Bewegung (partikuläre Lösung der inhomogenen Gleichung) angesetzt werden.

Auch die Übergangsfunktionen verlieren bei nichtlinearen Systemen an Bedeutung, da sie nicht mehr als Bausteine für allgemeinere Lösungen betrachtet werden können. Außerdem kann eine Übergangsfunktion jetzt nicht so allgemein definiert werden, wie das bei linearen Systemen der Fall war. Die Höhe des Eingangssprunges war dort ohne jeden Einfluß auf den prinzipiellen Verlauf der Übergangsfunktion. Diese Eigenschaft geht bei nichtlinearen Systemen verloren, so daß zu jeder Größe der Eingangsamplitude eine andere Übergangsfunktion gehört.

Demgegenüber bleibt jedoch das auch schon bei linearen Systemen vorhandene Interesse am Aufsuchen periodischer Lösungen bestehen. Das liegt nicht nur an der Tatsache, daß diese Lösungen einer mathematischen Analyse leichter zugänglich sind, sondern vorwiegend an der zweifellos großen technischen Bedeutung, die derartigen Bewegungsformen zukommt.

Näherungsweise Berechnungen können mit den schon bei früheren Gelegenheiten verwendeten Hilfsmitteln in Angriff genommen werden, so daß wir diese Verfahren hier nur kurz zu streifen brauchen. Jedoch soll an einem auch exakt lösbaren Beispiel die Brauchbarkeit der Näherungsmethoden demonstriert werden. An weiteren Beispielen soll dann ein allgemeinerer Überblick über die bei nichtlinearen Systemen möglichen Erscheinungen gegeben werden. Es zeigt sich nämlich, daß neben den schon von den linearen Systemen her bekannten Tatsachen hier zahlreiche neuartige und zum Teil auch technisch wichtige nichtlineare Effekte auftreten können. Hierzu gehören u. a. das Instabilwerden von Bewegungsformen, Sprünge in Amplitude und Phase, Oberschwingungen, Untertonerregung, Kombinationsfrequenzen, Gleichrichterwirkungen und Zieherscheinungen. Wir können diese Dinge hier nur andeuten und müssen bezüglich der näheren Einzelheiten wieder auf das speziellere Schrifttum verweisen (s. z.B. [17, 30, 48]).

5.4.1   Problemstellung und Lösungsmöglichkeiten

Die Bewegungsgleichung eines nichtlinearen Schwingers von einem Freiheitsgrad wurde früher schon mehrfach angegeben, z.B. Gl. (3.2). Wir brauchen sie für die jetzigen Zwecke nur noch durch die Hinzunahme eines zeitabhängigen Erregergliedes auf der rechten Seite zu ergänzen:

$$\ddot{x} + f(x, \dot{x}) = x_e(t). \tag{5.86}$$

Eine Untersuchung der Lösungskurven dieser Gleichung in der Phasenebene, wie sie z.B. im Falle der selbsterregten Schwingungen (Abschn. 3.2.1) zweckmäßig war, ist jetzt zwar möglich, aber weniger ergiebig und schwieriger, da die Zeit explizit im Erregerglied vorkommt.

Auch die Energiebetrachtungen verlieren etwas von ihrer früheren Bedeutung. Sie können allerdings für das Auffinden von Näherungen wichtig sein, so daß wir sie hier erwähnen müssen: wenn die Funktion $f(x,\dot{x})$ nach dem Vorbild von Abschnitt 3.2.1, Gl. (3.5), zerlegt wird:

$$f(x,\dot{x}) = f(x,0) + [f(x,\dot{x}) - f(x,0)] = f(x,0) + g(x,\dot{x}),$$

dann kann aus Gl. (5.86) nach Multiplikation mit $\dot{x}$ und gliedweiser Integration nach der Zeit die Energiebeziehung gefunden werden:

$$\frac{\dot{x}^2}{2} + \int\limits_0^x f(x,0)\mathrm{d}x + \int\limits_0^t g(x,\dot{x})\dot{x}\mathrm{d}t = \int\limits_0^t x_e(t)\dot{x}\mathrm{d}t + E_0 \qquad (5.87)$$

oder

$$E_{\text{kin}} + E_{\text{pot}} + E_D = E_e + E_0.$$

Außer der kinetischen und der potentiellen Energie sowie der Energiekonstanten E_0 treten hier noch die durch Dämpfung abgeführte Energie E_D und die durch die Erregung zugeführte Energie E_e auf. Da diese noch von der Zeit abhängen, kann die Schwingungsbewegung in diesem Falle nicht – wie bei der Berechnung nichtlinearer konservativer freier Schwingungen im Abschnitt 2.1.3.1 – allein aus (5.87) berechnet werden. Wohl aber kann man über rein periodische Lösungen etwas aussagen. Integriert man nämlich über eine volle Periode, dann fallen die ersten beiden Glieder von (5.87) sowie die Konstante E_0 heraus, so daß die Beziehung übrigbleibt:

$$E_D^* = \int\limits_0^T g(x,\dot{x})\dot{x}\mathrm{d}t = \int\limits_0^T x_e(t)\dot{x}\mathrm{d}t = E_e^*. \qquad (5.88)$$

Das ist die mathematische Formulierung der Energiebilanz zwischen zugeführter und abgeführter Energie. Wenn die Schwingungsform bekannt ist, kann man diese Beziehung zur Berechnung der Amplitude verwenden. Die Schwingungsform, also das Zeitgesetz für $x(t)$, soll aber erst durch Lösung der Bewegungsgleichung ermittelt werden. Dennoch kann die Energiebilanz (5.88) wertvolle Aussagen liefern, sofern für $x(t)$ ein plausibler Ansatz – z.B. als harmonische Schwingung – möglich ist. Letzten Endes läuft das

hier angedeutete Näherungsverfahren auf eine Befriedigung der Bewegungsgleichung „im Mittel" hinaus, wovon bereits im Abschnitt 3.2.3 gesprochen
wurde.

Wenn die nichtlineare Funktion $f(x,\dot{x})$ quasilinear ist, also die Abhängigkeit von den beiden Variablen x und $\dot{x}$ fast linearen Charakter trägt, dann
kann die Zerlegung in eine Taylor-Reihe von Vorteil sein. Gl. (5.86) geht
dann mit $f(0,0) = 0$ über in:

$$\ddot{x} + \left(\frac{\partial f}{\partial \dot{x}}\right)_0 \dot{x} + \left(\frac{\partial f}{\partial x}\right)_0 x = x_e(t) - R[f(x,\dot{x})], \tag{5.89}$$

worin $R[f(x,\dot{x})]$ das Restglied der Taylor-Entwicklung ist. Bei quasilinearen
Funktionen bleibt dieses Restglied klein, so daß man es als ein Störungsglied
auffassen kann. Gl. (5.89) läßt sich dann durch Iteration lösen, wobei im
ersten Schritt das Störungsglied vernachlässigt wird. Man kann aber auch
einen Störungsansatz von der Form

$$x = \sum_{n=0}^{\infty} \varepsilon^n x_n \tag{5.90}$$

verwenden, wobei ε ein „kleiner Parameter" ist, der die gleiche Größenordnung wie das Restglied R in (5.89) hat. Nach Einsetzen von (5.90) in (5.89)
läßt sich die Bewegungsgleichung in ein System von Gleichungen zur schritt-
weisen Bestimmung der x_n aufspalten. In günstig gelagerten Fällen kann
eine ausreichend genaue Lösung schon durch Berechnung weniger Glieder
des Ansatzes (5.90) erhalten werden. Die Klärung der Konvergenzfrage ist
jedoch im allgemeinen recht mühsam.

Besonders häufig werden auch bei erzwungenen Schwingungen nichtlinearer
Systeme Verfahren angewendet, die der schon mehrfach verwendeten Methode der harmonischen Balance im Prinzip äquivalent sind. Dabei wird die
nichtlineare Funktion $f(x,\dot{x})$ durch einen in x und $\dot{x}$ linearen Ausdruck

$$f(x,\dot{x}) \rightarrow a^* x + b^* \dot{x} \tag{5.91}$$

ersetzt, wobei die Koeffizienten a^* und b^* durch eine Integraltransformation, siehe Abschnitt 3.2.2, Gl. (3.15), gewonnen werden. Die Ausgangsgleichung (5.86) geht damit in die lineare Ersatzgleichung

$$\ddot{x} + b^* \dot{x} + a^* x = x_e(t) \tag{5.92}$$

über, deren Lösung im vorhergehenden Abschnitt untersucht worden ist.
Der Unterschied gegenüber einem linearen Schwinger liegt in der Tatsache,

daß die Koeffizienten a^* und b^* Funktionen der Schwingungsamplitude sind. Kann diese als konstant oder als angenähert konstant angesehen werden, dann gibt das Verfahren im allgemeinen außerordentlich gute Ergebnisse.

5.4.2 Harmonische Erregung eines ungedämpften Schwingers mit unstetiger Kennlinie

Im Abschnitt 2.1.3.4 sind die freien Schwingungen eines nichtlinearen Schwingers mit der Rückführfunktion $f(x) = h\,\mathrm{sgn}\,x$ untersucht worden. Wir wollen nun für denselben Schwinger die durch harmonische Erregerkräfte erzwungenen Schwingungen betrachten. Bei Abwesenheit von Dämpfungswirkungen hat man die Bewegungsgleichung

$$\ddot{x} + h\,\mathrm{sgn}\,x = x_0 \cos \Omega t. \tag{5.93}$$

5.4.2.1 Exakte Lösungen für gleichperiodische Schwingungen Da die Rückführfunktion bereichsweise konstant ist, kann Gl. (5.93) integriert werden; man erhält mit den beiden Integrationskonstanten C_1 und C_2

$$\dot{x} = C_1 \mp ht + \frac{x_0}{\Omega} \sin \Omega t, \tag{5.94}$$

$$x = C_2 + C_1 t \mp \frac{1}{2}ht^2 - \frac{x_0}{\Omega^2} \cos \Omega t. \tag{5.95}$$

Das Minuszeichen gilt für $x > 0$, das Pluszeichen für $x < 0$. Wir werden erwarten, daß periodische Lösungen mit der Periode der Erregung möglich sind, bei denen die Schwingung in den Bereichen $x > 0$ und $x < 0$ spiegelbildlich verläuft. Sind t_0 und t_1 die Nullstellen von $x(t)$, die den Bereich $x > 0$ begrenzen, dann können periodische Lösungen der erwähnten Art durch die Bedingungen

$$x(t_0) = x(t_1) = 0, \tag{5.96}$$

$$\dot{x}(t_0) = -\dot{x}(t_1), \tag{5.97}$$

gesucht werden. Das sind drei Gleichungen zur Bestimmung der drei Unbekannten C_1, C_2 und t_0. Wegen der Voraussetzung, daß die Periode von $x(t)$ gleich der Periode der Erregung sein soll, wird $t_1 = t_0 + T/2 = t_0 + \pi/\Omega$. Durch Einsetzen der Lösung (5.95) in die Bedingungen (5.96) und (5.97) findet man nach einfacher Rechnung, daß t_0 der Bedingung $\cos \Omega t_0 = 0$ genügen muß, so daß also

$$t_0 = \frac{\pi}{2\Omega}, \qquad \frac{3\pi}{2\Omega}, \qquad \frac{5\pi}{2\Omega}, \cdots \tag{5.98}$$

sein kann. Verwenden wir von diesen Werten zunächst den ersten, dann folgt für die Integrationskonstanten:

$$C_1 = \frac{h\pi}{\Omega}; \qquad C_2 = -\frac{3\pi^2 h}{8\Omega^2}.$$

Man erhält damit die den Periodizitätsbedingungen (5.96) und (5.97) genügende Lösung:

$$x(t) = -\frac{3\pi^2 h}{8\Omega^2} + \frac{h\pi}{\Omega}t - \frac{h}{2}t^2 - \frac{x_0}{\Omega^2}\cos \Omega t, \tag{5.99}$$

die – wie man durch Einsetzen von $t = t_0 + \Delta t$ leicht feststellt – im Bereich $t_0 < t < t_1$ zu $x > 0$ führt. Aus diesem Grunde ist von dem Doppelvorzeichen der allgemeinen Lösung (5.95) hier nur das für $x > 0$ geltende Minuszeichen gesetzt worden.

Es interessiert nun die Abhängigkeit des Maximalausschlages von der Erregerfrequenz. Die Lage des Maximums wird aus der Bedingung

$$\dot{x} = \frac{h\pi}{\Omega} - ht + \frac{x_0}{\Omega}\sin \Omega t = 0$$

bestimmt. Man erkennt leicht, daß eine im betrachteten Bereich liegende Lösung dieser Gleichung durch $t = t^* = \pi/\Omega$ gegeben ist. Für den Maximalausschlag selbst findet man damit

$$x_{\max} = \hat{x} = \frac{1}{\Omega^2}\left(\frac{\pi^2 h}{8} + x_0\right). \tag{5.100}$$

Damit ist die Amplitude der Schwingung bekannt. Die Phase ergibt sich leicht aus der Überlegung, daß die Erregerfunktion $\cos \Omega t$ in dem hier betrachteten Bereich $\Omega t_0 = \pi/2 < \Omega t < \Omega t_1 = 3\pi/2$ negative Werte hat. Da $x > 0$ gilt, hat also die Schwingung gegenüber der Erregung die Phasenverschiebung $\psi = \pi = 180°$, sie ist gegenphasig.

Eine entsprechende, aber gleichphasige Schwingung wird erhalten, wenn man von dem zweiten Wert für t_0 von (5.98), also $t_0 = 3\pi/(2\Omega)$ ausgeht. Man bekommt in diesem Fall die Konstanten

$$C_1 = \frac{2\pi h}{\Omega}; \qquad C_2 = -\frac{15\pi^2 h}{8\Omega^2}$$

und damit die Lösung:

$$x(t) = -\frac{15\pi^2 h}{8\Omega^2} + \frac{2\pi h}{\Omega}t - \frac{h}{2}t^2 - \frac{x_0}{\Omega^2}\cos\Omega t. \tag{5.101}$$

Auch hier ist von der allgemeinen Lösung (5.95) das Minuszeichen genommen worden. Zum Unterschied von dem zuvor betrachteten Fall muß allerdings jetzt noch eine Zusatzbedingung erfüllt werden. Man findet durch Einsetzen von $t = t_0 + \Delta t$

$$x(t_0 + \Delta t) = \Delta t \left(\frac{h\pi}{2\Omega} - \frac{x_0}{\Omega}\right).$$

Soll nun $x > 0$ gelten, so darf die Erregung nicht zu groß werden:

$$x_0 < \frac{\pi h}{2} \tag{5.102}$$

Wird diese Bedingung als erfüllt angenommen, dann erhalten wir ein Maximum des Ausschlages bei $t = t^* = 2\pi/\Omega$ und das Maximum selbst

$$x_{\max} = \hat{x} = \frac{1}{\Omega^2}\left(\frac{\pi^2 h}{8} - x_0\right). \tag{5.103}$$

Die in beiden Fällen erhaltenen Ergebnisse lassen sich zusammenfassen:

$$\hat{x} = \frac{1}{\Omega^2}\left(\frac{\pi^2 h}{8} \mp x_0\right), \tag{5.104}$$

wobei das obere Vorzeichen für die gleichphasige, das untere für die gegenphasige Bewegung gilt. Die aus (5.104) folgende „Resonanzkurve" ist in

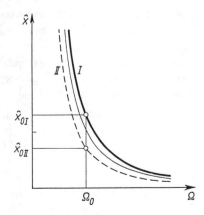

Fig. 139
Resonanzkurve eines nichtlinearen Schwingers
mit unstetiger Rückführfunktion

Fig. 139 gezeichnet. Der gestrichelte Ast gehört zur gleichphasigen, der ausgezogene zur gegenphasigen Schwingungsform. Wir werden später sehen, daß nur der gegenphasige Ast einer stabilen periodischen Bewegung entspricht.

Es sei noch bemerkt, daß für $x_0 \to 0$ die dünn gezeichnete, zwischen beiden Ästen liegende Hyperbel erhalten wird. Sie gibt gerade die Abhängigkeit zwischen Amplitude und Frequenz für die freien Schwingungen wieder. Aus Gl. (2.81) folgt nämlich mit $m = 1$

$$\hat{x} = \frac{T^2 h}{4^2 2} = \frac{4\pi^2 h}{32\Omega^2} = \frac{\pi^2 h}{8\Omega^2}. \tag{5.105}$$

Weitere, unter anderen als den eingangs getroffenen Annahmen mögliche, coexistierende Lösungen sollen hier nicht untersucht werden.

5.4.2.2 Vergleich mit der Näherungslösung
Die Bewegungsgleichung (5.93) soll nun auch noch näherungsweise nach dem Verfahren der harmonischen Balance gelöst werden. Dazu wird zunächst die nichtlineare Funktion $f(x) = h \operatorname{sgn} x$ nach der Vorschrift von Gl. (3.15) in einen linearen Ersatzausdruck $f(x) \to a^* x$ verwandelt. Man findet

$$a^* = \frac{1}{\pi\hat{x}} \int\limits_0^{2\pi} h \operatorname{sgn} (\hat{x}\cos \Omega t) \cos \Omega t \,\mathrm{d}(\Omega t) = \frac{4h}{\pi\hat{x}}. \tag{5.106}$$

Damit kann die Bewegungsgleichung (5.93) durch die Näherungsgleichung

$$\ddot{x} + a^* x = \ddot{x} + \omega^2 x = x_0 \cos \Omega t \tag{5.107}$$

ersetzt werden. Der amplitudenabhängige Koeffizient a^* ist gleich dem Quadrat der Eigenkreisfrequenz ω des Schwingers, die ja ebenfalls von der Amplitude abhängt. Es mag daran erinnert werden, daß die näherungsweise ausgerechnete Eigenfrequenz nach den früher erhaltenen Ergebnissen nur etwa 1,6 % von der exakt ausgerechneten Eigenfrequenz abweicht (siehe Gln. (2.81) und (2.93)).

Zum Aufsuchen periodischer Lösungen von Gl. (5.107) wählen wir den Ansatz $x = \pm\hat{x}\cos \Omega t$, wobei das Pluszeichen einer gleichphasigen, das Minuszeichen einer gegenphasigen Schwingung entspricht. Einsetzen in (5.107) ergibt die Bedingung

$$\cos \Omega t[\pm\hat{x}(\omega^2 - \Omega^2) - x_0] = 0.$$

Sie ist für beliebige Zeiten t nur erfüllt, wenn

$$\hat{x} = \frac{\pm x_0}{\omega^2 - \Omega^2}$$

gilt. Da aber ω^2 selbst noch eine Funktion der Amplitude $\hat{x}$ ist, folgt

$$\hat{x}(\omega^2 - \Omega^2) = \hat{x}\left(\frac{4h}{\pi\hat{x}} - \Omega^2\right) = \frac{4h}{\pi} - \hat{x}\Omega^2 = \pm x_0 \tag{5.108}$$

oder

$$\hat{x} = \frac{1}{\Omega^2}\left(\frac{4h}{\pi} \mp x_0\right). \tag{5.109}$$

Diese Näherungslösung unterscheidet sich von der exakten Lösung (5.104) nur im Zahlenfaktor $4/\pi$ an Stelle von $\pi^2/8$. Beide Faktoren weichen um 3,4 % voneinander ab. Da im vorliegenden Fall der exakte Wert für die Eigenkreisfrequenz bekannt ist (aus Gl. (2.81) folgt $\omega^2 = \pi^2 h/(8\hat{x})$), könnte man sogar diesen Wert bei der Ausrechnung der Amplitude in Gl. (5.108) einsetzen und erhielte dann die exakt richtige Lösung. Dieses Ergebnis ist um so bemerkenswerter, als die Rückführfunktion des hier untersuchten Schwingers stark vom Linearen abweicht.

5.4.2.3 Die Stabilität der periodischen Lösungen

Die Stabilität der erzwungenen Schwingungen eines linearen Schwingers konnte im Abschnitt 5.2.1.3 durch eine Energiebetrachtung nachgewiesen werden. Durch einen Vergleich der von der Erregung geleisteten Arbeit mit der im Schwinger dissipierten Arbeit (siehe Fig. 120) konnte gezeigt werden, daß bei einer bestimmten stationären Amplitude $\hat{x}_s$ Gleichgewicht zwischen zugeführter und abgeführter Energie herrscht. Bei Störungen des Gleichgewichts wird eine solche Bewegung des Schwingers ausgelöst, daß die Störung rückgängig gemacht, also der Gleichgewichtszustand wieder angestrebt wird. Dieses Verhalten kennzeichnet die Stabilität des betrachteten Gleichgewichtszustandes.

In ganz entsprechender Weise läßt sich nun auch bei den erzwungenen Schwingungen nichtlinearer Schwinger das Verhalten nach einer Störung des Gleichgewichtszustandes untersuchen. Wir gehen dabei von der Beziehung (5.88) aus, die einen Ausdruck für die Energiebilanz darstellt. Da im vorliegenden Fall keine dämpfenden Kräfte vorhanden sind, ist $g(x, \dot{x}) = 0$, so daß lediglich die rechte Seite von Gl. (5.88) zu untersuchen bleibt. Mit der Erregerfunktion

$$x_e(t) = x_0 \cos \Omega t$$

und der Lösung (5.94) kann jetzt die dem Schwinger durch die Erregung zugeführte Energie wie folgt ausgedrückt werden

$$E_e = x_0 \int \cos \Omega t \left[C_1 \mp ht + \frac{x_0}{\Omega} \sin \Omega t \right] dt$$

$$= \frac{x_0}{\Omega} \left[C_1 \sin \Omega t \mp \frac{h}{\Omega} (\Omega t \sin \Omega t + \cos \Omega t) + \frac{x_0}{4\Omega} (1 - \cos 2\Omega t) \right].$$

(5.110)

Da die hier untersuchten Schwingungen im positiven und negativen Schwingungsbogen spiegelbildlich verlaufen, genügt es, z.B. den positiven Bereich allein zu untersuchen. Dann sind für das Integral die Grenzen t_0 und t_1 einzusetzen, und es ist vor dem zweiten Term in der Klammer das Minuszeichen zu nehmen. Man stellt durch Einsetzen der entsprechenden Werte

für gegenphasige Schwingung: $C_1 = \dfrac{\pi h}{\Omega}$; $t_0 = \dfrac{\pi}{2\Omega}$; $t_1 = \dfrac{3\pi}{2\Omega}$,

für gleichphasige Schwingung: $C_1 = \dfrac{2\pi h}{\Omega}$; $t_0 = \dfrac{3\pi}{2\Omega}$; $t_1 = \dfrac{5\pi}{2\Omega}$,

leicht fest, daß für beide Schwingungsformen die Energiebilanz erfüllt ist, also $E_e^* = 2[E_e(t_1) - E_e(t_0)] = 0$ gilt.

Wir betrachten nun die Energiebilanz für eine gestörte Bewegung, die der stationären benachbart ist, und setzen mit einer kleinen Störung ε für die Integrationskonstante an

$$C_1^* = C_1 + \varepsilon.$$

(5.111)

Dann werden zwar die Periodizitätsbedingungen (5.96) und (5.97) nicht mehr erfüllt sein, jedoch wird die Bewegungsgleichung (5.93) befriedigt. Die Veränderung der Konstanten C_1 führt nun dazu, daß auch die Grenzen des positiven Bereiches $x > 0$ etwas verschoben werden. Es gilt:

$$t_0^* = t_0 + (\Delta t)_0; \qquad t_1^* = t_1 + (\Delta t)_1.$$

(5.112)

Die Änderung des Energieintegrals E_e^* gegenüber dem für die stationäre Bewegung geltenden Wert (5.110) wird hervorgerufen erstens durch die Veränderung der Geschwindigkeit $\dot{x}$ wegen (5.111) und zweitens durch die Verschiebung der Integrationsgrenzen nach (5.112). Betrachtet man die Störung ε und damit auch die Verschiebungen $(\Delta t)_0$ und $(\Delta t)_1$ als klein, so heben sich die durch die Verschiebung der Integrationsgrenzen bedingten Einflüsse gerade wieder auf. Es bleibt nach Ausrechnen übrig:

$$E_e^* = 2[E_e(t_1^*) - E_e(t_0^*)],$$

$$= -\frac{4\varepsilon x_0}{\Omega} \quad \text{für die gegenphasige Schwingung,} \tag{5.113}$$

$$= +\frac{4\varepsilon x_0}{\Omega} \quad \text{für die gleichphasige Schwingung.} \tag{5.114}$$

Jetzt muß noch die Auswirkung der Störung ε auf die Amplitude der Schwingungen betrachtet werden. Zunächst kann festgestellt werden, daß eine kleine Verlagerung des Maximums von $x(t)$ auftreten wird, so daß $t_{max}^* = t_{max} + (\Delta t)_{max}$ gesetzt werden kann. Wie zu erwarten, zeigt sich auch in diesem Fall, daß die kleine Verschiebung ohne Einfluß auf die Größe des Maximums ist, so daß $(\Delta t)_{max}$ nicht ausgerechnet zu werden braucht. Für die gestörte gegenphasige Schwingung folgt nun aus (5.99) unter Berücksichtigung der Störung (5.111)

$$x_{max}^* = -\frac{3\pi^2 h}{8\Omega^2} + \left(\frac{\pi h}{\Omega} + \varepsilon\right) t_{max}^* - \frac{h}{2} t_{max}^{*2} - \frac{x_0}{\Omega^2} \cos \Omega t_{max}^*.$$

Wegen

$$t_{max}^* = t_{max} + (\Delta t)_{max} = \frac{\pi}{\Omega} + (\Delta t)_{max}$$

folgt daraus mit $\Omega(\Delta t)_{max} \ll 1$:

$$x_{max}^* = x_{max} + \frac{\pi\varepsilon}{\Omega}. \tag{5.115}$$

Entsprechend erhält man für die gestörte gleichphasige Schwingung aus (5.101)

$$x_{max}^* = -\frac{15\pi^2 h}{8\Omega^2} + \left(\frac{2\pi h}{\Omega} + \varepsilon\right) t_{max}^* - \frac{h}{2} t_{max}^{*2} - \frac{x_0}{\Omega^2} \cos \Omega t_{max}^*,$$

und mit

$$t_{max}^* = t_{max} + (\Delta t)_{max} = \frac{2\pi}{\Omega} + (\Delta t)_{max}, \qquad x_{max}^* = x_{max} + \frac{2\pi\varepsilon}{\Omega}. \tag{5.116}$$

Ein positives ε führt somit bei beiden Schwingungsformen zu einer Vergrößerung der Amplitude. Da nun für die gegenphasige Schwingung E_e^* nach (5.113) negativ ist, also Energie entzogen wird, wird die Amplitude kleiner. Die Schwingung strebt also nach einer Störung wieder dem Gleichgewichtszustand zu, sie ist stabil. Umgekehrt verhält sich die gestörte gleichphasige Schwingung. Bei ihr wird nach einer Störung, die an sich schon zu einer Vergrößerung der Amplitude führt, durch die Erregung noch mehr Energie zugeführt. Die Amplitude wächst dadurch an, so daß sich die Schwingung noch weiter vom Gleichgewichtszustand entfernt. Entsprechendes gilt für $\varepsilon < 0$; auch dabei ist eine Tendenz zum Verlassen des Gleichgewichtszustandes festzustellen. Die gleichphasige Schwingungsform muß demnach als instabil bezeichnet werden.

5.4.3   Harmonische Erregung von gedämpften nichtlinearen Schwingern

5.4.3.1 Lineare Dämpfung und kubische Rückstellkraft   In der Ausgangsgleichung (5.86) setzen wir jetzt

$$x_e(t) = \omega_0^2 x_0 \cos \Omega t, \qquad f(x, \dot{x}) = d\dot{x} + \omega_0^2(x + \alpha x^3).$$

Durch Bezug auf die dimensionslose Zeit $\tau = \omega_0 t$ läßt sich die Bewegungsgleichung dann in der früher gezeigten Weise überführen in:

$$x'' + 2Dx' + x + \alpha x^3 = x_0 \cos \eta \tau. \tag{5.117}$$

Wir wollen diese von D u f f i n g untersuchte Gleichung näherungsweise lösen und ersetzen zu diesem Zweck das nichtlineare Glied αx^3 nach dem Verfahren der harmonischen Balance durch einen linearen Ausdruck mit ausschlagabhängigem Koeffizienten:

$$\alpha x^3 \to a^* x$$

mit

$$a^* = \frac{\alpha}{\pi \hat{x}} \int\limits_0^{2\pi} \hat{x}^3 \cos^4 \eta \tau \, \mathrm{d}(\eta \tau) = \frac{3\alpha \hat{x}^2}{4}. \tag{5.118}$$

Verwendet man nun noch für die bezogene, ebenfalls ausschlagabhängige Eigenfrequenz $\eta_{\hat{x}}$ des Schwingers die Abkürzung

$$1 + a^* = 1 + \frac{3\alpha \hat{x}^2}{4} = \eta_{\hat{x}}^2, \tag{5.119}$$

dann geht Gl. (5.117) über in

$$x'' + 2Dx' + \eta_{\hat{x}}^2 x = x_0 \cos \eta \tau. \tag{5.120}$$

Die periodische Lösung dieser linearen Ersatzgleichung ist

$$x = \hat{x} \cos(\eta \tau - \psi)$$

mit

$$\hat{x} = x_0 V_A = \frac{x_0}{\sqrt{(\eta_{\hat{x}}^2 - \eta^2)^2 + 4D^2\eta^2}}, \tag{5.121}$$

$$\tan \psi = \frac{2D\eta}{\eta_{\hat{x}}^2 - \eta^2}. \tag{5.122}$$

Zum Unterschied von früher ist aber jetzt $\eta_{\hat{x}}$ selbst noch von der Amplitude $\hat{x}$ abhängig, so daß Gl. (5.121) als Bestimmungsgleichung für $\hat{x}$ aufgefaßt werden muß:

$$\hat{x}^2 \left[(\eta_{\hat{x}}^2 - \eta^2)^2 + 4D^2\eta^2 \right] = x_0^2. \tag{5.123}$$

Da $\eta_{\hat{x}}^2$ nach (5.119) quadratisch von $\hat{x}$ abhängt, ist diese Bestimmungsgleichung vom dritten Grade in $\hat{x}^2$. Ihre Lösung würde $\hat{x}$ als Funktion der bezogenen Erregerfrequenz η ergeben. Es ist jedoch zweckmäßiger, in diesem Falle $\eta = \eta(\hat{x})$ auszurechnen, da (5.123) bezüglich η^2 nur quadratisch ist, also elementar gelöst werden kann. Nach Einsetzen von (5.119) geht (5.123) über in

$$\eta^4 - \eta^2 2 \left(1 + \frac{3\alpha\hat{x}^2}{4} - 2D^2 \right) + \left[\left(1 + \frac{3\alpha\hat{x}^2}{4} \right)^2 - \frac{x_0^2}{\hat{x}^2} \right] = 0$$

mit den Lösungen

$$\eta_{1,2}^2 = \left(1 + \frac{3\alpha\hat{x}^2}{4} - 2D^2 \right) \pm \sqrt{ \frac{x_0^2}{\hat{x}^2} - 4D^2 \left(1 + \frac{3\alpha\hat{x}^2}{4} - D^2 \right) }. \tag{5.124}$$

Daraus kann zu jedem $\hat{x}$ der zugeordnete Wert von η berechnet werden. Je nach den Werten der vorkommenden Parameter können zwei, eine oder auch keine reelle Lösungen für η existieren. Wir wollen jedoch auf die Diskussion der Lösungsmöglichkeiten hier nicht ausführlicher eingehen und nur bemerken, daß die Resonanzkurven nach (5.124) eine sehr viel größere Mannigfaltigkeit zeigen, als sie bei linearen Systemen vorhanden ist. Außer der Dämpfunsgröße D sind jetzt auch noch die Größen α und x_0 von

Einfluß. x_0 trat bei linearen Systemen lediglich als Faktor vor der Vergrößerungsfunktion auf und konnte daher unberücksichtigt bleiben. Bei
nichtlinearen Systemen ist die Abhängigkeit von x_0 jedoch komplizierter
und muß gesondert betrachtet werden.

Wir wollen einige charakteristische Eigenschaften der Resonanzkurven nicht-
linearer Systeme untersuchen; in den Fig. 140 und 141 sind zwei derartige
Kurvenscharen aufgezeichnet worden. Fig. 140 gilt für $\alpha > 0$, Fig. 141 für
$\alpha < 0$. Zum Vergleich möge man die für den linearen Fall geltende Kurven-
schar von Fig. 116 heranziehen. Die im Faktor α zum Ausdruck kommende
Nichtlinearität wirkt sich also in einer Verbiegung der Spitzen der einzelnen
Resonanzkurven aus. Für $\alpha > 0$ werden die Spitzen nach rechts – d.h. zu
größeren η-Werten hinverbogen, für $\alpha < 0$ entsprechend nach links – d.h. zu
kleineren η -Werten. Eine Folge dieser Verbiegungen ist die Tatsache, daß es
nun η -Bereiche gibt, in denen zu einem festen Wert von η drei Werte von $\hat{x}$

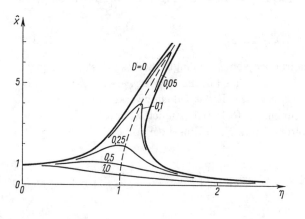

Fig. 140
Resonanzkurven eines
nichtlinearen Schwingers,
kubische Rückführfunk-
tion mit $\alpha = +0{,}04$

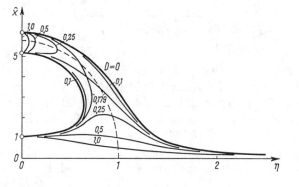

Fig. 141
Resonanzkurven eines
nichtlinearen Schwingers,
kubische Rückführfunk-
tion mit $\alpha = -0{,}04$

gehören (entsprechend den drei möglichen Lösungen der Bestimmungsgleichung (5.123)).

Die Maxima der verbogenen Resonanzkurven lassen sich leicht finden. Man hat dazu nur die Doppelwurzel für η in Gl. (5.124) aufzusuchen, also die Bedingung dafür, daß der Radikand verschwindet. Das gibt eine quadratische Gleichung für $\hat{x}^2$ mit der Lösung:

$$\hat{x}^2_{max} = -\frac{2(1-D^2)}{3\alpha} \pm \sqrt{\frac{4(1-D^2)^2}{9\alpha^2} + \frac{x_0^2}{3\alpha D^2}}. \tag{5.125}$$

Der zugehörige η-Wert folgt aus Gl. (5.124) zu

$$\eta^2_{max} = 1 + \frac{3\alpha\hat{x}^2_{max}}{4} - 2D^2$$

$$= 1 + \frac{1-D^2}{2}\left[\sqrt{1 + \frac{3\alpha x_0^2}{4D^2(1-D^2)^2}} - 1\right] - 2D^2. \tag{5.126}$$

Auch der Phasenverlauf weicht von dem des linearen Falles erheblich ab. In den Fig. 142 und 143 ist der den Resonanzkurven Fig. 140 und 141 zugeordnete Phasenverlauf gezeichnet worden. Er ergibt sich aus Gl. (5.122) mit (5.119):

$$\tan\psi = \frac{2D\eta}{1 + \frac{3\alpha\hat{x}^2}{4} - \eta^2}, \tag{5.127}$$

wobei natürlich die Abhängigkeit $\hat{x}(\eta)$ berücksichtigt werden muß.

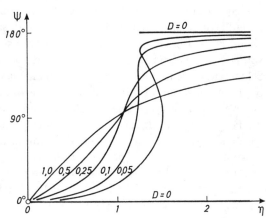

Fig. 142
Phasenverlauf eines nichtlinearen Schwingers, kubische Rückführfunktion mit $\alpha = +0{,}04$

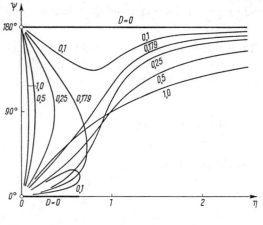

Fig. 143
Phasenverlauf eines nichtlinearen Schwingers, kubische Rückführfunktion mit $\alpha = -0,04$

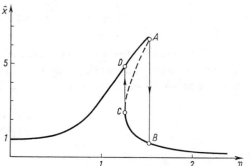

Fig. 144
Zur Erklärung des Sprungeffektes

Eine merkwürdige, aber für nichtlineare Systeme typische Erscheinung ist das Springen der stationären Amplitude beim langsamen, „quasistationären" Durchfahren einer überhängenden Resonanzkurve. Eine derartige Kurve ist in Fig. 144 gezeichnet worden. Steigert man die Erregerfrequenz von kleinen Werten beginnend, so wird die Amplitude der stationären Schwingung dem oberen Ast der Resonanzkurve entsprechend anwachsen. Nach Durchlaufen des Maximums fällt die Amplitude etwas ab bis zu dem am weitesten rechts gelegenen Punkt $\hat{x}$ der umgebogenen Resonanzkurve. Bei weiterer Steigerung von η muß sich nun die stationäre Amplitude sprunghaft den Werten anpassen, die dem unteren Ast der Resonanzkurve entsprechen. Die stationäre Amplitude springt also – man spricht auch von „Kippen" – von A nach B. Entsprechendes wiederholt sich beim Verkleinern der Erregerfrequenz: Hier wird sich die Amplitude zunächst auf dem unteren Ast bis zum Punkte C bewegen können. Dann muß ein Sprung $C - D$ erfolgen, der die Amplitude dem für kleinere η-Werte allein möglichen oberen Ast der Resonanzkurve anpaßt. Zugleich mit der Amplitude springt auch der „stationäre" Phasenwinkel ψ, wie man sich an Hand von Fig. 142 leicht überlegen kann.

Ganz entsprechend können auch bei einer nach links übergebogenen Resonanzkurve Sprünge auftreten. Hier sind sogar noch kompliziertere Varianten möglich, da es Fälle gibt (z.b. Fig.141, $D = 0{,}25$), bei denen die Resonanzkurve aus zwei voneinander unabhängigen Teilkurven besteht.

Es sei noch bemerkt, daß das Springen nur für den Wert der stationären Amplitude gilt. Die wirkliche Amplitude ist im Übergang nicht stationär, da durch den Sprung freie Schwingungen angestoßen werden. Erst wenn die freien Schwingungen abgeklungen sind, wird der neue stationäre Amplitudenwert erreicht.

Wenn mehrere stationäre Amplitudenwerte existieren, dann ist nach dem Ergebnis des Abschnitts 5.4.2.3 zu erwarten, daß nicht alle diese Werte stabilen Bewegungsformen entsprechen. Eine nähere Untersuchung der Nachbarbewegungen zu den stationären Bewegungen, die wir hier nicht durchführen wollen (s. z.B. [17, 48]), zeigt, daß im Falle von Fig. 144 der rückläufige Ast $A - C$ einer nicht stabilen Bewegung entspricht; er ist daher gestrichelt gezeichnet worden. Für Schwinger mit einem Freiheitsgrad läßt sich allgemein zeigen, daß die Grenzen zwischen den stabilen und instabilen Teilen der Resonanzkurven stets durch die Punkte gekennzeichnet werden, an denen die Resonanzkurven vertikal verlaufen.

Wir können die Tatsache der Instabilität des mittleren Astes der Resonanzkurve übrigens auch aus der Energiebilanz Gl. (5.88) ablesen. Im vorliegenden Fall ist die durch Dämpfung dissipierte Energie für eine Vollschwingung:

$$E_D^* = 2\pi D\eta \hat{x}^2 \tag{5.128}$$

und die durch die Erregung zugeführte Energie

$$E_e^* = \pi x_0 \hat{x} \sin\psi. \tag{5.129}$$

Durch Gleichsetzen beider Werte lassen sich wieder die möglichen stationären Amplituden $\hat{x}$ bestimmen. Um das Verhalten der Nachbarbewegungen zu erkennen, trägt man sich die Energiewerte über der Amplitude $\hat{x}$ auf (Fig. 145), wobei berücksichtigt werden muß, daß zum Unterschied vom linearen Fall nun auch $\sin\psi$ eine Funktion von $\hat{x}$ ist (siehe Gl. (5.127)). Während im linearen Fall die E_e^*-Kurve eine Gerade war (siehe Fig. 120,

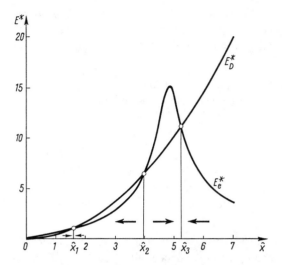

Fig. 145
Energiediagramm für nichtlineare erzwungene Schwingungen

Kurve E_e^*), bekommt man nun die in Fig. 145 gezeichnete Kurve mit einem ausgesprochenen Maximum. In bestimmten Fällen kann die E_D^*-Parabel diese E_e^*-Kurve dreimal schneiden. Die Tendenz der Amplitudenänderung läßt sich nun aus der Differenzenergie $E_D^* - E_e^*$ bestimmen. Wird mehr Energie abgeführt als zugeführt, dann werden die Amplituden kleiner. Die so erkennbare Tendenz ist in Fig. 145 durch Pfeile angedeutet. Man sieht daraus unmittelbar, daß die stationären Amplitudenwerte $\hat{x}_1$ und $\hat{x}_3$ stabilen Bewegungen entsprechen, während der Wert $\hat{x}_2$ instabile Bewegungen ergibt.

5.4.3.2 Festreibung und lineare Rückstellkraft Bei Vorhandensein von Dämpfungskräften, die nicht linear von der Geschwindigkeit $\dot{x}$ abhängen, kann man in genau derselben Weise vorgehen wie im Falle nichtlinearer Rückstellkräfte. Wir wollen das an einem Beispiel zeigen und wählen hierzu den Fall der Coulombschen Dämpfung (Festreibung). Dann kann in der Gleichung (5.86) gesetzt werden:

$$x_e(t) = x_0 \cos \Omega t, \qquad f(x,\dot{x}) = r \, \mathrm{sgn} \, \dot{x} + x.$$

Die Bewegungsgleichung geht damit über in

$$\ddot{x} + r \, \mathrm{sgn} \, \dot{x} + x = x_0 \cos \Omega t. \tag{5.130}$$

Das nichtlineare Glied wird nun transformiert

$$r \, \mathrm{sgn} \, \dot{x} \to b^* \dot{x}$$

mit

$$b^* = \frac{r}{\pi \hat{x} \Omega} \int\limits_0^{2\pi} \text{sgn} \, (\hat{x} \Omega \sin \Omega t) \sin \Omega t \, \text{d}(\Omega t) = \frac{4r}{\pi \hat{x} \Omega}.$$

Setzt man noch zur Abkürzung

$$\frac{2r}{\pi \hat{x} \Omega} = \frac{2r}{\pi \hat{x} \eta} = D \qquad (\omega_0 = 1!), \tag{5.131}$$

dann kann (5.130) in der dimensionslosen Form

$$x'' + 2Dx' + x = x_0 \cos \eta \tau \tag{5.132}$$

geschrieben werden. Die periodische Lösung dieser Gleichung hat die Amplitude

$$\hat{x} = \frac{x_0}{\sqrt{(1 - \eta^2)^2 + 4D^2 \eta^2}}.$$

Da D selbst noch von $\hat{x}$ abhängt, ist das wieder eine Bestimmungsgleichung für $\hat{x}$ mit der Lösung

$$\hat{x} = \frac{x_0}{1 - \eta^2} \sqrt{1 - \left(\frac{4r}{\pi x_0} \right)^2}. \tag{5.133}$$

Der Phasenwinkel ergibt sich aus

$$\tan \psi = \frac{2D\eta}{1 - \eta^2} = \frac{4r}{\pi \hat{x}(1 - \eta^2)}. \tag{5.134}$$

Bemerkenswert ist bei dieser Lösung, daß die Unendlichkeitsstelle der Resonanzkurve bei $\eta = 1$ erhalten bleibt, wenn die Reibung nicht zu stark ist. Damit die Lösung (5.133) sinnvoll ist, muß auf jeden Fall

$$r < \frac{\pi x_0}{4} \tag{5.135}$$

gelten. Dann aber wird $\hat{x} \to \infty$ für $\eta \to 1$. Dieser Sachverhalt kann leicht erklärt werden, wenn man die Energie betrachtet, die durch die Festreibung zerstreut wird. Man erhält (siehe Gl. (5.128))

$$E_D^* = 2\pi D\eta \hat{x}^2 = 4r\hat{x}.$$

Diese Energie ist aber nur der Amplitude selbst, nicht mehr ihrem Quadrat proportional. Da auch die von der Erregung in den Schwinger hineingepumpte Energie proportional zu $\hat{x}$ anwächst (siehe z.B. Gl. (5.129)), ist bei einem durch die Ungleichung (5.135) festgelegten Verhältnis von Reibungsbeiwert r zur Erregeramplitude x_0 ein dauerndes Aufschaukeln möglich. Die Energieverluste infolge der Reibung werden dann durch die Erregerenergie mehr als ausgeglichen.

5.4.4   Oberschwingungen, Kombinationsfrequenzen und Unterschwingungen

Bei Erregung durch eine harmonische Erregerkraft tritt in linearen Systemen von einem Freiheitsgrad nur eine Resonanzstelle auf, bei der die Erregerfrequenz näherungsweise oder genau gleich der Eigenfrequenz des Schwingers ist. In nichtlinearen Systemen sind dagegen zahlreiche andere Arten von Resonanz möglich. Das soll am Beispiel eines ungedämpften Schwingers erklärt werden, wobei wir sogleich den etwas allgemeineren Fall annehmen wollen, daß die Erregerfunktion aus zwei harmonischen Anteilen besteht:

$$\ddot{x} + f(x) = x_e(t) = x_{10}\cos(\Omega_1 t + \delta_1) + x_{20}\cos(\Omega_2 t + \delta_2). \qquad (5.136)$$

Die nichtlineare Funktion sei in eine Taylor-Reihe entwickelbar

$$f(x) = a_1 x + a_2 x^2 + a_3 x^3 + \ldots \qquad (5.137)$$

Durch entsprechende Wahl des Nullpunktes von x kann man stets erreichen, daß kein konstantes Glied a_0 vorkommt. Die Lösung der Bewegungsgleichung (5.136) kann dann in der früher angedeuteten Weise mit Hilfe eines Störungsansatzes iterativ geschehen. Die n-te Näherung wird aus der $(n-1)$-ten durch die Rekursionsgleichung

$$\ddot{x}_n + a_1 x_n = x_{10}\cos(\Omega_1 t + \delta_1) + x_{20}\cos(\Omega_2 t + \delta_2)$$
$$- (a_2 x_{n-1}^2 + a_3 x_{n-1}^3 + \ldots) \qquad (5.138)$$

gewonnen. Mit $x_0 = 0$ bekommt man im ersten Schritt die Lösung

$$x_1 = \frac{x_{10}}{a_1 - \Omega_1^2}\cos(\Omega_1 t + \delta_1) + \frac{x_{20}}{a_1 - \Omega_2^2}\cos(\Omega_2 t + \delta_2). \qquad (5.139)$$

Dabei sind – aus später ersichtlichen Gründen – solche Anfangsbedingungen vorausgesetzt, daß keine freien Schwingungen angestoßen werden.

Geht man nun mit der ersten Näherung (5.139) in die rechte Seite der Rekursionsgleichung (5.138) ein, so bekommt man eine Fülle periodischer

Erregerglieder mit den verschiedensten Frequenzen. Wegen der bekannten trigonometrischen Beziehungen

$$\cos^2\alpha = \frac{1}{2}(1 + \cos 2\alpha), \qquad \cos^3\alpha = \frac{1}{4}(3\cos\alpha + \cos 3\alpha),$$

$$\cos\alpha\cos\beta = \frac{1}{2}\cos(\alpha + \beta) + \frac{1}{2}\cos(\alpha - \beta)$$

enthält das Glied mit x_1^2 periodische Anteile mit den Frequenzen

$$2\Omega_1, \qquad 2\Omega_2, \qquad \Omega_1 + \Omega_2, \qquad \Omega_1 - \Omega_2;$$

entsprechend treten bei x_1^3 die Frequenzen

$$\Omega_1, \quad \Omega_2, \quad 3\Omega_1, \quad 3\Omega_2, \quad 2\Omega_1 + \Omega_2, \quad 2\Omega_1 - \Omega_2, \quad \Omega_1 + 2\Omega_2, \quad \Omega_1 - 2\Omega_2$$

auf usw. Bereits im zweiten Iterationsschritt werden daher alle möglichen Linearkombinationen der beiden Ausgangsfrequenzen Ω_1 und Ω_2 in der Lösung x_2 vorkommen. Die weiteren Iterationsschritte bringen demgegenüber prinzipiell nichts Neues, so daß man feststellen kann, daß die Lösung im allgemeinen Fall Frequenzen

$$\begin{array}{lll} 1) & n\Omega_1, \quad m\Omega_2 & \\ & & (m, n \text{ ganze Zahlen}) \qquad (5.140) \\ 2) & n\Omega_1 \pm m\Omega_2 & \end{array}$$

enthalten wird. Schwingungen der ersten Art heißen Oberschwingungen, die der zweiten Art Kombinationsschwingungen. In der Akustik sind die letzteren unter der Bezeichnung Helmholtzsche Kombinationstöne bekannt geworden.

Der Anteil einer bestimmten Einzelschwingung am gesamten Schwingungsbild hängt nun nicht nur von der Art der Funktion $f(x)$ – also von den Koeffizienten a_i ihrer Taylor-Reihe – ab, sondern vor allem von der Tatsache, wie weit ihre Frequenz von der Eigenfrequenz des Schwingers entfernt liegt. Durch Resonanzwirkung kann es zur Aussiebung einzelner, sonst gar nicht besonders ausgezeichneter Teilschwingungen kommen. In der Technik können sich derartige Resonanzen mit Oberschwingungen als zusätzliche, meist unerwünschte kritische Frequenzen bemerkbar machen. Unerwünschte Kombinationstöne lassen sich gelegentlich bei schlechten Lautsprechern beobachten.

Ein Wort über den Einfluß der freien Schwingungen, die bei diesem Iterationsprozeß willkürlich unterdrückt wurden. Nimmt man die freie Schwingung $x_{1e} = C\cos(\sqrt{a_1}\,t - \varphi_0)$ in der ersten Näherung (5.139) mit, dann werden im weiteren Verlauf der Iteration nicht nur Vielfache dieser Eigenfrequenz sowie Kombinationen mit den Erregerfrequenzen auftauchen, sondern auch die Eigenfrequenz selbst. Das würde aber im nächsten Iterationsschritt eine Resonanzlösung mit unendlich großer Amplitude ergeben. Diese Schwierigkeit ist jedoch lediglich durch die Art der Näherung hervorgerufen und hat nichts mit dem physikalischen Problem zu tun. Man kann sie durch entsprechende Verfeinerungen des Berechnungsganges vermeiden. Wegen näherer Einzelheiten sei auf die speziellere Literatur hingewiesen (z.B. [17]).

In nichtlinearen Systemen sind nicht nur Erregungen von Oberschwingungen, sondern auch Unterschwingungen möglich, deren Frequenz ein Bruchteil der Erregerfrequenz ist. Wir wollen uns hier mit der Angabe eines speziellen Beispiels begnügen: ein Schwinger mit kubischer Rückstellkraft und harmonischer Erregung genüge der Differentialgleichung

$$\ddot{x} + \omega_0^2 x + \alpha x^3 = x_0 \cos \Omega t. \tag{5.141}$$

Unter bestimmten Voraussetzungen kann dieser Schwinger harmonische Schwingungen ausführen, deren Frequenz ein Drittel der Erregerfrequenz ist. Mit dem Ansatz

$$x = \hat{x} \cos \frac{\Omega}{3} t$$

findet man nach Einsetzen in (5.141) und trigonometrischer Umformung:

$$\cos \frac{\Omega}{3} t \left[\hat{x} \left(\omega_0^2 - \frac{\Omega^2}{9} \right) + \frac{3\alpha \hat{x}^3}{4} \right] + \cos \Omega t \left[\frac{\alpha \hat{x}^3}{4} - x_0 \right] = 0. \tag{5.142}$$

Diese Bedingung ist erfüllt für

$$\hat{x} = \sqrt[3]{\frac{4x_0}{\alpha}}; \qquad \Omega = 3\sqrt{\omega_0^2 + \frac{3\alpha \hat{x}^2}{4}} = 3\omega_{\hat{x}}. \tag{5.143}$$

Dabei ist $\omega_{\hat{x}}$ gerade wieder die amplitudenabhängige Frequenz der freien Schwingungen des nichtlinearen Schwingers. Dieses Beispiel zeigt übrigens auch, daß harmonische Schwingungen in nichtlinearen Systemen durchaus möglich sind. Man kann sich ihr Zustandekommen dadurch erklären, daß die infolge des nichtlinearen Gliedes hereinkommende dritte Oberschwingung gerade durch die Erregung kompensiert wird (siehe Gl. (5.142)). Freilich ist diese Kompensation nur bei einer ganz bestimmten Stärke der Erregung möglich.

Analog wie in dem hier skizzierten Beispiel läßt sich allgemein zeigen, daß bei anderen Rückstellfunktionen $f(x)$ auch Unterschwingungen beliebiger anderer Ordnungen möglich sind, so daß der Schwinger mit Kreisfrequenzen Ω/m (m=ganze Zahl) schwingen kann. Berücksichtigt man nun, daß Unterschwingungen und Oberschwingungen gleichzeitig auftreten können, dann sieht man, daß auch Schwingungen möglich sind, die in einem beliebigen rationalen Verhältnis zur Erregerkreisfrequenz stehen: $\omega_A = n\Omega/m$, (m, n=ganze Zahlen). Sind gleichzeitig Erregungen mit verschiedenen Frequenzen vorhanden, dann wird die Zahl der Möglichkeiten durch die auftretenden Kombinationsschwingungen noch erheblich größer. Wichtige technische Anwendungen finden die Unterschwingungen z.B. bei der Frequenzreduktion von Quarz- und Atomuhren.

5.4.5 Gleichrichterwirkungen

Bei der Betrachtung des Beispiels Gl. (5.136) am Anfang des vorigen Abschnittes ist eine Erscheinung vernachlässigt worden: das Auftreten konstanter Glieder bei der Bildung der Ausdrücke auf der rechten Seite der Rekursionsformel (5.138). Um ihren Einfluß zu erkennen, wollen wir uns auf einen einfachen Fall beschränken und eine Erregung durch nur eine harmonische Funktion voraussetzen. Wir können dann in Gl. (5.136) setzen:

$$x_{10} = x_0; \qquad x_{20} = 0; \qquad \Omega_1 = \Omega; \qquad \delta_1 = 0.$$

Die erste Näherung (5.139) geht damit über in

$$x_1 = \frac{x_0}{a_1 - \Omega^2} \cos \Omega t = \hat{x} \cos \Omega t.$$

Bildet man nun die Potenzen von x_1, so treten bei allen ge r a d e n Potenzen außer den periodischen Anteilen noch zeitunabhängige Terme auf, und zwar

$$\text{bei}\ \ x_1^2 : \frac{1}{2}\hat{x}^2, \qquad \text{bei}\ \ x_1^4 : \frac{3}{8}\hat{x}^4, \qquad \text{bei}\ \ x_1^6 : \frac{5}{16}\hat{x}^6, \qquad \text{usw.}$$

Diese konstanten Anteile ergeben für die zweite Näherung eine Verschiebung der Gleichgewichtslage von der Größe

$$x_{2G} = \frac{a_2}{2a_1}\hat{x}^2 + \frac{3a_4}{8a_1}\hat{x}^4 + \frac{5a_6}{16a_1}\hat{x}^6 + \cdots . \tag{5.144}$$

Auch die höheren Näherungen x_3, x_4 usw. bringen weitere Anteile zur Gleichgewichtslagenverschiebung der Gesamtlösung. Jedenfalls ist die Verschiebung x_{nG} eine Funktion der Amplitude $\hat{x}$ und damit auch der Stärke x_0 der an den Schwinger gelegten Erregung. Man kann deshalb die Stärke der Erregung auch aus der Größe der Gleichgewichtslagenverschiebung bestimmen, ohne die um diese Gleichgewichtslage erfolgenden Schwingungen zu beachten. Die Schwingungen lassen sich sogar durch geeignete Maßnahmen aussieben, so daß nur noch die Gleichgewichtslagenverschiebung übrig bleibt. Die Erregerschwingung ist dann „gleichgerichtet" worden.

Nach dem Gesagten ist klar, daß Gleichrichterwirkungen nur auftreten können, wenn die Funktion $f(x)$ nicht symmetrisch zum Nullpunkt (ungerade) ist, denn nur dann treten gerade Potenzen in ihrer Taylor-Reihe auf. Technische Anwendung findet die Gleichrichtung durch nichtlineare Systeme in großem Maße in der Funktechnik, wo sie dazu dient, die im Tonfrequenzbereich liegende Modulationsschwingung von der meist sehr hochfrequenten Trägerschwingung des Senders zu trennen. Auch bei mechanischen Schwingungen kommen Gleichrichterwirkungen vor. Sie können sich bei Meßgeräten, deren mechanische Teile schwingen oder Erschütterungen ausgesetzt sind, als störende Fehlanzeigen bemerkbar machen. Sehr gefürchtet sind Gleichrichterwirkungen auch an Kreiselgeräten, wo sie zu Fehlauswanderungen führen.

5.4.6   Erzwungene Schwingungen in selbsterregungsfähigen Systemen

Als klassisches Beispiel für die Differentialgleichung eines selbsterregten Schwingers wurde im Abschnitt 3.3.2 die Van der Polsche Gleichung hergeleitet, durch die das Verhalten eines Röhrengenerators beschrieben werden kann. Wir wollen hier untersuchen, welche Erscheinungen zu erwarten sind, wenn der Generator zusätzlich einer periodischen äußeren Erregung unterworfen wird. Zu diesem Zweck ergänzen wir die Van der Polsche Gleichung (3.50) durch die Hinzunahme eines harmonischen Erregergliedes

$$x'' - (\alpha - \beta x^2)x' + x = x_0 \cos \eta\tau. \tag{5.145}$$

Schon bei der Untersuchung der selbsterregten Schwingungen wurde das nichtlineare Glied dieser Gleichung „harmonisch linearisiert", wobei der als Faktor von x' auftretende Koeffizient im linearen Ersatzausdruck nach Gl. (3.18) zu

$$b^* = \frac{1}{4}\beta\hat{x}^2 - \alpha = 2D \tag{5.146}$$

berechnet wurde. Damit bekommt man für die Ausgangsgleichung (5.145) die Ersatzgleichung

$$x'' + 2Dx' + x = x_0 \cos \eta\tau,$$

deren periodische Lösung bekannt ist:

$$x = \hat{x}\cos(\eta\tau - \psi),$$

$$\hat{x} = \frac{x_0}{\sqrt{(1 - \eta^2)^2 + 4D^2\eta^2}}, \tag{5.147}$$

$$\tan\psi = \frac{2D\eta}{1 - \eta^2}. \tag{5.148}$$

Wegen (5.146) ist Gl. (5.147) wieder eine Bestimmungsgleichung für $\hat{x}$:

$$\hat{x}^2\left[(1 - \eta^2)^2 + \eta^2\left(\frac{\beta}{4}\hat{x}^2 - \alpha\right)^2\right] = x_0^2. \tag{5.149}$$

Diese Gleichung ist vom 3. Grade in $\hat{x}^2$, aber nur vom 2. Grade in η^2. Wir ordnen deshalb nach η^2 und erhalten:

$$\eta^4 + \eta^2\left[\left(\frac{\beta}{4}\hat{x}^2 - \alpha\right)^2 - 2\right] + \left(1 - \frac{x_0^2}{\hat{x}^2}\right) = 0$$

mit den Lösungen

$$\eta_{1,2}^2 = \left[1 - \frac{1}{2}\left(\frac{\beta}{4}\hat{x}^2 - \alpha\right)^2\right] \pm \sqrt{\left[1 - \frac{1}{2}\left(\frac{\beta}{4}\hat{x}^2 - \alpha\right)^2\right]^2 - \left(1 - \frac{x_0^2}{\hat{x}^2}\right)}. \tag{5.150}$$

Daraus können zu jedem $\hat{x}$ die zugeordneten η-Werte bestimmt und somit die Resonanzkurven $\hat{x}(\eta)$ berrechnet werden. Einige derartige Kurven, die

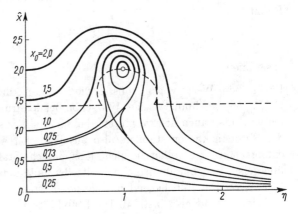

Fig. 146 Resonanzkurven eines selbsterregten und zwangserregten Schwingers

zu verschiedenen Werten von x_0 gehören, zeigt Fig. 146 in einer $\hat{x}, \eta$-Ebene. Man erkennt zunächst, daß im Falle $x_0 = 0$ – also bei fehlender äußerer Erregung – die schon bekannte Lösung für die selbsterregten Schwingungen herauskommt:

$$\eta^2 = 1; \qquad \hat{x} = \hat{x}_0 = 2\sqrt{\frac{\alpha}{\beta}}. \tag{5.151}$$

Für die in Fig. 146 gewählten Werte $\alpha = \beta = 1$ hat man $\hat{x}_0 = 2$. Wir wollen nun sehen, was aus der stationären Lösung wird, wenn x_0 von Null verschieden, aber klein ist. Da dann Lösungen in der Nachbarschaft der stationären Lösung (5.151) zu erwarten sind, setzen wir an

$$\hat{x} = \hat{x}_0 + \Delta\hat{x} \quad \text{mit} \quad \Delta\hat{x} \ll \hat{x}_0$$

Damit kann man die Gl. (5.150) angenähert wie folgt umformen:

$$\eta^2 \approx 1 \pm \sqrt{\frac{\beta x_0^2}{4\alpha} - \alpha\beta(\Delta\hat{x})^2},$$

oder quadriert

$$(1 - \eta^2)^2 + \alpha\beta(\Delta\hat{x})^2 = \frac{\beta x_0^2}{4\alpha}. \tag{5.152}$$

Die Nachbarkurven Gl. (5.152) zur stationären Lösung (5.151) sind demnach in einer $\hat{x}, \eta^2$-Ebene (Fig. 146) Ellipsen, die sich um so weiter aufblähen, je stärker die Erregung x_0 ist. Für $x_0 \to 0$ ziehen sie sich zu dem stationären Punkt

$$\eta = 1; \qquad \hat{x} = \hat{x}_0$$

zusammen.

Für größere Werte von x_0 müssen die Resonanzkurven durch Auflösen von Gl. (5.150) bestimmt werden. Wie schon bei den früher behandelten Beispielen wird man auch hier vermuten, daß nicht alle aus (5.150) folgenden Äste der Resonanzkurven stabilen, also physikalisch realisierbaren Bewegungen entsprechen. Wir wollen die nicht ganz einfache Stabilitätsbestimmung hier übergehen und nur ihr Ergebnis mitteilen: alle unterhalb der gestrichelten Kurve von Fig. 146 liegenden Teile der Resonanzkurven lassen sich nicht realisieren, sind also instabil. Die Stabilitätsgrenzkurve ist zu einem Teil wieder der geometrische Ort aller Punkte, an denen die Resonanzkurven vertikale Tangenten besitzen; zum anderen Teil wird sie durch die horizontale Gerade

$$\hat{x} = \frac{\hat{x}_0}{\sqrt{2}} = \sqrt{\frac{2\alpha}{\beta}} \qquad (5.153)$$

gebildet.

Wir wollen uns dieses Ergebnis durch eine Betrachtung der Energiebilanz plausibel machen. Die Dämpfungsenergie, die jetzt wegen der Selbsterregungsmöglichkeit auch zu einer Anregungsenergie werden kann, folgt wie bisher zu

$$E_D^* = 2\pi D\eta\hat{x}^2 = \left(\frac{\beta}{4}\hat{x}^2 - \alpha\right)\pi\eta\hat{x}^2. \qquad (5.154)$$

Ihr Verlauf in Abhängigkeit von $\hat{x}$ ist in Fig. 147 gezeichnet. Bei der Selbsterregungsamplitude $\hat{x} = \hat{x}_0$ durchschneidet die E_D^*-Kurve die $\hat{x}$-Achse. Die von der Erregung gelieferte Energie ist – wie ebenfalls schon berechnet wurde –

$$E_e^* = \pi x_0 \hat{x} \sin\psi. \qquad (5.155)$$

Für den einfachsten Fall $\eta = 1$ wird die E_e^*-Kurve eine Gerade, da wegen $\sin\psi = 1$ dann $E_e^* = \pi x_0 \hat{x}$ folgt. Diese Gerade ist in Fig. 147 eingetragen. Energiegleichgewicht herrscht im Schnittpunkt von E_D^*- und E_e^*-Kurve, also bei einem – und nur einem – $\hat{x}$-Wert, der oberhalb von $\hat{x}_0$ liegt. Diese Amplitude gehört zu den oberen Resonanzkurven von Fig. 146. Die zugehörige Bewegung ist stabil, weil bei kleinerer Amplitude Energie in den Schwinger hineingepumpt, umgekehrt bei größerer Amplitude Energie entzogen wird. Eine Störung wird also in beiden Fällen wieder rückgängig gemacht.

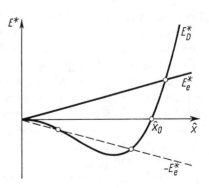

Fig. 147
Energiediagramm für einen selbsterregten und zwangserregten Schwinger

Nach dem Energiediagramm von Fig. 147 kann für andere Amplitudenwerte kein Energiegleichgewicht vorhanden sein, so daß also eine notwendige Bedingung für das Auftreten periodischer Lösungen nicht erfüllt ist. Nach Fig. 146 sind aber für $\eta = 1$ zumindest bei kleinen Werten von x_0 periodische Lösungen bei drei verschiedenen Amplituden möglich. Dieser Widerspruch kann durch eine genauere Stabilitätsuntersuchung aufgeklärt werden; sie ergibt, daß das System phaseninstabil ist, d.h. daß nicht nur $\sin\psi = 1$, sondern auch $\sin\psi = -1$ gelten kann. Daher muß auch die in Fig. 147 gestrichelt gezeichnete E_e^*-Gerade berücksichtigt werden. Ihre Schnittpunkte mit der E_D^*-Kurve entsprechen genau den in Fig. 146 gezeichneten unteren Ästen.

Das erhaltene Ergebnis ist sehr bemerkenswert. Es zeigt, daß in der Umgebung von $\eta = 1$ – also in der Nachbarschaft der Selbsterregungsfrequenz – stabile periodische Schwingungen mit der Frequenz $\eta \neq 1$ möglich sind. Die selbsterregte Schwingung wird dann frequenzmäßig von der Erregung „mitgenommen". Jedenfalls kann neben der erzwungenen Schwingung keine selbsterregte Schwingung mit der Frequenz $\eta = 1$ existieren. Man spricht von einem Mitnahme-Effekt oder auch einer Zieh-Erscheinung. Der Mitnahme-Bereich ist um so breiter, je stärker die Erregung ist. Er kann für die unmittelbare Nachbarschaft der stationären Lösung (5.151) leicht als der horizontal genommene Durchmesser der Ellipse von Gl. (5.152) berechnet werden. Man erhält

$$1 - \Delta\eta \leq \eta \leq 1 + \Delta\eta$$

mit

$$\Delta\eta = \frac{x_0}{4}\sqrt{\frac{\beta}{\alpha}} = \frac{x_0}{2\hat{x}}. \tag{5.156}$$

Der Mitnahmeeffekt wird technisch ausgenützt zur Synchronisierung von Schwinggeneratoren (z.B. von Uhren); er kann aber auch Begleiterscheinung und dann erwünscht oder unerwünscht sein. Durchaus positiv macht er sich beim Musizieren eines großen Orchesters bemerkbar. Streich- und Blasinstrumente sind ja selbsterregungsfähige Schwinger, die durch die Schallwellen des übrigen Orchesters zu erzwungenen Schwingungen erregt werden. Wird nun eines dieser Instrumente nicht ganz sauber gespielt, dann kann bei nicht zu großen Verstimmungen eine Mitnahme des Tones durch das übrige Orchester erfolgen, so daß sich die Verstimmung nicht auswirkt. Man könnte das gesamte Orchester als einen Verband selbsterregungsfähiger Schwinger bezeichnen, die sich beim Spiel selbsttätig auf einen mittleren Ton einigen.

5.5 Aufgaben

32. Ein stark gedämpfter Schwinger ($D > 1$) soll aus der Ruhelage $x = 0$ in die neue Gleichgewichtslage $x = x_0$ gebracht werden. Die dazu notwendige Erregung soll aus einer Sprungfunktion, die die Gleichgewichtslagenverschiebung bewirkt, und zusätzlich aus einer Stoßfunktion bestehen, die eine Erhöhung der Anfangsgeschwindigkeit um den Betrag v_0^* verursacht. Wie groß muß v_0^* gewählt werden, wenn der Übergang möglichst rasch erfolgen soll, so daß sich der langsam abklingende Anteil der Gesamtlösung nicht auswirkt?

33. Man berechne den günstigsten Wert des Dämpfungsgrades D, der sich bei Anwendung des Kriteriums

$$F_4 = \int\limits_0^\infty \{[x_{sp}(\tau) - 1]^2 + k[x'_{sp}(\tau)]^2\}\mathrm{d}\tau = \text{Minimum}$$

aus der Übergangsfunktion (5.6) ergibt (k ist ein noch willkürlich wählbarer konstanter Faktor).

34. Man bestimme die Werte des Dämpfungsgrades D, die sich aus den Stoß-Übergangsfunktionen $x_{st}(\tau)$ bei Anwendung der folgenden Kriterien ergeben:

a) kleinste Zeitkonstante,

b) $F_1 = \int\limits_0^\infty x_{st}(\tau)\mathrm{d}\tau = \text{Minimum}$,

c) $F_2 = \int\limits_0^\infty |x_{st}(\tau)|\mathrm{d}\tau = \text{Minimum}$,

d) $F_3 = \int\limits_0^\infty x_{st}^2(\tau)\mathrm{d}\tau = \text{Minimum}$.

35. Man berechne aus dem Duhamelschen Integral (5.15) die Reaktion eines Schwingers mit $D = 1$ auf eine Rampenfunktion

$$f(\tau) = \begin{cases} 0 & \text{für} \quad \tau \leq 0 \\ \alpha\tau & \text{für} \quad 0 \leq \tau \leq \tau_0 \\ \alpha\tau_0 & \text{für} \quad \tau \geq \tau_0. \end{cases}$$

Der Schwinger soll für $\tau < 0$ in Ruhe sein ($x = 0$).

36. Für einen Schwinger mit Unwuchterregung berechne man die Vergrößerungsfunktion für die Schwingbeschleunigung x'' und gebe das Frequenzverhältnis η_{extr} an, bei dem Extremwerte auftreten. Wie groß darf D höchstens sein, damit Extremwerte vorhanden sind?

37. Man berechne die Lage der Maxima für Wirk- und Blindleistung der Erregerkraft im Fall B, Gl. (5.39).

38. Man gebe die Parameterdarstellung für die inversen Ortskurven (entsprechend Gl. (5.49)) in den Fällen B und C (Gl. (5.31) und (5.32)) an und bestimme die Art der Kurven.

39. Ein Erschütterungsmesser nach Fig. 113 sei mit einem induktiven Geber versehen, durch den die Größe $\dot{x}_R$ abgegriffen wird. Welche Größe wird gemessen

a)   bei überkritischer Abstimmung $(\eta > 1)$,
b)   bei unterkritischer Abstimmung $(\eta < 1)$?

In welchem η-Bereich darf das Gerät verwendet werden, wenn bei $D = 1$ der Amplitudenfehler nicht größer als 5 % sein soll?

40. Ein unterkritisch abgestimmter Schwingungsmesser mit $D = 1$ soll im Bereich $0 < \eta < 0,2$ verwendet werden. Wie hängt die Zeitverschiebung $\Delta \tau = \mathrm{d}\psi/\mathrm{d}\eta$ für die einzelnen Teilschwingungen von η ab? Wie groß ist der maximale Phasenfehler $\delta = \Delta(\Delta\tau)/\Delta\tau$ im angegebenen Bereich?

41. Eine elastisch gelagerte Maschine läuft mit 1000 U/min. Die Lagerung sei ungedämpft $(D \approx 0)$. Wie groß muß die statische Durchsenkung x_0 der Maschine unter dem Eigengewicht gemacht werden, wenn die elastische Lagerung nur 5 % der Unwuchtkräfte der Maschine auf das Fundament übertragen darf?

42. Wie groß müßte der Federweg eines linear wirkenden elastischen Gurts in einem Kraftwagen gemacht werden, wenn dadurch die Beschleunigungskräfte bei einem Unfall (plötzliches Abbremsen der Geschwindigkeit auf Null) so reduziert werden sollen, daß bei $v = 40$ km/h Fahrgeschwindigkeit höchstens 10-fache Fallbeschleunigung erreicht wird?

43. Wie groß darf der Dämpfungsgrad D bei dem Schwinger von Abschnitt 5.4.3.1 (Fig. 140) höchstens werden, wenn die Resonanzkurven nicht überhängen sollen? Man berechne den Grenzwert D^* und die zugehörigen Werte $\hat{x}^*$ und η^* für den vertikalen Wendepunkt der Resonanzkurve.

44. Man berechne die Resonanzfunktion $\hat{x} = \hat{x}(\eta)$ für einen Schwinger mit quadratischer Dämpfung bei harmonischer Erregung: $x'' + qx'|x'| + x = x_0 \cos \eta\tau$ durch harmonische Linearisierung oder aus der Energiebilanz Gl. (5.88). Man untersuche, ob Sprungeffekte möglich sind.

45. Unter der Voraussetzung $\eta \approx 1$ entwickle man eine Näherungsformel für die Resonanzmaxima des Schwingers von Aufgabe 44.

46. Mit Hilfe des abgekürzten Störungsansatzes $x = x_1 + \alpha x_2$ berechne man einen Näherungswert für die Mittellage x_m der stationären erzwungenen Schwingungen eines Schwingers, der der Differentialgleichung $x'' + x + \alpha x^{2n} = x_0 \cos \eta\tau$ genügt. Der Faktor α sei klein, n ist eine ganze Zahl.

47. Man berechne die Resonanzfunktion $\hat{x} = \hat{x}(\eta)$ und den Mitnahmebereich für die Fremderregung des selbsterregungsfähigen Systems $x'' + 2Dx' - a \operatorname{sgn} x' + x = x_0 \cos \eta\tau$ unter der Voraussetzung kleiner Werte von x_0 (siehe hierzu auch Aufgabe 22).

6 Koppelschwingungen

Die in der Technik vorkommenden Schwinger haben meist mehrere Freiheitsgrade. Sie können dann in verschiedener Weise zu Schwingungen angeregt werden, und die verschiedenen möglichen Bewegungen werden sich sowohl der Schwingungsform, als auch der Frequenz nach voneinander unterscheiden. Wenn sich diese Schwingungen gegenseitig beeinflussen, dann nennt man sie gekoppelt. Je stärker diese Kopplung ist, um so wirksamer ist die Beeinflussung, und um so mehr können die dann stattfindenden Bewegungen von den bisher untersuchten Schwingungserscheinungen abweichen. Wir wollen in diesem Kapitel einige bei Koppelschwingungen zu beobachtende Erscheinungen behandeln, müssen uns jedoch hier noch mehr als in den vorangegangenen Kapiteln auf wenige Teilprobleme beschränken. Die Zahl der Möglichkeiten ist bei Koppelschwingungen so außerordentlich groß, daß wir hier nur einige typische Fälle herausgreifen können.

Es sei aber ausdrücklich darauf hingewiesen, daß sich viele Schwingungserscheinungen in Systemen mit mehreren Freiheitsgraden durchaus mit den in den vorhergehenden Kapiteln behandelten Methoden untersuchen lassen. Auch wenn mehrere Freiheitsgrade vorhanden sind, spielen einperiodische Bewegungen – d.h. Schwingungsvorgänge, bei denen nur eine einzige Frequenz auftritt – eine große Rolle. Wir werden sehen, daß die im allgemeinen recht komplizierten Schwingungserscheinungen in gekoppelten Systemen in vielen Fällen durch eine Überlagerung einperiodischer Eigen- oder Hauptschwingungen erklärt und berechnet werden können. Damit aber wird die im vorliegenden Buch bevorzugte Behandlung einfacher Schwinger mit einem Freiheitsgrad nachträglich gerechtfertigt.

6.1 Schwinger mit zwei Freiheitsgraden

Ein Schwinger besitzt zwei Freiheitsgrade, wenn seine Bewegungen durch die Angabe von zwei Koordinaten – als Funktionen der Zeit – in eindeutiger Weise gekennzeichnet werden können. Einige einfache Beispiele derartiger Schwinger sind in Fig. 148 skizziert. Es sind dies: a) zwei durch eine Feder

gekoppelte ebene Schwerependel von je einem Freiheitsgrad; b) zwei aneinanderhängende ebene Schwerependel; c) zwei aneinanderhängende, vertikal
schwingende Feder-Masse-Pendel; d) zwei induktiv gekoppelte elektrische
Schwingkreise; e) zwei kapazitiv gekoppelte elektrische Schwingkreise. Weitere Beispiele ließen sich leicht angeben, zum Teil werden sie in den folgenden
Abschnitten behandelt.

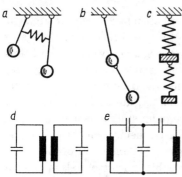

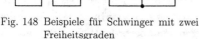

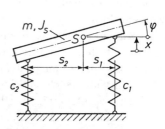

Fig. 148 Beispiele für Schwinger mit zwei
          Freiheitsgraden

Fig. 149 Koppelschwinger mit zwei Frei-
          heitsgraden

6.1.1   Freie Schwingungen eines ungedämpften linearen Koppelschwingers

Wir betrachten den in Fig. 149 skizzierten Schwinger, der ein einfaches Ersatzsystem für ein Fahrzeug darstellt: ein auf zwei Federn mit den Federkonstanten c_1 und c_2 gestützter starrer Körper (Masse m, Massenträgheitsmoment J_S) möge eine ebene Bewegung ausführen, die durch die beiden
Koordinaten x (vertikale Bewegung des Schwerpunktes S) und φ (Drehung
um eine senkrecht zur Bewegungsebene stehende Achse) eindeutig beschrieben werden kann. Wir wollen annehmen, daß der Körper eine senkrecht zur
Bewegungsebene stehende Hauptträgheitsachse besitzt, so daß die genann-
te ebene Bewegung kinetisch möglich ist; ferner setzen wir den Winkel φ
als so klein voraus, daß bezüglich dieses Winkels linearisiert werden kann;
außerdem soll von dämpfenden Bewegungswiderständen abgesehen werden.

Zur Ableitung der Bewegungsgleichungen sollen die Lagrangeschen Gleichungen 2. Art verwendet werden:

$$\frac{\mathrm{d}}{\mathrm{d}t}\left(\frac{\partial E_k}{\partial \dot{q}}\right) - \frac{\partial E_k}{\partial q} + \frac{\partial E_p}{\partial q} = 0 \qquad (q = x, \varphi). \tag{6.1}$$

Für die kinetische Energie E_k und die potentielle Energie E_p findet man leicht

$$E_k = \frac{1}{2}m\dot{x}^2 + \frac{1}{2}J_s\dot{\varphi}^2,$$
$$E_p = \frac{1}{2}c_1(x + s_1\varphi)^2 + \frac{1}{2}c_2(x - s_2\varphi)^2. \tag{6.2}$$

Die Ausrechnung von Gl. (6.1) ergibt damit

$$m\ddot{x} + (c_1 + c_2)x + (c_1s_1 - c_2s_2)\varphi = 0,$$
$$J_s\ddot{\varphi} + (c_1s_1^2 + c_2s_2^2)\varphi + (c_1s_1 - c_2s_2)x = 0. \tag{6.3}$$

Mit den Abkürzungen

$$\frac{c_1 + c_2}{m} = \omega_x^2; \qquad \frac{c_1s_1^2 + c_2s_2^2}{J_s} = \omega_\varphi^2; \tag{6.4}$$

$$\frac{c_1s_1 - c_2s_2}{m} = k_1^2; \qquad \frac{c_1s_1 - c_2s_2}{J_s} = k_2^2; \qquad k_1^2k_2^2 = k^4 \tag{6.5}$$

gehen die Bewegungsgleichungen über in:

$$\ddot{x} + \omega_x^2 x + k_1^2\varphi = 0,$$
$$\ddot{\varphi} + \omega_\varphi^2\varphi + k_2^2 x = 0. \tag{6.6}$$

Die Größen ω_x und ω_φ sind die Eigenkreisfrequenzen der Hub- bzw. der Drehschwingung, wenn die Kopplung verschwindet ($k_1 = k_2 = 0$). Die Gleichungen (6.6) ergeben mit dem Ansatz

$$x = \hat{x}e^{\lambda t}; \qquad \varphi = \hat{\varphi}e^{\lambda t}$$

ein lineares System zur Bestimmung der Amplitudenfaktoren $\hat{x}$ und $\hat{\varphi}$:

$$\hat{x}(\lambda^2 + \omega_x^2) + \hat{\varphi}k_1^2 = 0,$$
$$\hat{x}k_2^2 + \hat{\varphi}(\lambda^2 + \omega_\varphi^2) = 0, \tag{6.7}$$

das nur dann eine nichttriviale Lösung hat, wenn die Determinante dieses homogenen Gleichungssystems verschwindet. Das führt auf die charakteristische Gleichung:

$$\begin{vmatrix} \lambda^2 + \omega_x^2 & k_1^2 \\ k_2^2 & \lambda^2 + \omega_\varphi^2 \end{vmatrix} = \lambda^4 + \lambda^2(\omega_x^2 + \omega_\varphi^2) + (\omega_x^2\omega_\varphi^2 - k^4) = 0 \tag{6.8}$$

mit den beiden Lösungen für λ^2:

$$\left.\begin{array}{l} -\lambda_1^2 = \omega_1^2 \\ -\lambda_2^2 = \omega_2^2 \end{array}\right\} = \frac{1}{2}(\omega_x^2 + \omega_\varphi^2) \mp \sqrt{\frac{1}{4}(\omega_x^2 - \omega_\varphi^2)^2 + k^4}. \qquad (6.9)$$

ω_1 und ω_2 sind die Eigenkreisfrequenzen des Schwingers. Sie sind – wie man aus der Form des Radikanden sofort sieht – stets voneinander verschieden. Ihre Abhängigkeit vom Verhältnis der „ungekoppelten Eigenkreisfrequenzen" sowie von der Stärke der Kopplung, die durch die Größe k gekennzeichnet wird, ist in Fig. 150 aufgetragen. Aus der dimensionslosen Auftragung ist zu erkennen, daß für verschwindende Kopplung $k = 0$ die Geraden $\omega/\omega_x = 1$ und $\omega = \omega_\varphi$ erhalten werden. Je stärker die Kopplung wird, um so mehr rücken die Eigenkreisfrequenzen ω_1 und ω_2 auseinander. Stets ist ω_2 größer als die größere und ω_1 kleiner als die kleinere der beiden Kreisfrequenzen ω_x und ω_φ.

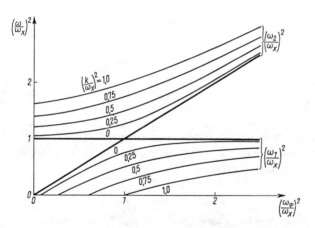

Fig. 150 Zusammenhang zwischen Koppelfrequenzen, Grundfrequenzen und Koppelstärke

Die Lösung für die beiden Koordinaten x und φ läßt sich nun in bekannter Weise in trigonometrischen Funktionen ausdrücken und ergibt

$$\begin{aligned} x &= \hat{x}_1 \cos(\omega_1 t - \psi_{x1}) + \hat{x}_2 \cos(\omega_2 t - \psi_{x2}), \\ \varphi &= \hat{\varphi}_1 \cos(\omega_1 t - \psi_{\varphi 1}) + \hat{\varphi}_2 \cos(\omega_2 t - \psi_{\varphi 2}). \end{aligned} \qquad (6.10)$$

Darin sind noch 8 Konstanten enthalten, zu deren Bestimmung nur 4 Anfangsbedingungen zur Verfügung stehen. Das Problem ist lösbar, da die

Amplituden- und Phasen-Konstanten in beiden Koordinaten miteinander verknüpft sind. Man kann aus den Gleichungen (6.7) leicht feststellen, daß die folgenden Beziehungen bestehen:

$$\frac{\hat{\varphi}_1}{\hat{x}_1} = \frac{\omega_1^2 - \omega_x^2}{k_1^2} = \frac{k_2^2}{\omega_1^2 - \omega_\varphi^2} = \kappa_1,$$

$$\frac{\hat{\varphi}_2}{\hat{x}_2} = \frac{\omega_2^2 - \omega_x^2}{k_1^2} = \frac{k_2^2}{\omega_2^2 - \omega_\varphi^2} = \kappa_2, \tag{6.11}$$

$$\psi_{x1} = \psi_{\varphi1} \pm 2\pi n; \qquad \psi_{x2} = \psi_{\varphi2} \pm 2\pi n; \qquad (n = 1, 2, \ldots).$$

Damit geht Gl. (6.10) über in

$$x = \hat{x}_1 \cos(\omega_1 t - \psi_1) + \hat{x}_2 \cos(\omega_2 t - \psi_2),$$
$$\varphi = \kappa_1 \hat{x}_1 \cos(\omega_1 t - \psi_1) + \kappa_2 \hat{x}_2 \cos(\omega_2 t - \psi_2). \tag{6.12}$$

Sind die Anfangsbedingungen für $t = 0$

$$x = x_0; \qquad \dot{x} = \dot{x}_0,$$
$$\varphi = \varphi_0; \qquad \dot{\varphi} = \dot{\varphi}_0,$$

dann ergibt die Berechnung der Konstanten von Gl. (6.12) die folgenden Werte:

$$\hat{x}_1 = \frac{1}{\kappa_2 - \kappa_1} \sqrt{(x_0 \kappa_2 - \varphi_0)^2 + \left(\frac{\dot{x}_0 \kappa_2 - \dot{\varphi}_0}{\omega_1}\right)^2},$$

$$\hat{x}_2 = \frac{1}{\kappa_2 - \kappa_1} \sqrt{(x_0 \kappa_1 - \varphi_0)^2 + \left(\frac{\dot{x}_0 \kappa_1 - \dot{\varphi}_0}{\omega_2}\right)^2}, \tag{6.13}$$

$$\tan \psi_1 = \frac{\dot{x}_0 \kappa_2 - \dot{\varphi}_0}{\omega_1 (x_0 \kappa_2 - \varphi_0)}; \qquad \tan \psi_2 = \frac{\dot{x}_0 \kappa_1 - \dot{\varphi}_0}{\omega_2 (x_0 \kappa_1 - \varphi_0)}.$$

6.1.2 Eigenschwingungen und Hauptkoordinaten

Die allgemeine Lösung (6.12) zeigt, daß der Schwingungsvorgang durch Überlagerung von zwei harmonischen Schwingungen entsteht. Es interessiert nun die Frage, ob es Anfangsbedingungen gibt, die zu einem Schwingungsvorgang mit nur jeweils einer Frequenz führen. Aus den Beziehungen (6.13) sieht man leicht, daß dies in zwei Fällen möglich ist:

1) $\hat{x}_1 \neq 0;$ $\hat{x}_2 = 0$ mit $\dfrac{x_0}{\varphi_0} = \dfrac{\dot{x}_0}{\dot{\varphi}_0} = \dfrac{x}{\varphi} = \dfrac{1}{\kappa_1},$

2) $\hat{x}_1 = 0;$ $\hat{x}_2 \neq 0$ mit $\dfrac{x_0}{\varphi_0} = \dfrac{\dot{x}_0}{\dot{\varphi}_0} = \dfrac{x}{\varphi} = \dfrac{1}{\kappa_2}.$

$$\tag{6.14}$$

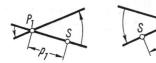

Fig. 151
Eigenschwingungsformen für den Koppelschwinger von Fig. 149

Bei Erfüllung dieser Bedingungen stehen die Werte der Koordinaten x und φ während des ganzen weiteren Schwingungsvorganges in einem festen Verhältnis. Wie man sich leicht überlegen kann, ist das nur möglich, wenn der Schwingungsvorgang selbst in einer reinen Drehung um einen festen Pol P besteht, der vom Schwerpunkt S des Körpers den Abstand $p_i(i = 1, 2)$ besitzt (Fig. 151). Wegen der Voraussetzung $\varphi \ll 1$ findet man in den beiden möglichen Fällen

1) $$p_1 = \left(\frac{x}{\varphi}\right)_1 = \frac{1}{\kappa_1} = \frac{k_1^2}{\omega_1^2 - \omega_x^2} < 0,$$

$$(6.15)$$

2) $$p_2 = \left(\frac{x}{\varphi}\right)_2 = \frac{1}{\kappa_2} = \frac{k_1^2}{\omega_2^2 - \omega_x^2} > 0.$$

Zur ersten Schwingungsform gehört die Eigenkreisfrequenz ω_1, zur zweiten die Eigenkreisfrequenz ω_2. Man bezeichnet diese einperiodischen Schwingungen als Eigenschwingungen oder Hauptschwingungen. Die allgemeine Bewegung kann dann als eine Überlagerung von zwei Eigenschwingungen aufgefaßt werden.

Wir wollen noch zwei leicht überschaubare Sonderfälle betrachten:

a) $\omega_x = \omega_\varphi = \omega_0$. Bei Gleichheit der beiden ungekoppelten Eigenkreisfrequenzen findet man aus Gl. (6.9) die Eigenkreisfrequenzen

$$\omega_1^2 = \omega_0^2 - k^2; \qquad \omega_2^2 = \omega_0^2 + k^2,$$

und damit aus Gl. (6.15) die Polabstände

$$p_1 = -\frac{k_1}{k_2} = -\varrho; \qquad p_2 = \frac{k_1}{k_2} = \varrho \quad \text{mit} \quad \varrho = \sqrt{\frac{J_s}{m}}.$$

Dabei ist ϱ der Trägheitsradius des Körpers für eine durch den Schwerpunkt gehende Achse. Die Pole liegen jetzt rechts und links vom Schwerpunkt jeweils um den Betrag des Trägheitsradius von diesem entfernt.

b) $k_1 = k_2 = 0$. Dieser Fall ist verwirklicht für $c_1 s_1 = c_2 s_2$. Jetzt wird, wie man aus Gl. (6.9) erkennt, $\omega_1 = \omega_\varphi$ und $\omega_2 = \omega_x$. Damit aber folgt aus Gl. (6.15) sofort $p_1 = 0$, so daß die eine der Eigenschwingungen eine reine Drehung um den Schwerpunkt wird. Für die andere Eigenschwingung bekommt man aus (6.15) einen unbestimmten Ausdruck. Wenn man jedoch in Gl. (6.9) zunächst k als eine sehr kleine Größe ansetzt, in Gl. (6.15) einsetzt und dort den Grenzübergang $k \to 0$ vornimmt, dann folgt $p_2 \to \infty$. Die zweite Eigenschwingung besteht demnach in einer reinen Hubschwingung des Körpers. Dieses Ergebnis hätte man freilich unmittelbar auch aus den Differentialgleichungen (6.6) ablesen können, die ja für $k_1 = k_2 = 0$ entkoppelt werden.

Dieses im Sonderfall b) erhaltene Ergebnis läßt sich verallgemeinern: es lassen sich ganz allgemein spezielle Koordinaten, die sogenannten Hauptkoordinaten finden, so daß in diesen Koordinaten jeweils eine einperiodische Bewegung stattfindet. Werden die Differentialgleichungen auf diese Hauptkoordinaten transformiert, dann zerfallen sie in zwei ungekoppelte Differentialgleichungen. Man findet diese Hauptkoordinaten z.B., wenn man die allgemeine Lösung (6.12) als eine Bestimmungsgleichung für die Teilschwingungen $\hat{x}_1 \cos(\omega_1 t - \psi_1)$ und $\hat{x}_2 \cos(\omega_2 t - \psi_2)$ auffaßt und löst. Dann folgt:

$$\begin{aligned} \xi &= x\kappa_2 - \varphi = \hat{x}_1(\kappa_2 - \kappa_1)\cos(\omega_1 t - \psi_1), \\ \eta &= x\kappa_1 - \varphi = \hat{x}_2(\kappa_1 - \kappa_2)\cos(\omega_2 t - \psi_2). \end{aligned} \qquad (6.16)$$

Die Hauptkoordinaten ξ und η werden demnach linear aus den ursprünglichen Koordinaten x und φ berechnet. Mit Einführen der ξ, η in die Ausgangsdifferentialgleichungen gehen diese in die entkoppelte Form

$$\begin{aligned} \ddot{\xi} + \omega_1^2 \xi &= 0, \\ \ddot{\eta} + \omega_2^2 \eta &= 0 \end{aligned} \qquad (6.17)$$

über. Man kann sogar noch weiter zurückgehen und die Ausdrücke für die kinetische Energie E_k und potentielle Energie E_p betrachten, aus denen ja die Differentialgleichungen nach der Lagrangeschen Methode gewonnen wurden. Ungekoppelte Differentialgleichungen können bei diesem Verfahren nur dann entstehen, wenn sowohl die kinetische als auch die potentielle Energie keine gemischt quadratischen Glieder in den verwendeten Koordinaten enthalten. Man kann daher eine solche lineare Transformation der Koordinaten suchen, die E_k und E_p gleichzeitig in eine rein quadratische Form überführt. Diese in der Algebra wohlbekannte Operation wird als Hauptachsentransformation bezeichnet. Wir wollen sie für den vorliegenden Fall durchführen und werden sehen, daß wir dabei genau wieder auf die Hauptkoordinaten ξ und η zurückkommen.

Unter Berücksichtigung der eingeführten Abkürzungen (6.4) und (6.5) können die Ausdrücke (6.2) und (6.3) wie folgt geschrieben werden:

$$E_k = \frac{1}{2}m\left(\dot{x}^2 + \frac{k_1^2}{k_2^2}\dot{\varphi}^2\right),$$

$$E_p = \frac{1}{2}m\left(\omega_x^2 x^2 + 2k_1^2 x\varphi + \frac{k_1^2}{k_2^2}\omega_\varphi^2\varphi^2\right). \tag{6.18}$$

Wir suchen nun neue Koordinaten u, v, die linear von den x, φ abhängen und so beschaffen sind, daß in den Ausdrücken für E_k und E_p keine gemischt quadratischen Glieder auftreten. Dazu wählen wir den Ansatz

$$x = u + v,$$

$$\varphi = au + bv. \tag{6.19}$$

Nach Einsetzen in Gl. (6.18) und Ausrechnen findet man, daß rein quadratische Ausdrücke nur entstehen, wenn

$$1 + \frac{k_1^2}{k_2^2}ab = 0,$$

$$\omega_x^2 + k_1^2(a+b) + \frac{k_1^2}{k_2^2}\omega_\varphi^2 ab = 0$$

gilt. Das sind zwei Gleichungen für die in die Transformation (6.19) eingehenden Konstanten a, b. Nach Umrechnung unter Berücksichtigung der Beziehungen (6.9) und (6.11) findet man:

$$a = \kappa_2; \qquad b = \kappa_1. \tag{6.20}$$

Löst man nun die Gleichungen (6.19) nach u und v auf, so folgt wegen Gl. (6.16):

$$u = \frac{\kappa_1 x - \varphi}{\kappa_1 - \kappa_2} = \frac{\eta}{\kappa_1 - \kappa_2},$$

$$v = \frac{\kappa_2 x - \varphi}{\kappa_2 - \kappa_1} = \frac{\xi}{\kappa_2 - \kappa_1}.$$

Darin sind ξ und η wieder die früheren Hauptkoordinaten. Hätte man also von vornherein die Energieausdrücke (6.2) und (6.3) durch eine Hauptachsentransformation vereinfacht, dann wäre die weitere Rechnung auf die Bestimmung zweier voneinander unabhängiger Eigen- oder Hauptschwingungen reduziert worden. Jede andere Bewegung des Schwingers kann durch Überlagerung der Eigenschwingungen erhalten werden. Durch Verwendung von Hauptkoordinaten lassen sich also wesentliche Vereinfachungen bei der Berechnung linear gekoppelter Schwingungen erreichen.

6.1.3 Eigenfrequenzen als Extremwerte eines Energieausdruckes

Für Schwingungen in Systemen mit einem Freiheitsgrad läßt sich die Frequenz durch eine einfache Energiebetrachtung, nämlich durch Gleichsetzen der Maximalwerte von potentieller und kinetischer Energie, berechnen. Auch bei Schwingungen mit mehreren Freiheitsgraden kann eine Energieüberlegung wertvolle Aufschlüsse geben.

Wenn wir die potentielle Energie von der Ruhelage des Schwingers aus zählen, dann gilt bei konservativen Schwingungen stets

$$(E_k)_{\max} = (E_p)_{\max}. \tag{6.21}$$

Wir wollen diese Beziehung auf den hier untersuchten Koppelschwinger anwenden und setzen zu diesem Zweck mit einer zunächst noch unbekannten Kreisfrequenz ω:

$$\begin{aligned} x &= \hat{x}\cos\omega t, \\ \varphi &= \hat{\varphi}\cos\omega t = \kappa\hat{x}\cos\omega t \end{aligned} \tag{6.22}$$

an. Durch Einsetzen in Gl. (6.18) erhält man die beiden Energieausdrücke und kann daraus für den Umkehrpunkt ($\cos\omega t = 0$) den Maximalwert für die potentielle Energie und entsprechend für den Durchgang durch die Ruhelage ($\sin\omega t = 0$) den Maximalwert für die kinetische Energie bekommen:

$$\begin{aligned} (E_k)_{\max} &= \frac{1}{2}m\omega^2\hat{x}^2\left(1 + \kappa^2\frac{k_1^2}{k_2^2}\right), \\ (E_p)_{\max} &= \frac{1}{2}m\hat{x}^2\left(\omega_x^2 + 2\kappa k_1^2 + \kappa^2\omega_\varphi^2\frac{k_1^2}{k_2^2}\right). \end{aligned}$$

Damit aber läßt sich wegen Gl. (6.21) ein Ausdruck für das Quadrat der Kreisfrequenz gewinnen:

$$\omega^2 = \frac{\omega_x^2 + 2\kappa k_1^2 + \kappa^2\omega_\varphi^2\dfrac{k_1^2}{k_2^2}}{1 + \kappa^2\dfrac{k_1^2}{k_2^2}} = R. \tag{6.23}$$

Dieser als Rayleigh-Quotient bezeichnete Ausdruck läßt sich in doppelter Weise zur Bestimmung der Frequenz von Koppelschwingungen verwenden. Zunächst sieht man, daß ω vollkommen bestimmt ist, wenn außer den

Parametern des Schwingers noch das Verhältnis κ der Amplituden zum Beispiel durch Messungen am Schwinger ermittelt werden kann. Aber auch ohne diese Kenntnis können die Eigenkreisfrequenzen und die zugehörigen κ-Werte aus dem Rayleigh-Quotienten gefunden werden. Faßt man nämlich $R = R(\kappa)$ als Funktion von κ auf, so läßt sich zeigen, daß die Extremwerte dieser Funktion genau den Quadraten der Eigenkreisfrequenzen ω_1 und ω_2 entsprechen. Trägt man sich also $R(\kappa)$ als Kurve auf (Fig. 152), so findet man daraus sowohl ω_1 und ω_2 als auch die zugehörigen Amplitudenverhältnisse κ_1 und κ_2.

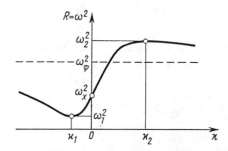

Fig. 152
Rayleigh-Quotient R als Funktion des Amplitudenverhältnisses κ

Diese allgemeine Behauptung läßt sich im vorliegenden Fall durch Ausrechnung nachweisen. Tatsächlich findet man aus Gl. (6.23) mit $dR/d\kappa = 0$ eine quadratische Gleichung für κ:

$$\kappa^2 - \kappa \frac{\omega_\varphi^2 - \omega_x^2}{k_1^2} - \frac{k_2^2}{k_1^2} = 0,$$

deren Auflösung nach entsprechender Umformung genau wieder die früheren Werte κ_1 und κ_2 von Gl. (6.11) ergibt. Geht man aber damit in Gl. (6.23) ein, so folgt entsprechend

$$R(\kappa_1) = \omega_1^2; \qquad R(\kappa_2) = \omega_2^2.$$

Es muß freilich zugegeben werden, daß die praktische Ausrechnung der Eigenfrequenzen als Extremwerte des Rayleigh-Quotienten etwa den gleichen rechnerischen Aufwand erfordert, wie die unmittelbare Ausrechnung durch Lösen der charakteristischen Gleichung. Der Vorteil des Rayleigh-Verfahrens besteht aber darin, daß der Quotient R in der Umgebung der Eigenfrequenz ziemlich unempfindlich gegenüber Änderungen von κ ist. Wenn man daher mit roh geschätzten Werten für κ direkt in Gl. (6.23) eingeht, bekommt man meist schon erstaunlich gute Näherungswerte für die Eigenfrequenzen. Durch einen Iterationsprozeß lassen sich diese Werte dann noch verbessern. Der Wert dieses Verfahrens zur Abschätzung der Eigenfrequenzen wird erst bei Systemen höherer Ordnung augenfällig, wenn die charakteristische Gleichung nicht mehr explizit aufgelöst werden kann, oder bei Kontinuumsschwingungen, wenn man Näherungsausdrücke für die Eigenschwingungsformen verwendet.

6.1.4   Das Schwerependel mit elastischem Faden

Am speziellen Beispiel eines Schwerependels mit elastischem Faden (Fig. 153) soll nun gezeigt werden, daß sich Koppelschwingungen nicht immer durch eine Überlagerung einfacher Hauptschwingungen erklären lassen, sondern daß vielmehr erheblich kompliziertere Erscheinungen auftreten können.

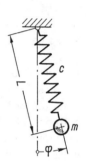

Fig. 153
Pendel mit elastischem Faden

Wenn der Faden (die Schraubenfeder) des Pendels als masselos betrachtet wird und die ungespannte Länge L_0 besitzt, dann hat man:

$$E_k = \frac{1}{2}m(L^2\dot{\varphi}^2 + \dot{L}^2),$$
$$E_p = \frac{1}{2}c(L - L_0)^2 + mgh. \tag{6.24}$$

Mit $h = L_0(1 - \cos\varphi) - (L - L_0)\cos\varphi = L_0 - L\cos\varphi$ findet man aus (6.24) nach der Lagrangeschen Vorschrift die Bewegungsgleichungen:

$$m\ddot{L} - mL\dot{\varphi}^2 - mg\cos\varphi + c(L - L_0) = 0,$$
$$L\ddot{\varphi} + 2\dot{L}\dot{\varphi} + g\sin\varphi = 0. \tag{6.25}$$

Es ist nun zweckmäßig, die neue Variable x und die folgenden Abkürzungen einzuführen:

$$x = L - L_0 - \frac{mg}{c}; \qquad L_s = L_0 + \frac{mg}{c},$$
$$\omega_x^2 = \frac{c}{m}; \qquad \omega_\varphi^2 = \frac{g}{L_s}.$$

Damit gehen die Gleichungen (6.25) über in:

$$\ddot{x} + \omega_x^2 x = (L_s + x)\dot{\varphi}^2 - g(1 - \cos\varphi),$$
$$\ddot{\varphi} + \omega_\varphi^2 \sin\varphi = -\frac{1}{L_s}x\ddot{\varphi} - \frac{2}{L_s}\dot{x}\dot{\varphi}. \tag{6.26}$$

Das ist ein nichtlineares gekoppeltes System von Differentialgleichungen, deren allgemeine Lösung nicht bekannt ist. Man kann aber leicht eine partikuläre Lösung finden, für die $\varphi = \varphi^* = 0$ ist. Das Pendel schwingt in diesem Fall nur vertikal auf und ab. Es gilt:

$$x = x^* = \hat{x}\cos(\omega_x t - \psi), \qquad \varphi = \varphi^* = 0. \tag{6.27}$$

Man kann diese einperiodische Bewegung als eine Eigenschwingung auffassen. Eine zugehörige zweite Eigenschwingung findet man jedoch nur, wenn $\varphi \ll 1$ vorausgesetzt wird und dementsprechend alle Glieder von zweiter und höherer Ordnung in den beiden Variablen x und φ vernachlässigt werden. Dann sind im vorliegenden Fall x und φ selbst schon Hauptkoordinaten, denn die Bewegungsgleichungen reduzieren sich auf die entkoppelten linken Seiten von (6.26). Obwohl also für $\varphi \ll 1$ formal eine völlige Entkopplung der Differentialgleichungen stattfindet, ist dennoch eine gegenseitige Beeinflussung der beiden Schwingungen – also eine Kopplung – möglich. Sie entsteht im vorliegenden Fall durch Instabilwerden der in Gl. (6.27) ausgedrückten Grundschwingung.

Um diese Zusammenhänge zu erklären, müssen die Nachbarbewegungen zur Grundschwingung (6.27) betrachtet werden. Wir setzen also

$$x = x^* + \tilde{x}; \qquad \varphi = \varphi^* + \tilde{\varphi},$$

wobei die durch eine Schlange gekennzeichneten Abweichungen vom Grundzustand als so klein vorausgesetzt werden, daß bezüglich dieser Größen linearisiert werden kann. Dadurch gewinnt man aus Gl. (6.26) die neuen Bewegungsgleichungen für die Koordinaten der Nachbarbewegung:

$$\ddot{\tilde{x}} + \omega_x^2 \tilde{x} = 0,$$
$$\ddot{\tilde{\varphi}}\left(1 + \frac{x^*}{L_s}\right) + \frac{2\dot{x}^*}{L_s}\dot{\tilde{\varphi}} + \omega_\varphi^2 \tilde{\varphi} = 0. \tag{6.28}$$

Obwohl diese Gleichungen bezüglich der Abweichungen $\tilde{x}$ und $\tilde{\varphi}$ entkoppelt sind, ist dennoch die Bewegung in der $\tilde{\varphi}$-Koordinate von der Grundbewegung x^* nach Gl. (6.27) abhängig. Die $\tilde{\varphi}$-Gleichung hat daher periodische

Koeffizienten und muß nach den Verfahren behandelt werden, wie sie im Kapitel 4 bei der Berechnung von parametererregten Schwingungen besprochen wurden. Die $\tilde{\varphi}$-Gleichung von (6.28) ist genau vom Typ der Gl. (4.28) mit:

$$p_1(t) = -\frac{2\hat{x}\omega_x \sin(\omega_x t - \psi)}{L_s + \hat{x}\cos(\omega_x t - \psi)}; \qquad p_2(t) = \frac{L_s\omega_\varphi^2}{L_s + \hat{x}\cos(\omega_x t - \psi)}.$$

Beide Koeffizienten haben die gleiche Kreisfrequenz ω_x, so daß die früher beschriebene Transformation mit dem Ansatz (4.29) zu einer Hillschen Differentialgleichung vom Typ (4.30) führt, wobei der einzige dann noch vorkommende Koeffizient $P(t)$ periodisch mit der Frequenz ω_x ist.

Aus der Theorie der Hillschen Gleichung, die für den Sonderfall der Mathieuschen Gleichung früher betrachtet wurde, ist bekannt, daß instabile Lösungsbereiche auftreten können, wenn zwischen der Eigenfrequenz des Schwingers und der Frequenz des Koeffizienten bestimmte ganzzahlige Verhältnisse bestehen. Im vorliegenden Fall sind instabile Lösungen in der Umgebung der Kreisfrequenzen

$$\omega_x = \frac{2\omega_\varphi}{n} \qquad (n = 1, 2, 3, \ldots) \tag{6.29}$$

möglich. Man könnte die für eine Mathieusche Gleichung ausgerechnete Stabilitätskarte von Fig. 102 näherungsweise übertragen und müßte dann als Abszisse

$$\lambda = \left(\frac{\omega_\varphi}{\omega_x}\right)^2$$

einsetzen.

Man erkennt daraus, daß der für $n = 1$, also $\omega_x \approx 2\omega_\varphi$ auftretende Bereich am gefährlichsten ist, da er die größte Breite besitzt. Die Breite des instabilen Bereiches wächst im vorliegenden Fall um so mehr an, je größer die Amplitude $\hat{x}$ der Grundschwingung wird.

Wir erkennen aus diesen Betrachtungen, daß von der stets möglichen Grundschwingung (6.27), bei der die Pendelmasse vertikal schwingt, bei bestimmten Verhältnissen der Eigenfrequenzen eine Schwingung in der Koordinate φ aufgeschaukelt werden kann. Wegen der Gültigkeit des Energiesatzes ist das natürlich nur auf Kosten der Amplitude der Grundschwingung möglich. Es wandert also bei dem Schwingungsvorgang Energie aus der x-Schwingung in die φ-Schwingung und – wie Versuche zeigen – auch wieder zurück. Das äußere Bild der Erscheinungen ist daher den üblichen Koppelschwingungen sehr ähnlich. Jedoch liegt hier ein völlig anderer Entstehungsmechanismus zugrunde. Während man normale Kopplungserscheinungen der früher behandelten Art nach der Methode der kleinen Schwingungen, also durch eine Linearisierung der Bewegungsgleichungen, untersuchen kann, lassen sich die hier beschriebenen Erscheinungen grundsätzlich nicht erfassen, wenn man mit linearisierten Gleichungen arbeitet. Auf diese wichtigen Zusammenhänge hat Mettler (Ing. Arch. **28** (1959) 213–228) hingewiesen.

6.1.5 Das Körperpendel mit drehbarer Platte

Ein besonders einprägsames Beispiel für eine durch Koppelschwingungen hervorgerufene Parametererregung stellt das Körperpendel mit drehbarer Platte dar, Fig. 154. Es läßt sich zudem als einfaches Demonstrationsmodell für parametererregte Schwingungen verwenden. Der Effekt wurde bei kleinen, am Rückspiegel eines Autos als Maskottchen aufgehängten Babyschuhen beobachtet. Abhängig von der Erregung durch das Fahrzeug führten die Babyschuhe Pendelschwingungen aus. Ab einer bestimmten Größe der Amplituden erfolgte zusätzlich eine Drehung der Babyschuhe um ihren Aufhängefaden. Diese Beobachtung veranlaßte Kane (Int. J. of Mech. Eng. Education **2** (1974) 45–47) zur Untersuchung des in Fig. 154 dargestellten Ersatzsystems mit 2 Freiheitsgraden. Mit den Koordinaten φ und ϑ zur Beschreibung der Pendelschwingungen bzw. der Plattendrehung, der Masse m und den Massenträgheitsmomenten J_x, J_y, J_z bezüglich des Schwerpunkts S der Platte folgen aus den Lagrangeschen Gleichungen 2. Art die Bewegungsgleichungen

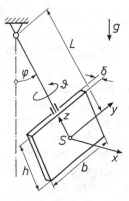

Fig. 154
Körperpendel mit drehbarer Platte

$$(mL^2 + J_x \cos^2 \vartheta + J_y \sin^2 \vartheta)\ddot{\varphi} - 2\dot{\varphi}\dot{\vartheta}(J_x - J_y)\sin\vartheta\cos\vartheta + mgL\sin\varphi = 0,$$
$$J_z\ddot{\vartheta} + \dot{\varphi}^2(J_x - J_y)\sin\vartheta\cos\vartheta = 0. \tag{6.30}$$

Das Rückstellmoment des Pendels ist durch die Schwerkraft bedingt, während das der Platte auf die Fliehkraftwirkungen aus der Pendeldrehung zurückzuführen ist. Der Fliehkrafteinfluß wird deutlich, wenn man sich die Platte durch eine in y-Richtung ausgedehnte Hantel, d.h. einen masselosen Stab mit zwei gleichen Endmassen, ersetzt denkt. Die Zerlegung der Fliehkräfte an den Hantelmassen ergibt in der x, y-Ebene zwei gleich große, entgegengesetzt wirkende Kraftkomponenten, die für $\vartheta \neq 0$ ein Rückstellmoment ergeben. Für kleine Drehwinkel $\vartheta \ll 1$ lassen sich die Bewegungsgleichungen bezüglich ϑ linearisieren. Aus (6.30) folgt:

$$(mL^2 + J_x)\ddot{\varphi} + mgL\sin\varphi = 0,$$
$$J_z\ddot{\vartheta} + \dot{\varphi}^2(J_x - J_y)\vartheta = 0. \tag{6.31}$$

Die erste der beiden Gleichungen ist von der zweiten entkoppelt. Ersetzt man darin $\sin\varphi$ durch φ, so folgt für ein Loslassen aus der Anfangsstellung $\varphi(t = 0) = \varphi_0$ die Lösung

$$\varphi(t) = \varphi_0 \cos\omega_0 t, \qquad \omega_0 = \sqrt{mgL/(mL^2 + J_x)}. \tag{6.32}$$

Ersetzt man in der zweiten Gleichung (6.31) $\dot{\varphi}^2$ mit Hilfe von (6.32), so erhält man nach trigonometrischer Umformung die Bewegungsgleichung für die Plattendrehung

$$\ddot{\vartheta} + \varphi_0^2\omega_0^2 \frac{J_x - J_y}{2J_z}(1 - \cos 2\omega_0 t)\vartheta = 0. \tag{6.33}$$

Nimmt man eine dünne Platte an, so gilt $(J_x - J_y)/J_z \approx 1$. Führt man noch die Zeitnormierung $\tau = 2\omega_0 t$ durch, so folgt aus (6.33) die Normalform der Mathieuschen Differentialgleichung, vgl. Gl. (4.38),

$$\vartheta'' + (\lambda + \gamma\cos\tau)\vartheta = 0 \quad \text{mit} \quad \lambda = -\gamma = \varphi_0^2/8. \tag{6.34}$$

Die Stabilität der Gleichgewichtslage $\vartheta = 0$ kann mit Hilfe der Stabilitätskarte für die Mathieusche Gleichung in Abhängigkeit von λ und γ beurteilt werden, wobei wegen der Symmetrie zur λ-Achse die Größe $-\gamma$ durch γ ersetzt werden darf. Die Stabilitätsgrenzen findet man auf graphischem Wege, wenn man in die Stabilitätskarte Fig. 102 oder Fig. 103 die Gerade $\gamma = \lambda$ einträgt und mit den Grenzkurven zum Schnitt bringt. Eine analytische Lösung läßt sich mit Hilfe der Näherungsfunktionen für die Grenzlinien,

Gl. (4.43), gewinnen. Damit erhält man die Grenzen für die beiden ersten stabilen Bereiche: $0 \leq \lambda = \gamma \leq 1/6$ und $1/2 \leq \lambda = \gamma \leq \sqrt{48} - 6$. Für den Anfangspendelwinkel φ_0 folgt entsprechend: $0 \leq \varphi_0 \leq 1.15$ (66°) und 2.00 (115°) $\leq \varphi_0 \leq 2.73$ (156°). Mit diesen Werten läßt sich ein Stabilitäts-diagramm in Abhängigkeit der Anfangsamplitude φ_0 des Pendels erstellen, vgl. Fig. 155. Die rechnerisch ermittelten Stabilitätsgrenzen können mit Hilfe eines Demonstrationsmodells direkt überprüft werden. Beginnt man den Pendelvorgang mit $\varphi_0 \approx 180°$ und $\vartheta_0 \approx 0$, so nimmt die Amplitude der Pendelschwingungen wegen der vorhandenen Luft- und Lagerreibung langsam ab. Beim Pendelwinkel $\varphi_0 \approx 115°$ erfolgt plötzlich das Instabilwerden der Plattenbewegung, wobei große Bewegungen entstehen können, die sich erst für Pendelwinkel $\varphi_0 \leq 66°$ um die Gleichgewichtslage $\vartheta_0 = 0$ stabilisieren.

Gute Resultate ergibt ein Demonstrationsmodell mit folgenden Abmessungen: Rechteckplatte aus Aluminium, $\delta = 2\,\mathrm{mm}$, $b = 150\,\mathrm{mm}$, $h = 75\,\mathrm{mm}$, $L = 210\,\mathrm{mm}$. Auf reibungsarme Lager (Kugellager) ist zu achten.

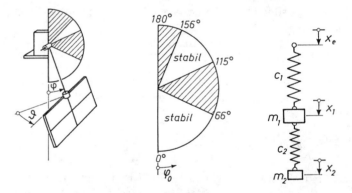

Fig. 155 Stabilitätsdiagramm für das Körperpendel mit drehbarer Platte

Fig. 156 Doppel-Federpendel mit
bewegtem Aufhängepunkt

6.1.6   Erzwungene Schwingungen eines linearen Koppelschwingers

Als Beispiel für erzwungene Schwingungen eines Koppelschwingers wollen wir das in Fig. 156 dargestellte System betrachten. Die äußere Einwirkung soll durch periodische Auf- und Abbewegungen des Aufhängepunktes zustandekommen, wobei wir für die Eingangsgröße ein harmonisches Zeitgesetz

$$x_e = \hat{x}_e \cos \Omega t \qquad (6.35)$$

annehmen wollen. Wenn dämpfende Bewegungswiderstände vernachlässigt werden, dann lassen sich die Bewegungsgleichungen unmittelbar aus dem Newtonschen Grundgesetz gewinnen:

$$m_1 \ddot{x}_1 = \Sigma F_1 = -c_1(x_1 - x_e) - c_2(x_1 - x_2),$$
$$m_2 \ddot{x}_2 = \Sigma F_2 = -c_2(x_2 - x_1).$$

Mit den Abkürzungen:

$$\frac{c_1 + c_2}{m_1} = \omega_1^2; \qquad \frac{c_2}{m_2} = \omega_2^2; \qquad \frac{m_2}{m_1} = \mu; \qquad \frac{c_1}{m_1} = \omega_{10}^2$$

bekommt man daraus die Bewegungsgleichungen:

$$\ddot{x}_1 + \omega_1^2 x_1 - \mu \omega_2^2 x_2 = \omega_{10}^2 \hat{x}_e \cos \Omega t,$$
$$\ddot{x}_2 + \omega_2^2 x_2 - \omega_2^2 x_1 = 0. \qquad (6.36)$$

Wie schon bei den erzwungenen Schwingungen mit einem Freiheitsgrad wird man auch hier Lösungen erwarten, die die Periode der Erregung besitzen. Wir suchen sie mit dem Ansatz:

$$x_1 = \hat{x}_1 \cos \Omega t,$$
$$x_2 = \hat{x}_2 \cos \Omega t. \qquad (6.37)$$

Nach Einsetzen von (6.37) in die Differentialgleichungen (6.36) wird man in üblicher Weise auf ein System von zwei Gleichungen für die beiden Amplitudenfaktoren geführt. Seine Lösung ist:

$$\hat{x}_1 = \frac{\omega_{10}^2(\omega_2^2 - \Omega^2)\hat{x}_e}{(\omega_1^2 - \Omega^2)(\omega_2^2 - \Omega^2) - \mu\omega_2^4},$$
$$\hat{x}_2 = \frac{\omega_{10}^2\omega_2^2\hat{x}_e}{(\omega_1^2 - \Omega^2)(\omega_2^2 - \Omega^2) - \mu\omega_2^4}. \qquad (6.38)$$

Eine Vorstellung von dem Verlauf dieser Amplitudenfunktionen bekommt man durch Untersuchen der Unendlichkeitsstellen (Nullstellen des Nenners) und der Nullstellen (des Zählers). Der Nenner verschwindet für:

$$\left.\begin{matrix} \Omega_1^2 \\ \Omega_2^2 \end{matrix}\right\} = \frac{1}{2}(\omega_1^2 + \omega_2^2) \mp \sqrt{\frac{1}{4}(\omega_1^2 - \omega_2^2)^2 + \mu\omega_2^4}. \qquad (6.39)$$

Das sind gerade wieder die Eigenkreisfrequenzen, also die Kreisfrequenzen der freien Schwingungen des Systems. Man kann auch hier wieder feststellen,

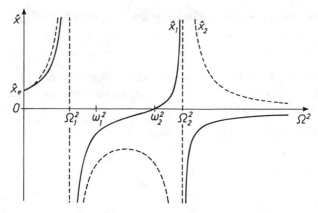

Fig. 157 Resonanzfunktionen des ungedämpften Doppelpendels von Fig. 156

daß die Kreisfrequenzen ω_1 und ω_2 stets zwischen den Eigenkreisfrequenzen Ω_1 und Ω_2 liegen. Folglich liegt die einzige vorhandene Nullstelle von $\hat{x}_1$ zwischen den für beide Amplitudenfaktoren gültigen Unendlichkeitsstellen. Der Verlauf der Resonanzfunktionen (6.38) mit Ω^2 ist aus Fig. 157 zu ersehen. Beide Kurven beginnen mit $\Omega = 0$ bei $\hat{x} = \hat{x}_e$; sie haben Unendlichkeitsstellen bei $\Omega = \Omega_1$ und $\Omega = \Omega_2$ und gehen gegen Null für $\Omega \to \infty$. Während $\hat{x}_2$ für alle Werte von Ω von Null verschieden ist, hat $\hat{x}_1$ eine Nullstelle bei $\Omega = \omega_2$. Diese Tatsache ist bemerkenswert; sie zeigt, daß die erste Masse, an der die erregende Kraft primär angreift, in vollkommener Ruhe verharren kann, wenn die Erregerfrequenz einen ganz bestimmten Wert besitzt. Man nützt diesen Effekt zur Konstruktion von Schwingungstilgern aus. Wenn schwingende Konstruktionsteile, zum Beispiel Maschinenfundamente, durch eine Erregung mit konstanter Frequenz angeregt werden, dann können die Schwingungen dadurch vollkommen getilgt werden, daß ein geeignet abgestimmter zweiter Schwinger an den ersten angekoppelt wird – so wie es Fig. 156 im Prinzip zeigt. Diese Tatsache läßt sich wie folgt erklären: Bei richtiger Abstimmung schwingt die zweite Masse in Gegenphase mit der Erregung gerade mit einer solchen Amplitude, daß die von der zweiten Feder auf den ersten Schwinger ausgeübte Kraft der über die erste Feder wirkenden Erregerkraft das Gleichgewicht hält. Dazu ist – wie man aus Gl. (6.38) sieht – eine Amplitude der zweiten Masse von der Größe

$$\hat{x}_2 = -\frac{\omega_{10}^2 \hat{x}_e}{\mu \omega_2^2} = -\frac{c_1}{c_2} \hat{x}_e$$

notwendig.

Die Phasenlagen der Schwingungen in den verschiedenen Frequenzbereichen kann man sich leicht anhand der Vorzeichen der Amplitudenfunktionen klarmachen. Für 3 Fälle sind diese Verhältnisse in Fig. 158 schematisch dargestellt worden. Bei kleinen Erregerfrequenzen ($\Omega < \Omega_1$) schwingen beide Massen mit der Erregung gleichsinnig; an den Resonanzstellen sowie bei der Nullstelle findet jeweils ein Phasensprung statt; schließlich erfolgen die Schwingungen für hinreichend große Frequenzen ($\Omega > \Omega_2$) wechselseitig gegensinnig zueinander.

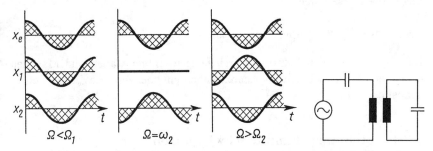

Fig. 158 Phasenlagen erzwungener Koppelschwingungen in verschiedenen Frequenzbereichen

Fig. 159 Elektrischer Saugkreis

Es mag erwähnt werden, daß die Konstruktion von Schwingungstilgern nach dem genannten Prinzip natürlich nur sinnvoll ist, wenn die Erregerfrequenz konstant bleibt. Das ist bei vielen Maschinenanlagen der Fall. Sind die Erregerfrequenzen veränderlich, dann müssen gedämpfte Zusatzschwinger angekoppelt werden, weil sich damit ein geeigneterer Verlauf für die Amplitudenfunktionen erreichen läßt. Wir können jedoch auf diese Dinge hier nicht näher eingehen.

In der Funktechnik verwendet man das beschriebene Prinzip zur Konstruktion von Saugkreisen nach Fig. 159. Durch Ankoppeln eines zweiten Schwingkreises an einen durch äußere Erregungen (z.B. Funkwellen) beeinflußten ersten Schwingkreis kann bei geeigneter Abstimmung erreicht werden, daß eine ganz bestimmte Frequenz im ersten Kreis nicht zur Auswirkung kommt, also herausgesaugt wird.

6.2 Lineare Schwingungssysteme mit endlich vielen Freiheitsgraden

Im folgenden sollen Schwinger mit endlich vielen Freiheitsgraden n betrachtet werden. Der im Abschnitt 6.1 behandelte Fall von Schwingern mit $n = 2$ Freiheitsgraden ist hierin als Sonderfall enthalten. Wir beschränken uns auf freie und auf erzwungene Schwingungen, die durch lineare Differentialgleichungen beschrieben werden. Zur eindeutigen Kennzeichnung der Bewegung eines Schwingers mit n Freiheitsgraden sind n verallgemeinerte Koordinaten $q_j, j = 1, \ldots, n$, erforderlich. Man spricht von verallgemeinerten Koordinaten, weil dies Wege (Verschiebungen) oder Winkel (Drehungen) sein können. Um den Blick auf das Wesentliche nicht zu verstellen, wenden wir die kompakte Matrizenschreibweise an und fassen die verallgemeinerten Koordinaten zum n-dimensionalen Vektor $\mathbf{q}$ (genauer: $n \times 1$-Spaltenmatrix $\mathbf{q}$) der Lagegrößen zusammen,

$$\mathbf{q} = [q_1, q_2, \ldots, q_n]^\top . \tag{6.40}$$

Im folgenden werden Vektoren durch fette Kleinbuchstaben und Matrizen durch fette Großbuchstaben gekennzeichnet; ein hochgestelltes „T" bedeutet Transposition.

6.2.1   Freie ungedämpfte Schwingungen

Die Bewegungsgleichung eines freien ungedämpften Schwingers mit n Freiheitsgraden lautet

$$\mathbf{M}\ddot{\mathbf{q}}(t) + \mathbf{K}\mathbf{q}(t) = \mathbf{0} \tag{6.41}$$

mit der $n \times n$-Massenmatrix $\mathbf{M}$ und der $n \times n$-Steifigkeits- oder Fesselungsmatrix $\mathbf{K}$. Beide Matrizen sind symmetrisch, $\mathbf{M} = \mathbf{M}^\top$, $\mathbf{K} = \mathbf{K}^\top$. Die Massenmatrix $\mathbf{M}$ ist zudem positiv definit, d. h. jede mit einem beliebigen Vektor ungleich dem Nullvektor gebildete quadratische Form ist positiv. Dies soll durch $\mathbf{M} > 0$ gekennzeichnet werden, wobei $\mathbf{0}$ die Nullmatrix darstellt.

Gl. (6.41) ergibt sich für unterschiedliche Problemstellungen. Sie folgt bei linearen konservativen Schwingungssystemen unmittelbar nach Anwendung der Lagrangeschen Gleichungen 2. Art. Außerdem ergibt sich (6.41) bei nichtlinearen, konservativen Schwingungssystemen nach Linearisierung um eine Gleichgewichtslage gemäß der Methode kleiner Schwingungen. Wenn die Linearisierung um eine stabile Gleichgewichtslage erfolgt, dann ist die Steifigkeitsmatrix positiv definit, $\mathbf{K} = \mathbf{K}^\top > 0$. Umgekehrt kann man aus $\mathbf{K} > 0$ auf die Stabilität der Gleichgewichtslage schließen. Bewegungsgleichungen vom Typ (6.41) erhält man auch durch Diskretisierung kontinuierlicher Schwinger, z.B. mit Hilfe der Methode finiter Elemente.

Als Beispiel für ein lineares konservatives Schwingungssystem sei der Koppelschwinger mit $n = 2$ Freiheitsgraden von Fig. 149 genannt. Bei der Beschreibung geht man von den ursprünglichen Gleichungen (6.3) und nicht von den bereits vereinfachten Gleichungen (6.6) aus, um die Symmetrieeigenschaften beizubehalten,

$$\underbrace{\begin{bmatrix} m & 0 \\ 0 & J_s \end{bmatrix}}_{\mathbf{M}} \underbrace{\begin{bmatrix} \ddot{x} \\ \ddot{\varphi} \end{bmatrix}}_{\ddot{\mathbf{q}}} + \underbrace{\begin{bmatrix} c_1 + c_2 & c_1 s_1 - c_2 s_2 \\ c_1 s_1 - c_2 s_2 & c_1 s_1^2 + c_2 s_2^2 \end{bmatrix}}_{\mathbf{K}} \underbrace{\begin{bmatrix} x \\ \varphi \end{bmatrix}}_{\mathbf{q}} = \underbrace{\begin{bmatrix} 0 \\ 0 \end{bmatrix}}_{\mathbf{0}} . \quad (6.42)$$

Die Glieder außerhalb der Diagonale in den Matrizen stellen die Koppelgrößen dar. Im vorliegenden Fall liegt eine Steifigkeitskopplung vor. Die Art der Kopplung ist keine allgemeine, das System kennzeichnende Eigenschaft, sondern lediglich eine Folge der verwendeten verallgemeinerten Koordinaten. Würde man im betrachteten Beispiel als verallgemeinerte Koordinaten anstelle von x und φ die Federfußpunktverschiebungen $x_1 = x + s_1\varphi$ und $x_2 = x - s_2\varphi$ verwenden, so würde sich eine Massenkopplung ergeben. Dies läßt sich durch eine erneute Herleitung der Bewegungsgleichungen zeigen oder durch Transformation der Gleichung (6.42) bestätigen. Für letztere stellt man die alten Koordinaten $\mathbf{q}$ durch die neuen Koordinaten $\mathbf{q}^*$ gemäß $\mathbf{q} = \mathbf{T}\mathbf{q}^*$ mit der regulären Transformationsmatrix $\mathbf{T}$ dar, setzt in die Bewegungsgleichung ein und multipliziert das Ergebnis von links mit $\mathbf{T}^\top$, um symmetrische Matrizen zu bekommen,

$$\underbrace{\mathbf{T}^\top \mathbf{M} \mathbf{T}}_{\overset{*}{\mathbf{M}} = \overset{*}{\mathbf{M}}{}^\top} \ddot{\mathbf{q}}^*(t) + \underbrace{\mathbf{T}^\top \mathbf{K} \mathbf{T}}_{\overset{*}{\mathbf{K}} = \overset{*}{\mathbf{K}}{}^\top} \mathbf{q}^*(t) = \mathbf{0}. \quad (6.43)$$

Für das betrachtete Beispiel folgt:

$$\underbrace{\begin{bmatrix} x \\ \varphi \end{bmatrix}}_{\mathbf{q}} = \underbrace{\frac{1}{s_1 + s_2} \begin{bmatrix} s_2 & s_1 \\ 1 & -1 \end{bmatrix}}_{\mathbf{T}} \underbrace{\begin{bmatrix} x_1 \\ x_2 \end{bmatrix}}_{\mathbf{q}^*} ,$$

$$(6.44)$$

$$\overset{*}{\mathbf{M}} = \frac{1}{(s_1 + s_2)^2} \begin{bmatrix} J_s + m s_2^2 & m s_1 s_2 - J_s \\ m s_1 s_2 - J_s & J_s + m s_1^2 \end{bmatrix}, \qquad \overset{*}{\mathbf{K}} = \begin{bmatrix} c_1 & 0 \\ 0 & c_2 \end{bmatrix}.$$

Man erkennt, daß nun die Massenmatrix voll besetzt ist, während die Steifigkeitsmatrix Diagonalgestalt hat. Darüber hinaus gibt es Koordinatenkombinationen, bei denen sowohl Massen- als auch Steifigkeitskopplungen auftreten.

Multipliziert man Gl. (6.41) von links mit $\dot{\mathbf{q}}^{\top}$, so erhält man einen skalaren Ausdruck, der die zeitliche Ableitung der mechanischen Gesamtenergie des Systems darstellt,

$$\dot{\mathbf{q}}^{\top}\mathbf{M}\ddot{\mathbf{q}} + \dot{\mathbf{q}}^{\top}\mathbf{K}\mathbf{q} = \frac{d}{dt}\left(\frac{1}{2}\dot{\mathbf{q}}^{\top}\mathbf{M}\dot{\mathbf{q}}\right) + \frac{d}{dt}\left(\frac{1}{2}\mathbf{q}^{\top}\mathbf{K}\mathbf{q}\right) \tag{6.45}$$

$$= \frac{d}{dt}(E_k + E_p) = 0.$$

(Die Differentiation der quadratischen Formen nach der Produktregel ergibt zwei Terme, die sich nach Transposition und Ausnutzung der Symmetrie der Matrizen zur Ausgangsform zusammenfassen lassen.) Die Massenmatrix $\mathbf{M}$ bestimmt die kinetische Energie $E_k = \frac{1}{2}\dot{\mathbf{q}}^{\top}\mathbf{M}\dot{\mathbf{q}}$, sie ist positiv definit, weil stets $E_k > 0$ für $\dot{\mathbf{q}} \neq \mathbf{0}$ gilt. Die Steifigkeitsmatrix $\mathbf{K}$ hingegen bestimmt die potentielle Energie $E_p = \frac{1}{2}\mathbf{q}^{\top}\mathbf{K}\mathbf{q}$. Beide Matrizen treten also bereits in der kinetischen und potentiellen Energie auf. Damit können bei konservativen Systemen aus dem Energieerhaltungssatz

$$E_k + E_p = \frac{1}{2}\dot{\mathbf{q}}^{\top}\mathbf{M}\dot{\mathbf{q}} + \frac{1}{2}\mathbf{q}^{\top}\mathbf{K}\mathbf{q} = \text{const} \tag{6.46}$$

über Gl. (6.45) die Bewegungsgleichungen (6.41) hergeleitet werden. Im vorliegenden Beispiel lassen sich mit den Matrizen $\mathbf{M}$ und $\mathbf{K}$ aus Gl. (6.42) leicht die in Gl. (6.2) angegebenen Energieausdrücke bestätigen.

Zur Lösung von Gl. (6.41) wählen wir den Ansatz

$$\mathbf{q}(t) = \hat{\mathbf{q}}e^{\lambda t}, \tag{6.47}$$

mit unbekannten Größen $\hat{\mathbf{q}}$ und λ. Demnach wird angenommen, daß der zeitliche Verlauf für alle verallgemeinerten Koordinaten stets in gleicher Weise erfolgt. Mit (6.47) erhält man aus (6.41) die lineare homogene Gleichung für $\hat{\mathbf{q}}$,

$$(\lambda^2\mathbf{M} + \mathbf{K})\hat{\mathbf{q}} = \mathbf{0}, \tag{6.48}$$

deren Koeffizientenmatrix von λ^2 abhängt. Damit liegt eine allgemeine Eigenwertaufgabe vor: Nur für ganz bestimmte Werte λ, die Eigenwerte, existieren nichttriviale Lösungen $\hat{\mathbf{q}}$, die Eigenvektoren. Die Lösungsbedingung erfordert das Verschwinden der Koeffizientendeterminante,

$$\det(\lambda^2\mathbf{M} + \mathbf{K}) = 0. \tag{6.49}$$

Das führt auf die charakteristische Gleichung, eine algebraische Gleichung n-ten Grades in λ^2, deren Wurzeln für reelle symmetrische und positiv definite Matrizen $\mathbf{M}$ und $\mathbf{K}$ alle negativ reell sind. Dies erkennt man unmittelbar aus (6.48), wenn man von links mit $\hat{\mathbf{q}}^\top$ multipliziert und nach λ^2 auflöst,

$$\lambda^2 = -\frac{\hat{\mathbf{q}}^\top \mathbf{K} \hat{\mathbf{q}}}{\hat{\mathbf{q}}^\top \mathbf{M} \hat{\mathbf{q}}} = -R[\hat{\mathbf{q}}]. \tag{6.50}$$

Der Quotient der beiden mit $\hat{\mathbf{q}}$ gebildeten quadratischen Formen heißt Rayleigh-Quotient $R[\hat{\mathbf{q}}]$, er ist für die genannten Matrizeneigenschaften stets positiv oder allenfalls Null, wenn $\mathbf{M}$ positiv definit aber $\mathbf{K}$ nur positiv semidefinit ist. Später wird gezeigt, daß der Rayleigh-Quotient in der Form (6.50) auch aus Energiebetrachtungen folgt.

Wir nehmen im folgenden $\mathbf{M} = \mathbf{M}^\top > \mathbf{0}$, $\mathbf{K} = \mathbf{K}^\top > \mathbf{0}$ an, damit gilt $\lambda_j^2 < 0$. Man setzt nun $\lambda_j^2 = -\omega_j^2$ mit positiven reellen Werten ω_j^2. Jeder Wurzel λ_j^2 entsprechen zwei Eigenwerte λ_j, die sich nur durch ihr Vorzeichen unterscheiden,

$$\lambda_{j1} = +i\omega_j, \quad \lambda_{j2} = -i\omega_j, \quad j = 1, \ldots, n, \tag{6.51}$$

wobei ω_j die Eigenkreisfrequenzen des Schwingungssystems sind.

Zu den Eigenwerten berechnet man aus Gl. (6.48) die zugehörigen Eigenvektoren, die wegen der Homogenität der Gleichung nur bis auf einen konstanten Faktor festliegen. Die Willkür in der Wahl dieses Faktors läßt sich durch geeignete Normierung der Eigenvektoren beseitigen (z.B. Wahl einer Koordinate gleich Eins oder Betrag des Vektors gleich Eins). Aus der Theorie der Eigenwertprobleme ist bekannt, daß zu konjugiert komplexen Eigenwerten auch konjugiert komplexe Eigenvektoren gehören. Im vorliegenden Fall rein imaginärer Eigenwerte ergeben sich genau n reelle linear unabhängige Eigenvektoren $\hat{\mathbf{q}}_j$, unabhängig vom Vorzeichen der Eigenwerte. Die Gesamtlösung ergibt sich als Überlagerung der Teillösungen,

$$\mathbf{q}(t) = \sum_{j=1}^n \hat{\mathbf{q}}_j (F_j \mathrm{e}^{i\omega_j t} + G_j \mathrm{e}^{-i\omega_j t}), \tag{6.52}$$

wobei F_j und G_j konstante Linearfaktoren sind. Reelle Lösungen, an denen wir ausschließlich interessiert sind, erhält man nach Umformung der Exponentialfunktionen mittels der Eulerschen Formel $\mathrm{e}^{\pm i\omega_j t} = \cos \omega_j t \pm i \sin \omega_j t$

und Verwendung konjugiert komplexer Linearfaktoren

$$F_j = \frac{1}{2}(A_j - iB_j), \qquad G_j = \bar{F}_j = \frac{1}{2}(A_j + iB_j):$$

$$\mathbf{q}(t) = \sum_{j=1}^{n} \hat{\mathbf{q}}_j (A_j \cos \omega_j t + B_j \sin \omega_j t). \qquad (6.53)$$

Wie im skalaren Fall lassen sich die trigonometrischen Funktionen zusammenfassen,

$$\mathbf{q}(t) = \sum_{j=1}^{n} \hat{\mathbf{q}}_j C_j \cos(\omega_j t - \varphi_j) \qquad (6.54)$$

mit $C_j = \sqrt{A_j^2 + B_j^2}$, $\tan \varphi_j = B_j/A_j$. Die allgemeine Lösung (6.53) bzw. (6.54) eines Schwingungssystems mit n Freiheitsgraden besteht aus einer Überlagerung von n einfrequenten ungedämpften Eigen- oder Hauptschwingungen mit den Eigenkreisfrequenzen ω_j. Die Amplitudenfaktoren sind durch die Eigenvektoren $\hat{\mathbf{q}}_j$ gegeben, sie charakterisieren die Eigenschwingungsformen. Die $2n$ Konstanten A_j, B_j bzw. C_j, φ_j erlauben eine Anpassung der allgemeinen Lösung an die physikalischen Gegebenheiten und sind aus den $2n$ Anfangsbedingungen $\mathbf{q}(t = 0) = \mathbf{q}_0$ und $\dot{\mathbf{q}}(t = 0) = \dot{\mathbf{q}}_0$ zu bestimmen.

Es ist bemerkenswert, daß auch zu mehrfachen Wurzeln λ_j^2 der charakteristischen Gleichung (6.49) stets linear unabhängige Eigenvektoren existieren, so daß die allgemeine Lösung immer die Form (6.53) oder (6.54) hat. Insbesondere tritt die Zeit t nur im Argument der trigonometrischen Funktionen auf. Lediglich im Fall einer Wurzel $\lambda_j^2 = 0$, also bei singulärer Steifigkeitsmatrix $\mathbf{K}$, entartet der zugehörige Lösungsanteil zu $(A_j + B_j t)\hat{\mathbf{q}}_j$. Anstelle einer Schwingung liegt dann eine gleichförmige Bewegung vor.

6.2.2   Eigenschwingungen und Hauptkoordinaten

Wie im Sonderfall $n = 2$ kann man nun die Frage stellen, ob es Anfangsbedingungen gibt, die zu einem Schwingungsvorgang mit nur einer Frequenz, also einer Eigenschwingung, führen. Setzt man in (6.53) alle Linearfaktoren A_j, B_j Null bis auf einen, dann reduziert sich die Summe auf einen Summanden, die j-te Eigenschwingung. Betrachtet man nun den Anfangszeitpunkt $t = 0$, so folgt $\hat{\mathbf{q}}(t = 0) = A_j \hat{\mathbf{q}}_j$ und $\dot{\mathbf{q}}(t = 0) = \omega_j B_j \hat{\mathbf{q}}_j$. Wählt man umgekehrt die Anfangsauslenkung $\mathbf{q}_0$ oder die Anfangsgeschwindigkeitsverteilung

$\dot{\mathbf{q}}_0$ gleich dem j-ten Eigenvektor $\hat{\mathbf{q}}_j$, so wird gerade die j-te Eigenschwingung mit der Eigenkreisfrequenz ω_j angestoßen.

In der allgemeinen Lösung (6.53) oder (6.54) kann jede der Teilschwingungen als eine neue Koordinate ξ_j aufgefaßt werden,

$$\xi_j(t) = C_j \cos(\omega_j t - \varphi_j), \qquad j = 1, 2 \ldots, n, \tag{6.55}$$

die wir wie im Fall $n = 2$ als **Hauptkoordinaten** bezeichnen. Damit geht (6.54) über in

$$\mathbf{q}(t) = \sum_{j=1}^{n} \hat{\mathbf{q}}_j \xi_j(t) = \mathbf{Q}\boldsymbol{\xi}(t) \tag{6.56}$$

wobei

$$\mathbf{Q} = [\hat{\mathbf{q}}_1 \hat{\mathbf{q}}_2 \ldots \hat{\mathbf{q}}_n], \qquad \boldsymbol{\xi} = [\xi_1 \; \xi_2 \; \ldots \xi_n]^\top \tag{6.57}$$

gilt. Darin wurde die **Modalmatrix** $\mathbf{Q}$, deren Spalten die Eigenvektoren sind, und der Vektor $\boldsymbol{\xi}$ der Hauptkoordinaten verwendet. Aus (6.55) folgt unmittelbar, daß die Hauptkoordinaten der Differentialgleichung

$$\ddot{\xi}_j(t) + \omega_j^2 \xi_j(t) = 0, \qquad j = 1, 2, \ldots, n, \tag{6.58}$$

oder

$$\ddot{\boldsymbol{\xi}}(t) + \boldsymbol{\Omega}^2 \boldsymbol{\xi}(t) = \mathbf{0}, \qquad \boldsymbol{\Omega}^2 = \mathbf{diag}(\omega_j^2), \tag{6.59}$$

genügen, wobei die Matrix $\boldsymbol{\Omega}^2$ auf der Diagonale die Quadrate ω_j^2 der Eigenkreisfrequenzen enthält. Andererseits läßt sich (6.59) aus den ursprünglichen Bewegungsgleichungen (6.41) gewinnen, wenn man (6.56) als Transformation zwischen den alten Koordinaten $\mathbf{q}(t)$ und den neuen Hauptkoordinaten $\boldsymbol{\xi}(t)$ ansieht, wobei die Modalmatrix als stets reguläre Transformationsmatrix auftritt. Führt man die Koordinatentransformation durch, so erhält man analog zu (6.43)

$$\underbrace{\mathbf{Q}^\top \mathbf{M} \mathbf{Q}}_{\mathbf{E}} \ddot{\boldsymbol{\xi}} + \underbrace{\mathbf{Q}^\top \mathbf{K} \mathbf{Q}}_{\boldsymbol{\Omega}^2} \boldsymbol{\xi} = \mathbf{0}. \tag{6.60}$$

Aus dem Vergleich von (6.59) und (6.60) folgt $\mathbf{Q}^\top \mathbf{M} \mathbf{Q} = \mathbf{E}$ und $\mathbf{Q}^\top \mathbf{K} \mathbf{Q} = \boldsymbol{\Omega}^2$. Durch diese besondere Transformation gelingt eine gleichzeitige Diagonalisierung der Massen- und der Steifigkeitsmatrix und damit eine vollständige Entkopplung der Bewegungsgleichungen. Freilich sind die verwendeten Hauptkoordinaten unanschaulich. Nach (6.56) sind die Basisvektoren des

Koordinatensystems, in dem die Bewegung jetzt beschrieben wird, gerade die Eigenvektoren. Zunächst sind die Eigenvektoren nur bis auf einen konstanten Faktor bestimmt. Die Beziehung $\mathbf{Q}^\top\mathbf{MQ} = \mathbf{E}$ läßt sich durch eine entsprechende Normierung der Eigenvektoren erfüllen,

$$\hat{\mathbf{q}}_i^\top\mathbf{M}\hat{\mathbf{q}}_j = \delta_{ij} = \begin{cases} 1 & \text{für} \quad i = j \\ 0 & \text{für} \quad i \neq j \end{cases}, \tag{6.61}$$

wobei δ_{ij} das Kroneckersymbol bezeichnet.

In Analogie zu entsprechenden Ausdrucksweisen in der Vektorrechnung sagt man, daß die so normierten Eigenvektoren orthonormal zur Massenmatrix $\mathbf{M}$ sind. Durch Aufspaltung der Beziehung $\mathbf{Q}^\top\mathbf{KQ} = \mathbf{\Omega}^2$ folgt entsprechend

$$\hat{\mathbf{q}}_j^\top\mathbf{K}\hat{\mathbf{q}}_j = \omega_j^2, \qquad j = 1, 2, \ldots, n. \tag{6.62}$$

Die Transformation auf Hauptkoordinaten und der damit verbundene Übergang auf das durch die Eigenvektoren gebildete Koordinatensystem wird als Hauptachsentransformation bezeichnet. Zur Lösung der Bewegungsgleichungen ist die Hauptachsentransformation ohne Bedeutung, weil sie die Kenntnis der Eigenvektoren $\hat{\mathbf{q}}_j$ voraussetzt. Mit $\hat{\mathbf{q}}_j$ ist aber auch ohne Transformation die Lösung durch (6.53) oder (6.54) gegeben.

Zur praktischen Berechnung der Eigenkreisfrequenzen erweist sich der Rayleigh-Quotient (6.50) als vorteilhaft. Bildet man die Rayleigh-Quotienten $R[\hat{\mathbf{q}}_j]$ mit den Eigenvektoren $\hat{\mathbf{q}}_j$, so folgt aus (6.50) mit (6.61) und (6.62) sofort das Quadrat ω_j^2 der zugehörigen Eigenkreisfrequenz,

$$R[\hat{\mathbf{q}}_j] = \frac{\hat{\mathbf{q}}_j^\top\mathbf{K}\hat{\mathbf{q}}_j}{\hat{\mathbf{q}}_j^\top\mathbf{M}\hat{\mathbf{q}}_j} = \omega_j^2, \qquad j = 1, 2, \ldots, n. \tag{6.63}$$

Dieses Ergebnis folgt auch aus Energiebetrachtungen für das vorliegende konservative Schwingungssystem. Betrachtet man die j-te Eigenschwingung $\mathbf{q}(t) = \hat{\mathbf{q}}_j\xi_j(t)$, die sich durch entsprechende Anfangsbedingungen anstoßen läßt, so gilt für die kinetische und die potentielle Energie unter Verwendung von (6.55)

$$E_k = \frac{1}{2}\dot{\mathbf{q}}^\top\mathbf{M}\dot{\mathbf{q}} = \frac{1}{2}\dot{\xi}_j^2\hat{\mathbf{q}}_j^\top\mathbf{M}\hat{\mathbf{q}}_j = \frac{1}{2}\omega_j^2 C_j^2 \sin^2(\omega_j t - \varphi_j)\hat{\mathbf{q}}_j^\top\mathbf{M}\hat{\mathbf{q}}_j,$$

$$\tag{6.64}$$

$$E_p = \frac{1}{2}\mathbf{q}^\top\mathbf{K}\mathbf{q} = \frac{1}{2}\xi_j^2(t)\hat{\mathbf{q}}_j^\top\mathbf{K}\hat{\mathbf{q}}_j = \frac{1}{2}C_j^2 \cos^2(\omega_j t - \varphi_j)\hat{\mathbf{q}}_j^\top\mathbf{K}\hat{\mathbf{q}}_j.$$

Wegen der Gültigkeit des Energieerhaltungssatzes sind die Maximalwerte von kinetischer und potentieller Energie gleich. Setzt man $(E_k)_{\max} = (E_p)_{\max}$, so folgt aus (6.64)

$$\omega_j^2 \hat{\mathbf{q}}_j^\top \mathbf{M} \hat{\mathbf{q}}_j = \hat{\mathbf{q}}_j^\top \mathbf{K} \hat{\mathbf{q}}_j, \qquad j = 1, 2 \ldots, n. \tag{6.65}$$

Damit erhält man den Rayleigh-Quotient $R[\hat{\mathbf{q}}_j]$ in der Form (6.63).

Wie schon im Sonderfall $n = 2$ läßt sich allgemein zeigen, daß der Rayleigh-Quotient $R[\mathbf{y}]$ bei reell symmetrischen Matrizen $\mathbf{K} > 0$ und $\mathbf{M} > 0$ genau für die Eigenvektoren $\mathbf{y} = \hat{\mathbf{q}}_j$ seine Extremwerte annimmt, wobei $R[\hat{\mathbf{q}}_j] = \omega_j^2$ gilt. Ordnet man die Eigenkreisfrequenzen nach ihrer Größe, $0 < \omega_1^2 \leq \omega_2^2 \leq \ldots \leq \omega_n^2$, so folgt

$$\begin{aligned} R[\hat{\mathbf{q}}_1] &= \omega_1^2 = \omega_{\min}^2, \\ R[\hat{\mathbf{q}}_n] &= \omega_n^2 = \omega_{\max}^2. \end{aligned} \tag{6.66}$$

Für beliebige Vektoren $\mathbf{y}$ gilt stets

$$\omega_{\min}^2 \leq R[\mathbf{y}] \leq \omega_{\max}^2, \tag{6.67}$$

d.h. die kleinste Eigenkreisfrequenz wird durch den Rayleigh-Quotienten $R[\mathbf{y}]$ von oben und die größte Eigenkreisfrequenz von unten angenähert, wenn man den Vektor $\mathbf{y}$ variiert. Die Extremaleigenschaft des Rayleigh-Quotienten ist für die numerische Rechnung von großer Bedeutung. Ist nämlich $\mathbf{y}$ eine Näherung für einen Eigenvektor, so stellt der mit $\mathbf{y}$ gebildete Rayleigh-Quotient $R[\mathbf{y}]$ eine besonders gute Näherung für die zugehörige Eigenkreisfrequenz dar in dem Sinne, daß der Fehler der Eigenkreisfrequenz von höherer Ordnung klein ist als der des Eigenvektors. Diese Tatsache wird in einer Reihe von numerischen Verfahren genutzt, vgl. z.B. Zurmühl, Falk [56].

6.2.3 Schwingerketten

Ein technisch wichtiger Sonderfall liegt vor, wenn Schwinger derart in Reihe geschaltet werden, daß der p-te Teilschwinger nur mit dem vorhergehenden $(p-1)$-ten und dem nachfolgenden $(p+1)$-ten gekoppelt ist. Ein derartiges System wird als Schwingerkette bezeichnet. Als Beispiel sei eine mehrfach mit Scheiben besetzte Turbinenwelle genannt. Die Scheiben wirken dabei als Schwingermasse, während die Federung durch die zwischen den einzelnen Scheiben liegenden Teile der Welle zustande kommt.

Wir wollen hier nur den Sonderfall einer homogenen Schwingerkette näher betrachten, die aus gleichartigen Teilschwingern aufgebaut ist. Allgemeinere Schwingerketten werden in Abschn. 6.3 behandelt. In Fig. 160 sind einige typische Beispiele skizziert. Die Schwingerkette a) kann zugleich auch als Ersatzbild für eine gleichmäßig mit Scheiben besetzte Turbinenwelle aufgefaßt werden. Die Kopplung zwischen den Massen ist in diesem Fall

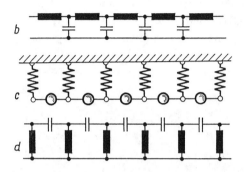

Fig. 160
Schwingerketten

eine reine Kraftkopplung, weil die Beeinflussung ausschließlich über die Federn erfolgt. Das elektrische Analogon dazu ist der unter b) gezeichnete Kettenleiter. Die zugehörigen Bewegungsgleichungen sind in beiden Fällen gleichartig aufgebaut. Einen etwas anderen Typ von Bewegungsgleichungen haben dagegen die unter c) und d) gezeigten Ketten. Bei dem mechanischen Schwinger erfolgt hier die Kopplung über die Massenträgheit, beim elektrischen über die Induktivität der Spulen. Nach ihrem Verhalten gegenüber periodischen Erregungen am Eingang der Ketten bezeichnet man die Typen a) und b) auch als Tiefpaßketten (Tiefpaßfilter), weil nur die unterhalb einer gewissen Grenzfrequenz liegenden Erregerfrequenzen in der Kette weitergeleitet werden. Dagegen sind in c) und d) Hochpaßketten (Hochpaßfilter) dargestellt, bei denen umgekehrt nur Schwingungen durchgelassen werden, deren Frequenz oberhalb einer Grenzfrequenz liegt.

Der Berechnung der freien Schwingungen einer Schwingerkette legen wir das Schema von Fig. 160a zugrunde. Bei gleichartigen Massen $m_p = m$ und Federkonstanten $c_p = c$ findet man für die Bewegung der p-ten Masse die folgende Bewegungsgleichung:

$$m\ddot{x}_p = -c(x_p - x_{p-1}) - c(x_p - x_{p+1}),$$
$$m\ddot{x}_p + 2cx_p - c(x_{p-1} + x_{p+1}) = 0.$$

(6.68)

Wir suchen eine sicher existierende Eigen- oder Hauptschwingung der p-ten Masse durch den Ansatz:

$$x_p = \hat{x}_p \cos(\omega t - \varphi). \tag{6.69}$$

Nach Einsetzen in Gl. (6.68) folgt damit

$$[(2c - \omega^2 m)\hat{x}_p - c(\hat{x}_{p-1} + \hat{x}_{p+1})] \cos(\omega t - \varphi) = 0. \tag{6.70}$$

Diese Gleichung ist bei beliebigem t nur erfüllt, wenn der in eckigen Klammern stehende Ausdruck für sich verschwindet. Mit der Abkürzung

$$\frac{\omega^2 m}{c} = \left(\frac{\omega}{\omega_0}\right)^2 = \eta^2 \tag{6.71}$$

führt das zu der Forderung

$$(2 - \eta^2)\hat{x}_p - \hat{x}_{p-1} - \hat{x}_{p+1} = 0. \tag{6.72}$$

Mit $p = 1, 2, \ldots, n$ ergibt sich damit ein System linearer Gleichungen für die Amplituden $\hat{x}_p$, das schrittweise gelöst werden kann. Da die Amplituden wieder nur bis auf einen unbestimmten Faktor ermittelt werden können, ist es zweckmäßig, die schon mehrfach verwendeten Amplitudenverhältnisse

$$\kappa_p = \frac{\hat{x}_p}{\hat{x}_1}$$

einzuführen, womit Gl. (6.72) in die Form

$$\kappa_p = (2 - \eta^2)\kappa_{p-1} - \kappa_{p-2} \tag{6.73}$$

überführt werden kann. Daraus lassen sich die κ_p nacheinander berechnen, sofern die Randbedingungen, d.h. die Bedingungen an den beiden Enden der Kette bekannt sind. Wir wollen uns hier auf den Fall beschränken, daß die Kette beidseitig fest eingespannt ist, daß also

$$\hat{x}_0 = 0 \quad \text{und} \quad \hat{x}_{n+1} = 0 \tag{6.74}$$

gilt. Dann aber ergibt die Anwendung von Gl. (6.73):

$$\kappa_1 = 1$$
$$\kappa_2 = -\eta^2 + 2$$
$$\kappa_3 = \eta^4 - 4\eta^2 + 3$$
$$\kappa_4 = -\eta^6 + 6\eta^4 - 10\eta^2 + 4$$
$$\ldots\ldots\ldots\ldots\ldots\ldots\ldots\ldots$$

Diese Amplitudenverhältnisse sind Funktionen des Frequenzverhältnisses η; man hat sie deshalb auch als Frequenzfunktionen bezeichnet. Sie sind insbesondere von Grammel [5] systematisch zur Berechnung der Eigenfrequenzen von Schwingerketten verwendet worden. Die Eigenfrequenzen lassen sich nämlich als Nullstellen der $(n+1)$-ten Frequenzfunktion bestimmen, d.h. es gilt für die bezogenen Eigenkreisfrequenzen η_j die Beziehung: $\kappa_{n+1}(\eta_j) = 0$. Die Eigenkreisfrequenzen sind also durch die besondere Eigenschaft ausgezeichnet, daß für sie die am Ende der Kette zu fordernde Randbedingung $\kappa_{n+1} = 0$ automatisch erfüllt wird. Die Nullstellen der Frequenzfunktionen sind bis zu $n = 11$ in Tabellen niedergelegt (s. [5], Bd. II, Kap. XIII).

Es ist jedoch auch möglich, die Eigenfrequenzen explizit durch eine geschlossene Formel auszudrücken. Zu diesem Zweck versuchen wir eine Lösung der Iterationsformel (6.72) mit dem Ansatz

$$\hat{x}_p = C \sin p\alpha. \tag{6.75}$$

Dieser Ansatz erfüllt die erste der Randbedingungen (6.74). Damit auch die andere erfüllt ist, muß

$$(n+1)\alpha = j\pi, \qquad j = 1, 2, \ldots$$

oder

$$\alpha = \frac{\pi j}{n+1} \tag{6.76}$$

gelten. Andererseits aber folgt durch Einsetzen von Gl. (6.75) in die Iterationsformel (6.72):

$$C \sin p\alpha (2 - \eta^2 - 2\cos\alpha) = 0.$$

Da die Werte $C = 0$ und $\sin p\alpha = 0$ nicht interessieren, kann diese Bedingung nur erfüllt sein, wenn

$$\eta^2 = 2(1 - \cos\alpha) = 4\sin^2\frac{\alpha}{2} \tag{6.77}$$

ist. Unter Berücksichtigung von Gl. (6.71) und (6.76) kann man damit unmittelbar die Eigenkreisfrequenzen selbst angeben:

$$\omega = \eta\omega_0 = 2\omega_0 \sin\frac{\alpha}{2},$$

$$\omega_j = 2\omega_0 \sin\frac{\pi j}{2(n+1)}. \tag{6.78}$$

Diese Beziehung läßt sich leicht auch auf graphischem Wege lösen, wie dies Fig. 161 für den Fall $n = 4$ zeigt. Man trage auf einer ω-Geraden die Strecke $2\omega_0$ ab und schlage einen Kreisbogen mit dem Radius $2\omega_0$ um den Anfangspunkt der Strecke. Dann teile man den Viertelkreis in $n + 1$ gleiche Sektoren ein. Werden nun die Schnittpunkte der diese Sektoren begrenzenden Radien mit dem Kreisbogen auf die ω-Gerade heruntergelotet, dann sind die Abstände der Fußpunkte vom Nullpunkt ein unmittelbares Maß für die Eigenkreisfrequenzen.

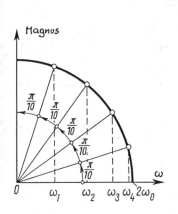

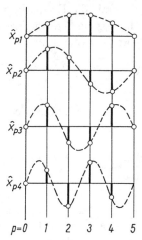

Fig. 161 Bestimmung der Eigenkreisfrequenzen einer homogenen Schwingerkette mit $n = 4$

Fig. 162 Amplitudenverteilungen für die Eigenkreisfrequenzen einer homogenen Schwingerkette mit $n = 4$

Für die Amplitudenverteilung ergibt der Ansatz (6.75) unter Berücksichtigung von (6.76) nunmehr:

$$\hat{x}_{pj} = C_j \sin \frac{\pi p j}{n + 1}. \tag{6.79}$$

Für den Fall $n = 4$ sind die zu jeder der vier Eigenkreisfrequenzen ($j = 1, 2, 3, 4$) gehörenden Amplitudenverteilungen aus Fig. 162 zu ersehen. Die Nulldurchgänge der gestrichelt gezeichneten Eigenschwingungsformen stellen die Schwingungsknoten der Schwingerkette dar. Man erkennt, daß die Grundschwingungsform $j = 1$ keinen Schwingungsknoten und die k-te Oberschwingung mit $j = k + 1$ genau k Schwingungsknoten im Inneren der Schwingungskette aufweist.

Faßt man die Amplituden der einzelnen Massen p ($p = 1, 2, 3, 4$) vektoriell zusammen, so folgt aus (6.69) mit (6.79) die j-te Eigen- oder Hauptschwingung der Schwingerkette,

$$\mathbf{x}_j(t) = \hat{\mathbf{x}}_j C_j \cos(\omega_j t - \varphi_j),$$

$$\hat{\mathbf{x}}_j = \left[\sin \frac{\pi j}{n+1} \; \sin \frac{2\pi j}{n+1} \ldots \sin \frac{n\pi j}{n+1} \right]^{\top}. \tag{6.80}$$

Der Eigenvektor $\hat{\mathbf{x}}_j$ kennzeichnet die Amplitudenverteilung längs der Schwingerkette und damit die Eigenschwingungsform, vgl. Fig. 162. Für die hier betrachtete homogene Schwingerkette geht die früher besprochene Orthogonalitätsbedingung (6.61) über in

$$\hat{\mathbf{x}}_i^{\top} \hat{\mathbf{x}}_j = \sum_{p=1}^{n} \sin \frac{\pi p i}{n+1} \sin \frac{\pi p j}{n+1} = \frac{n+1}{2} \delta_{ij}. \tag{6.81}$$

Die Gesamtlösung erhält man wieder durch Überlagerung der einzelnen Eigenschwingungen,

$$\mathbf{x}(t) = \sum_{j=1}^{n} \hat{\mathbf{x}}_j C_j \cos(\omega_j t - \varphi_j). \tag{6.82}$$

Die hierin noch auftretenden Konstanten C_j und φ_j müssen in bekannter Weise aus den für jede der Massen geltenden Anfangsbedingungen ausgerechnet werden. Für $t = 0$ folgen aus (6.82) unmittelbar 2 Systeme von je n Gleichungen, aus denen sich die $2n$ unbekannten Größen C_j und φ_j berechnen lassen,

$$\begin{aligned} \mathbf{x}(t = 0) = \mathbf{x}_0 &= \sum_{j=1}^{n} \hat{\mathbf{x}}_j C_j \cos \varphi_j, \\ \dot{\mathbf{x}}(t = 0) = \dot{\mathbf{x}}_0 &= \sum_{j=1}^{n} \hat{\mathbf{x}}_j \omega_j C_j \sin \varphi_j. \end{aligned} \tag{6.83}$$

Die Lösung der Gleichungen (6.83) kann unter Verwendung der Orthogonalitätsbeziehung explizit angegeben werden. Multipliziert man beide Gleichungen von links mit $\hat{\mathbf{x}}_i^{\top}$, so reduzieren sich die Summen wegen (6.81) auf den Summanden mit dem Index $i = j$ und es folgt

$$\begin{aligned} C_i \cos \varphi_i &= \hat{\mathbf{x}}_i^{\top} \mathbf{x}_0 / \left(\frac{n+1}{2} \right), \\ C_i \sin \varphi_i &= \hat{\mathbf{x}}_i^{\top} \dot{\mathbf{x}}_0 / \left(\omega_i \frac{n+1}{2} \right), \end{aligned} \tag{6.84}$$

oder

$$C_i = \frac{2}{n+1}\sqrt{(\hat{\mathbf{x}}_i^{\top}\mathbf{x}_0)^2 + (\hat{\mathbf{x}}_i^{\top}\dot{\mathbf{x}}_0/\omega_i)^2},$$

$$\tan\varphi_i = \frac{\hat{\mathbf{x}}_i^{\top}\dot{\mathbf{x}}_0}{\omega_i\hat{\mathbf{x}}_i^{\top}\mathbf{x}_0}.$$

(6.85)

Damit ist gezeigt, daß sich für homogene Schwingerketten die Lösung des Eigenwertproblems durch (6.78), (6.80) und die aus Eigenschwingungen aufgebaute allgemeine Lösung durch (6.82), (6.85) explizit angeben lassen.

Ähnlich wie für die hier betrachtete beiderseits fest eingespannte Schwingerkette lassen sich auch die Lösungen für andere Randbedingungen finden. Wir wollen jedoch darauf nicht näher eingehen.

6.2.4 Freie gedämpfte Schwingungen

Betrachtet wird ein Schwingungssystem mit n Freiheitsgraden unter der Wirkung geschwindigkeitsproportionaler Dämpferkräfte. Die zugehörige Bewegungsgleichung lautet

$$\mathbf{M}\ddot{\mathbf{q}}(t) + \mathbf{D}\dot{\mathbf{q}}(t) + \mathbf{K}\mathbf{q}(t) = \mathbf{0}.$$

(6.86)

Sie ist gegenüber Gl. (6.41) um die verallgemeinerten Dämpfungskräfte $-\mathbf{D}\dot{\mathbf{q}}$ erweitert, wobei $\mathbf{D}$ die $n \times n$-Dämpfungsmatrix ist. Führt man eine Energiebetrachtung analog zu Gl. (6.45) durch, so folgt jetzt

$$\dot{\mathbf{q}}^{\top}\mathbf{M}\ddot{\mathbf{q}} + \dot{\mathbf{q}}^{\top}\mathbf{K}\mathbf{q} = \frac{\mathrm{d}}{\mathrm{d}t}(E_k + E_p) = -\dot{\mathbf{q}}^{\top}\mathbf{D}\dot{\mathbf{q}} = -2R.$$

(6.87)

Die auf der rechten Seite stehende quadratische Form kennzeichnet die Leistung der Dämpfungskräfte, wobei $\mathbf{D} = \mathbf{D}^{\top}$ gilt. Die Funktion $R = \dot{\mathbf{q}}^{\top}\mathbf{D}\dot{\mathbf{q}}/2 \geq 0$ heißt Rayleighsche Dissipationsfunktion. Gilt $R > 0$ für $\dot{\mathbf{q}} \neq \mathbf{0}$, d.h. ist die Dämpfungsmatrix positiv definit ($\mathbf{D} > 0$), dann wird dem System bei jeder Bewegungsform Energie entzogen. Dieser Fall wird als vollständige Dämpfung bezeichnet. Ist $\mathbf{D}$ nur positiv semidefinit ($\mathbf{D} \geq 0$, $\det \mathbf{D} = 0$), so greift die Dämpfung nur unvollständig in das System ein. Trotzdem ist es auch in diesem Fall infolge der Kopplungen im System möglich, daß alle auftretenden Bewegungsformen gedämpft werden, man spricht dann von durchdringender Dämpfung.

Ob für $\mathbf{D} \geq \mathbf{0}$ durchdringende Dämpfung vorliegt, läßt sich häufig anhand der Bewegungsgleichungen entscheiden. Dazu setzt man die zu den direkt gedämpften Freiheitsgraden gehörenden verallgemeinerten Koordinaten

$q_{dj}(t) \equiv 0$ und zeigt dann, daß für die restlichen verallgemeinerten Koordinaten $q_{rj}(t)$ nur die triviale Lösung existiert, also ebenfalls $q_{rj}(t) \equiv 0$ gilt. Als Beispiel sei der in Fig. 149 dargestellte Koppelschwinger mit zwei Freiheitsgraden betrachtet. Greift zusätzlich im Schwerpunkt die Dämpfungskraft $-d\dot{x}$ an, so erhält man die Bewegungsgleichungen durch Erweiterung von Gl. (6.3):

$$
\begin{aligned}
m\ddot{x} + d\dot{x} + (c_1 + c_2)x + (c_1 s_1 - c_2 s_2)\varphi &= 0, \\
J_s\ddot{\varphi} + (c_1 s_1^2 + c_2 s_2^2)\varphi + (c_1 s_1 - c_2 s_2)x &= 0.
\end{aligned}
\tag{6.88}
$$

Die zugehörigen Matrizen lauten, vgl. auch (6.42):

$$
\mathbf{M} = \begin{bmatrix} m & 0 \\ 0 & J_s \end{bmatrix}, \quad
\mathbf{D} = \begin{bmatrix} d & 0 \\ 0 & 0 \end{bmatrix}, \quad
\mathbf{K} = \begin{bmatrix} c_1 + c_2 & c_1 s_1 - c_2 s_2 \\ c_1 s_1 - c_2 s_2 & c_1 s_1^2 + c_2 s_2^2 \end{bmatrix}.
\tag{6.89}
$$

Offensichtlich ist $\mathbf{D}$ nur positiv semidefinit. Trotzdem existiert keine ungedämpfte Bewegung, solange der Koppelterm $c_1 s_1 - c_2 s_2$ nicht verschwindet. Denn mit $x_1(t) \equiv 0$ folgt aus der ersten Gleichung (6.88) für $c_1 s_1 \neq c_2 s_2$ auch $\varphi(t) \equiv 0$, also die triviale Lösung. Für $c_1 s_1 = c_2 s_2$ hingegen folgt aus der zweiten Gleichung (6.88), daß die Drehbewegung ungedämpft verläuft. Aus diesem Beispiel erkennt man, daß die Eigenschaft der durchdringenden Dämpfung wesentlich von den Kopplungen im System abhängt.

Ein formales Kriterium für das Auftreten durchdringender Dämpfung läßt sich mit Hilfe des regelungstechnischen Konzepts der Steuerbarkeit gewinnen, vgl. Müller [32].

Fügt man – wie im letzten Beispiel geschehen – zu einem stabilen konservativen Schwingungssystem durchdringende Dämpfung hinzu, so klingen die Bewegungen im Laufe der Zeit ab, d.h. die Gleichgewichtslage wird asymptotisch stabil. Das $\mathbf{M}$, $\mathbf{D}$, $\mathbf{K}$-System (6.86) mit $\mathbf{M} = \mathbf{M}^\mathsf{T} > 0$, $\mathbf{K} = \mathbf{K}^\mathsf{T}$, $\mathbf{D} = \mathbf{D}^\mathsf{T} > 0$ oder $\mathbf{D} = \mathbf{D}^\mathsf{T} \geq 0$ und durchdringender Dämpfung, ist also genau dann asymptotisch stabil, wenn $\mathbf{K} > 0$ ist. (Da die mit einer schiefsymmetrischen Matrix $\mathbf{G} = -\mathbf{G}^\mathsf{T}$ gebildete Dissipationsfunktion R stets verschwindet, gilt dieses Ergebnis auch, wenn in (6.86) an die Stelle von $\mathbf{D}\dot{q}$ der Ausdruck $(\mathbf{D} + \mathbf{G})\dot{q}$ tritt, also ein $\mathbf{M}$, $\mathbf{D}$, $\mathbf{G}$, $\mathbf{K}$-System vorliegt). Damit ist es in bequemer Weise möglich, allein durch Überprüfung der Definitheit der in den Bewegungsgleichungen auftretenden Matrizen auf die wichtige Lösungseigenschaft der asymptotischen Stabilität zu schließen. Hilfreich ist dabei die Tatsache, daß eine reelle quadratische Matrix genau dann positiv definit ist, wenn alle Hauptabschnittsdeterminanten positiv sind.

Wir wenden uns nun der Lösung der Bewegungsgleichung (6.86) für freie gedämpfte Schwingungen zu. Dazu kann wieder der Ansatz (6.47) verwendet werden, der auf ein Eigenwertproblem führt. Im Gegensatz zu ungedämpften Schwingungssystemen, bei denen rein imaginäre Eigenwerte auftreten, erhält man jetzt im allgemeinen komplexe Eigenwerte, die in zueinander konjugiert komplexen Paaren auftreten und deren Realteile das Abklingverhalten der Lösung kennzeichnen. Die zugehörigen Eigenvektoren bilden dann ebenfalls konjugiert komplexe Paare. Wir wollen diesen Weg hier nicht weiter verfolgen, sondern stellen die Frage, von welcher Art die Dämpfungsmatrix $\mathbf{D}$ sein muß, damit die Hauptachsentransformation (6.56) mit Hilfe der Modalmatrix $\mathbf{Q}$ – gebildet aus den reellen Eigenvektoren des ungedämpften Systems – zu voneinander entkoppelten Gleichungen führt. Denn dann lassen sich die Ergebnisse aus Kap. 2 für gedämpfte Schwingungen mit einem Freiheitsgrad direkt übertragen. Es läßt sich zeigen, daß sich die drei Matrizen $\mathbf{M}$, $\mathbf{K}$ und $\mathbf{D}$ durch die Modalmatrix $\mathbf{Q}$ genau dann gleichzeitig auf Diagonalgestalt transformieren lassen, wenn $\mathbf{D}$ die Vertauschbarkeitsbeziehung

$$\mathbf{K}\mathbf{M}^{-1}\mathbf{D} = \mathbf{D}\mathbf{M}^{-1}\mathbf{K} \tag{6.90}$$

erfüllt, vgl. z.B. Müller, Schiehlen [33]. Man spricht dann von modaler Dämpfung, weil die Schwingungsmoden (Schwingungsformen) des ungedämpften Systems erhalten bleiben. Gl. (6.90) ist sicher dann erfüllt, wenn $\mathbf{D}$ proportional zu $\mathbf{M}$ oder $\mathbf{K}$ ist, oder wenn es Faktoren α und β gibt, so daß die Linearkombination

$$\mathbf{D} = \alpha\mathbf{M} + \beta\mathbf{K} \tag{6.91}$$

gilt. Diese Form der Dämpfung bezeichnet man als proportionale Dämpfung. Bei technischen Anwendungen ist die Dämpfungsmatrix $\mathbf{D}$ nicht genau bekannt. Dann nimmt man häufig $\mathbf{D}$ in der Form (6.91) an, um in bequemer Weise eine modale Dämpfung zu erreichen. Man bezeichnet deshalb (6.91) auch als Bequemlichkeitshypothese.

Führt man die Modaltransformation $\mathbf{q}(t) = \mathbf{Q}\boldsymbol{\xi}(t)$ nach Gl. (6.56), (6.57) durch und verwendet die bereits früher gefundenen Beziehungen (6.60) und führt die Abkürzung $\boldsymbol{\Delta}$ ein, so folgt aus dem $\mathbf{M}$, $\mathbf{D}$, $\mathbf{K}$-System (6.86)

$$\ddot{\boldsymbol{\xi}}(t) + \boldsymbol{\Delta}\dot{\boldsymbol{\xi}}(t) + \boldsymbol{\Omega}^2\boldsymbol{\xi}(t) = \mathbf{0} \tag{6.92}$$

mit

$$\mathbf{Q}^\top\mathbf{M}\mathbf{Q} = \mathbf{E}, \qquad \mathbf{Q}^\top\mathbf{D}\mathbf{Q} = \boldsymbol{\Delta} = \mathbf{diag}(2D_j\omega_j),$$
$$\mathbf{Q}^\top\mathbf{K}\mathbf{Q} = \boldsymbol{\Omega}^2 = \mathbf{diag}(\omega_j^2), \quad j = 1, 2 \ldots, n. \tag{6.93}$$

Im folgenden sollen die Eigenkreisfrequenzen stets nach ihrer Größe geordnet angenommen werden, d.h. $0 < \omega_1^2 \le \omega_2^2 \le \ldots \le \omega_n^2$. Für die einzelnen Hauptkoordinaten $\xi_j(t)$ gilt jetzt

$$\ddot{\xi}_j(t) + 2D_j\omega_j\dot{\xi}_j(t) + \omega_j^2\xi_j(t) = 0, \quad j = 1, 2, \ldots, n, \tag{6.94}$$

woraus nach entsprechender Zeitnormierung die Form (2.104) folgt, so daß die in Abschnitt 2.2 angegebene Lösung direkt übertragen werden kann. Beispielsweise gilt für den bei Anwendungen wichtigen Fall $D_j < 1$, $j = 1, 2, \ldots, n$:

$$\xi_j(t) = C_j\mathrm{e}^{-D_j\omega_j t} \cos\left(\sqrt{1 - D_j^2}\,\omega_j t - \varphi_j\right) \tag{6.95}$$

oder nach der Rücktransformation

$$\mathbf{q}(t) = \sum_{j=1}^{n} \hat{\mathbf{q}}_j \left[C_j\mathrm{e}^{-D_j\omega_j t} \cos\left(\sqrt{1 - D_j^2}\,\omega_j t - \varphi_j\right)\right], \tag{6.96}$$

wobei die $2n$ Konstanten C_j, φ_j aus den $2n$ Anfangsbedingungen $\mathbf{q}(t = 0) = \mathbf{q}_0$ und $\dot{\mathbf{q}}(t = 0) = \dot{\mathbf{q}}_0$ zu bestimmen sind. Für $D_j = 0$ geht (6.96) in die Lösung (6.54) für freie ungedämpfte Schwingungen über.

Bei technischen Anwendungen besteht häufig das Problem der Wahl geeigneter Dämpfungsgrade D_j, insbesondere für höhere Werte von j. Bei Verwendung der Bequemlichkeitshypothese (6.91) folgt nach Transformation und Koeffizientenvergleich für die Dämpfungsgrade

$$D_j = \frac{\alpha}{2\omega_j} + \frac{\beta\omega_j}{2}. \tag{6.97}$$

Die beiden unbekannten Größen α und β lassen sich zwar aus zwei Messungen von D_j, (z.B. für $j = 1, 2$) bestimmen. Häufig geht man jedoch von Meß- oder Erfahrungswerten für D_1 aus und macht weitergehende Annahmen für D_j, $j > 1$:

konstante (strukturelle) Dämpfung: $D_j = D_1$, $j = 2, 3, \ldots n$,

proportionale (viskose) Dämpfung: $D_j = D_1 \dfrac{\omega_j}{\omega_1}$, $j = 2, 3, \ldots n$.

Der letzte Ausdruck folgt aus (6.97) für $\alpha = 0$ und gibt die Erfahrungstatsache wieder, daß die höheren Schwingungsmoden häufig stärker gedämpft sind als die niedrigen.

6.2.5 Erzwungene Schwingungen

Wir betrachten nun ein $\mathbf{M}$, $\mathbf{D}$, $\mathbf{K}$-System mit n Freiheitsgraden unter der Einwirkung bekannter äußerer Erregerkraftgrößen $\mathbf{f}(t) = [f_1(t), f_2(t), \ldots, f_n(t)]^\top$,

$$\mathbf{M\ddot{q}}(t) + \mathbf{D\dot{q}}(t) + \mathbf{Kq}(t) = \mathbf{f}(t). \tag{6.98}$$

Nimmt man an, daß das homogene Schwingungssystem asymptotisch stabil ist, so interessiert die partikuläre Lösung, die den eingeschwungenen oder stationären Bewegungszustand kennzeichnet. Wir beschränken uns auf den Fall harmonischer Erregerfunktionen

$$\mathbf{f}(t) = \mathbf{\hat{f}} \cos \Omega t, \tag{6.99}$$

wobei $\mathbf{\hat{f}}$ ein konstanter Amplitudenvektor und Ω die Erregerkreisfrequenz sind. Periodische Erregerfunktionen $\mathbf{f}(t) = \mathbf{f}(t + T)$, $T = 2\pi/\Omega$, lassen sich stets in Fourierreihen entwickeln und wegen der Linearität der Bewegungsgleichung (6.98) auf die Überlagerung der Antworten auf harmonische Erregerfunktionen zurückführen.

Die partikuläre Lösung von Gl. (6.98) mit der harmonischen Erregung (6.99) hat die Form

$$\mathbf{q}(t) = \mathbf{\hat{q}}_c \cos \Omega t + \mathbf{\hat{q}}_s \sin \Omega t. \tag{6.100}$$

Setzt man diesen Lösungsansatz in die Bewegungsgleichung ein, so erhält man durch Koeffizientenvergleich das lineare Gleichungssystem der Ordnung $2n$:

$$\begin{bmatrix} \mathbf{K} - \Omega^2 \mathbf{M} & \Omega \mathbf{D} \\ -\Omega \mathbf{D} & \mathbf{K} - \Omega^2 \mathbf{M} \end{bmatrix} \begin{bmatrix} \mathbf{\hat{q}}_c \\ \mathbf{\hat{q}}_s \end{bmatrix} = \begin{bmatrix} \mathbf{\hat{f}} \\ \mathbf{0} \end{bmatrix}. \tag{6.101}$$

Geht man jedoch wie bereits beim skalaren Fall ($n = 1$) auf die komplexe Betrachtung über, wobei komplexe Größen durch Unterstreichen gekennzeichnet werden, so folgt mit

$$\mathbf{f}(t) = \mathrm{Re}\{\mathbf{\hat{f}}\mathrm{e}^{\mathrm{i}\Omega t}\}, \qquad \mathbf{q}(t) = \mathrm{Re}\{\underline{\mathbf{\hat{q}}}\mathrm{e}^{\mathrm{i}\Omega t}\}, \tag{6.102}$$

aus (6.98) das komplexe lineare Gleichungssystem der Ordnung n

$$\underbrace{(-\Omega^2 \mathbf{M} + \mathrm{i}\Omega \mathbf{D} + \mathbf{K})}_{\underline{\mathbf{S}}(\Omega)} \underline{\mathbf{\hat{q}}} = \mathbf{\hat{f}} \tag{6.103}$$

mit der dynamischen Steifigkeitsmatrix $\underline{\mathbf{S}}(\Omega)$. Die Auflösung nach der im allgemeinen komplexen Größe $\hat{\underline{\mathbf{q}}}$ ergibt

$$\hat{\underline{\mathbf{q}}} = \underline{\mathbf{S}}^{-1}(\Omega)\hat{\mathbf{f}} = \underline{\mathbf{F}}(\Omega)\hat{\mathbf{f}},$$
$$\underline{\mathbf{F}}(\Omega) = [-\Omega^2\mathbf{M} + i\Omega\mathbf{D} + \mathbf{K}]^{-1}. \tag{6.104}$$

Darin wurde die komplexe Frequenzgangmatrix $\underline{\mathbf{F}}(\Omega)$ verwendet, die auch als dynamische Nachgiebigkeitsmatrix bezeichnet wird. Die beiden gezeigten Lösungswege sind äquivalent, wobei folgender Zusammenhang besteht:

$$q_j(t) = \mathrm{Re}\left\{\hat{\underline{q}}_j \mathrm{e}^{\mathrm{i}\Omega t}\right\} = \hat{q}_{rj}\cos(\Omega t - \psi_j) = \hat{q}_{cj}\cos\Omega t + \hat{q}_{sj}\sin\Omega t,$$
$$\hat{q}_{rj} = \sqrt{\hat{q}_{cj}^2 + \hat{q}_{sj}^2}, \qquad \tan\psi_j = \hat{q}_{sj}/\hat{q}_{cj}, \qquad j = 1, 2, \ldots, n. \tag{6.105}$$

Eine eindeutige Lösung von (6.104) ist immer gegeben, wenn

$$\det\underline{\mathbf{S}}(\Omega) = \det(-\Omega^2\mathbf{M} + i\Omega\mathbf{D} + \mathbf{K}) \neq 0 \tag{6.106}$$

gilt. Dies ist für $\mathbf{D} > 0$ oder $\mathbf{D} \geq 0$ und durchdringende Dämpfung stets erfüllt. Sowohl in (6.101) als auch in (6.104) ergeben sich deutliche Vereinfachungen für $\mathbf{D} \equiv 0$, also für den Fall erzwungener Schwingungen von ungedämpften Systemen. Mit $\hat{\mathbf{q}}_s = 0$, $\psi_j = 0$ und $\hat{\mathbf{q}}_c = \hat{\mathbf{q}}$ folgt jetzt

$$(\mathbf{K} - \Omega^2\mathbf{M})\hat{\mathbf{q}} = \hat{\mathbf{f}}. \tag{6.107}$$

Die Lösung dieses linearen Gleichungssystems läßt sich unter Verwendung der Cramerschen Regel formal angeben:

$$\hat{q}_j = \frac{Z_j(\Omega)}{N(\Omega)}, \quad N(\Omega) = \det(\mathbf{K} - \Omega^2\mathbf{M}), \qquad j = 1, 2, \ldots n. \tag{6.108}$$

Dabei ist $Z_j(\Omega)$ die Determinante der Matrix, die aus $(\mathbf{K} - \Omega^2\mathbf{M})$ entsteht, wenn man die j-te Spalte durch $\hat{\mathbf{f}}$ ersetzt. Der Nenner $N(\Omega)$ entspricht der charakteristischen Gleichung (6.49), wenn man $\lambda^2 = -\Omega^2$ setzt. Aus (6.108) lassen sich folgende Sonderfälle ablesen:

a) $N(\Omega) = 0$, $Z_j(\Omega) \neq 0$: Die Erregerkreisfrequenz Ω stimmt mit einer der Eigenkreisfrequenzen ω_j überein, d.h. das Schwingungssystem befindet sich in Resonanz.

b) $N(\Omega) = 0$, für alle j gilt $Z_j(\Omega) = 0$, so daß $\lim\limits_{\tilde{\Omega} \to \Omega} Z_j(\tilde{\Omega})/N(\tilde{\Omega}) < \infty$: Obwohl der Nenner verschwindet, bleiben alle Schwingungsamplituden endlich. Diesen Fall bezeichnet man als Scheinresonanz.

c) $N(\Omega) \neq 0$, $Z_j(\Omega) = 0$: Für die j-te verallgemeinerte Koordinate liegt Schwingungstilgung vor.

Scheinresonanz und Schwingungstilgung kommen nur in fremderregten Schwingungssystemen mit zwei und mehr Freiheitsgraden vor. Resonanz hingegen kann auch bei Schwingern mit einem Freiheitsgrad auftreten. Strenge Resonanz ist nur in ungedämpften Schwingungssystemen möglich. Bei schwach gedämpften Schwingern können jedoch große Schwingungsamplituden für Erregerfrequenzen in der Nähe der Eigenfrequenzen entstehen, man spricht dann von Resonanzerscheinungen.

In den bisherigen Untersuchungen ist an keiner Stelle von den Symmetrieeigenschaften der Matrizen $\mathbf{D}$ und $\mathbf{K}$ Gebrauch gemacht worden. Die Ergebnisse gelten deshalb auch, wenn die symmetrischen Matrizen $\mathbf{D}$ und $\mathbf{K}$ durch schiefsymmetrische Matrizen $\mathbf{G}$ und $\mathbf{N}(\mathbf{G} = -\mathbf{G}^\top, \mathbf{N} = -\mathbf{N}^\top)$ ergänzt werden.

Im folgenden wird ein $\mathbf{M}, \mathbf{D}, \mathbf{K}$-System mit symmetrischen Matrizen und harmonischer Fremderregung betrachtet. Wir setzen voraus, daß eine simultane Diagonalisierung aller drei Matrizen durch die Hauptachsentransformation (6.56) mit der Modalmatrix $\mathbf{Q}$ möglich ist. Dann folgt aus (6.98) mit den Bezeichnungen von Abschnitt 6.2.4

$$\ddot{\boldsymbol{\xi}}(t) + \boldsymbol{\Delta}\dot{\boldsymbol{\xi}}(t) + \boldsymbol{\Omega}^2\boldsymbol{\xi}(t) = \mathbf{Q}^\top\mathbf{f}(t),$$
$$\ddot{\xi}_j(t) + 2D_j\omega_j\dot{\xi}_j(t) + \omega_j^2\xi_j(t) = \hat{\mathbf{q}}_j^\top\mathbf{f}(t). \tag{6.109}$$

Geht man zur komplexen Betrachtung über und setzt $\mathbf{f}(t) = \mathrm{Re}\{\hat{\underline{\mathbf{f}}}\mathrm{e}^{\mathrm{i}\Omega t}\}$, so folgt die partikuläre Lösung von (6.109) in der Form $\xi_j(t) = \mathrm{Re}\{\hat{\underline{\xi}}_j\mathrm{e}^{\mathrm{i}\Omega t}\}$, wobei

$$\hat{\underline{\xi}}_j = \frac{1}{\omega_j^2 - \Omega^2 + 2iD_j\omega_j}\, \hat{\mathbf{q}}_j^\top\hat{\underline{\mathbf{f}}} = \underline{F}_j(\Omega)\hat{\mathbf{q}}_j^\top\hat{\underline{\mathbf{f}}}. \tag{6.110}$$

Man bezeichnet $\underline{F}_j(\Omega)$ als komplexen Elementarfrequenzgang, der sich wie im skalaren Fall ($n = 1$) wegen $\underline{F}_j(\Omega) = V_j(\Omega)\mathrm{e}^{-\mathrm{i}\psi_j(\Omega)}$ durch den Amplituden-Frequenzgang $V_j(\Omega)$ und den Phasen-Frequenzgang $\psi_j(\Omega)$ darstellen läßt, vgl. Abschnitt 5.2.1.4. Führt man die Rücktransformation $\underline{\mathbf{q}} = \mathbf{Q}\hat{\underline{\boldsymbol{\xi}}}$ durch, so erhält man

$$\hat{\underline{\mathbf{q}}} = \sum_{j=1}^{n}\hat{\mathbf{q}}_j\hat{\underline{\xi}}_j = \sum_{j=1}^{n}\hat{\mathbf{q}}_j\underline{F}_j(\Omega)\hat{\mathbf{q}}_j^\top\hat{\underline{\mathbf{f}}} = \mathbf{Q}\,\mathbf{diag}[\underline{F}_j(\Omega)]\mathbf{Q}^\top\hat{\underline{\mathbf{f}}}. \tag{6.111}$$

Vergleicht man (6.104) mit (6.111), so erkennt man, daß sich die komplexe Frequenzgangmatrix $\underline{\mathbf{F}}(\varOmega)$ in einfacher Weise aus den skalaren Elementarfrequenzgängen aufbauen läßt:

$$\underline{\mathbf{F}}(\varOmega) \equiv [\mathbf{K} - \varOmega^2\mathbf{M} + i\varOmega\mathbf{D}]^{-1} = \mathbf{Q}\,\mathbf{diag}(\omega_j^2 - \varOmega^2 + 2iD_j\omega_j)^{-1}\mathbf{Q}^\top. \quad (6.112)$$

Bei Anwendungen muß die Frequenzgangmatrix für viele Kreisfrequenzen $\varOmega$ berechnet werden. Dabei erweist sich die in (6.112) rechts stehende Form, also das Vorgehen nach (6.111), als numerisch günstig, da eine Matrizeninversion vermieden wird.

6.2.6 Allgemeine Schwingungssysteme

Die Anwendung der Lagrangeschen Gleichung 2. Art in der Form (6.1) auf mechanische Systeme mit n Freiheitsgraden führt auf die allgemeine nichtlineare Bewegungsgleichung

$$\mathbf{M}(\mathbf{q}, t)\ddot{\mathbf{q}}(t) + \mathbf{k}(\mathbf{q}, \dot{\mathbf{q}}, t) = \mathbf{g}(\mathbf{q}, \dot{\mathbf{q}}, t). \quad (6.113)$$

Darin ist $\mathbf{q}$ der n-dimensionale Lagevektor der verallgemeinerten Koordinaten, $\mathbf{M} = \mathbf{M}^\top$ die symmetrische $n \times n$-Massenmatrix, $\mathbf{k}$ der $n \times 1$-Vektor der verallgemeinerten Kreiselkräfte, der die Coriolis- und Zentrifugalkräfte sowie die Kreiselmomente umfaßt, und $\mathbf{g}$ der $n \times 1$-Vektor der verallgemeinerten Kräfte. Linearisiert man (6.113) um eine Gleichgewichtslage oder eine stationäre Bewegung $\mathbf{q}_s(t)$, wobei $\mathbf{q}(t) = \mathbf{q}_s(t) + \tilde{\mathbf{q}}(t)$ gesetzt wird, so folgt aus einer Taylorreihenentwicklung unter der Voraussetzung hinreichend glatter Vektorfunktionen und bei Vernachlässigung aller Glieder, die klein von zweiter und höherer Ordnung sind, die lineare Bewegungsgleichung

$$\mathbf{M}(t)\ddot{\tilde{\mathbf{q}}}(t) + \mathbf{P}(t)\dot{\tilde{\mathbf{q}}}(t) + \mathbf{Q}(t)\tilde{\mathbf{q}}(t) = \mathbf{f}(t). \quad (6.114)$$

Dabei kennzeichnen der Lagevektor $\tilde{\mathbf{q}}(t)$ die kleinen Abweichungen von $\mathbf{q}_s(t)$, $\mathbf{M} = \mathbf{M}^\top > \mathbf{0}$ die Massenmatrix, $\mathbf{P}(t)$, $\mathbf{Q}(t)$ die geschwindigkeitsbzw. lageabhängigen Kräfte und $\mathbf{f}(t)$ die zeitabhängigen Erregerkräfte. Gl. (6.114) stellt eine Verallgemeinerung von (4.28) dar. Sind die auftretenden Matrizen konstant und spaltet man $\mathbf{P}$ und $\mathbf{Q}$ jeweils in einen symmetrischen und einen schiefsymmetrischen Anteil auf, so folgt schließlich die lineare zeitinvariante Bewegungsgleichung

$$\mathbf{M}\ddot{\mathbf{q}}(t) + (\mathbf{D} + \mathbf{G})\dot{\mathbf{q}}(t) + (\mathbf{K} + \mathbf{N})\mathbf{q}(t) = \mathbf{f}(t), \quad (6.115)$$

wobei $\tilde{\mathbf{q}} = \mathbf{q}$ gesetzt wurde. Bezüglich der Symmetrieeigenschaften der auftretenden $n \times n$-Matrizen gilt

$$\mathbf{M} = \mathbf{M}^\top > 0, \quad \mathbf{D} = \mathbf{D}^\top, \quad \mathbf{G} = -\mathbf{G}^\top, \quad \mathbf{K} = \mathbf{K}^\top, \quad \mathbf{N} = -\mathbf{N}^\top. \quad (6.116)$$

Gl. (6.115) enthält als Sonderfälle (6.41) und (6.98). Die einzelnen Matrizen lassen sich physikalisch interpretieren, wenn man ähnlich wie in (6.45) Gl. (6.115) von links mit $\dot{\mathbf{q}}^\top$ multipliziert und die resultierende skalare Beziehung energetisch deutet:

$$\underbrace{\dot{\mathbf{q}}^\top \mathbf{M}\ddot{\mathbf{q}}}_{\frac{\mathrm{d}}{\mathrm{d}t}E_k} + \underbrace{\dot{\mathbf{q}}^\top \mathbf{D}\dot{\mathbf{q}}}_{2R} + \underbrace{\dot{\mathbf{q}}^\top \mathbf{G}\dot{\mathbf{q}}}_{0} + \underbrace{\dot{\mathbf{q}}^\top \mathbf{K}\mathbf{q}}_{\frac{\mathrm{d}}{\mathrm{d}t}E_p} + \underbrace{\dot{\mathbf{q}}^\top \mathbf{N}\mathbf{q}}_{2S} = \underbrace{\dot{\mathbf{q}}^\top \mathbf{f}}_{P}, \quad (6.117)$$

Wie bereits früher gezeigt, bestimmt die Massenmatrix $\mathbf{M}$ die kinetische Energie $E_k = \frac{1}{2}\dot{\mathbf{q}}^\top \mathbf{M}\dot{\mathbf{q}}$, deshalb ist $\mathbf{M}$ stets positiv definit ($\mathbf{M} > 0$). Mit der Steifigkeitsmatrix $\mathbf{K}$ ergibt sich die potentielle Energie $E_p = \frac{1}{2}\mathbf{q}^\top \mathbf{K}\mathbf{q}$ und mit der Dämpfungsmatrix $\mathbf{D}$ die Rayleighsche Dissipationsfunktion $R = \frac{1}{2}\dot{\mathbf{q}}^\top \mathbf{D}\dot{\mathbf{q}}$. Die Kreiselmatrix $\mathbf{G}$ beschreibt die gyroskopischen Kräfte, die keine Änderung der Energiebilanz bewirken. Die Leistung der zeitabhängigen Erregerkräfte $\mathbf{f}(t)$ wird mit P bezeichnet. Durch sie wird der Energiehaushalt verändert, ebenso durch die Wirkung der Matrizen $\mathbf{D}$ und $\mathbf{N}$. Letztere wird deshalb als Matrix der nichtkonservativen Lagekräfte oder Matrix der zirkulatorischen Kräfte bezeichnet. Ein konservatives Schwingungssystem liegt für $\mathbf{D} = 0$, $\mathbf{N} = 0$ und $\mathbf{f} = 0$ vor, dann gilt der Energieerhaltungssatz $E_k + E_p = \text{const}$.

Zur Analyse eines allgemeinen Schwingungssystems der Form (6.114) oder (6.115) geht man zweckmäßig auf die Zustands- oder Phasenraumdarstellung über, die wir bereits bei Schwingern mit einem Freiheitsgrad genutzt haben. Die Zustandsgrößen eines mechanischen Systems werden aus den verallgemeinerten Lage- und Geschwindigkeitskoordinaten gebildet. Faßt man die Zustandsgrößen zum $2n$-dimensionalen Zustandsvektor $\mathbf{x}(t)$ zusammen, wobei der Anfangszustand durch $\mathbf{x}(t_0) = \mathbf{x}_0$ gegeben ist, so folgt beispielsweise aus (6.115) die lineare Zustandsgleichung

$$\underbrace{\begin{bmatrix} \mathbf{q}(t) \\ \dot{\mathbf{q}}(t) \end{bmatrix}^{\bullet}}_{\dot{\mathbf{x}}(t)} = \underbrace{\begin{bmatrix} \mathbf{0} & \mathbf{E} \\ -\mathbf{M}^{-1}(\mathbf{K}+\mathbf{N}) & -\mathbf{M}^{-1}(\mathbf{D}+\mathbf{G}) \end{bmatrix}}_{\mathbf{A}} \underbrace{\begin{bmatrix} \mathbf{q}(t) \\ \dot{\mathbf{q}}(t) \end{bmatrix}}_{\mathbf{x}(t)} + \underbrace{\begin{bmatrix} \mathbf{0} \\ \mathbf{M}^{-1}\mathbf{f}(t) \end{bmatrix}}_{\mathbf{b}(t)} \quad (6.118)$$

$$\mathbf{x}(t_0) = \mathbf{x}_0.$$

In der oberen Hälfte von Gl. (6.118) steht die triviale Gleichung $\dot{\mathbf{q}}(t) = \dot{\mathbf{q}}(t)$ und in der unteren Hälfte die nach $\ddot{\mathbf{q}}(t)$ aufgelöste Bewegungsgleichung. Dabei ist $\mathbf{A}$ die konstante $2n \times 2n$-Systemmatrix und $\mathbf{b}(t)$ der zeitabhängige $2n$-dimensionale Erregervektor. Für die Bewegungsgleichung (6.114) würde sich eine zeitvariable Systemmatrix $\mathbf{A}(t)$ ergeben. Der Vorteil der Problembeschreibung durch die Zustandsgleichung (6.118) besteht darin, daß zu ihrer Untersuchung einerseits die voll ausgebaute lineare Systemtheorie mit ihren geometrischen und algebraischen Methoden herangezogen und andererseits eine Vielzahl von fertigen Computerprogrammen unmittelbar genutzt werden können. Nachteilig ist die Verdoppelung der Systemordnung von n auf $2n$ und der Verlust der besonderen Struktur der Bewegungsgleichungen, die insbesondere bei zeitinvarianten Schwingungssystemen eine Reihe spezieller Eigenschaften erkennen läßt. Auf die Ergebnisse der linearen Systemtheorie, die gleichzeitig eine Verbindung zur Regelungstheorie herstellt, soll hier nicht eingegangen werden. Dazu sei auf die umfangreiche Spezialliteratur verwiesen, vgl. Hagedorn, Otterbein [16], Müller, Schiehlen [33], Thoma [49], Schwarz [44].

6.3　Verfahren zur Schwingungsanalyse am Beispiel einer Drehschwingerkette

Im Abschnitt 6.2 hatten wir die Darstellung der Lösung für gedämpfte freie und erzwungene Schwingungen mit Hilfe der Eigenvektoren des freien ungedämpften Schwingungssystems kennengelernt. Wegen der Bedeutung der Lösung des Eigenwertproblems für $\mathbf{M}, \mathbf{K}$-Systeme wird hier gesondert auf entsprechende Verfahren zur Schwingungsanalyse eingegangen.

Im folgenden soll die in Fig. 163 dargestellte Drehschwingerkette bestehend aus n starren Drehmassen und $n-1$ masselosen Drehfedern exemplarisch mit Hilfe verschiedener Rechenverfahren untersucht werden. Da die Drehmassen an den Enden der Schwingerkette ungefesselt sind, kann das System als

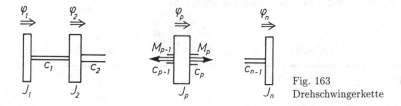

Fig. 163
Drehschwingerkette

Ganzes eine Starrkörperdrehung mit gleichen, zeitlich linear anwachsenden Drehwinkeln φ_p für alle Drehmassen $p = 1, \dots, n$ ausführen. Mathematisch zeigt sich dieser Sachverhalt durch eine singuläre Steifigkeitsmatrix und eine Eigenkreisfrequenz $\omega_1 = 0$.

Die Bewegungsgleichung der p-ten Drehmasse mit dem Massenträgheitsmoment J_p lautet unter Verwendung absoluter Drehwinkel φ_p und den Schnittmomenten M_p bzw. M_{p-1}

$$J_p\ddot{\varphi}_p = M_p - M_{p-1} = c_p(\varphi_{p+1} + \varphi_p) - c_{p-1}(\varphi_p - \varphi_{p-1}),$$
$$J_p\ddot{\varphi}_p - c_{p-1}\varphi_{p-1} + (c_{p-1} + c_p)\varphi_p - c_p\varphi_{p+1} = 0. \tag{6.119}$$

Wegen der freien Enden der Schwingerkette gilt für die Drehfederkonstanten $c_0 = c_n = 0$. Damit lassen sich die Bewegungsgleichungen in vektorieller Form angeben:

$$\underbrace{\begin{bmatrix} J_1 & & & & \\ & \ddots & & \mathbf{0} & \\ & & J_p & & \\ & \mathbf{0} & & \ddots & \\ & & & & J_n \end{bmatrix}}_{\mathbf{M}} \underbrace{\begin{bmatrix} \ddot{\varphi}_1 \\ \vdots \\ \ddot{\varphi}_p \\ \vdots \\ \ddot{\varphi}_n \end{bmatrix}}_{\ddot{\boldsymbol{\varphi}}} + \underbrace{\begin{bmatrix} c_1 & -c_1 & & & & \\ -c_1 & c_1+c_2 & -c_2 & & \mathbf{0} & \\ & -c_{p-1} & c_{p-1}+c_p & -c_p & & \\ & \mathbf{0} & & -c_{n-2} & c_{n-2}+c_{n-1} & -c_{n-1} \\ & & & & -c_{n-1} & c_{n-1} \end{bmatrix}}_{\mathbf{K}} \underbrace{\begin{bmatrix} \varphi_1 \\ \vdots \\ \varphi_p \\ \vdots \\ \varphi_n \end{bmatrix}}_{\boldsymbol{\varphi}} = \underbrace{\begin{bmatrix} 0 \\ \vdots \\ 0 \\ \vdots \\ 0 \end{bmatrix}}_{\mathbf{0}}.$$
$$\tag{6.120}$$

Die Massenmatrix $\mathbf{M}$ hat Diagonalgestalt, während die Steifigkeitsmatrix $\mathbf{K}$ eine Tridiagonalmatrix ist, die sich als singulär erweist. Damit liegen die Bewegungsgleichungen in der Form der Gl. (6.41) vor, und das in Kapitel 6.2.1 gezeigte Vorgehen zur Lösung kann unmittelbar übernommen werden.

Die Ergebnisse sollen am Beispiel einer Drehschwingerkette mit $n = 3$, $J_1 = J_2 = 250\,\mathrm{kg\,m^2}$, $J_3 = 500\,\mathrm{kg\,m^2}$, $c_1 = 15 \cdot 10^6\,\mathrm{Nm}$, $c_2 = 2 \cdot 10^6\,\mathrm{Nm}$ veranschaulicht werden. Das Eigenwertproblem

$$[-\omega^2\mathbf{M} + \mathbf{K}]\,\hat{\boldsymbol{\varphi}}$$
$$= \left\{ -\omega^2 \begin{bmatrix} J_1 & 0 & 0 \\ 0 & J_2 & 0 \\ 0 & 0 & J_3 \end{bmatrix} + \begin{bmatrix} c_1 & -c_1 & 0 \\ -c_1 & c_1+c_2 & -c_2 \\ 0 & -c_2 & c_2 \end{bmatrix} \right\} \begin{bmatrix} \hat{\varphi}_1 \\ \hat{\varphi}_2 \\ \hat{\varphi}_3 \end{bmatrix} = \begin{bmatrix} 0 \\ 0 \\ 0 \end{bmatrix} \tag{6.121}$$

führt auf die charakteristische Gleichung

$$\det[-\omega^2\mathbf{M} + \mathbf{K}] = \omega^2\{\omega^4 J_1 J_2 J_3 - \omega^2 [c_1(J_1 + J_2)J_3 + c_2(J_2 + J_3)J_1]$$
$$+ c_1 c_2(J_1 + J_2 + J_3)\} = 0, \tag{6.122}$$

die sich noch geschlossen lösen läßt. Die Eigenkreisfrequenzen und die zugehörigen Eigenvektoren, deren erste Koordinate jeweils zu Eins normiert wurde, lauten:

$$\omega_1^2 = 0, \qquad\qquad \hat{\varphi}_1 = \begin{bmatrix} 1 \\ 1 \\ 1 \end{bmatrix},$$

$$\omega_2^2 = 7.725\,\text{rad}^2/\text{s}^2, \qquad \hat{\varphi}_2 = \begin{bmatrix} 1 \\ 0{,}871 \\ -0{,}937 \end{bmatrix}, \qquad (6.123)$$

$$\omega_3^2 = 124.275\,\text{rad}^2/\text{s}^2, \qquad \hat{\varphi}_3 = \begin{bmatrix} 1 \\ -1{,}071 \\ 0{,}035 \end{bmatrix}.$$

Die durch die Eigenvektoren festgelegten Eigenschwingungsformen der Drehschwingerkette sind in Fig. 164 dargestellt. Die Zahl der Nulldurchgänge oder Schwingungsknoten stimmt mit der bei homogenen Schwingerketten überein, vgl. Fig. 162, die Amplitudenverteilung weicht jedoch stark ab.

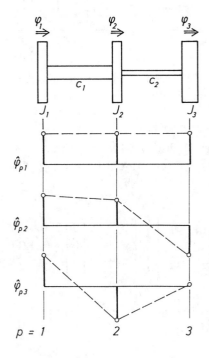

Fig. 164
Eigenschwingungsformen einer Drehschwingerkette mit $n = 3$

Die Grundschwingungsform $j = 1$ entspricht der Starrkörperdrehung der Schwingerkette. In der ersten Oberschwingung $j = 2$ schwingen die Drehmassen $p = 1$ und $p = 2$, die durch eine steife Feder miteinander verbunden sind, gleichphasig und mit fast gleicher Amplitude, während die weich angekoppelte dritte Drehmasse ($p = 3$) entgegengesetzt schwingt. Zwischen zweiter und dritter Drehmasse liegt ein Schwingungsknoten. In der zweiten Oberschwingung $j = 3$ hingegen schwingen die erste und zweite Drehmasse gegenphasig mit fast gleicher Amplitude, während die dritte Drehmasse mit dem größten Massenträgheitsmoment fast in Ruhe bleibt. Jetzt liegen zwei Schwingungsknoten vor, wobei der zweite nahe bei der Drehmasse $p = 3$ liegt. Im vorliegenden Beispiel lassen sich die Eigenschwingungsformen bei Berücksichtigung der gegebenen Massen- und Steifigkeitsverteilung in einfacher Weise physikalisch interpretieren.

Zur Überprüfung der Eigenvektoren in (6.123) kann die Orthogonalitätsbeziehung (6.61) Verwendung finden, wonach $\hat{\boldsymbol{\varphi}}_i^{\top} \mathbf{M} \hat{\boldsymbol{\varphi}}_j = 0$ für $i \neq j$ gilt. Die Gesamtlösung ergibt sich durch Überlagerung der Eigenschwingungen zu

$$
\begin{aligned}
\boldsymbol{\varphi}(t) &= \hat{\boldsymbol{\varphi}}_1 (A_1 + B_1 t) + \hat{\boldsymbol{\varphi}}_2 (A_2 \cos \omega_2 t + B_2 \sin \omega_2 t) \\
&\quad + \hat{\boldsymbol{\varphi}}_3 (A_3 \cos \omega_3 t + B_3 \sin \omega_3 t) \\
&= \hat{\boldsymbol{\varphi}}_1 (A_1 + B_1 t) + \hat{\boldsymbol{\varphi}}_2 C_2 \cos(\omega_2 t - \psi_2) + \hat{\boldsymbol{\varphi}}_3 C_3 \cos(\omega_3 t - \psi_3),
\end{aligned} \tag{6.124}
$$

wobei die auftretenden Konstanten in bekannter Weise aus den Anfangsbedingungen zu bestimmen sind.

6.3.1   Restgrößenverfahren

Eine Alternative zur direkten Lösung des Eigenwertproblems stellen systematische Suchmethoden für die Eigenwerte und Eigenvektoren dar, die in besonderer Weise von den Randbedingungen an den Enden der Schwingerkette Gebrauch machen. Dazu gehört das nach Holzer-Tolle benannte Restgrößenverfahren, das sich sehr gut für den Computereinsatz eignet und überdies die Eigenkreisfrequenzen und Eigenschwingungsformen in einem gewissen Frequenzbereich zu berechnen gestattet. Ausgangspunkt sind die Bewegungsgleichungen (6.119). Wieder sucht man eine Eigen- oder Hauptschwingung mit dem Ansatz

$$
\varphi_p = \hat{\varphi}_p \cos(\omega t - \psi), \qquad \ddot{\varphi}_p = -\omega^2 \varphi_p. \tag{6.125}
$$

Setzt man diesen Ansatz in (6.119) ein, so folgen unter Berücksichtigung der Randbedingungen $M_0 = M_n = 0$ die Gleichungen

$$p = 1: \quad J_1 \ddot{\varphi}_1 \equiv -\omega^2 J_1 \varphi_1 = M_1$$

$$p = 2: \quad J_2 \ddot{\varphi}_2 \equiv -\omega^2 J_2 \varphi_2 = -M_1 + M_2 \Rightarrow -\omega^2 \sum_{i=1}^{2} J_i \varphi_i = M_2,$$

$$p = 3: \quad J_3 \ddot{\varphi}_3 \equiv -\omega^2 J_3 \varphi_3 = -M_2 + M_3 \Rightarrow -\omega^2 \sum_{i=1}^{3} J_i \varphi_i = M_3, \qquad (6.126)$$

$$\vdots$$

$$p = n: \qquad\qquad\qquad\qquad\qquad \Rightarrow -\omega^2 \sum_{i=1}^{n} J_i \varphi_i = M_n = 0.$$

Dabei wurde in jeder Zeile $p = 2$ bis $p = n$ das Moment M_{p-1} durch das Ergebnis aus der vorangehenden Zeile eliminiert. Setzt man nun $M_p = c_p(\varphi_{p+1} - \varphi_p)$ ein und löst nach φ_{p+1} auf, so erhält man nach Elimination der zeitabhängigen Größen eine Rekursionsformel für die Amplitudenfaktoren $\hat{\varphi}$,

$$\hat{\varphi}_{p+1} = \hat{\varphi}_p - \frac{\omega^2}{c_p} \sum_{i=1}^{p} J_i \hat{\varphi}_i, \qquad p = 1, \ldots, n-1. \qquad (6.127)$$

Für $p = n$ folgt aus der letzten Gleichung (6.126) infolge der Randbedingung $M_n = 0$ die Beziehung

$$\omega^2 \sum_{i=1}^{n} J_i \hat{\varphi}_i = 0. \qquad (6.128)$$

Da die Amplitudenfaktoren nur bis auf einen unbestimmten Faktor festliegen, kann $\hat{\varphi}_1 = 1$ gesetzt und damit die Rekursion begonnen werden. Für die Eigenkreisfrequenz $\omega^2 = 0$ ist (6.128) stets erfüllt und aus (6.127) folgt mit $\hat{\varphi}_1 = 1$ sofort $\hat{\varphi}_p = 1$ für $p = 1, \ldots, n$. Für eine Eigenkreisfrequenz $\omega^2 \neq 0$ ist (6.128) nur erfüllt, wenn die sogenannte Restgröße Δ verschwindet,

$$\Delta = \sum_{i=1}^{n} J_i \hat{\varphi}_i = 0. \qquad (6.129)$$

Beim Restgrößenverfahren startet man mit einem Näherungswert $\tilde{\omega} \neq 0$ für die Eigenkreisfrequenz ω und ermittelt aus (6.127) beginnend mit $\hat{\varphi}_1 = 1$ rekursiv die Amplitudenfaktoren $\hat{\varphi}_p$, $p = 1, \ldots, n$. Damit berechnet man die Restgröße Δ gemäß (6.129), wobei $\Delta \neq 0$ für $\tilde{\omega}^2 \neq \omega^2$ folgt. Nun verbessert man die Näherung $\tilde{\omega}^2$ solange, bis die Restgröße Δ verschwindet. Mit $\Delta = 0$ gilt $\tilde{\omega}^2 = \omega^2$, d.h. man hat in ω eine Eigenkreisfrequenz und in $\hat{\varphi}_p$ die Koordinaten des zugehörigen Eigenvektors gefunden. Mit Hilfe eines Computers läßt sich die Restgröße $\Delta = \Delta(\tilde{\omega}^2)$ in Abhängigkeit von $\tilde{\omega}^2$ leicht berechnen und aus den Nullstellen $\Delta(\tilde{\omega}^2) = 0$ der Restgröße die Eigenkreisfrequenzen ermitteln. Der Gang der Rechnung soll im folgenden anhand einer tabellarischen Auswertung der Gln. (6.127) und (6.129) für das bereits behandelte Beispiel einer Schwingerkette mit $n = 3$ gezeigt werden. Wichtig sind dabei gute Näherungswerte $\tilde{\omega}$ für die Eigenkreisfrequenzen ω des Systems.

Im vorliegenden Fall läßt sich ein guter Näherunswert $\tilde{\omega}$ durch Reduktion der Schwingerkette von $n = 3$ auf $n = 2$ gewinnen, wenn man die beiden sehr steif miteinander verbundenen Drehmassen 1 und 2 durch eine einzige starre Drehmasse I ersetzt und die Drehmasse 3 als zweite Drehmasse II beibehält (Massenträgheitsmomente $J_I = J_1 + J_2$, $J_{II} = J_3$). Mit der Drehfederkonstante $c = c_2$ folgt aus (2.24) das Quadrat der Eigenkreisfrequenz des Zwei-Massen-Drehschwingers zu $\omega_{II}^2 = c(\frac{1}{J_I} + \frac{1}{J_{II}})$. Mit den Zahlenwerten für das Beispiel folgt $\omega_{II}^2 = 8000\,\mathrm{rad}^2/\mathrm{s}^2$. Eine andere Möglichkeit zur Berechnung eines Näherungswertes bietet der Rayleigh-Quotient $R[\hat{\varphi}]$. Mit der Näherung $\tilde{\varphi}^\top = [1\ 1\ -1]$ für den Eigenvektor, wobei die Drehmassen 1 und 2 als starr gekoppelt angesehen werden, erhält man $\tilde{\omega}^2 \approx \omega^2 \leq R[\tilde{\varphi}] = \tilde{\varphi}^\top K \tilde{\varphi}/(\tilde{\varphi}^\top M \tilde{\varphi})$. Mit den Matrizen K und M aus (6.121) und den Zahlenwerten des Beispiels folgt wieder $\tilde{\omega}^2 = 8000\,\mathrm{rad}^2/\mathrm{s}^2$.

Den so ermittelten Wert verwendet man als ersten Näherungswert $\tilde{\omega}_1^2$ für die Schwingerkette mit $n = 3$. Eine tabellarische Auswertung ergibt hierfür

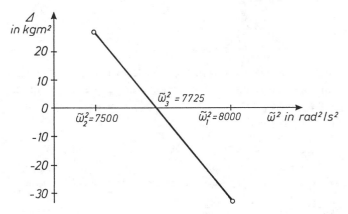

Fig. 165 Ermittlung der Eigenkreisfrequenzen mit Hilfe des Holzer-Tolle-Verfahrens

die Restgröße $\Delta_1 = \sum\limits_{p=1}^{n} J_p \hat{\varphi}_p = -33\,\mathrm{kg\,m}^2$. Erneute Rechnung mit $\tilde{\omega}^2 =$
$7500\,\mathrm{rad}^2/\mathrm{s}^2$ ergibt die Restgröße $\Delta_2 = 27\mathrm{kg\,m}^2$. Durch lineare Interpola-
tion veranschaulicht in einem $\Delta\tilde{\omega}^2$-Diagramm erhält man als Nullstelle der
Restgröße den Wert $\tilde{\omega}_3^2 = 7725\,\mathrm{rad}^2/\mathrm{s}^2$, vgl. Fig. 165. Eine abschließende
Rechnung ergibt hierfür die Restgröße $\Delta_3 = 0$ und die Amplitudenfaktoren
$\hat{\varphi}_1 = 1$, $\hat{\varphi}_2 = 0,871$, $\hat{\varphi}_3 = -0,937$, die mit den Koordinaten des Eigenvektors
$\hat{\varphi}_2$ in (6.123) übereinstimmen.

Im vorliegenden Beispiel führten bereits wenige Rechenschritte zum Ziel.
Dies ist auf den guten Startwert zurückzuführen, der durch physikalische
Überlegungen gewonnen wurde. Das Verfahren läßt sich auch für $n > 3$
nutzbringend einsetzen und auf andere Randbedingungen erweitern. Ein ge-
wisser Nachteil liegt in der Fortpflanzung der Amplitudenfehler, die in alle
Gleichungen eingehen.

6.3.2   Übertragungsmatrizen-Verfahren

Beim Übertragungsmatrizen-Verfahren werden die Trägheits- und Steifig-
keitseigenschaften der Elemente des Schwingungssystems durch Matrizen
erfaßt und die Schwingerkette durch ein Matrizenprodukt beschrieben. Mit
den Bezeichnungen von Fig. 166, wobei die oberen Indizes R und L die Orte
rechts bzw. links von der betrachteten Drehmasse bezeichnen, folgen aus
der geometrischen Verträglichkeit und dem Drallsatz für die Drehmasse p
bei Annahme von Eigenschwingungen mit $\ddot{\varphi}_p = -\omega^2 \varphi_p$

$$\varphi_p^R = \varphi_p^L = \varphi_p,$$
$$M_p^R - M_p^L = J_p \ddot{\varphi}_p = -J_p \omega^2 \varphi_p. \tag{6.130}$$

Die wesentlichen Größen, hier Verdrehwinkel φ_p und Schnittmoment M_p,
faßt man getrennt für die Orte R und L zu sogenannten Zustandsvekto-
ren $\mathbf{z}_p^L = [\varphi_p^L \; M_p^L]^\top$, $\mathbf{z}_p^R = [\varphi_p^R \; M_p^R]^\top$ zusammen. Damit lassen sich die

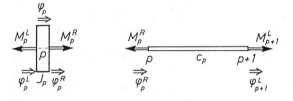

Fig. 166
Drehmasse und masselo-
se Drehfeder als Übertra-
gungselemente einer Dreh-
schwingerkette

$\tilde{\omega}_1^2 = 8000$:

p	J_p	c_p	$\hat{\varphi}_p$ $(\hat{\varphi}_{p+1} = \hat{\varphi}_p - S_p)$	$J_p\hat{\varphi}_p$	$S_p = \dfrac{\tilde{\omega}^2}{c_p}\sum\limits_{i=1}^{p} J_i\hat{\varphi}_i$ $(\tilde{\omega}_1^2 = 8000)$
1	250	$15 \cdot 10^6$	**1**	250	0,133
			$-0,133$		
2	250	$2 \cdot 10^6$	**0,867**	217	1,867
			$-1,867$		
3	500	—	**-1**	-500	—
				$\boldsymbol{\Delta_1 = -33}$	

$\tilde{\omega}_2^2 = 7500$:

p	J_p	c_p	$\hat{\varphi}_p$ $(\hat{\varphi}_{p+1} = \hat{\varphi}_p - S_p)$	$J_p\hat{\varphi}_p$	$S_p = \dfrac{\tilde{\omega}^2}{c_p}\sum\limits_{i=1}^{p} J_i\hat{\varphi}_i$ $(\tilde{\omega}_2^2 = 7500)$
1	250	$15 \cdot 10^6$	**1**	250	0,125
			$-0,125$		
2	250	$2 \cdot 10^6$	**0,875**	219	1,758
			$-1,758$		
3	500	—	**$-0,883$**	-442	—
				$\boldsymbol{\Delta_2 = 27}$	

$\tilde{\omega}_3^2 = 7725$:

p	J_p	c_p	$\hat{\varphi}_p$ $(\hat{\varphi}_{p+1} = \hat{\varphi}_p - S_p)$	$J_p\hat{\varphi}_p$	$S_p = \dfrac{\tilde{\omega}^2}{c_p}\sum\limits_{i=1}^{p} J_i\hat{\varphi}_i$ $(\tilde{\omega}_3^2 = 7725)$
1	250	$15 \cdot 10^6$	**1**	250	0,129
			$-0,129$		
2	250	$2 \cdot 10^6$	**0,871**	218	1,808
			$-1,808$		
3	500	—	**$-0,937$**	-468	—
				$\boldsymbol{\Delta_3 = 0}$	

Gln. (6.130) matriziell wie folgt schreiben:

$$\underbrace{\begin{bmatrix} \varphi_p^R \\ M_p^R \end{bmatrix}}_{\mathbf{z}_p^R} = \underbrace{\begin{bmatrix} 1 & 0 \\ -J_p\omega^2 & 1 \end{bmatrix}}_{\mathbf{P}_p} \underbrace{\begin{bmatrix} \varphi_p^L \\ M_p^L \end{bmatrix}}_{\mathbf{z}_p^L},$$

(6.131)

Die Matrix $\mathbf{P}_p$ wird als Punktmatrix bezeichnet. Entsprechend folgt aus dem Gleichgewicht und dem Stoffgesetz für eine herausgeschnittene masselose Drehfeder, vgl. Fig. 166,

$$M_{p+1}^L = M_p^R,$$
$$M_{p+1}^L = c_p \left(\varphi_{p+1}^L - \varphi_p^R \right) \Rightarrow \varphi_{p+1}^L = \varphi_p^R + \frac{1}{c_p} M_p^R$$

(6.132)

oder in Matrizenschreibweise

$$\underbrace{\begin{bmatrix} \varphi_{p+1}^L \\ M_{p+1}^L \end{bmatrix}}_{\mathbf{z}_{p+1}^L} = \underbrace{\begin{bmatrix} 1 & 1/c_p \\ 0 & 1 \end{bmatrix}}_{\mathbf{F}_p} \underbrace{\begin{bmatrix} \varphi_{p+1}^R \\ M_p^R \end{bmatrix}}_{\mathbf{z}_p^R},$$

(6.133)

Die Matrix $\mathbf{F}_p$ wird als Feldmatrix bezeichnet. Die Hintereinanderschaltung einer Drehfeder und einer Drehmasse läßt sich durch Kombination der Gln. (6.133) und (6.131) wie folgt beschreiben:

$$\mathbf{z}_{p+1}^L = \mathbf{F}_p \mathbf{z}_p^R = \mathbf{F}_p \mathbf{P}_p \mathbf{z}_p^L = \mathbf{U}_p \mathbf{z}_p^L.$$

(6.134)

Darin stellt die Übertragungsmatrix $\mathbf{U}_p = \mathbf{F}_p \mathbf{P}_p$ den Zusammenhang zwischen den Zuständen links der p-ten und links der $(p + 1)$-ten Drehmasse her. Auf ähnliche Weise läßt sich das Übertragungsverhalten der gesamten Schwingerkette beschreiben. Für die in Fig. 163 gezeigte Anordnung gilt beispielsweise

$$\mathbf{z}_n^R = \mathbf{P}_n \mathbf{F}_{n-1} \mathbf{P}_{n-1} \ldots \mathbf{P}_2 \mathbf{F}_1 \mathbf{P}_1 \mathbf{z}_1^L = \mathbf{U}(\omega^2) \mathbf{z}_1^L,$$

(6.135)

wobei die Gesamtübertragungsmatrix $\mathbf{U}(\omega^2)$ eine vom Quadrat der Eigenkreisfrequenz ω abhängige 2×2-Matrix ist. Damit lautet (6.135)

$$\underbrace{\begin{bmatrix} \varphi_n^R \\ M_n^R \end{bmatrix}}_{\mathbf{z}_n^R} = \underbrace{\begin{bmatrix} u_{11}(\omega^2) & u_{12}(\omega^2) \\ u_{21}(\omega^2) & u_{22}(\omega^2) \end{bmatrix}}_{\mathbf{U}(\omega^2)} \underbrace{\begin{bmatrix} \varphi_1^L \\ M_1^L \end{bmatrix}}_{\mathbf{z}_1^L}.$$

(6.136)

In den Zustandsvektoren für die Ränder der Schwingerkette ist aufgrund
der Randbedingungen je eine Zustandsgröße bekannt. Bei fest eingespann-
tem Rand folgt $\varphi = 0$, bei freiem Rand gilt $M = 0$. Im vorliegenden Fall
zweier freier Ränder mit $M_n^R = M_1^L = 0$ erhält man aus (6.135) die beiden
Gleichungen

$$\varphi_n = u_{11}(\omega^2)\varphi_1, \tag{6.137}$$

$$0 = u_{21}(\omega^2)\varphi_1. \tag{6.138}$$

Aus Gl. (6.138) lassen sich die Eigenkreisfrequenzen ω_p^2 der Schwingerkette
als Nullstellen von $u_{21}(\omega^2)$ berechnen. Zu jeder Eigenkreisfrequenz folgen
dann durch Einsetzen von ω_p^2 in die Punktmatrizen $\mathbf{P}_p$ und rekursive Berechnung aus (6.134) die Amplitudenfaktoren $\hat{\varphi}_p$, wobei zweckmäßig mit
$\hat{\varphi}_1 = 1$ begonnen wird. Gl. (6.137) kann zur Überprüfung der numerischen
Rechnung herangezogen werden.

Für das Beispiel der Schwingerkette mit $n = 3$ folgt die Übertragungsmatrix

$$
\begin{aligned}
U &= \begin{bmatrix} u_{11} & u_{12} \\ u_{21} & u_{22} \end{bmatrix} \\
&= \begin{bmatrix} 1 & 0 \\ -J_3\omega^2 & 1 \end{bmatrix} \begin{bmatrix} 1 & \dfrac{1}{c_2} \\ 0 & 1 \end{bmatrix} \begin{bmatrix} 1 & 0 \\ -J_2\omega^2 & 1 \end{bmatrix} \begin{bmatrix} 1 & \dfrac{1}{c_1} \\ 0 & 1 \end{bmatrix} \begin{bmatrix} 1 & 0 \\ -J_1\omega^2 & 1 \end{bmatrix} \\
&= \begin{bmatrix} 1 & 0 \\ -J_3\omega^2 & 1 \end{bmatrix} \begin{bmatrix} 1 - \dfrac{J_2\omega^2}{c_2} & \dfrac{1}{c_2} \\ -J_2\omega^2 & 1 \end{bmatrix} \begin{bmatrix} 1 - \dfrac{J_1\omega^2}{c_1} & \dfrac{1}{c_1} \\ -J_1\omega^2 & 1 \end{bmatrix}.
\end{aligned} \tag{6.139}
$$

Die Bestimmungsgleichung für die Eigenkreisfrequenzen lautet

$$
\begin{aligned}
u_{21}(\omega^2) = \omega^2[J_1(1 - J_3\omega^2/c_2) &+ J_2(1 - J_1\omega^2/c_1) \\
&+ J_3(1 - J_2\omega^2/c_2)(1 - J_1\omega^2/c_1)] = 0.
\end{aligned} \tag{6.140}
$$

Gl. (6.140) stimmt mit der charakteristischen Gleichung (6.122) überein.

Das Übertragungsmatrizen-Verfahren, dessen Grundzüge hier am Beispiel
einer Drehschwingerkette erläutert wurden, läßt sich zur Lösung vielfältiger
Schwingungsaufgaben einsetzen, vgl. z.B. Pestel, Leckie [36], Uhrig [54],
Kersten [18]. Der Vorteil des Verfahrens liegt in der kleinen Zahl der Unbekannten, nachteilig ist die vergleichsweise geringe numerische Stabilität.

6.3.3   Methode der finiten Elemente

Die Verfügbarkeit allgemein einsetzbarer Rechenprogramme und die numerische Stabilität des Verfahrens haben sehr zur Verbreitung der Methode finiter Elemente beigetragen. Das prinzipielle Vorgehen soll im folgenden in fünf Schritten dargestellt werden.

1. Schritt: Betrachtung des gesamten Schwingungssystems, hier der Schwingerkette nach Fig. 167, und Unterteilung in s Felder, k Knoten sowie n Knotenverschiebungen bzw. -drehungen. Knoten sind vorzusehen an Auf- und Zwischenlagern, an Orten mit Änderung der Querschnittsfläche, Steifigkeit oder Massenbelegung sowie an Stellen, an denen sich Einzelmassen oder -federn befinden. Außerdem können an beliebigen Stellen Zwischenknoten eingeführt werden, wenn dies aus Genauigkeitsgründen erforderlich ist. Im vorliegenden Fall werden $k = n$ Knoten an den Drehmassen vorgesehen. Damit liegen $s = n - 1$ Felder und n Knotendrehungen φ_p als globale Koordinaten zur Kennzeichnung der Freiheitsgrade vor.

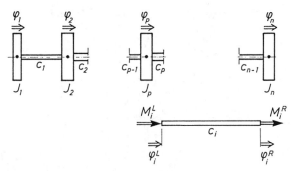

Fig. 167 Drehschwingerkette mit Knoteneinteilung und Feldelement

2. Schritt: Analyse der Steifigkeit eines Feldelements i, d.h. des Zusammenhangs zwischen den Schnittgrößen M_i^L, M_i^R und den lokalen Drehungen φ_i^L, φ_i^R an den Rändern des Elements. Im Gegensatz zum Übertragungsmatrizen-Verfahren sind die in Fig. 167 angegebenen Bezeichnungen und Vorzeichenfestlegungen üblich. Aus einer Gleichgewichtsbetrachtung und dem Stoffgesetz folgt für das masselose Federelement i

$$M_i^R + M_i^L = 0,$$
$$M_i^R = -M_i^L = c_i(\varphi_i^R - \varphi_i^L).$$

(6.141)

oder matriziell

$$\underbrace{\begin{bmatrix} M_i^L \\ M_i^R \end{bmatrix}}_{\mathbf{M}_i} = \underbrace{\begin{bmatrix} c_i & -c_i \\ -c_i & c_i \end{bmatrix}}_{\mathbf{K}_i} \underbrace{\begin{bmatrix} \varphi_i^L \\ \varphi_i^R \end{bmatrix}}_{\boldsymbol{\varphi}_i},$$

(6.142)

Darin bezeichnen $\mathbf{M}_i$ und $\boldsymbol{\varphi}_i$ den Kraft- bzw. Verschiebungsvektor für das Element i und $\mathbf{K}_i$ die Elementsteifigkeitsmatrix, die den gesuchten Zusammenhang vermittelt.

3. Schritt: Zuordnung der lokalen Koordinaten φ_i^L, φ_i^R zu den globalen Koordinaten φ_p durch folgende Beziehungen, vgl. Fig. 167,

$$\varphi_1^L = \varphi_1,$$
$$\varphi_i^L = \varphi_{i-1}^R = \varphi_i, \qquad i = 2, \ldots, n-1,$$
$$\varphi_{n-1}^R = \varphi_n.$$

(6.143)

Faßt man die $2(n-1)$ lokalen Koordinaten φ_i^L, φ_i^R zum Vektor $\boldsymbol{\varphi}_{\text{ges}}$ und die n globalen Koordinaten φ_p zum Vektor $\boldsymbol{\varphi}$ zusammen, so lassen sich die Beziehungen (6.143) auf die Form

$$\boldsymbol{\varphi}_{\text{ges}} = \mathbf{I}_{\text{ges}}\boldsymbol{\varphi}$$

(6.144)

bringen, wobei $\mathbf{I}_{\text{ges}}$ eine $2(n-1) \times n$-Inzidenzmatrix oder Zuordnungsmatrix ist.

4. Schritt: Anwendung des Prinzips der virtuellen Arbeit auf das Gesamtsystem oder Betrachtung der Gesamtenergie. Im vorliegenden Fall folgt für die potentielle Energie der Schwingerkette, die gleich der Formänderungsenergie ist,

$$E_p = \frac{1}{2}\sum_{i=1}^{n-1} \boldsymbol{\varphi}_i^\top \mathbf{M}_i = \frac{1}{2}\sum_{i=1}^{n-1} \boldsymbol{\varphi}_i^\top \mathbf{K}_i \boldsymbol{\varphi}_i = \frac{1}{2}\boldsymbol{\varphi}_{\text{ges}}^\top \mathbf{K}_{\text{ges}} \boldsymbol{\varphi}_{\text{ges}}$$

$$\boldsymbol{\varphi}_{\text{ges}}^\top = \left[\varphi_1^L \varphi_1^R \varphi_2^L \varphi_2^R \ldots \varphi_{n-1}^L \varphi_{n-1}^R \right], \quad \mathbf{K}_{\text{ges}} = \mathbf{diag}(\mathbf{K}_i),$$

(6.145)

wobei die Blockdiagonalmatrix $\mathbf{K}_{\text{ges}}$ aus den symmetrischen Elementsteifigkeitsmatrizen $\mathbf{K}_i$ aufgebaut ist. Geht man nun mit Hilfe von (6.144) auf die globalen Koordinaten $\boldsymbol{\varphi}$ über, so folgt

$$E_p = \frac{1}{2}\boldsymbol{\varphi}^\top \mathbf{I}_{\text{ges}}^\top \mathbf{K}_{\text{ges}} \mathbf{I}_{\text{ges}} \boldsymbol{\varphi} = \frac{1}{2}\boldsymbol{\varphi}^\top \mathbf{K}\boldsymbol{\varphi}$$

(6.146)

mit der symmetrischen $n \times n$-Gesamtsteifigkeitsmatrix $\mathbf{K}$. Für die kinetische Energie der Schwingerkette ergibt sich unmittelbar

$$E_k = \frac{1}{2} \sum_{p=1}^{n} J_p \dot{\varphi}_p^2 = \frac{1}{2} \dot{\boldsymbol{\varphi}}^\top \, \mathbf{diag}(J_p) \dot{\boldsymbol{\varphi}} = \frac{1}{2} \dot{\boldsymbol{\varphi}}^\top \mathbf{M} \dot{\boldsymbol{\varphi}}, \qquad (6.147)$$

wobei die $n \times n$-Gesamtmassenmatrix $\mathbf{M} = \mathbf{diag}(J_p)$ auftritt. Aus dem Energieerhaltungssatz in der Form $\mathrm{d}(E_p + E_k)/\mathrm{d}t = 0$ erhält man die Bewegungsgleichungen, die mit Gl. (6.120) übereinstimmen. Die wesentlichen Größen $\mathbf{M}$ und $\mathbf{K}$ ergeben sich jedoch bereits aus der kinetischen bzw. potentiellen Energie.

5. Schritt: Berechnung der Eigenkreisfrequenzen und zugehörigen Eigenvektoren. Dieser Schritt wurde anhand des Beispiels einer Schwingerkette mit $n = 3$ bereits demonstriert.

Im folgenden soll für das vorgenannte Beispiel die Ermittlung der Gesamtsteifigkeitsmatrix gezeigt werden. Ausgehend von der Elementsteifigkeitsmatrix $\mathbf{K}_i$ nach (6.142) und den Zuordnungen (6.143), (6.144) ergibt sich aus (6.146):

$$\mathbf{K}_{\mathrm{ges}} = \mathbf{diag}(\mathbf{K}_i) = \begin{bmatrix} c_1 & -c_1 & 0 & 0 \\ -c_1 & c_1 & 0 & 0 \\ 0 & 0 & c_2 & -c_2 \\ 0 & 0 & -c_2 & c_2 \end{bmatrix}, \quad \underbrace{\begin{bmatrix} \varphi_1^L \\ \varphi_1^R \\ \varphi_2^L \\ \varphi_2^R \end{bmatrix}}_{\boldsymbol{\varphi}_{\mathrm{ges}}} = \underbrace{\begin{bmatrix} 1 & 0 & 0 \\ 0 & 1 & 0 \\ 0 & 1 & 0 \\ 0 & 0 & 1 \end{bmatrix}}_{\mathbf{I}_{\mathrm{ges}}} \underbrace{\begin{bmatrix} \varphi_1 \\ \varphi_2 \\ \varphi_3 \end{bmatrix}}_{\boldsymbol{\varphi}}$$

$$(6.148)$$

$$\mathbf{K} = \mathbf{I}_{\mathrm{ges}}^\top \mathbf{K}_{\mathrm{ges}} \mathbf{I}_{\mathrm{ges}} = \begin{bmatrix} 1 & 0 & 0 & 0 \\ 0 & 1 & 1 & 0 \\ 0 & 0 & 0 & 1 \end{bmatrix} \begin{bmatrix} c_1 & -c_1 & 0 \\ -c_1 & c_1 & 0 \\ 0 & c_2 & -c_2 \\ 0 & -c_2 & c_2 \end{bmatrix} = \begin{bmatrix} c_1 & -c_1 & 0 \\ -c_1 & c_1 + c_2 & -c_2 \\ 0 & -c_2 & c_2 \end{bmatrix}.$$

Das Ergebnis der Rechnung stimmt mit der Matrix $\mathbf{K}$ aus (6.121) überein.

Im vorliegenden Fall einer Schwingerkette mit starren Drehmassen und masselosen Drehfedern besteht kein Unterschied im Ergebnis zwischen der Deformationsmethode (Methode der direkten oder dynamischen Steifigkeiten, s. K o l o u š e k [21]) und der Finite-Elemente-Methode. Bei Berücksichtigung der Massenbelegung der Drehfedern würden sich solche Unterschiede jedoch zeigen. Bei Anwendung der Deformationsmethode treten in der Regel implizite Eigenwertprobleme auf, während die Finite-Elemente-Methode stets auf

Bewegungsgleichungen der Form (6.41) und damit zu expliziten Eigenwertproblemen führt. Beide Methoden lassen sich zur Lösung unterschiedlicher Schwingungsprobleme einsetzen, wobei das prinzipielle Vorgehen identisch ist, vgl. dazu Popp, Schiehlen [42].

Die Methode finiter Elemente hat sich zu einem äußerst nützlichen Werkzeug in der Strukturdynamik und Schwingungstechnik entwickelt, mit dem auch geometrisch kompliziert berandete Bauteile behandelt werden können. Für Einzelheiten sei auf die umfangreiche Spezialliteratur verwiesen, vgl. Argyris [2], Bathe [3], Schwarz [45], Link [26], Knothe, Wessels [20].

6.4   Aufgaben

48. Die Bewegungen zweier gleichartiger Schwerependel mit den Trägheitsmomenten J und den Eigenkreisfrequenzen ω_0 seien über eine Schraubenfeder mit der Federkonstanten c miteinander gekoppelt (siehe Fig. 168). Wie groß muß der Abstand a gewählt werden, damit sich die bei kleinen Schwingungen auftretenden Eigenkreisfrequenzen um $10\,\%$ (bezogen auf ω_0) voneinander unterscheiden.

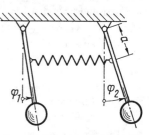

Fig. 168
Zu Aufgabe 48

49. An einem Fadenpendel der Länge L und der Masse m hängt ein zweites Fadenpendel gleicher Länge und gleicher Masse. Das System möge ebene Bewegungen ausführen, bei denen die Winkel φ_1 und φ_2 der Pendelfäden gegenüber der Vertikalen klein bleiben. Man berechne Hauptkoordinaten $\xi(\varphi_1, \varphi_2)$ und $\eta(\varphi_1, \varphi_2)$ aus der Forderung, daß kinetische und potentielle Energie rein quadratische Formen der neuen Koordinaten werden.

50. Ein gerader Stab von der Masse m ist horizontal an zwei als masselos anzusehenden Fäden der Länge L aufgehängt (siehe Fig. 169). Die Fäden sind in der Ruhelage parallel und vertikal; ihr Abstand voneinander sei a. Die Befestigungspunkte der Fäden haben vom Schwerpunkt S die Abstände s_1 und $s_2(s_1 + s_2 = a)$; der Trägheitsradius des Stabes für eine vertikale Achse durch den Schwerpunkt sei ϱ. Unter der Voraussetzung $\varphi_1 \ll 1$, $\varphi_2 \ll 1$ leite man die Bewegungsgleichungen für die miteinander gekoppelten Pendel- und Drehschwingungen des Stabes her.

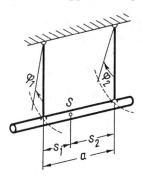

Fig. 169
Zu den Aufgaben 50, 51, 52

Die Pendelschwingung, bei der sich der Stab in Richtung der Stabachse bewegt, soll unberücksichtigt bleiben.

51. Man berechne die Eigenkreisfrequenzen ω_1 und ω_2 des Schwingers von Fig. 169. Es soll überlegt werden, unter welchen Bedingungen $\omega_1 = \omega_2$ wird, und welche Werte die Schwerpunktsabstände s_1 und s_2 dann haben müssen.

52. Der Schwinger von Fig. 169 führt bei bestimmten Anfangsauslenkungen φ_{10} und φ_{20} bei stoßfreiem Loslassen Hauptschwingungen mit den Kreisfrequenzen ω_1 bzw. ω_2 (siehe Aufgabe 51) aus. Man berechne die dazu notwendigen Verhältnisse $\varphi_{10}/\varphi_{20}$ und gebe den Charakter der Schwingung an.

53. Auf der Mitte eines beidseitig abgestützten Trägers steht eine Maschine, die bei einer Arbeitsdrehzahl von 600 U/min das System durch Unwuchten zu Schwingungen von der Amplitude $\hat{x} = 2$ mm erregt. Die Eigenfrequenz der Grundschwingung sei 15 Hz. Die erzwungenen Schwingungen sollen durch Ankoppeln eines Zusatzschwingers (Tilger) beseitigt werden. Wie groß wird die Amplitude $\hat{y}$ des Tilgers bei richtiger Abstimmung, wenn die Tilgermasse 10 % der effektiven Schwingermasse (Massenverhältnis $\mu = 0,1$) ausmacht?

54. Ein Gummiseil der Länge $4L$ sei durch die Spannkraft S gespannt und an beiden Enden befestigt. In Abständen L von den Enden bzw. voneinander seien drei gleichgroße Massen am Seil befestigt, deren Eigengewicht als klein gegenüber S angesehen werden kann. Die Auslenkungen x_1, x_2, x_3 der Massen senkrecht zur Seilrichtung seien klein gegenüber L. Man berechne die drei Eigenkreisfrequenzen und die zugehörigen Eigenvektoren.

55. Man gebe eine der Rekursionsformel Gl. (6.73) entsprechende Beziehung für die Schwingerkette von Fig. 160c an und berechne durch Aufsuchen der daraus folgenden Frequenzfunktionen die Eigenkreisfrequenzen für eine aus 3 Massen bestehende, an den Enden fest eingespannte ($\hat{x}_0 = \hat{x}_4 = 0$) homogene Schwingerkette.

56. Durch Vergleich der Rekursionsformeln (siehe Gl. (6.73) bzw. Aufgabe 55) oder der Frequenzfunktionen stelle man eine allgemeine Beziehung zwischen den dimensionslosen Eigenwerten η der homogenen Schwingerkette von Fig. 160c und η^* der Kette von Fig. 160a auf.

57. Man bestimme die in der Lösung (6.124) auftretenden Konstanten allgemein aus den gegebenen Anfangsbedingungen $\boldsymbol{\varphi}(t = 0) = \boldsymbol{\varphi}_0$ und $\dot{\boldsymbol{\varphi}}(t = 0) = \dot{\boldsymbol{\varphi}}_0$ unter Verwendung der Orthogonalitätsbedingung $\hat{\boldsymbol{\varphi}}_i^{\mathsf{T}} \mathbf{M} \hat{\boldsymbol{\varphi}}_j = 0$ $(i \neq j)$ für die Eigenvektoren.

58. Für die in Abschnitt 6.3.1 betrachtete Drehschwingerkette berechne man mit Hilfe des Holzer-Tolle-Verfahrens die noch fehlende Eigenkreisfrequenz und den zugehörigen Eigenvektor. Man starte das Verfahren mit dem Näherungswert $\tilde{\omega}^2 = 120.000\,\mathrm{rad}^2/\mathrm{s}^2$.

59. Die Eigenvektoren $\hat{\boldsymbol{\varphi}}_i$ der in Abschnitt 6.3.1 betrachteten Drehschwingerkette sollen so normiert werden, daß $\hat{\boldsymbol{\varphi}}_i^{*\mathsf{T}} \mathbf{M} \hat{\boldsymbol{\varphi}}_i^* = 1, i = 1, 2, 3$ mit $\mathbf{M} = \mathbf{diag}(J_1, J_2, J_3)$ und $J_1 = J_2 = 250\,\mathrm{kg\,m}^2, J_3 = 500\,\mathrm{kg\,m}^2$ gilt.

7 Kontinuumsschwingungen

Bei den bisher behandelten Schwingern waren die Speicher für potentielle und kinetische Energie stets eindeutig definiert und klar gegeneinander abgegrenzt. Darin liegt jedoch im allgemeinen bereits eine Idealisierung des Problems. Beispielsweise wurde bei den am Ende von Kap. 6 behandelten Drehschwingerketten einerseits die Masse der Drehfedern und andererseits eine eventuell vorhandene elastische Nachgiebigkeit der Drehmassen vernachlässigt. Für zahlreiche Untersuchungen sind derartige Vereinfachungen durchaus zulässig. Es gibt jedoch auch Fälle, bei denen diese Näherungen nicht mehr zu brauchbaren Ergebnissen führen. Wir beschäftigen uns deshalb im folgenden mit Schwingern, bei denen die beiden Energiespeicher kontinuierlich verteilt sind. Die mathematische Behandlung dieser Probleme führt auf partielle Differentialgleichungen, für die nur in einfachen Fällen geschlossene Lösungen möglich sind. Wir beschränken uns hier auf sogenannte eindimensionale Kontinua, bei denen neben der Zeit eine einzige unabhängige Ortsvariable zur Beschreibung ausreicht. Beispiele sind Saiten, Stäbe und Balken. Für mehrdimensionale Kontinuumsschwinger wie Scheiben, Platten und Schalen muß auf die Fachliteratur verwiesen werden, vgl. Hagedorn [15], Stephan, Postl [47]. Wegen der mathematischen Schwierigkeiten bei der Lösung praxisnaher Schwingungsprobleme kommt auch hier den Näherungsverfahren große Bedeutung zu. Auf einige dieser Näherungen wird am Ende des Kapitels eingegangen.

7.1 Saite, Dehn- und Torsionsstab

7.1.1 Bewegungsgleichungen für freie, ungedämpfte Schwingungen

7.1.1.1 Querschwingungen von Saite und Seil Wir betrachten zunächst die Querschwingungen der in Fig. 170 dargestellten Saite. Unter einer Saite versteht man ein vorgespanntes fadenförmiges, elastisches Kontinuum

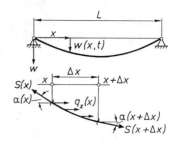

Fig. 170
Querschwingungen einer Saite

ohne Biegesteifigkeit. Gleiches soll für ein dünnes vorgespanntes Seil gelten. Wir nehmen an, daß die Querauslenkungen $w(x,t)$, die jetzt sowohl vom Ort x als auch von der Zeit t abhängen können, klein sind. Ebenso soll der Neigungswinkel $\alpha(x,t)$ klein sein, so daß $\partial w/\partial x = w' = \tan\alpha \approx \alpha$ gilt, wobei Ortsableitungen durch einen Strich gekennzeichnet werden. Die Vorspannung wird als so groß angenommen, daß Änderungen infolge kleiner Querauslenkungen vernachlässigt werden können. Wendet man das Newtonsche Grundgesetz auf die Querbewegungen eines herausgeschnittenen Saitenstücks der Länge Δx, der Querschnittsfläche A und der Masse pro Länge $\mu(x) = \varrho A(x)$ an, wie es als Momentaufnahme in Fig. 170 dargestellt ist, so folgt mit $\sin\alpha \approx \alpha$

$$\mu(x)\Delta x\frac{\partial^2 w}{\partial t^2} = S(x+\Delta x)\alpha(x+\Delta x,t) - S(x)\alpha(x,t). \tag{7.1}$$

Division durch Δx und Berücksichtigung von $\alpha(x,t) \approx w'(x,t)$ führt nach dem Grenzübergang $\Delta x \to 0$ auf

$$\mu(x)\frac{\partial^2 w}{\partial t^2} = \frac{\partial}{\partial x}[S(x)w'(x,t)] \tag{7.2}$$

oder

$$\mu(x)\ddot{w}(x,t) = [S(x)w'(x,t)]'. \tag{7.3}$$

Die Ortsabhängigkeit der Spannkraft $S(x)$ ergibt sich aus der Betrachtung des Kräftegleichgewichts in x-Richtung, wobei angenommen werden soll, daß eine Streckenlast $q_x(x)$ angreift,

$$S(x+\Delta x) - S(x) = -q_x(x)\Delta x. \tag{7.4}$$

Nach Division durch Δx und Ausführung des Grenzübergangs $\Delta x \to 0$ ergibt sich

$$S'(x) = -q_x(x). \tag{7.5}$$

Bei üblichen Saiten ist die Streckenlast $q_x(x) \equiv 0$. Damit folgt aus Gl. (7.5) eine konstante Spannkraft $S = \text{const}$, und Gl. (7.3) geht mit $\mu = \text{const}$ über in

$$\ddot{w}(x,t) = c^2 w''(x,t), \qquad c^2 = \frac{S}{\mu}. \tag{7.6}$$

Die Abkürzung c^2 steht für den Quotienten der positiven Größen S und μ. Diese partielle Differentialgleichung zweiter Ordnung wird als eindimensionale **Wellengleichung** und die Größe c als **Wellengeschwindigkeit** bezeichnet.

Im Gegensatz dazu ergibt sich beispielsweise für ein lotrecht hängendes Seil unter Eigengewicht eine Streckenlast $q_x(x) \neq 0$ und damit eine Spannkraft $S = S(x)$. Bezeichnet x die in Richtung der Fallschleunigung g weisende Längskoordinate ausgehend vom Aufhängepunkt des Seils, so gilt für ein Seil der Länge L und der Masse pro Länge $\mu = \text{const}$

$$S(x) = \mu g(L - x), \qquad S'(x) = -q_x(x) = -\mu g. \tag{7.7}$$

Die Bewegungsgleichung (7.3) geht mit (7.7) über in die Differentialgleichung für die Querschwingungen eines schweren hängenden Seils

$$\ddot{w}(x,t) = g[(L - x)w'(x,t)]'. \tag{7.8}$$

7.1.1.2 Längsschwingungen von Dehnstab und Schraubenfeder

Als nächstes betrachten wir die Längsschwingungen des in Fig. 171 dargestellten massebehafteten elastischen Stabes. Da Schraubenfedern vielfach als Ersatzsystem für Stäbe verwendet werden, gelten die folgenden Betrachtungen auch für linear-elastische massebehaftete Schraubenfedern. Technische Anwendungen finden sich bei Schubgestängen für Getriebe und Mechanismen, Stößeln aller Art oder langen Schraubenfedern. Schneidet

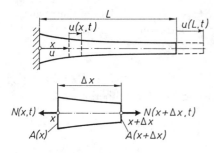

Fig. 171
Längsschwingungen eines Dehnstabes

man aus einem geraden Stab ein Stück der Länge Δx und der Masse pro Länge $\mu(x) = \varrho A(x)$ heraus und wendet das Newtonsche Grundgesetz auf die Längsbewegungen $u(x,t)$ an, so folgt

$$\mu(x)\Delta x\frac{\partial^2 u}{\partial t^2} = N(x + \Delta x, t) - N(x,t). \tag{7.9}$$

Darin bezeichnet $N(x,t)$ die Normalkraft an der Schnittstelle x, die mit der Dehnung $\varepsilon(x,t) = u'(x,t)$ über die Dehnsteifigkeit $EA(x)$ gemäß $N(x,t) = EA(x)u'(x,t)$ verknüpft ist. Ersetzt man in Gl. (7.9) die Normalkraft, dividiert durch Δx und führt den Grenzübergang $\Delta x \to 0$ durch, so ergibt sich

$$\mu(x)\frac{\partial^2 u}{\partial t^2} = \frac{\partial}{\partial x}[EA(x)u'(x,t)]. \tag{7.10}$$

Für konstante Massenbelegung $\mu = \varrho A = \text{const}$ und konstante Dehnsteifigkeit $EA = \text{const}$ folgt daraus die Wellengleichung

$$\ddot{u}(x,t) = c^2 u''(x,t), \qquad c^2 = \frac{E}{\varrho} \tag{7.11}$$

mit dem Elastitätsmodul E und der Dichte ϱ des Stabwerkstoffs.

Ein Dehnstab mit der Länge L, der Massenbelegung $\mu = \text{const}$ und der Dehnsteifigkeit $EA = \text{const}$ kann äquivalent durch eine Schraubenfeder gleicher Länge und Massenbelegung mit der Federkonstante $k = EA/L$ ersetzt werden. Umgekehrt läßt sich die Bewegung einer Schraubenfeder der Länge L, der Massenbelegung $\mu = \text{const}$ und der Federkonstante k durch die Bewegungsgleichung für einen Stab der Dehnsteifigkeit $EA = kL$ beschreiben,

$$\ddot{u}(x,t) = c^2 u''(x,t), \qquad c^2 = \frac{kL}{\mu}. \tag{7.12}$$

Damit lassen sich die Bewegungen einer massebehafteten Schraubenfeder auf die eines äquivalenten Dehnstabes zurückführen. Dieselbe Struktur der Bewegungsgleichung ergibt sich, wenn man die schwingende Luftsäule in einer Orgelpfeife oder die schwingende Gassäule in einer Auspuffanlage betrachtet. Die Abkürzung c^2 in Gl. (7.12) muß lediglich durch $c^2 = dp/d\varrho$ ersetzt werden, wobei p der Druck und ϱ die Dichte im Gas sind. Die Größe c hat eine sehr anschauliche Bedeutung, es ist die im Gas auftretende Schallgeschwindigkeit.

7.1.1.3 Drehschwingungen von Torsionsstäben   Schließlich betrachten wir die Drehschwingungen des in Fig. 172 gezeigten massebehafteten Torsionsstabes mit Kreis- oder Kreisringquerschnitt. Technische Beispiele sind Antriebswellen in Maschinen und Fahrzeugen oder Spindeln aller Art. Schneidet man aus einem geraden Torsionsstab wieder ein Stück der Länge Δx mit dem Massenträgheitsmoment ΔJ heraus und wendet den Drallsatz zur Beschreibung der Drehbewegungen $\varphi(x,t)$ an, so erhält man

$$\Delta J \frac{\partial^2 \varphi}{\partial t^2} = M_t(x + \Delta x, t) - M_t(x,t). \tag{7.13}$$

Dabei ist $M_t(x,t)$ das Torsionsmoment an der Schnittstelle x, das mit der Verwindung $\vartheta(x,t) = \varphi'(x,t)$ über die Torsionssteifigkeit $GI_p(x)$ durch $M_t(x,t) = GI_p(x)\varphi'(x,t)$ verknüpft ist. Das Massenträgheitsmoment läßt sich durch

$$\Delta J = \int r^2 \, dm \approx \int r^2 \varrho \, dA \Delta x \approx \varrho I_p \Delta x, \tag{7.14}$$

annähern, wobei die Näherung umso besser zutrifft, je kleiner Δx ist. Setzt man diese Beziehungen in Gl. (7.13) ein, dividiert durch Δx und führt den Grenzübergang $\Delta x \to 0$ durch, so ergibt sich

$$\varrho I_p(x) \frac{\partial^2 \varphi}{\partial t^2} = \frac{\partial}{\partial x}[GI_p(x)\varphi'(x,t)]. \tag{7.15}$$

Für einen homogenen Stab konstanten Querschnitts gilt $I_p(x) = $ const und $GI_p(x) = $ const. Damit folgt aus (7.15) wieder die schon bekannte Wellengleichung

$$\ddot{\varphi}(x,t) = c^2 \varphi''(x,t), \qquad c^2 = \frac{G}{\varrho} \tag{7.16}$$

mit dem Gleitmodul G und der Dichte ϱ des Stabwerkstoffs.

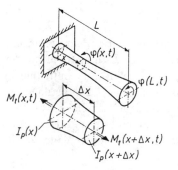

Fig. 172
Drehschwingungen eines Torsionsstabes

7.1.2   Lösung der Wellengleichung

Die unterschiedlichen, in Abschnitt 7.1.1 behandelten Beispiele führen nach entsprechenden Vereinfachungen alle auf eine Wellengleichung der Form

$$\ddot{q}(x,t) = c^2 q''(x,t) \tag{7.17}$$

mit der Ausbreitungsgeschwindigkeit c der Welle. Eine allgemeine Lösung dieser partiellen Differentialgleichung 2. Ordnung erhält man mit dem Ansatz von d'Alembert

$$q(x,t) = q_1(x+ct) + q_2(x-ct). \tag{7.18}$$

Darin sind q_1 und q_2 beliebige, zweimal stetig differenzierbare Funktionen, wobei q_1 eine mit der Geschwindigkeit c nach links und q_2 eine entsprechende, nach rechts fortschreitende Welle kennzeichnet. Die Anpassung dieser Lösung an gegebene Anfangsbedingungen führt auf die d'Alembertsche Lösung der Wellengleichung. In den untersuchten Beispielen sind neben Anfangs- auch Randbedingungen vorgegeben. Beispielsweise treten an den Einspannstellen einer Saite keine Auslenkungen auf. Im Fall vorgegebener Anfangs- und Randbedingungen sucht man die Lösung der Wellengleichung durch Trennung der Veränderlichen mit Hilfe des auf D. Bernoulli zurückgehenden Separationsansatzes

$$q(x,t) = \hat{q}(x)f(t) \tag{7.19}$$

in Form stehender Wellen, d.h. alle Punkte x unterliegen demselben Zeitgesetz. Durch Einsetzen in (7.17) und Trennen der beiden Funktionen kommt man zu

$$\frac{\ddot{f}(t)}{f(t)} = c^2 \frac{\hat{q}''(x)}{\hat{q}(x)} = -\omega^2. \tag{7.20}$$

Die linke Seite ist dabei ausschließlich von der Zeit t, die rechte dagegen nur vom Ort x abhängig. Das ist nur möglich, wenn beide Seiten gleich einer weder von der Zeit noch vom Ort abhängigen Konstanten sind. Man setzt diese Konstante zweckmäßigerweise gleich $-\omega^2$, da – wie man sich leicht überlegen kann – nur ein negativer Wert physikalisch sinnvoll ist. Betrachtet man nämlich die Schwingung an einem festgehaltenen Ort $x = x^*$, so kann ohne Beschränkung der Allgemeinheit $\hat{q}(x^*) > 0$ vorausgesetzt werden. Für eine Auslenkung in positiver q-Richtung ist demnach $f(t) > 0$. Dadurch entsteht aber eine rückführende Kraft und damit $\ddot{f} < 0$.

Gleichung (7.20) kann nunmehr in zwei Teilgleichungen aufgespalten werden,

$$\ddot{f}(t) + \omega^2 f(t) = 0, \tag{7.21}$$

$$\hat{q}''(x) + \left(\frac{\omega}{c}\right)^2 \hat{q}(x) = 0. \tag{7.22}$$

Man erkennt daraus, daß bei den hier behandelten Schwingern, die der Wellengleichung (7.12) gehorchen, Bewegungsformen möglich sind, bei denen für jede Stelle x eine Differentialgleichung der Form (7.21) gilt. Diese Differentialgleichung entspricht genau der Bewegungsgleichung zahlreicher einfacher Schwinger, vgl. Kap. 2. Die allgemeine Lösung lautet für $\omega^2 \neq 0$

$$f(t) = A \cos \omega t + B \sin \omega t \tag{7.23}$$

mit den noch zu ermittelnden Konstanten A und B. Analog erhält man die allgemeine Lösung von (7.22) für $\omega^2 \neq 0$ zu

$$\hat{q}(x) = a \cos \frac{\omega}{c} x + b \sin \frac{\omega}{c} x. \tag{7.24}$$

Diese Lösung ist an gegebene Randbedingungen anzupassen, wobei ω noch unbekannt ist. Für ein beidseitig eingespanntes eindimensionales Kontinuum folgt beispielsweise aus

$$q(x = 0, t) = \hat{q}(0) f(t) = 0 \quad \Rightarrow \quad \hat{q}(0) = 0, \tag{7.25}$$

$$q(x = L, t) = \hat{q}(L) f(t) = 0 \quad \Rightarrow \quad \hat{q}(L) = 0, \tag{7.26}$$

wegen der Gültigkeit der Randbedingungen für beliebige Zeiten t.

Die erste Bedingung ergibt $a = 0$. Aus der zweiten Bedingung folgt

$$b \sin \frac{\omega}{c} L = 0. \tag{7.27}$$

Der Fall $b = 0$ führt auf die triviale Lösung $\hat{q}(x) \equiv 0$. Nichttriviale Lösungen existieren nur, wenn

$$\sin \frac{\omega}{c} L = 0 \tag{7.28}$$

gilt. Dies ist die charakteristische Gleichung oder Frequenzgleichung zur Bestimmung der Eigenkreisfrequenzen ω, für die sich nichttriviale Lösungen des Anfangs-Randwertproblems ergeben. Weil die Frequenzgleichung transzendente Funktionen enthält, treten unendlich viele Eigenkreisfrequenzen auf. Mit $\omega L / c = j\pi$ folgt

$$\omega_j = j\pi c / L, \qquad j = 1, 2, \ldots. \tag{7.29}$$

Dabei ist der Wert $j = 0$ mit $\omega = \omega_0 = 0$ ausgeschlossen, weil $\omega \neq 0$ vorausgesetzt wurde und sich mit $\omega = 0$ andere Differentialgleichungen als (7.21), (7.22) mit gänzlich unterschiedlichen Lösungen im Vergleich zu (7.23), (7.24) ergeben würden. Man erkennt, daß die Größe der Eigenkreisfrequenzen proportional zu j ansteigt. Zu jeder Eigenkreisfrequenz ω_j gehört eine Eigenfunktion $\hat{q}_j(x)$,

$$\hat{q}_j(x) = b_j \sin \frac{\omega_j}{c} x = b_j \sin j\pi \frac{x}{L}. \tag{7.30}$$

Die Eigenfunktionen sind – wie die Eigenvektoren – nur bis auf eine multiplikative Konstante bestimmt. Fig. 173 zeigt die ersten vier Eigenfunktionen eines beidseitig fest eingespannten eindimensionalen Kontinuums, z.B. einer Saite, wobei $b_j = 1$ gesetzt wurde, so daß $\hat{q}_{j,\max}(x) = 1$ gilt. Dabei ist $j = 1$ die Grundschwingung, $j = 2$ die erste Oberschwingung und allgemein $j = k$ die $(k-1)$-te Oberschwingung mit $k - 1$ Schwingungsknoten und k Schwingungsbäuchen im Inneren des Kontinuums. Die Eigenfunktionen kennzeichnen die Amplitudenverteilung, die im Gegensatz zu diskreten Kettenschwingern, vgl. Fig. 162, jetzt kontinuierlich, also stetig verläuft.

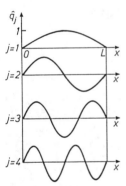

Fig. 173
Eigenfunktionen eines eindimensionalen, beidseitig fest eingespannten Kontinuums

Eine wichtige Eigenschaft ist die Orthogonalität der Eigenfunktionen, wonach

$$\int\limits_0^L \hat{q}_i(x)\hat{q}_j(x)\,\mathrm{d}x = \begin{cases} L_i^* = \text{const} & \text{für} \quad i = j \\ 0 & \text{für} \quad i \neq j \end{cases} \tag{7.31}$$

gilt. Das links stehende bestimmte Integral wird als Skalarprodukt der Funktionen $\hat{q}_i$ und $\hat{q}_j$ definiert. Verschwindet das Skalarprodukt, heißen die Funktionen orthogonal. Die Größe der Konstante L_i^* hängt von der Wahl des

Vorfaktors b_i der Eigenfunktionen ab. Beispielsweise folgen mit $b_i = 1$ für die Eigenfunktionen (7.30) die Konstanten $L_i^* = L/2$.

Die zu einer einzelnen Eigenkreisfrequenz ω_j gehörige Teillösung wird als Eigen- oder Hauptschwingung $q_j(x,t)$ bezeichnet,

$$
\begin{aligned}
q_j(x,t) = \hat{q}_j(x) f_j(t) &= \sin j\pi \frac{x}{L} \left(A_j \cos \omega_j t + B_j \sin \omega_j t \right) \\
&= \sin j\pi \frac{x}{L} C_j \cos(\omega_j t - \varphi_j).
\end{aligned}
\tag{7.32}
$$

Alle Punkte $x = \text{const}$ des eindimensionalen Kontinuums schwingen dabei mit der gleichen Eigenkreisfrequenz ω_j. Die Form, in der das Kontinuum schwingt, wird durch die Eigenfunktion beschrieben und als Eigenschwingungsform bezeichnet. Man erkennt deutlich die Verbindung zu den Eigenschwingungen bei diskreten Mehrfreiheitsgrad-Systemen. Wie dort erhält man die allgemeine Lösung durch Überlagerung der Eigenschwingungen, wobei jetzt allerdings unendlich viele Eigenschwingungen auftreten,

$$
\begin{aligned}
q(x,t) = \sum_{j=1}^{\infty} q_j(x,t) &= \sum_{j=1}^{\infty} \sin j\pi \frac{x}{L} \left(A_j \cos \omega_j t + B_j \sin \omega_j t \right) \\
&= \sum_{j=1}^{\infty} \sin j\pi \frac{x}{L} C_j \cos(\omega_j t - \varphi_j).
\end{aligned}
\tag{7.33}
$$

Die Konstanten A_j, B_j bzw. C_j und φ_j müssen aus den Anfangsbedingungen $q(x, t = 0) = q_0(x)$ und $\dot{q}(x, t = 0) = \dot{q}_0(x)$ bestimmt werden. Aus (7.33) ergibt sich für $t = 0$

$$
q_0(x) = \sum_{j=1}^{\infty} A_j \sin j\pi \frac{x}{L}, \qquad \dot{q}_0(x) = \sum_{j=1}^{\infty} \omega_j B_j \sin j\pi \frac{x}{L}.
\tag{7.34}
$$

Um aus diesen beiden Gleichungen die unendlich vielen Konstanten A_j und B_j bestimmen zu können, multipliziert man die Gleichungen mit $\hat{q}_i(x) = \sin i\pi \frac{x}{L}$, integriert über x von $x = 0$ bis $x = L$ und nutzt die Orthogonalitätsbedingung (7.31), wodurch von der in (7.34) rechts stehenden Summe nur der Term mit $i = j$ übrigbleibt, während alle anderen Terme $i \neq j$ verschwinden. Mit $L_i^* = L/2$ folgt, wenn man $i = j$ setzt,

$$
A_j = \frac{2}{L} \int_0^L q_0(x) \sin j\pi \frac{x}{L} \, dx, \qquad j = 1, 2, \ldots
\tag{7.35}
$$

$$B_j = \frac{2}{\omega_j L} \int\limits_0^L \dot{q}_0(x) \sin j\pi \frac{x}{L} \, \mathrm{d}x, \qquad j = 1, 2, \ldots . \tag{7.36}$$

Wählt man als Anfangsbedingung $q_0(x) = \sin i\pi\frac{x}{L}$, $\dot{q}_0(x) = 0$, also die Amplitudenverteilung der i-ten Eigenschwingungsform, so folgt aus (7.35) wegen der Orthogonalitätsbedingung (7.31) $A_j = 1$ für $i = j$ und $A_j = 0$ für $i \neq j$. Aus (7.36) erhält man $B_j = 0$ für alle j. Die allgemeine Lösung reduziert sich dann auf die i-te Eigenschwingung, andere Eigenschwingungen werden durch die gewählte Anfangsamplitudenverteilung nicht angestoßen.

Für andere Randbedingungen bei $x = x^*$ ($x^* = 0$, $x^* = L$) ermittelt man die Lösung auf analoge Weise. Neben den fest eingespannten Enden des eindimensionalen Kontinuums mit $q(x^*, t) = 0$ und $\hat{q}(x^*) = 0$ können freie Enden vorkommen. Dort verschwinden die Schnittkraftgrößen, woraus $q'(x^*, t) = 0$ und $\hat{q}'(x^*) = 0$ folgt. Die erstgenannte Art der Randbedingung wird als geometrische oder wesentliche, die zweite als dynamische oder restliche bezeichnet. Eine Zusammenstellung der Ergebnisse findet sich in nachstehender Tabelle.

Randbedingungen $x = 0$ $x = L$	Eigenkreisfrequenzen ω_j, $j = 1, 2 \ldots$ (Wellengeschwindigkeit c)
fest – fest frei – frei	$\omega_j = j\pi c/L$
frei – fest fest – frei	$\omega_j = (2j - 1)\pi c/(2L)$

7.2   Balken

7.2.1   Bewegungsgleichung für freie, ungedämpfte Balkenschwingungen

Im folgenden leiten wir die Bewegungsgleichung für freie Biegeschwingungen eines geraden Balkens nach der Bernoulli-Eulerschen Balkentheorie her. Dabei bleiben die Schubverformung und die Rotationsträgheit unberücksichtigt. Dies ist bei schlanken Balken (Länge/Höhe $\gtrsim 10$) zulässig und üblich. Die Biegung soll um eine Hauptachse des Querschnitts erfolgen und zu kleinen Verformungen führen. Die Herleitung der Bewegungsgleichung kann wie in Kap. 7.1 durch Anwendung der Grundgesetze der Mechanik auf ein herausgeschnittenes Balkenelement erfolgen. Hier wird als Alternative der Weg über das Hamiltonsche Integralprinzip ausgehend von Energien gewählt. Für konservative Systeme gilt, vgl. z.B. Fischer, Stephan [10]:

$$\delta \int_{t_1}^{t_2} (E_k - E_p) \, \mathrm{d}t = 0 \quad \text{oder} \quad \int_{t_1}^{t_2} (E_k - E_p) \, \mathrm{d}t = \text{stationär.} \qquad (7.37)$$

Die kinetische Energie E_k und die potentielle Energie E_p (Formänderungsenergie) für einen Balken mit der Länge L, der Massenbelegung $\mu(x) = \varrho A(x)$ und der Biegesteifigkeit $EI(x)$ lauten

$$E_k = \frac{1}{2} \int_0^L \mu(x) \dot{w}^2(x,t) \, \mathrm{d}x, \qquad (7.38)$$

$$E_p = \frac{1}{2} \int_0^L EI(x) w''^2(x,t) \, \mathrm{d}x. \qquad (7.39)$$

Setzt man (7.38), (7.39) in (7.37) ein, führt die δ-Variation durch und integriert δE_k einmal partiell nach t sowie δE_p zweimal partiell nach x, so ergibt sich

$$\delta \int_{t_1}^{t_2} \frac{1}{2} \mu(x) \dot{w}^2 \mathrm{d}t = \int_{t_1}^{t_2} \mu(x) \dot{w} \delta \dot{w} \, \mathrm{d}t = \mu(x) \dot{w} \delta w \Big|_{t_1}^{t_2} - \int_{t_1}^{t_2} \mu(x) \ddot{w} \delta w \mathrm{d}t, \qquad (7.40)$$

$$\delta \int_0^L \frac{1}{2} EI(x) w''^2 \mathrm{d}x = \int_0^L EI(x) w'' \delta w'' \mathrm{d}x$$

$$= EI(x) w'' \delta w' \Big|_0^L - \int_0^L \left[EI(x) w'' \right]' \delta w' \mathrm{d}x \qquad (7.41)$$

$$= EI(x) w'' \delta w' \Big|_0^L - \left[EI(x) w'' \right]' \delta w \Big|_0^L + \int_0^L \left[EI(x) w'' \right]'' \delta w \mathrm{d}x.$$

Beachtet man, daß die Variationen δw zu festen Zeiten t_1 und t_2 verschwinden, so folgt aus dem Hamiltonschen Prinzip

$$\int\limits_{t_1}^{t_2} \left\{ \int\limits_0^L \left[\mu\ddot{w} + (EIw'')'' \right] \delta w\, \mathrm{d}x - (EIw'')'\delta w \Big|_0^L + EIw''\delta w' \Big|_0^L \right\} \mathrm{d}t = 0. \quad (7.42)$$

Da die Zeitpunkte t_1 und t_2 beliebig sind, verschwindet die geschweifte Klammer. Außerdem folgt nach der Schlußweise der Variationsrechnung, da δw bis auf die Randwerte willkürlich ist, daß die eckige Klammer und die Summe der Randwerte je für sich verschwinden,

$$\mu(x)\ddot{w}(x,t) + \left[EI(x)w''(x,t) \right]'' = 0, \quad (7.43)$$

$$\left[EI(x)w''(x,t) \right]' \delta w \Big|_0^L - EI(x)w''(x,t)\delta w' \Big|_0^L = 0. \quad (7.44)$$

Die erste Gleichung ist eine partielle Differentialgleichung 4. Ordnung, sie beschreibt die Bewegungen des Balkens. Die zweite Gleichung läßt sich mit den Definitionen von Biegemoment $M_b(x,t) = -EI(x)w''(x,t)$ und Querkraft $Q(x,t) = M_b'(x,t)$ unter Beachtung der Vorzeichenregeln physikalisch interpretieren: Die Summe der an den Rändern geleisteten Arbeit muß verschwinden. Mit den bei Balken üblichen Randbedingungen für $x = x^* (x^* = 0, x^* = L)$ gilt zu beliebigen Zeiten t für:

a) feste Einspannung: $\qquad w(x^*,t) = 0, \qquad w'(x^*,t) = 0, \qquad (7.45)$

b) Gelenklager: $\qquad w(x^*,t) = 0, \qquad M_b(x^*,t) = 0, \qquad (7.46)$

c) freies Ende: $\qquad M_b(x^*,t) = 0, \qquad Q(x^*,t) = 0. \qquad (7.47)$

Dafür verschwinden die Terme in (7.44) einzeln (lokal) jeweils für sich. Es gibt jedoch auch Fälle, bei denen nicht die Einzelterme, sondern die Summe verschwindet, man spricht dann von nichtlokalen Randbedingungen, vgl. Hagedorn [15].

Die mit w oder w' formulierten Randbedingungen werden als geometrische oder wesentliche, die über M_b oder Q festgelegten als dynamische oder restliche Randbedingungen bezeichnet.

7.2.2   Lösung der Differentialgleichung für Balkenschwingungen

Wir betrachten die Schwingungen eines Balkens mit konstanter Massenbelegung $\mu = \varrho A = $ const und konstanter Biegesteifigkeit $EI = $ const. Damit folgt aus (7.43) die Bewegungsgleichung

$$\ddot{w}(x,t) = -\frac{EI}{\mu} w''''(x,t) \qquad (7.48)$$

mit zugehörigen Anfangs- und Randbedingungen. Zur Lösung wählen wir den aus Abschnitt 7.1.2 bekannten Separationsansatz nach Bernoulli,

$$w(x,t) = \hat{w}(x)f(t)\,. \qquad (7.49)$$

Das weitere Vorgehen erfolgt wie bei der Lösung der Wellengleichung, es soll deshalb nur kurz dargestellt werden. Durch Einsetzen von (7.49) in (7.48) und Trennen der Funktionen läßt sich die partielle Differentialgleichung in zwei gewöhnliche Differentialgleichungen aufspalten:

$$\ddot{f}(t) + \omega^2 f(t) = 0, \qquad (7.50)$$

$$\hat{w}''''(x) - k^4 \hat{w}(x) = 0, \qquad k^4 = \omega^2 \frac{\mu}{EI}, \qquad \mu = \varrho A, \qquad (7.51)$$

wobei k als Abkürzung eingeführt wurde. Im folgenden setzen wir $\omega \neq 0$, $k \neq 0$ voraus. Die erste Gleichung stimmt mit (7.21) überein. Ihre allgemeine Lösung lautet

$$f(t) = A\cos\omega t + B\sin\omega t. \qquad (7.52)$$

Die Lösung der zweiten Gleichung läßt sich aus den Kreis- und Hyperbelfunktionen aufbauen,

$$\hat{w}(x) = a_1\sin kx + a_2\cos kx + a_3\sinh kx + a_4\cosh kx. \qquad (7.53)$$

Darin sind die vier Linearfaktoren $a_i, i = 1,\dots,4$, aus den Randbedingungen zu ermitteln. Setzt man den Separationsansatz (7.48) in (7.45), (7.46), (7.47) ein, so folgt wegen der Gültigkeit der Randgleichungen zu beliebigen Zeiten t mit $x^* = 0$, $x^* = L$ für:

a) feste Einspannung: $\hat{w}(x^*) = 0,$ $\hat{w}'(x^*) = 0,$ (7.54)

b) Gelenklager: $\hat{w}(x^*) = 0,$ $\hat{w}''(x^*) = 0,$ (7.55)

c) freies Ende: $\hat{w}''(x^*) = 0,$ $\hat{w}'''(x^*) = 0.$ (7.56)

Für einen beidseitig gelenkig gelagerten Balken gelten beispielsweise die Randbedingungen

$$\hat{w}(0) = 0, \qquad \hat{w}''(0) = 0, \qquad \hat{w}(L) = 0, \qquad \hat{w}''(L) = 0. \qquad (7.57)$$

Damit erhält man vier homogene Gleichungen für die vier unbekannten Linearfaktoren a_i. Faßt man diese Gleichungen in Matrizenform zusammen und dividiert an einigen Stellen durch $k \neq 0$, so folgt mit der Abkürzung $\lambda = kL$ für einen beidseitig gelenkig gelagerten Balken

$$\underbrace{\begin{bmatrix} 0 & 1 & 0 & 1 \\ 0 & -1 & 0 & 1 \\ \sin\lambda & \cos\lambda & \sinh\lambda & \cosh\lambda \\ -\sin\lambda & -\cos\lambda & \sinh\lambda & \cosh\lambda \end{bmatrix}}_{\mathbf{A}} \underbrace{\begin{bmatrix} a_1 \\ a_2 \\ a_3 \\ a_4 \end{bmatrix}}_{\mathbf{a}} = \underbrace{\begin{bmatrix} 0 \\ 0 \\ 0 \\ 0 \end{bmatrix}}_{\mathbf{0}}. \qquad (7.58)$$

Nichttriviale Lösungen ergeben sich nur, wenn die Koeffizientendeterminante verschwindet,

$$\det(\mathbf{A}) = \sin\lambda \sinh\lambda = 0. \qquad (7.59)$$

Wegen der Voraussetzung $kL = \lambda \neq 0$ folgt daraus schließlich die **Frequenzgleichung**

$$\sin\lambda = 0, \qquad (7.60)$$

die als transzendente Gleichung unendlich viele Lösungen, die **Eigenwerte** $\lambda_j = k_j L = j\pi$ hat.

Daraus ergeben sich die **Eigenkreisfrequenzen** ω_j,

$$\omega_j = \lambda_j^2 \sqrt{\frac{EI}{\varrho A L^4}} = (j\pi)^2 \sqrt{\frac{EI}{\varrho A L^4}}, \qquad j = 1, 2 \ldots . \qquad (7.61)$$

Man erkennt, daß die Eigenkreisfrequenzen mit j^2 ansteigen. Zu jeder Eigenkreisfrequenz gehört eine Eigenfunktion. Im betrachteten Beispiel folgen mit $\lambda_j = j\pi$ als Lösung von (7.58) $a_{1j} = \text{const} \neq 0, a_{2j} = a_{3j} = a_{4j} = 0$ und somit die **Eigenfunktionen**

$$\hat{w}_j(x) = a_{1j} \sin kx = a_{1j} \sin j\pi \frac{x}{L}. \qquad (7.62)$$

Die Eigenfunktionen sind wieder nur bis auf eine multiplikative Konstante bestimmt. Vergleicht man diese Ergebnisse mit der Lösung der Wellengleichung in Abschnitt 7.1.2, so erkennt man, daß Frequenzgleichung und Eigenfunktionen für die gewählten Beispiele gleich sind, während die Eigenkreisfrequenzen Unterschiede aufweisen. Die in Fig. 173 dargestellten Eigenfunktionen gelten deshalb auch für einen beidseitig gelenkig gelagerten Balken, wenn man in (7.62) $a_{1j} = 1$ setzt.

Die Eigenfunktionen sind orthogonal, dabei gilt jetzt im Gegensatz zu (7.31)

$$\int\limits_0^L \mu(x)\hat{w}_i(x)\hat{w}_j(x)\,\mathrm{d}x = \begin{cases} m_i^* = \text{const} & \text{für} \quad i = j \\ 0 & \text{für} \quad i \neq j \end{cases}. \tag{7.63}$$

Wegen der Einbeziehung der Massenbelegung $\mu(x)$ in die Orthogonalitätsbeziehung (7.63) haben die Konstanten m_i^* die Bedeutung einer modalen Masse. Die Größe der Konstanten m_i^* hängt wesentlich von der Wahl der Vorfaktoren der Eigenfunktionen ab. Mit $\varrho A = \text{const}$ und $a_{1j} = 1$ erhält man aus (7.63) beispielsweise $m_i^* = \varrho AL/2$, das entspricht der halben Balkenmasse.

Zu jeder Eigenkreisfrequenz ω_j gehört als Teillösung gemäß dem Ansatz (7.49) eine Eigen- oder Hauptschwingung $w_j(x,t)$,

$$w_j(x,t) = \hat{w}_j(x)f_j(t) = \sin j\pi\frac{x}{L}\,(A_j\cos\omega_j t + B_j\sin\omega_j t)$$

$$= \sin j\pi\frac{x}{L}\,C_j\cos(\omega_j t - \varphi_j), \tag{7.64}$$

wobei die Eigenfunktionen die kontinuierliche Amplitudenverteilung oder Eigenschwingungsform kennzeichnen. Die allgemeine Lösung der Differentialgleichung für Balkenschwingungen erhält man durch Überlagerung der Eigenschwingungen zu

$$w(x,t) = \sum_{j=1}^{\infty} w_j(x,t) = \sum_{j=1}^{\infty} \sin j\pi\frac{x}{L}\,(A_j\cos\omega_j t + B_j\sin\omega_j t)$$

$$= \sum_{j=1}^{\infty} \sin j\pi\frac{x}{L}\,C_j\cos(\omega_j t - \varphi_j). \tag{7.65}$$

Die Anpassung der Konstanten A_j, B_j bzw. C_j, φ_j an die Anfangsbedingungen $w(x,t=0) = w_0(x)$ und $\dot{w}(x,t=0) = \dot{w}_0(x)$ erfolgt wieder wie bei der Lösung der Wellengleichung in Kap. 7.1.2 unter Verwendung der Orthogonalitätsbeziehung.

Die Bestimmung der Eigenkreisfrequenzen, Eigenfunktionen und modalen Massen bezeichnet man als Modalanalyse, sie läßt sich bei einfachen kontinuierlichen Strukturen in der gezeigten Weise analytisch durchführen. Die Ergebnisse für andere übliche Randbedingungen findet man in nachfolgender Tabelle. Eine graphische Übersicht über die Eigenschwingungsformen gibt z.B. Natke [34].

Randbedingungen		Frequenzgleichung	Eigenkreisfrequenzen $\omega_j = \lambda_j^2 \sqrt{EI/(\varrho A L^4)}, \quad j = 1, 2, \ldots$	
$x = 0$	$x = L$		(Biegesteifigkeit EI, Massenbelegung ϱA) j	λ_j
gelenkig – gelenkig		$\sin \lambda = 0$	1 2 3 $\forall j$	3,1416 6,2832 9,4248 $j\pi$
fest – frei frei – fest		$1 + \cos \lambda \cosh \lambda = 0$	1 2 3 $j > 3$	1,8751 4,6941 7,8548 $(2j-1)\pi/2$
fest – gelenkig gelenkig – fest		$\tan \lambda - \tanh \lambda = 0$	1 2 3 $j > 3$	3,9266 7,0686 10,2102 $(4j+1)\pi/4$
fest – fest frei – frei		$1 - \cos \lambda \cosh \lambda = 0$	1 2 3 $j > 3$	4,7300 7,8532 10,9956 $(2j+1)\pi/2$

7.2.3 Beispiele für allgemeinere Balkenprobleme

In den vorausgehenden Abschnitten wurden nur die einfachsten Fälle der Schwingungen eindimensionaler Kontinua behandelt. Bedingt durch Fragestellungen aus der Praxis haben sich eine Reihe von Erweiterungen ergeben. Einige davon sollen im folgenden exemplarisch dargestellt werden, wobei wir uns auf die Mitteilung von Grundtatsachen beschränken. Für eine vertiefende Betrachtung sei auf die Spezialliteratur verwiesen.

7.2.3.1 Querschwingungen eines Balkens mit Längskraft
Betrachtet werden die Querschwingungen des in Fig. 174 dargestellten Balkens (Länge L, Biegesteifigkeit $EI(x)$, Massenbelegung $\mu(x) = \varrho A(x)$) unter der

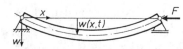

Fig. 174
Querschwingungen eines Balkens mit Längskraft

Wirkung der Längskraft F, die als Druckkraft angenommen wird. Die Bewegungsgleichung lautet allgemein unter Verwendung der Normalkraft $N(x)$ im Balkenquerschnitt, vgl. Hagedorn [15]:

$$\mu(x)\ddot{w}(x,t) = -[EI(x)w''(x,t)]'' + [N(x)w'(x,t)]'. \tag{7.66}$$

Sie gilt gleichzeitig für die Querschwingungen einer vorgespannten Saite unter Berücksichtigung der Biegesteifigkeit und kann als Kombination der Differentialgleichungen (7.3) und (7.43) aufgefaßt werden. Für den Sonderfall $w = w(x)$, $\ddot{w} \equiv 0$, beschreibt (7.66) Knickprobleme der Statik.

Für konstante Längskraft $F = $ const folgt $N(x) = -F$. Setzt man außerdem konstante Biegesteifigkeit und konstante Massenbelegung voraus, so ergibt sich aus (7.66) die Differentialgleichung

$$\mu\ddot{w}(x,t) + EIw''''(x,t) + Fw''(x,t) = 0, \tag{7.67}$$

die sich auf dem bereits gezeigten Weg exakt lösen läßt. Da die Randbedingungen mit den in Abschnitt 7.2.2 behandelten Beispiel übereinstimmen, können die Eigenwerte und Eigenfunktionen übernommen werden. Die noch unbekannten Eigenkreisfrequenzen lassen sich mit Hilfe des modalen Lösungsansatzes

$$w_j(x,t) = \sin j\pi\frac{x}{L}\, C_j \cos(\omega_j t - \varphi_j) \tag{7.68}$$

aus (7.67) bestimmen. Es folgt

$$\omega_j = (j\pi)^2 \sqrt{\frac{EI}{\varrho AL^4}} \sqrt{1 - \frac{F}{F_j}}, \qquad F_j = (j\pi)^2\frac{EI}{L^2}, \qquad j = 1, 2\ldots . \tag{7.69}$$

Darin stellt F_1 die erste oder kritische statische Knicklast dar. Man erkennt, daß die Eigenkreisfrequenzen mit zunehmender Längskraft $0 < F < F_1$ abnehmen, bis für $F = F_1$ der Wert $\omega_1 = 0$ erreicht ist. Die allgemeine Lösung ergibt sich durch Überlagerung der Eigenschwingungen analog zu (7.65). Für $F > F_1$ wächst die allgemeine Lösung exponentiell mit der Zeit an, d.h. die Gleichgewichtslage des Balkens ist instabil. Man kann deshalb die Bedingung $\omega_1 = 0$ als kinetisches Stabilitätskriterium für den gedrückten Balken verwenden.

Für eine harmonische zeitveränderliche Längskraft $F(t) = F_0 + \hat{F} \cos \Omega t$, wobei die Erregerkreisfrequenz Ω weit unterhalb der ersten Eigenkreisfrequenz für Längsschwingungen des Balkens liegen soll, gilt $N(x) = -F(t)$. Damit folgt aus (7.66) die partielle Differentialgleichung mit periodisch zeitveränderlichen Koeffizienten:

$$\mu \ddot{w}(x,t) + EI w''''(x,t) + (F_0 + \hat{F} \cos \Omega t) w''(x,t) = 0. \tag{7.70}$$

Mit dem Modalansatz

$$w_j(x,t) = \sin j\pi \frac{x}{L} f_j(t) \tag{7.71}$$

folgen aus (7.70) die Bestimmungsgleichungen für die Zeitfunktionen $f_j(t)$:

$$\mu \ddot{f}_j + \left(\frac{j\pi}{L}\right)^2 [F_j - F_0 - \hat{F} \cos \Omega t] f_j(t) = 0, \tag{7.72}$$

$$F_j = (j\pi)^2 \frac{EI}{L^2}, \qquad j = 1, 2 \dots.$$

Diese Gleichungen haben die Form von Mathieuschen Differentialgleichungen, vgl. Kap. 4.3.2. Häufig beschränkt man sich auf die Betrachtung der ersten Eigenschwingung $j = 1$. Derartige Querschwingungen eines Druckstabes unter dem Einfluß periodisch schwankender Längsbelastungen sind vor allem von Mettler (Nichtlineare Schwingungen und kinetische Instabilität bei Saiten und Stäben, Ing.-Arch. **23** (1955) S. 354) und Weidenhammer (Das Stabilitätsverhalten der nichtlinearen Biegeschwingungen des axialpulsierend belasteten Stabes, Ing.-Arch. **24** (1956) S. 53) untersucht worden.

7.2.3.2 Querschwingungen eines umlaufenden Balkens

Als nächstes erfolgt die Untersuchung der Querschwingungen eines umlaufenden Balkens (Länge L, Biegesteifigkeit EI = const, Massenbelegung $\mu = \varrho A$ = const, Winkelgeschwindigkeit ω = const), wie sie bei Turbinenschaufeln oder Hubschrauber-Rotorblättern auftreten können.

Die Schwingungen sollen in einer Ebene senkrecht zur Rotationsachse erfolgen, vgl. Fig. 175. Es werden kleine Verformungen ($w'(x) \ll 1$) und die Gültigkeit der Bernoulli-Eulerschen Balkentheorie vorausgesetzt. Der Betrachtung legen wir ein mit ω = const rotierendes Koordinatensystem zugrunde. Da sich die Wirkungen der Rotation (Fliehkraft und Corioliskraft) erst am deformierten Balken zeigen, betrachten wir die Kräfte an einem herausgeschnittenen Balkenelement in der deformierten Lage im Sinne einer

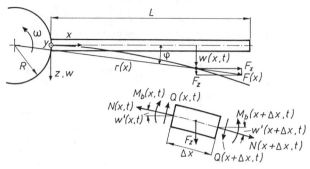

Fig. 175 Querschwingungen eines gleichförmig umlaufenden Balkens

Theorie 2. Ordnung. Aus dem Newtonschen Grundgesetz für die Querbewegungen $w(x,t)$ des Balkenelements folgt

$$\mu \Delta x \frac{\partial^2 w}{\partial t^2} = F_z + Q(x + \Delta x, t) - Q(x,t)$$
$$+ N(x + \Delta x, t)w'(x + \Delta x, t) - N(x,t)w'(x,t). \quad (7.73)$$

Darin ist $F_z = F(x)\sin\varphi$ die z-Komponente der auf das Balkenelement wirkenden Fliehkraft $F(x) = \mu \Delta x r(x)\omega^2$. Wegen $\sin\varphi = w/r(x)$ gilt $F_z = \mu \Delta x \omega^2 w$. Die Corioliskraft steht senkrecht auf der betrachteten Bewegungsrichtung, sie kommt deshalb in (7.73) nicht vor. Nach Division durch Δx und mit dem Grenzübergang $\Delta x \to 0$ erhält man aus (7.73)

$$\mu \frac{\partial^2 w}{\partial t^2} = \mu\omega^2 w + \frac{\partial Q}{\partial x} + \frac{\partial}{\partial x}[N(x,t)w'(x,t)]. \quad (7.74)$$

Für die Änderung der Querkraft gilt $Q' = M_b'' = -EIw''''$. Die Normalkraft $N(x)$ folgt aus der Betrachtung des abgeschnittenen Balkenteils der Länge $L - x$. Sie steht mit den dort wirkenden Fliehkräften im Gleichgewicht, so daß

$$N(x) = \int_x^L \mu(R + x)\omega^2 \, dx = \frac{1}{2}\mu\omega^2(L - x)(2R + L + x) \quad (7.75)$$

gilt. Damit erhält man schließlich die gesuchte Bewegungsgleichung

$$\ddot{w}(x,t) + \frac{EI}{\varrho A}w''''(x,t)$$
$$- \omega^2\left[\int_x^L (R + x)\, dx \, w''(x,t) - (R + x)w'(x,t) + w(x,t)\right] = 0, \quad (7.76)$$

für die nur Näherungslösungen bekannt sind. Dabei zeigt sich, daß die Eigenkreisfrequenzen des umlaufenden Balkens stets größer als die des ruhenden Balkens sind. Diesen Effekt nennt man **dynamische Versteifung** (dynamic stiffening). Berücksichtigt man zusätzlich die Längsschwingungen des Balkens, so erhält man zwei über die Corioliskräfte gekoppelte partielle Differentialgleichungen, vgl. P a r k u s [35]. Die Schwingungen eines verwundenen Balkens führen ebenfalls auf gekoppelte Gleichungen, vgl. dazu Z i e g l e r [55].

7.2.3.3 Querschwingungen eines Kragbalkens mit Endkörper

Als letztes Beispiel sollen die Querschwingungen eines Kragbalkens mit einem Starrkörper am freien Ende betrachtet werden. Dies ist gleichzeitig ein Beispiel für das Auftreten der Eigenwerte in den Randbedingungen, woraus im allgemeinen komplizierte Frequenzgleichungen folgen. Betrachtet wird der in Fig. 176 dargestellte Kragbalken (Länge L, Biegesteifigkeit EI = const, Mas-

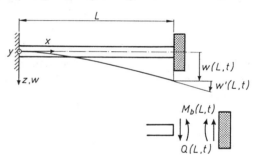

Fig. 176
Querschwingungen eines Kragbalkens mit Endkörper

senbelegung $\mu = \varrho A$ = const) mit einem Starrkörper (Masse m, Massenträgheitsmoment J_y) am freien Ende. Dabei wird angenommen, daß die y-Achse Trägheitshauptachse des Starrkörpers ist, also nur Schwingungen in der x, z-Ebene auftreten. Schneidet man den Starrkörper heraus und führt die Schnittgrößen $Q(L, t)$ und $M_b(L, t)$ ein, so folgt aus Impuls- bzw. Drallsatz

$$m\ddot{w}(L, t) = -Q(L, t) = EIw'''(L, t),$$
$$J_y\ddot{w}'(L, t) = M_b(L, t) = -EIw''(L, t). \tag{7.77}$$

Für harmonische Balkenschwingungen mit der Eigenkreisfrequenz ω gilt $\ddot{w}(x, t) = -\omega^2 w(x, t)$. Damit läßt sich (7.77) vereinfachen. Löst man nach den Schnittgrößen auf, so erhält man die dynamischen Randbedingungen bei $x = L$ für den Balken. Zusammen mit den geometrischen Randbedingungen bei $x = 0$ ergibt sich

$$w(0,t) = 0, \quad w''(L,t) = \frac{J_y}{EI}\omega^2 w'(L,t),$$

$$w'(0,t) = 0, \quad w'''(L,t) = -\frac{m}{EI}\omega^2 w(L,t). \tag{7.78}$$

Man erkennt, daß nun auch inhomogene Randbedingungen auftreten, die zudem die Eigenkreisfrequenz enthalten. Mit den Abkürzungen

$$\alpha = \frac{m}{\mu L}, \qquad \beta = \frac{J_y}{\mu L^3}, \qquad \lambda^4 = \omega^2 \frac{\mu L^4}{EI} \tag{7.79}$$

und der Vorgehensweise wie in Abschnitt 7.2.2 erhält man nach längerer Rechnung die Frequenzgleichung

$$1 - \alpha\beta\lambda^4 + \frac{1 + \alpha\beta\lambda^4}{\cos\lambda\cosh\lambda} - \lambda(\alpha + \beta\lambda^2)\tan\lambda + \lambda(\alpha - \beta\lambda^2)\tanh\lambda = 0. \tag{7.80}$$

Für den Sonderfall $m = 0, J_y = 0$ folgt $\alpha = 0$, $\beta = 0$ und damit aus (7.80) die bekannte Frequenzgleichung für den einseitig fest eingespannten Balken ohne Starrkörper:

$$1 + \cos\lambda\cosh\lambda = 0. \tag{7.81}$$

Wir werden in Kap. 7.5 sehen, wie man für Balken mit Zusatzmassen oder Zusatzfedern mit relativ geringem Aufwand brauchbare Näherungslösungen gewinnt.

7.3   Zusammenfassung und Erweiterungen auf gedämpfte und erzwungene Schwingungen

Die Bewegungsgleichungen der bisher betrachteten eindimensionalen Kontinua lassen sich auf die Form

$$\mu(x)\ddot{q}(x,t) + K[q(x,t)] = 0, \qquad \mu(x) > 0, \tag{7.82}$$

bringen, die durch Anfangs- und Randbedingungen zu ergänzen sind. Darin stellt K einen linearen homogenen Differentialausdruck oder Differential-operator dar,

$$K[q(x,t)] = a_0(x)q(x,t) + a_1(x)\frac{\partial}{\partial x}q(x,t) + a_2(x)\frac{\partial^2}{\partial x^2}q(x,t) + \ldots$$

$$+ a_{2p}(x)\frac{\partial^{2p}}{\partial x^{2p}}q(x,t) = \sum_{j=0}^{2p} a_j(x)q^{(j)}(x,t), \tag{7.83}$$

wobei $2p$ die Ordnung angibt. Beispielsweise gilt für die Wellengleichung $p = 1$ und für die Schwingungsgleichung des Balkens $p = 2$. Die homogen angenommenen Randbedingungen für $x = x^*$ und die Anfangsbedingungen lauten allgemein

$$K_r[q(x^*, t)] = 0, \qquad x^* = 0, L, \qquad r = 1, \ldots, p, \qquad (7.84)$$

$$q(x, t = 0) = q_0(x), \qquad \dot{q}(x, t = 0) = \dot{q}_0(x). \qquad (7.85)$$

Die Ordnung der insgesamt $2p$ Operatoren K_r beträgt höchstens $2p - 1$. Dabei bezeichnet man die Randbedingungen, die Ableitungen bis höchstens zur Ordnung $p - 1$ enthalten, als geometrische oder wesentliche Randbedingungen und die übrigen, bis zur Ordnung $2p - 1$ gehenden, als dynamische oder restliche Randbedingungen. Das durch (7.82), (7.84) definierte Randwertproblem tritt bei Kontinuumsschwingungen an die Stelle der Bewegungsgleichungen (6.41) von freien ungedämpften Schwingern mit n Freiheitsgraden.

Mit dem Bernoullischen Lösungsansatz

$$q(x, t) = \hat{q}(x) f(t) \qquad (7.86)$$

folgt aus (7.82) einerseits die Differentialgleichung $\ddot{f}(t) + \omega^2 f(t) = 0$ und damit ein harmonisches Zeitgesetz für $f(t)$ mit der Eigenkreisfrequenz ω^2 und andererseits in Verbindung mit den Randbedingungen (7.84) das Eigenwertproblem

$$-\mu(x)\omega^2 \hat{q}(x) + K[\hat{q}(x)] = 0, \qquad \mu(x) > 0, \qquad (7.87)$$

$$K_r[\hat{q}(x^*)] = 0, \qquad x^* = 0, L, \qquad r = 1, \ldots, p. \qquad (7.88)$$

Als Voraussetzung für die allgemeine Lösung des Eigenwertproblems müssen noch einige Begriffe und Eigenschaften von Operatoren eingeführt werden. Man unterscheidet folgende drei Klassen von reellen, im Intervall $0 \leq x \leq L$ definierten Funktionen, die nicht identisch verschwinden sollen:

1. Zulässige Funktionen $\hat{z}(x)$, sie erfüllen die geometrischen oder wesentlichen Randbedingungen mit Ableitungen bis zur Ordnung $p - 1$ und sind mindestens p-mal stetig differenzierbar.

2. Vergleichsfunktionen $\hat{v}(x)$, sie erfüllen alle Randbedingungen (7.88) mit Ableitungen bis zur Ordnung $2p - 1$ und sind mindestens $2p$-mal stetig differenzierbar.

3. Eigenfunktionen $\hat{q}(x)$, sie erfüllen alle Randbedingungen (7.88) und die Differentialgleichung (7.87) und sind mindestens $2p$-mal stetig differenzierbar.

Den Operator K und damit das entsprechende Eigenwertproblem (7.87), (7.88) nennt man symmetrisch oder selbstadjungiert, wenn für beliebige Vergleichsfunktionen $\hat{v}_1(x)$, $\hat{v}_2(x)$ die Beziehung

$$\int\limits_0^L K[\hat{v}_1]\hat{v}_2\,\mathrm{d}x = \int\limits_0^L K[\hat{v}_2]\hat{v}_1\,\mathrm{d}x \tag{7.89}$$

gilt. Die Eigenschaft der Selbstadjungiertheit ist dann gegeben, wenn Energieerhaltung gilt und keine gyroskopischen Kräfte auftreten. Sie läßt sich leicht durch Teilintegration unter Berücksichtigung der Randbedingungen feststellen. Für eindimensionale Kontinua ist die Selbstadjungiertheit bei passenden Randbedingungen genau dann gegeben, wenn sich der Operator K aus Gl. (7.83) in der Form

$$K[\hat{q}(x)] = \sum_{j=0}^p (-1)^j [b_j(x)\hat{q}^{(j)}(x)]^{(j)} \tag{7.90}$$

darstellen läßt. Dies ist bei den vorangehenden Beispielen, soweit sie konservativ sind, gegeben.

Den Operator K und damit das entsprechende Eigenwertproblem (7.87), (7.88) nennt man positiv definit oder volldefinit, wenn für jede Vergleichsfunktion $\hat{v}(x)$ die Relation

$$\int\limits_0^L K[\hat{v}]\hat{v}\,\mathrm{d}x > 0 \tag{7.91}$$

gilt.

Sind diese Eigenschaften vorhanden, dann lassen sich folgende Aussagen gewinnen: Für ein symmetrisches, positiv definites Eigenwertproblem der Form (7.87), (7.88) sind alle Eigenkreisfrequenzen positiv. Dies erkennt man unmittelbar aus (7.87), wenn man mit einer Eigenfunktion $\hat{q}(x)$ multipliziert, über das Intervall $0 \le x \le L$ integriert und nach ω^2 auflöst,

$$\omega^2 = \frac{\displaystyle\int\limits_0^L K[\hat{q}]\hat{q}(x)\,\mathrm{d}x}{\displaystyle\int\limits_0^L \mu(x)\hat{q}^2(x)\,\mathrm{d}x} = R[\hat{q}]. \tag{7.92}$$

Der aus den beiden Integralen gebildete Quotient ist wieder der Rayleigh-Quotient $R[\hat{q}]$. Bildet man den Rayleigh-Quotienten $R[\hat{v}]$ mit Hilfe einer Vergleichsfunktionen $\hat{v}$, so ist dieser unter den getroffenen Voraussetzungen positiv, $R[\hat{v}] > 0$. Da nun die Eigenfunktionen $\hat{q}$ eine Teilmenge der Vergleichsfunktionen $\hat{v}$ darstellen, gilt $R[\hat{q}] > 0$ und somit auch $\omega^2 > 0$.

Des weiteren gilt für ein symmetrisches, positiv definites Eigenwertproblem der Form (7.87), (7.88) der Entwicklungssatz, vgl. Courant, Hilbert [7], Collatz [6]:

a) Die Eigenkreisfrequenzen bilden eine unendliche Folge $0 < \omega_1^2 \leq \omega_2^2 \leq \omega_3^2 \leq \ldots$,

b) die Eigenfunktionen $\hat{q}_i(x), \hat{q}_j(x)$ zu verschiedenen Eigenwerten sind orthogonal bezüglich $\mu(x)$,

$$\int_0^L \mu(x)\hat{q}_i(x)\hat{q}_j(x)\,\mathrm{d}x = \begin{cases} m_i^* = \text{const} & \text{für} \quad i = j, \\ 0 & \text{für} \quad i \neq j \end{cases}, \qquad (7.93)$$

wobei sich durch geeignete Normierung der Eigenfunktionen für die modalen Massen stets $m_i^* = 1$ erreichen läßt,

c) die Eigenfunktionen $\hat{q}_1(x)$, $\hat{q}_2(x), \ldots$ bilden eine Basis des Funktionenraumes der Vergleichsfunktionen, d.h. jede Vergleichsfunktion $\hat{v}(x)$ mit stetigem $K[\hat{v}]$ läßt sich in eine absolut und gleichmäßig konvergente Reihe (verallgemeinerte Fourierreihe) nach den Eigenfunktionen entwickeln,

$$\hat{v}(x) = \sum_{j=1}^{\infty} c_j \hat{q}_j(x), \qquad c_j = \frac{1}{m_j^*} \int_0^L \mu(x)\hat{v}(x)\hat{q}_j(x)\,\mathrm{d}x. \qquad (7.94)$$

Damit kann analog zu den diskreten Schwingern die allgemeine Lösung von (7.82) als Überlagerung von jetzt unendlich vielen Eigenschwingungen dargestellt werden,

$$q(x,t) = \sum_{j=1}^{\infty} \hat{q}_j(x)(A_j \cos\omega_j t + B_j \sin\omega_j t)$$

$$= \sum_{j=1}^{\infty} \hat{q}_j(x)C_j \cos(\omega_j t - \varphi_j), \quad C_j = \sqrt{A_j^2 + B_j^2}, \quad \tan\varphi_j = \frac{B_j}{A_j}. \qquad (7.95)$$

Die Anpassung der Konstanten A_j, B_j bzw. C_j, φ_j an die Anfangsbedingungen (7.85) erfolgt unter Ausnutzung der Orthogonalitätsbedingung (7.93).

Damit ergibt sich

$$A_j = \frac{1}{m_j^*} \int_0^L \mu(x) q_0(x) \hat{q}_j(x) \, dx, \qquad j = 1, 2, \ldots \tag{7.96}$$

$$B_j = \frac{1}{\omega_j m_j^*} \int_0^L \mu(x) \dot{q}_0(x) \hat{q}_j(x) \, dx, \qquad j = 1, 2, \ldots . \tag{7.97}$$

Durch geeignete Wahl der Anfangsbedingungen können einzelne Eigenschwingungen angestoßen werden. Für $q_0(x) = \hat{q}_i(x), \dot{q}_0 = 0$ wird beispielsweise nur die i-te Eigenschwingung angeregt. Die gezeigte Vorgehensweise kann unmittelbar auf die Schwingungen mehrdimensionaler Kontinua übertragen werden.

7.3.1　Freie gedämpfte Schwingungen

Die Bewegungsgleichung für freie gedämpfte Schwingungen eindimensionaler Kontinua folgt aus (7.82) durch Erweiterung mit einem Dämpfungsterm $D[\dot{q}(x,t)]$,

$$\mu(x) \ddot{q}(x,t) + D[\dot{q}(x,t)] + K[q(x,t)] = 0, \qquad \mu(x) > 0. \tag{7.98}$$

Hinzu kommen die Anfangs- und Randbedingungen.

Wir stellen nun die Frage, welche Bedingungen der Operator D erfüllen muß, damit die Eigenfunktionen des ungedämpften Systems bei Hinzufügen eines Dämpfungsterms erhalten bleiben. Ähnlich wie bei Schwingern mit n Freiheitsgraden ist die Eigenschaft einer modalen Dämpfung sicher dann gegeben, wenn die Bequemlichkeitshypothese gilt, d.h. wenn es Faktoren α und β gibt, so daß

$$D[\dot{q}] = \alpha \mu(x) \dot{q} + \beta K[\dot{q}] \tag{7.99}$$

gilt. Mit dem Bernoullischen Separationsansatz (7.86) folgt aus (7.98), (7.99) einerseits das Eigenwertproblem (7.87), (7.88) und andererseits die Differentialgleichung

$$\ddot{f}_j(t) + 2 D_j \omega_j \dot{f}_j(t) + \omega_j^2 f_j(t) = 0, \qquad j = 1, 2, \ldots \tag{7.100}$$

mit

$$D_j = \frac{\alpha}{2\omega_j} + \frac{\beta \omega_j}{2}. \tag{7.101}$$

Bezüglich der Bestimmung der beiden Konstanten α und β geht man denselben Weg wie bei diskreten Schwingungssystemen mit n Freiheitsgraden, vgl. Abschnitt 6.2.4. Die Lösung von (7.100) wurde in Kapitel 2.2 ausführlich behandelt. Für den praktisch wichtigen Fall $D_j < 1$ gilt beispielsweise

$$f_j(t) = C_j \mathrm{e}^{-D_j \omega_j t} \cos\left(\sqrt{1 - D_j^2}\, \omega_j t - \varphi_j\right). \tag{7.102}$$

Damit läßt sich die Lösung von (7.98) mit Hilfe der Eigenfunktionen $\hat{q}_j(x)$ des ungedämpften Systems als Überlagerung der Eigenschwingungen darstellen,

$$q(x,t) = \sum_{j=1}^{\infty} \hat{q}_j(x) C_j \mathrm{e}^{-D_j \omega_j t} \cos\left(\sqrt{1 - D_j^2}\, \omega_j t - \varphi_j\right), \tag{7.103}$$

wobei C_j und φ_j in bekannter Weise an die Anfangsbedingungen anzupassen sind. Für $D_j = 0$ geht (7.103) in die Lösung (7.95) über.

Mit diesem Konzept folgt beispielsweise für die in Abschnitt 7.2.1 betrachteten einfachen Balken bei konstanten Werten für Massenbelegung und Biegesteifigkeit die partielle Differentialgleichung freier gedämpfter Schwingungen

$$\mu \ddot{w}(x,t) + \alpha \mu \dot{w}(x,t) + \beta EI \dot{w}''''(x,t) + EI w''''(x,t) = 0. \tag{7.104}$$

Darin stellt der von α abhängige Term eine verteilte **äußere Dämpfung** und der durch β gekennzeichnete Term eine **innere Dämpfung** oder **Materialdämpfung** dar. Bei praktischen Anwendungen sind diese Dämpfungsterme häufig vernachlässigbar klein gegenüber den an Systemrändern oder in Fügestellen durch Reibungsvorgänge hervorgerufenen Dämpfungen, vgl. Popp [39].

7.3.2 Erzwungene Schwingungen

Die Erregung eindimensionaler Kontinua kann von sehr unterschiedlicher Form sein. So können beispielsweise zeitabhängige Erregerkräfte an den Rändern des Kontinuums wirken. Mathematisch wird dies durch eine homogene partielle Differentialgleichung mit inhomogenen zeitabhängigen Randbedingungen beschrieben. Dieser Fall läßt sich durch eine geeignete Systemabgrenzung in äquivalenter Weise durch eine inhomogene Differentialgleichung mit homogenen Randbedingungen beschrieben, vgl. Courant,

Hilbert [7]. Andererseits können die Erregerkraftgrößen direkt auf das Kontinuum im Bereich $0 < x < L$ wirken. Die Kräfte können dabei verteilt oder konzentriert sein. Die zugehörige mathematische Beschreibung lautet dann

$$\mu(x)\ddot{q}(x,t) + D[\dot{q}(x,t)] + K[q(x,t)] = p(x,t) + \sum_{k=1}^{s} F_k(t)\delta(x - x_k) \qquad (7.105)$$

mit Rand- und Anfangsbedingungen der Form (7.84) bzw. (7.85). Für den Dämpfungsoperator D soll dabei die Bequemlichkeitshypothese (7.99) gelten. In (7.105) kennzeichnet p die verteilten und $F_k\delta(x - x_k)$ die am Ort $x = x_k$, $0 < x_k < L$, konzentrierten Kräfte F_k. Dabei bezeichnet δ die Dirac-Funktion. Der Fall ortsveränderlicher Kräfte läßt sich durch $x_k = x_k(t)$ erfassen. Für eine mit konstanter Geschwindigkeit v_k bewegte Kraft $F_k(t)$ gilt in (7.105) $F_k(t)\delta(x - v_k t)$, vgl. Frýba [11].

Die allgemeine Lösung $q(x,t)$ der inhomogenen Differentialgleichung (7.105) findet man durch Superposition der allgemeinen Lösung $q_{\text{hom}}(x,t)$ des homogenen Randwertproblems und einer partikulären Lösung $q_p(x,t)$ der inhomogenen Differentialgleichung (7.105). Anschließend erfolgt die Anpassung der Gesamtlösung an die Anfangsbedingungen (7.85). Da $q_{\text{hom}}(x,t)$ bereits bekannt ist, interessiert im folgenden nur die partikuläre Lösung. Sie entspricht bei gedämpften, asymptotisch stabilen Systemen zudem der stationären Lösung im eingeschwungenen Zustand. Wir wählen als Lösungsansatz eine modale Entwicklung nach den Eigenfunktionen $\hat{q}_j(x)$ des zugeordneten homogenen Systems,

$$q_p(x,t) = \sum_{j=1}^{\infty} \hat{q}_j(x)\xi_j(t). \qquad (7.106)$$

Die Eigenfunktionen des homogenen gedämpften Systems stimmen wegen der getroffenen Dämpfungsannahme mit denen des ungedämpften Systems überein. Damit folgt aus (7.105), wenn man entsprechend (7.87) $K[\hat{q}_j(x)] = \mu(x)\omega_j^2\hat{q}(x)$ einsetzt und (7.99) berücksichtigt:

$$\mu(x)\sum_j \hat{q}_j(x)\ddot{\xi}_j(t) + \alpha\mu(x)\sum_j \hat{q}_j(x)\dot{\xi}_j(t) + \beta\mu(x)\sum_j \hat{q}_j(x)\omega_j^2\dot{\xi}_j(t)$$

$$+ \mu(x)\sum_j \hat{q}_j(x)\omega_j^2\xi_j(t) = p(x,t) + \sum_{k=1}^{s} F_k(t)\delta(x - x_k). \qquad (7.107)$$

Um eine Bestimmungsgleichung für die Modalkoordinaten $\xi_j(t)$ zu bekommen, multipliziert man (7.107) mit der Eigenfunktion $\hat{q}_j(x)$ und integriert über das Intervall $0 \leq x \leq L$. Berücksichtigt man die Orthogonalitätsrelation (7.93), so bleibt von den unendlichen Summen jeweils nur ein Term übrig:

$$\ddot{\xi}_j(t) + 2D_j\omega_j\dot{\xi}_j(t) + \omega_j^2\xi_j(t)$$

$$= \frac{1}{m_j^*} \left[\int\limits_0^L p(x,t)\hat{q}_j(x)dx + \sum_{k=1}^s F_k(t)\hat{q}_j(x_k) \right]. \qquad (7.108)$$

Dabei wurde die Abkürzung (7.101) verwendet und die Ausblendeigenschaft der Dirac-Funktion genutzt. Gleichung (7.108) kennzeichnet allgemeine fremderregte Schwingungen. Wegen der Linearität der Gleichung können die einzelnen Erregerterme auf der rechten Seite getrennt betrachtet und die zugehörigen Teillösungen zur gesamten partikulären Lösung superponiert werden.

Fig. 177
Fremderregte Schwingungen eines
Balkens mit harmonisch zeitveränderlicher Streckenlast

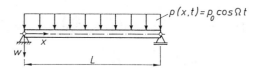

Als Beispiel wird der in Fig. 177 dargestellte Balken mit konstanten Werten für Massenbelegung und Biegesteifigkeit unter der Wirkung einer harmonisch zeitveränderlichen Streckenlast $p(x,t) = p_0 \cos \Omega t$ betrachtet. Die Bewegungsgleichung lautet

$$\mu\ddot{w}(x,t) + \alpha\mu\dot{w}(x,t) + \beta EI\dot{w}''''(x,t) + EIw''''(x,t) = p_0 \cos \Omega t. \qquad (7.109)$$

Die Eigenkreisfrequenzen ω_j, Eigenfunktionen $\hat{w}_j(x)$ und modalen Massen m_j^* sind aus Abschnitt 7.2.2 bekannt,

$$\omega_j = (j\pi)^2 \sqrt{\frac{EI}{\mu L^4}}, \quad \hat{w}(x) = \sin j\pi\frac{x}{L}, \quad m_j^* = \frac{\mu L}{2}, \quad j = 1,2,\ldots. \qquad (7.110)$$

Damit folgt die Differentialgleichung der Modalkoordinaten entsprechend zu (7.108)

$$\ddot{\xi}_j(t) + 2D_j\omega_j\dot{\xi}_j(t) + \omega_j^2\xi_j(t) = \frac{2p_0}{\mu L} \int\limits_0^L \sin j\pi\frac{x}{L} \, dx \cos \Omega t. \qquad (7.111)$$

Aus

$$\int\limits_0^L \sin j\pi \frac{x}{L}\, dx = \frac{L}{j\pi}(1 - \cos j\pi) = \begin{cases} \dfrac{2L}{j\pi} & \text{für } j = 1, 3, \ldots \text{(ungerade)} \\[2ex] 0 & \text{für } j = 2, 4, \ldots \text{(gerade)} \end{cases} \qquad (7.112)$$

erkennt man, daß die geraden Ordnungen der Modalkoordinaten nicht angeregt werden. Die partikuläre Lösung von (7.111) lautet, vgl. Abschnitt 5.2.1,

$$\xi_{jp}(t) = \begin{cases} \dfrac{4p_0}{j\pi\mu\omega_j^2} V_{Aj} \cos(\Omega t - \psi_j) & \text{für } j = 1, 3, \ldots \text{(ungerade)} \\[2ex] 0 & \text{für } j = 2, 4, \ldots \text{(gerade)} \end{cases} \qquad (7.113)$$

mit

$$V_{Aj} = \frac{1}{\sqrt{(1 - \eta_j^2)^2 + (2D_j\eta_j)^2}}, \qquad \tan\psi_j = \frac{2D_j\eta_j}{1 - \eta_j^2},$$

$$\eta_j = \frac{\Omega}{\omega_j}, \quad j = 1, 3, \ldots \text{(ungerade)}. \qquad (7.114)$$

Die partikuläre Lösung von (7.109) ergibt sich zu

$$w_p(x, t) = \sum_{j=1}^{\infty} \hat{q}_j(x)\xi_{jp}(t)$$

$$= \frac{4p_0}{\pi\mu} \sum_{j=1,3,\ldots}^{\infty} \frac{1}{j\omega_j^2} V_{Aj} \sin j\pi \frac{x}{L} \cos(\Omega t - \psi_j). \qquad (7.115)$$

Die Gesamtlösung erhält man nun unter Verwendung der homogenen Lösung in der Form (7.103):

$$w(x, t) = w_{\text{hom}}(x, t) + w_p(x, t)$$

$$= \sum_{j=1}^{\infty} \sin j\pi \frac{x}{L} C_j e^{-D_j\omega_j t} \cos\left(\sqrt{1 - D_j^2}\, \omega_j t - \varphi_j\right)$$

$$+ \frac{4p_0}{\pi\mu} \sum_{j=1,3,\ldots}^{\infty} \frac{1}{j\omega_j^2} V_{Aj} \sin j\pi \frac{x}{L} \cos(\Omega t - \psi_j). \qquad (7.116)$$

Für hinreichend große Zeiten klingt die homogene Lösung infolge Dämpfung ab, so daß im eingeschwungenen Zustand die partikuläre Lösung (7.115) übrig bleibt. Dabei können abhängig von der Größe der Dämpfung für $\Omega = \omega_j$, $j = 1, 3, \ldots$, Resonanzerscheinungen auftreten.

7.4 Näherungsverfahren

Es gibt eine Vielzahl von Näherungsverfahren zur Behandlung von Kontinuumsschwingern, vgl. Collatz [6], Hagedorn [15], Meirovitch [29], Riemer, Wauer, Wedig [43]. Sie lassen sich grob in zwei Klassen einteilen:

Diskretisierungsverfahren und Schrankenverfahren.

Die Diskretisierungsverfahren ordnen dem kontinuierlichen ein diskretes Problem zu. Die Kontinuumsschwingungen mit unendlich vielen Freiheitsgraden werden dabei näherungsweise auf ein Schwingungssystem mit endlich vielen Freiheitsgraden abgebildet, bei dessen Analyse man sich häufig mit Näherungswerten für die Eigenkreisfrequenzen begnügt. Die Schrankenverfahren hingegen ergeben obere oder untere Schranken für die Eigenkreisfrequenzen und Eigenwerte. Damit ist es möglich, die exakten Werte einzuschränken und Fehlerabschätzungen durchzuführen. Beide Arten der Näherungsverfahren sollen im folgenden kurz dargestellt werden.

7.4.1 Diskretisierungsverfahren

Ausgangspunkt der Diskretisierungsverfahren sind Lösungsansätze in Form von endlichen Reihenentwicklungen aus Produkten von Orts- und Zeitfunktionen ähnlich dem Ansatz (7.106)

$$\tilde{q}(x,t) = \sum_{j=1}^{n} \hat{q}_j(x) y_j(t) = \hat{\mathbf{q}}^{\mathsf{T}}(x)\mathbf{y}(t),$$

$$\hat{\mathbf{q}}^{\mathsf{T}}(x) = [\hat{q}_1(x),\ldots,\hat{q}_n(x)], \qquad \mathbf{y}^{\mathsf{T}}(t) = [y_1(t),\ldots,y_n(t)]. \qquad (7.117)$$

Als Ortsfunktionen verwendet man zulässige Funktionen $\hat{z}_j(x)$, Vergleichsfunktionen $\hat{v}_j(x)$ oder Eigenfunktionen $\hat{q}_j(x)$ von vereinfachten Problemen mit gleichen Randbedingungen wie das zu untersuchende Problem. Als vorteilhaft erweisen sich orthogonale Ansatzfunktionen, sie führen auf gänzlich oder teilweise entkoppelte Näherungsgleichungen. Das allgemeine Vorgehen bei den verschiedenen Verfahren ist gleich. Man setzt den Näherungsansatz in die exakten Gleichungen ein und ermittelt eine Fehlergröße, die in geeigneter Weise minimiert wird. Aus den Minimierungsbedingungen folgen Bestimmungsgleichungen für die Näherungsausdrücke. Die diskreten Näherungsgleichungen haben die allgemeine Form (6.114) oder (6.115). Die

bereits erwähnten Verfahren von Ritz und Galerkin sowie die Methode
finiter Elemente gehören zu dieser Gruppe von Näherungen.

7.4.1.1 Das Ritz-Verfahren

Ausgangspunkt des Ritzschen Verfahrens
ist eine Problemformulierung als Variationsaufgabe, wie sie beispielsweise aus dem Hamiltonschen Integralprinzip (7.37) für konservative Systeme
folgt. Wir betrachten zunächst den zeitfreien Fall als Randwertproblem mit
einer unabhängigen Variablen (Prinzip des stationären Potentials),

$$\delta E_p[q(x)] = 0 \qquad \text{oder}$$

$$E_p[q(x)] = \int\limits_0^L F\left[x, q(x), q'(x), \ldots, q^{(p)}(x)\right] \, dx = \text{ stationär.} \qquad (7.118)$$

Zur vollständigen Problemformulierung gehören noch Randbedingungen, die
als homogen angenommen werden und die Form (7.84) haben sollen. Der
Ansatz (7.117) geht im zeitfreien Fall in den n-gliedrigen Ritz-Ansatz

$$\tilde{q}(x) = \sum_{j=1}^n \hat{z}_j(x) y_j = \hat{\mathbf{z}}^\top(x)\mathbf{y}, \qquad y_j = \text{const}, \qquad (7.119)$$

über, wobei als Ansatzfunktionen $\hat{z}_j(x)$ zulässige Funktionen gewählt
werden, also solche, die die geometrischen oder wesentlichen Randbedingungen erfüllen und mindestens p-mal stetig differenzierbar sind. Setzt man nun
den Ansatz (7.119) in (7.118) ein, so geht das Funktional $E_p[q(x)]$ über in
$E_p[\tilde{q}(x)]$ und wird eine Funktion der noch unbestimmten Konstanten y_j,
$E_p = E_p(y_1, \ldots, y_n)$. Die notwendigen Bedingungen für die Stationarität
dieser Funktion ergeben die Ritzschen Gleichungen:

$$\frac{\partial E_p(y_1, \ldots, y_n)}{\partial y_j} = 0, \qquad j = 1, \ldots, n. \qquad (7.120)$$

Zur Bestimmung der unbekannten Konstanten y_j ist ein System von n algebraischen Gleichungen zu lösen.

Nun wird das vollständige Variationsproblem (7.37) mit $E_p[q(x,t)]$ und
$E_k[\dot{q}(x,t)]$ betrachtet. Setzt man den gemischten n-gliedrigen Ritz-Ansatz

$$\tilde{q}(x,t) = \sum_{j=1}^n \hat{z}_j(x) y_j(t) = \hat{\mathbf{z}}^\top(x)\mathbf{y}(t) \qquad (7.121)$$

in die Energieausdrücke ein, wobei $\hat{z}_j(x)$ wieder zulässige Funktionen sind, so folgt ein Variationsproblem, das nur noch von den unbekannten Zeitfunktionen $y_j(t)$, $\dot{y}_j(t)$ abhängig ist,

$$\int_{t_1}^{t_2} \Big(E_k\,[\dot{y}_1(t),\ldots,\dot{y}_n(t),y_1(t),\ldots,y_n(t)]$$

$$-\,E_p[y_1(t),\ldots,y_n(t)] \Big) \mathrm{d}t = \text{stationär}. \qquad (7.122)$$

Notwendige Bedingungen für die Stationarität des Funktionals sind die Erfüllung der zugehörigen Eulerschen Differentialgleichungen der Variationsrechnung. Das aber sind die bekannten Lagrangeschen Gleichungen 2. Art, vgl. (6.1),

$$\frac{\mathrm{d}}{\mathrm{d}t}\left(\frac{\partial E_k}{\partial \dot{y}_j}\right) - \frac{\partial E_k}{\partial y_j} + \frac{\partial E_p}{\partial y_j} = 0, \qquad j = 1,\ldots,n. \qquad (7.123)$$

Zur Bestimmung der unbekannten Funktionen $y_j(t)$ ist ein System von n gewöhnlichen Differentialgleichungen zu lösen. Für die kinetische Energie (7.38) folgt mit (7.121) allgemein bei eindimensionalen Kontinua

$$E_k = \frac{1}{2}\int_0^L \mu(x)\dot{q}^2(x,t)\,\mathrm{d}x \approx \frac{1}{2}\int_0^L \mu(x)\dot{\tilde{q}}^2(x,t)\,\mathrm{d}x$$

$$= \frac{1}{2}\dot{\mathbf{y}}^\top(t)\underbrace{\left[\int_0^L \mu(x)\hat{\mathbf{z}}(x)\hat{\mathbf{z}}^\top(x)\,\mathrm{d}x\right]}_{\mathbf{M}}\dot{\mathbf{y}}(t) = \frac{1}{2}\dot{\mathbf{y}}^\top(t)\mathbf{M}\dot{\mathbf{y}}(t), \qquad (7.124)$$

mit der $n \times n$-Massenmatrix $\mathbf{M} = \mathbf{M}^\top > \mathbf{0}$. Ähnlich läßt sich die potentielle Energie darstellen. Aus (7.39) folgt beispielsweise

$$E_p = \frac{1}{2}\int_0^L EI(x)q''^2(x,t)\,\mathrm{d}x \approx \frac{1}{2}\int_0^L EI(x)\tilde{q}''^2(x,t)\,\mathrm{d}x$$

$$= \frac{1}{2}\mathbf{y}^\top(t)\underbrace{\left[\int_0^L EI(x)\hat{\mathbf{z}}''(x)\hat{\mathbf{z}}''^\top(x)\,\mathrm{d}x\right]}_{\mathbf{K}}\mathbf{y}(t) = \frac{1}{2}\mathbf{y}^\top(t)\mathbf{K}\mathbf{y}(t), \qquad (7.125)$$

mit der $n \times n$-Steifigkeitsmatrix $\mathbf{K}$. Die potentielle Energie eindimensionaler Kontinua läßt sich stets auf die Form (7.125) mit $\mathbf{K} = \mathbf{K}^{\top} > \mathbf{0}$ bringen, wenn der Operator K in der Differentialgleichung (7.82) bzw. im Eigenwertproblem (7.87) symmetrisch (selbstadjungiert) und positiv definit ist. Mit K in der Form (7.90) gilt

$$K[q(x,t)] = \sum_{j=0}^{p}(-1)^j[b_j(x)q^{(j)}(x,t)]^{(j)}$$

$$\Longleftrightarrow E_p = \frac{1}{2}\int_0^L \sum_{j=0}^{p} b_j(x)q^{(j)2}(x,t)\mathrm{d}x, \qquad (7.126)$$

$$E_p \approx \frac{1}{2}\mathbf{y}^{\top}(t)\underbrace{\left[\int_0^L \sum_{j=0}^{p} b_j(x)\hat{\mathbf{z}}^{(j)}(x)\hat{\mathbf{z}}^{(j)\top}(x)\mathrm{d}x\right]}_{\mathbf{K}}\mathbf{y}(t)$$

$$= \frac{1}{2}\mathbf{y}^{\top}(t)\mathbf{K}\mathbf{y}(t). \qquad (7.127)$$

Die Bewegungsgleichungen für die unbekannten Funktionen $\mathbf{y}(t)$ folgen aus (7.123) oder aus dem Energieerhaltungssatz explizit zu

$$\mathbf{M}\ddot{\mathbf{y}}(t) + \mathbf{K}\mathbf{y}(t) = \mathbf{0}. \qquad (7.128)$$

Damit ist die Verbindung zu den diskreten Schwingungssystemen mit n Freiheitsgraden hergestellt, vgl. Kap. 6.

Als Beispiel wird der in Fig. 178 dargestellte Kragbalken (Länge L, Biegesteifigkeit $EI = $ const, Massenbelegung $\mu = \varrho A = $ const) betrachtet. Die Randbedingungen lauten $q(0,t) = 0$, $q'(0,t) = 0$, $q''(L,t) = 0$, $q'''(L,t) = 0$. Davon sind in einem gemischten 3-gliedrigen Ritz-Ansatz nur die beiden erstgenannten, geometrischen oder wesentlichen Randbedingungen zu erfüllen. Gewählt werden die zulässigen Funktionen, vgl. Pfeiffer [37],

$$\hat{\mathbf{z}}^{\top}(x) = \left[(x/L)^2 \quad (x/L)^3 \quad (x/L)^4\right]. \qquad (7.129)$$

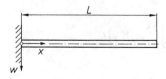

Fig. 178
Kragbalken

Damit folgen aus (7.124), (7.125) die Matrizen

$$\mathbf{M} = \mu L \begin{bmatrix} \frac{1}{5} & \frac{1}{6} & \frac{1}{7} \\ \frac{1}{6} & \frac{1}{7} & \frac{1}{8} \\ \frac{1}{7} & \frac{1}{8} & \frac{1}{9} \end{bmatrix}, \quad \mathbf{K} = \frac{EI}{L^3} \begin{bmatrix} 4 & 6 & 8 \\ 6 & 12 & 18 \\ 8 & 18 & \frac{144}{5} \end{bmatrix}. \tag{7.130}$$

Setzt man (7.130) in (7.128) ein und löst das resultierende Eigenwertproblem, so erhält man Näherungswerte für die Eigenkreisfrequenzen ω_j bzw. die Eigenwerte $\lambda_j = \sqrt[4]{\omega_j^2 \mu L^4/(EI)}$, $j = 1, 2, 3$, die mit den exakten Werten in der Tabelle von Abschnitt 7.2.2 verglichen werden können:

j	Eigenwerte λ_j exakt	Näherung	Fehler in %
1	1,875	1,876	0,05
2	4,694	4,712	0,38
3	7,855	19,261	145

Die auftretenden Fehler sind für $j = 1$ und $j = 2$ gering, für $j = 3$ allerdings sehr hoch. Damit bestätigt sich die Erfahrung, daß die unteren Eigenwerte besser angenähert werden als die höheren. Dies ist bei der Wahl der Ordnung n des Ansatzes zu beachten. Außerdem findet man das allgemeine Ergebnis bestätigt, daß beim Ritz-Verfahren die Eigenwerte stets von oben her angenähert werden, d.h. für die Näherungswerte $\tilde{\lambda}_j$ gilt stets $\tilde{\lambda}_j \geq \lambda_j$.

7.4.1.2 Das Galerkin-Verfahren

Ausgangspunkt des Galerkinschen Verfahrens ist die Differentialgleichung (7.82) oder (7.105) mit den zugehörigen Rand- und Anfangswerten bzw. das Eigenwertproblem (7.87), (7.88). Beide Probleme sollen mit Hilfe des Differentialoperators D durch $D[q(x,t)] = 0$ bzw. $D[q(x)] = 0$ abgekürzt werden. Wir betrachten zunächst das zeitfreie Problem

$$D[q(x)] \equiv -\mu(x)\omega^2 q(x) + K[q(x)] = 0, \quad \mu(x) > 0, \tag{7.131}$$

und wählen den n-gliedrigen Ritz-Ansatz

$$\tilde{q}(x) = \sum_{j=1}^{n} \hat{v}_j(x) y_j = \hat{\mathbf{v}}^\top(x)\mathbf{y}, \quad y_j = \text{const.} \tag{7.132}$$

Darin sind $\hat{v}_j(x)$ Vergleichsfunktionen, die alle Randbedingungen erfüllen und mindestens $2p$-mal stetig differenzierbar sind. Man bildet nun den Fehler $D[\tilde{q}(x)]$, auch Residuum genannt, der entsteht, wenn man den Näherungsansatz (7.132) in (7.131) einsetzt und fordert nun, daß das gewichtete Mittel des Fehlers verschwindet. Je nach Wahl der Gewichtsfunktionen erhält man unterschiedliche Näherungsverfahren. Beim Galerkin-Verfahren wählt man die Ansatzfunktionen $\hat{v}_j(x)$ als Gewichtsfunktionen und bekommt die Galerkinschen Gleichungen:

$$\int\limits_0^L \hat{v}_j(x) D[\tilde{q}(x)] \mathrm{d}x = 0, \qquad j = 1,\ldots,n. \tag{7.133}$$

Für das Eigenwertproblem (7.131) mit symmetrischem (selbstadjungierten) und positiv definiten Operator K der Form (7.90) folgt unter Verwendung von (7.132) explizit

$$\int\limits_0^L \hat{\mathbf{v}}(x) \left\{ -\mu(x)\omega^2 \hat{\mathbf{v}}^\top(x)\mathbf{y} + K[\hat{\mathbf{v}}^\top(x)\mathbf{y}] \right\} \mathrm{d}x = [-\omega^2 \mathbf{M} + \mathbf{K}]\mathbf{y} = \mathbf{0}. \tag{7.134}$$

Darin ergeben sich die Massenmatrix $\mathbf{M} = \mathbf{M}^\top > \mathbf{0}$ und die Steifigkeitsmatrix $\mathbf{K} = \mathbf{K}^\top > \mathbf{0}$ zu

$$\mathbf{M} = \int\limits_0^L \mu(x)\hat{\mathbf{v}}(x)\hat{\mathbf{v}}^\top(x)\mathrm{d}x, \tag{7.135}$$

$$\mathbf{K} = \int\limits_0^L \hat{\mathbf{v}}(x) \sum_{j=0}^p (-1)^j [b_j(x)\hat{\mathbf{v}}^{(j)\top}(x)]^{(j)}\mathrm{d}x. \tag{7.136}$$

Im allgemeinen Fall

$$D[q(x,t)] \equiv \mu(x)\ddot{q}(x,t) + K[q(x,t)] = 0, \qquad \mu(x) > 0, \tag{7.137}$$

wählt man entsprechend den gemischten n-gliedrigen Ritz-Ansatz

$$\tilde{q}(x,t) = \sum_{j=1}^n \hat{v}_j(x)y_j(t) = \hat{\mathbf{v}}^\top(x)\mathbf{y}(t), \tag{7.138}$$

wobei $\hat{v}_j(x)$ wieder Vergleichsfunktionen sind. Die Galerkinschen Gleichungen entsprechen (7.133) mit $\tilde{q} = \tilde{q}(x,t)$. Explizit folgt für (7.137), wobei der Operator K wieder als symmetrisch und positiv definit angenommen wird,

$$\int_0^L \hat{\mathbf{v}}(x) \left\{ \mu(x)\hat{\mathbf{v}}^\top(x)\ddot{\mathbf{y}}(t) + K[\hat{\mathbf{v}}^\top(x)\mathbf{y}(t)] \right\} \mathrm{d}x = \mathbf{M}\ddot{\mathbf{y}}(t) + \mathbf{K}\mathbf{y}(t) = \mathbf{0}, \quad (7.139)$$

darin sind $\mathbf{M}$ und $\mathbf{K}$ identisch mit (7.135) und (7.136). Gleichung (7.139) führt wieder auf das Matrizeneigenwertproblem (7.134). Damit wurde das kontinuierliche unendlichdimensionale Problem näherungsweise auf ein diskretes Problem mit n Freiheitsgraden abgebildet. Im Vergleich zum Ritz-Verfahren ist das Galerkin-Verfahren allgemeiner, weil es sich auch für nicht selbstadjungierte Probleme eignet.

Als Beispiel wird wieder der in Fig. 178 dargestellte Kragbalken betrachtet. Unter Verwendung eines eingliedrigen Ritz-Ansatzes soll die erste Eigenkreisfrequenz bzw. der erste Eigenwert näherungsweise bestimmt werden. Mit dem Operator $K[\tilde{q}(x)] = EI\tilde{q}''''(x)$ folgt aus (7.134)

$$\tilde{\omega}_1^2 = \frac{\int_0^L EI\hat{v}_1(x)\hat{v}_1''''(x)\mathrm{d}x}{\int_0^L \mu\hat{v}_1^2(x)\mathrm{d}x}; \qquad \tilde{\lambda}_1 = \sqrt[4]{\tilde{\omega}_1^2 \frac{\mu L^4}{EI}}. \quad (7.140)$$

Als Vergleichsfunktion $\hat{v}_1(x)$, die alle Randbedingungen erfüllt und hinreichend oft differenzierbar ist, wird die statische Biegelinie des Kragträgers unter konstanter Streckenlast gewählt:

$$\hat{v}_1(x) = \left(\frac{x}{L}\right)^4 - 4\left(\frac{x}{L}\right)^3 + 6\left(\frac{x}{L}\right)^2, \qquad \hat{v}_1''''(x) = 24. \quad (7.141)$$

Damit folgt aus (7.140)

$$\tilde{\omega}_1^2 = \frac{\dfrac{144}{5}\dfrac{EI}{L^3}}{\dfrac{104}{45}\mu L} = \frac{162EI}{13\mu L^4}; \qquad \tilde{\lambda}_1 = \sqrt[4]{\frac{162}{13}} = 1{,}879. \quad (7.142)$$

Der relative Fehler zum exakten Eigenwert $\lambda_1 = 1{,}875$ beträgt nur 0,21 %.

7.4.2   Schrankenverfahren

Zur Abschätzung der Eigenkreisfrequenzen oder Eigenwerte ist es zweckmäßig, Schranken anzugeben. Von besonderem Interesse ist die Abschätzung der kleinsten Eigenkreisfrequenzen. Gelingt es, hierfür obere und untere Schranken zu ermitteln, lassen sich sogar Fehlerabschätzungen durchführen.

7.4.2.1 Der Rayleigh-Quotient   Eine obere Schranke für die kleinste Eigenkreisfrequenz folgt aus dem Rayleigh-Quotienten, den wir bereits bei den diskreten Schwingungssystemen kennengelernt hatten, s. Gl. (6.50). Seine Vorteile zeigen sich jedoch besonders bei Kontinuumsschwingern. Geht man von einem symmetrischen (selbstadjungierten), positiv definiten Eigenwertproblem der Form (7.87), (7.88) aus, so erhält man den Rayleigh-Quotienten $R[\hat{q}]$ nach Gl. (7.92). Bildet man den Rayleigh-Quotienten $R[\hat{v}]$ mit einer Vergleichsfunktion $\hat{v}(x)$, dann ist dieser stets größer oder gleich dem Quadrat der kleinsten Eigenkreisfrequenz, vgl. z.B. Collatz [6]:

$$\omega_1^2 \leq R[\hat{v}] = \frac{\displaystyle\int_0^L K[\hat{v}]\hat{v}\,\mathrm{d}x}{\displaystyle\int_0^L \mu(x)\hat{v}^2\,\mathrm{d}x}. \tag{7.143}$$

Wählt man für $\hat{v}$ die erste Eigenfunktion $\hat{q}_1(x)$, so gilt $\omega_1^2 = R[\hat{y}_1]$. Die erste Eigenfunktion ergibt also einen Minimalwert des Rayleigh-Quotienten. Dieser Wert stimmt mit dem Quadrat der kleinsten Eigenkreisfrequenz überein. Es sei erwähnt, daß sich auch Schranken für die höheren Eigenkreisfrequenzen angeben lassen. Das Quadrat der zweiten Eigenkreisfrequenz ω_2^2 ist beispielsweise der kleinste Wert, den der Rayleigh-Quotient annehmen kann, wenn $\hat{v}(x)$ alle Vergleichsfunktionen durchläuft, die orthogonal zur ersten Eigenfunktion $\hat{q}_1(x)$ sind, vgl. Collatz [6].

Eine obere Schranke der Form (7.143) kann gleichfalls aus Energiebetrachtungen abgeleitet werden. Für ein konservatives Schwingungssystem folgt aus dem Energieerhaltungssatz die Gleichheit von maximaler kinetischer und maximaler potentieller Energie, $(E_k)_\mathrm{max} = (E_p)_\mathrm{max}$, wie wir bereits früher gesehen hatten. Berechnet man die kinetische Energie (7.124) unter Verwendung des Separationsansatzes $q(x,t) = \hat{q}(x)\sin\omega t$ mit einer harmonischen Zeitfunktion, so erhält man

$$E_k = \frac{1}{2} \int\limits_0^L \mu(x)\dot{q}^2(x,t)\mathrm{d}x = \frac{1}{2} \int\limits_0^L \mu(x)\hat{q}^2(x)\mathrm{d}x\,\omega^2\cos^2\omega t, \qquad (7.144)$$

$$(E_k)_{\max} = \omega^2 E_k^* \quad \text{mit} \quad E_k^*(\hat{q}) = \frac{1}{2} \int\limits_0^L \mu(x)\hat{q}^2(x)\mathrm{d}x. \qquad (7.145)$$

Darin bezeichnet man E_k^* als bezogene kinetische Energie. Analog folgt für die potentielle Energie ausgehend von (7.126)

$$E_p = \frac{1}{2} \int\limits_0^L \sum_{j=0}^p b_j(x)q^{(j)2}(x,t)\mathrm{d}x = \frac{1}{2} \int\limits_0^L \sum_{j=0}^p b_j(x)\hat{q}^{(j)2}(x)\mathrm{d}x\sin^2\omega t, \qquad (7.146)$$

$$(E_p)_{\max} = \frac{1}{2} \int\limits_0^L \sum_{j=0}^p b_j(x)\hat{q}^{(j)2}(x)\mathrm{d}x. \qquad (7.147)$$

Setzt man nun $(E_k)_{\max} = (E_p)_{\max}$, so erhält man

$$\omega^2 = \frac{(E_p)_{\max}}{E_k^*} = \frac{\int\limits_0^L \sum\limits_{j=0}^p b_j(x)\hat{q}^{(j)2}(x)\mathrm{d}x}{\int\limits_0^L \mu(x)\hat{q}^2(x)\mathrm{d}x} = R[\hat{q}]. \qquad (7.148)$$

Der so gebildete Rayleigh-Quotient $R[\hat{q}]$ stimmt für symmetrische (selbstadjungierte) und positiv definite Eigenwertprobleme, bei denen der Eigenwert nicht in den Randbedingungen vorkommt, mit dem auf andere Weise gebildeten Rayleigh-Quotienten (7.92) überein, s. Collatz [6]. Nach dem Rayleighschen Prinzip stellt der Rayleigh-Quotient (7.148) eine obere Schranke für das Quadrat der kleinsten Eigenkreisfrequenz dar, wenn für $\hat{q}(x)$ eine geschätzte, aber mögliche, d.h. mit den Randbedingungen verträgliche Schwingungsform eingesetzt wird. Von den Differenzierbarkeitsanforderungen her gesehen genügen zulässige Funktionen $\hat{z}(x)$ als Schwingungsformen. Damit folgt

$$\omega_1^2 \le R[\hat{z}] = \frac{(E_p(\hat{z}))_{\max}}{E_k^*(\hat{z})} = \frac{\frac{1}{2}\int\limits_0^L \sum\limits_{j=0}^p b_j(x)\hat{z}^{(j)2}(x)\mathrm{d}x}{\frac{1}{2}\int\limits_0^L \mu(x)\hat{z}^2(x)\mathrm{d}x}. \qquad (7.149)$$

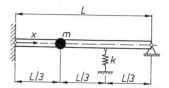

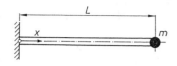

Fig. 179 Balken mit Zusatzmasse und Zu-   Fig. 180 Kragbalken mit Endmasse
satzfeder

Bessere Ergebnisse lassen sich erzielen, wenn man anstelle von $\hat{z}(x)$ eine Vergleichsfunktion $\hat{v}(x)$ einsetzt. Gleichung (7.149) stimmt mit den Ergebnissen des in Abschnitt 7.4.1.1 dargestellten Ritzschen Verfahrens überein, wenn man dort einen eingliedrigen Ansatz verwendet. Mit Hilfe des Rayleigh-Quotienten lassen sich die Wirkungen von Zusatzmassen und -federn bei Kontinuumsschwingern leicht erfassen. Fig. 179 zeigt einen Balken (Länge L, Biegesteifigkeit $EI(x)$, Massenbelegung $\mu(x) = \varrho A(x)$) mit einer Zusatzfeder (Federkonstante k) und einer Zusatzmasse (Masse m). Der zugehörige Rayleigh-Quotient für Querschwingungen lautet

$$\omega_1^2 \leq R[\hat{q}] = \frac{(E_p(\hat{q}))_{\max}}{E_k^*(\hat{q})} = \frac{\frac{1}{2}\int\limits_0^L EI(x)\hat{q}''^2(x)\mathrm{d}x + \frac{1}{2}k\hat{q}^2(x = \frac{2}{3}L)}{\frac{1}{2}\int\limits_0^L \mu(x)\hat{q}^2(x)\mathrm{d}x + \frac{1}{2}m\hat{q}^2(x = \frac{1}{3}L)}. \qquad (7.150)$$

Als Beispiel wird ein Kragbalken (Länge L, Biegesteifigkeit $EI = $ const, Massenbelegung $\mu = \varrho A = $ const) mit einer Punktmasse (Masse $m = \alpha\mu L$) am Balkenende betrachtet, vgl. Fig. 180. Für die kleinste Eigenkreisfrequenz ω_1 der Biegeschwingungen läßt sich durch den Rayleigh-Quotienten eine obere Schranke gewinnen. Als Schwingungsform wird die bereits früher verwendete Vergleichsfunktion $\hat{v}_1(x)$ aus (7.141) in (7.150) eingesetzt. Damit folgt

$$\omega_1^2 \leq R[\hat{v}_1] = \frac{\frac{1}{2}\int\limits_0^L EI\hat{v}_1''^2(x)\mathrm{d}x}{\frac{1}{2}\int\limits_0^L \mu\hat{v}_1^2(x)\mathrm{d}x + \frac{1}{2}m\hat{v}_1^2(x = L)} \qquad (7.151)$$

$$= \frac{\frac{144}{5}\frac{EI}{L^3}}{\frac{104}{45}\mu L + 9m} = \frac{1296}{104 + 405\alpha}\frac{EI}{\mu L^4}.$$

Für $\alpha = m/(\mu L) = 0{,}1$ erhält man $\omega_1^2 \leq 8{,}97\dfrac{EI}{\mu L^4}$.

Als weiteres Beispiel soll der Rayleigh-Quotient für die Biegeschwingungen des in Fig. 181 dargestellten Kragbalkens (Länge L, Biegesteifigkeit $EI = $ const, Massenbelegung $\mu = \varrho A = $ const) mit Längskraft F am Balkenende berechnet werden. Aus der Differentialgleichung (7.65) folgt mit

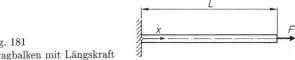

Fig. 181
Kragbalken mit Längskraft

$N(x) = F$ unter Beachtung von (7.126) und (7.148) der Rayleigh-Quotient und damit eine obere Schranke für die kleinste Eigenkreisfrequenz. Verwendet man wieder die Vergleichsfunktion $\hat{v}_1(x)$ aus (7.141) als Näherung für die Schwingungsform so ergibt sich

$$\omega_1^2 \leq R[\hat{v}_1] = \frac{\frac{1}{2} \int\limits_0^L [EI\hat{v}_1''^2(x) + F\hat{v}_1'^2(x)]\,\mathrm{d}x}{\frac{1}{2} \int\limits_0^L \mu \hat{v}_1^2(x)\,\mathrm{d}x} = 12{,}46\frac{EI}{\mu L^4} + 4{,}45\frac{F}{\mu L^2}. \quad (7.152)$$

7.4.2.2 Die Formeln von Southwell und Dunkerley

Eine untere Schranke für die kleinste Eigenkreisfrequenz ergibt sich aus den Formeln von Southwell und Dunkerley, vgl. Collatz [6]. Sie gelten für Kontinuumsschwinger, die aus n Teilsystemen zusammengesetzt sind, wobei jedes Teilsystem durch ein symmetrisches (selbstadjungiertes) und positiv definites Eigenwertproblem gekennzeichnet ist. Die Formel von Southwell findet Anwendung, wenn sich in einem Schwingungssystem die Steifigkeiten, d.h. die Träger der potentiellen Energie, in zwei oder mehr Anteile aufspalten lassen, so daß sich bei Beibehaltung der Massenverteilung die gesamte potentielle Energie als Summe von zwei oder mehr Teilenergien darstellen läßt. Sind die kleinsten Eigenkreisfrequenzen ω_{I}, ω_{II}, ... der entsprechenden Teilsysteme exakt bekannt, so erhält man eine untere Schranke für die kleinste Eigenkreisfrequenz ω_1 des Gesamtsystems durch

$$\omega_1^2 \geq S = \omega_{\mathrm{I}}^2 + \omega_{\mathrm{II}}^2 + \ldots = \sum_{i=\mathrm{I}}^n \omega_i^2. \quad (7.153)$$

Als Beispiel werden die Biegeschwingungen des in Fig. 181 dargestellten Kragbalkens mit Längskraft betrachtet. Die Rückstellwirkungen ergeben sich zum einen aus der Biegesteifigkeit EI des Balkens und zum andern aus der Längskraft F. Die beiden entsprechenden potentiellen Energien lassen

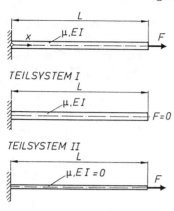

TEILSYSTEM I

TEILSYSTEM II

Fig. 182
Teilsysteme für einen Kragbalken mit Längskraft

sich unter Beibehaltung der Massenverteilung in zwei Teilsystemen getrennt erfassen, vgl. Fig. 182. Das Teilsystem I entspricht einem Balken (Länge L, μ = const, EI = const $\neq 0$) ohne Endkraft ($F = 0$), während das Teilsystem II aus einem Seil (Länge L, μ = const, $EI = 0$) mit der Vorspannkraft F = const $\neq 0$ besteht. Die zugehörigen exakten kleinsten Eigenkreisfrequenzen ergeben sich aus der Tabelle in Abschnitt 7.2.2 bzw. Abschnitt 7.1.2 zu $\omega_I = 3{,}516\sqrt{EI/(\mu L^4)}$ und $\omega_{II} = \pi c/(2L)$, $c = \sqrt{F/\mu}$. Damit erhält man aus (7.153) eine untere Schranke für die kleinste Eigenkreisfreqenz ω_1 des Gesamtsystems

$$\omega_1^2 \geq \omega_I^2 + \omega_{II}^2 = 12{,}36\frac{EI}{\mu L^4} + 2{,}47\frac{F}{\mu L^2}. \tag{7.154}$$

Zusammen mit der oberen Schranke (7.152) läßt sich damit ω_1^2 wie folgt abschätzen:

$$12{,}36\frac{EI}{\mu L^4} + 2{,}47\frac{F}{\mu L^2} \leq \omega_1^2 \leq 12{,}46\frac{EI}{\mu L^4} + 4{,}45\frac{F}{\mu L^2}. \tag{7.155}$$

Die Formel von Dunkerley ist in gewisser Weise komplementär zur Formel von Southwell. Sie findet Anwendung, wenn sich in einem Schwingungssystem die Massen, d.h. die Träger der kinetischen Energie, in zwei oder mehr Anteile zerlegen lassen, so daß sich bei Beibehaltung der Steifigkeiten die gesamte kinetische Energie als Summe von zwei oder mehr Teilenergien darstellen läßt. Sind die kleinsten Eigenkreisfrequenzen ω_I, ω_{II}, ... der entsprechenden Teilsysteme exakt bekannt, so ergibt sich eine untere Schranke für die kleinste Eigenkreisfrequenz ω_1 des Gesamtsystems durch

$$\omega_1^2 \geq \frac{1}{D} \quad \text{oder} \quad \frac{1}{\omega_1^2} \leq D = \frac{1}{\omega_I^2} + \frac{1}{\omega_{II}^2} + \ldots = \sum_{i=I}^{n} \frac{1}{\omega_i^2}. \tag{7.156}$$

Als Beispiel sollen die Biegeschwingungen des in Fig. 180 dargestellten Krag-balkens mit Endmasse betrachtet werden, für deren Eigenkreisfrequenzen bereits in (7.151) eine obere Schranke gefunden wurde. Die Träger der ki-netischen Energie sind die verteilte Balkenmasse und die konzentrierte Ein-zelmasse am Balkenende. Sie lassen sich unter Beibehaltung der verteilten Biegesteifigkeit EI in zwei Teilsystemen getrennt erfassen, vgl. Fig. 183. Das Teilsystem I entspricht einem Balken (Länge L, EI = const, μ = const $\neq 0$) ohne Endmasse ($m = 0$). Das Teilsystem II wird durch eine masselose Feder (Länge L, EI = const, $\mu = 0$) mit Endmasse m gebildet. Die zugehörigen exakten kleinsten Eigenkreisfrequenzen sind $\omega_{\mathrm{I}} = 3{,}516\sqrt{EI/(\mu L^4)}$ und $\omega_{\mathrm{II}} = \sqrt{c/m}$, $c = 3EI/L^3$. Damit folgt aus (7.156) mit $m = \alpha\mu L$ eine untere Schranke für die Eigenkreisfrequenz ω_1 des Gesamtsystems

$$\omega_1^2 \geq \frac{1}{D}, \qquad D = \frac{1}{\omega_{\mathrm{I}}^2} + \frac{1}{\omega_{\mathrm{II}}^2} = \frac{\mu L^4}{12{,}36 EI} + \frac{\alpha\mu L^4}{3EI}. \qquad (7.157)$$

Für $\alpha = m/(\mu L) = 0{,}1$ ergibt sich $\omega_1^2 \geq 8{,}75 EI/(\mu L^4)$.

Zusammen mit der oberen Schranke (7.151) läßt sich damit ω_1^2 wie folgt einschranken:

$$8{,}75\,\frac{EI}{\mu L^4} \leq \omega_1^2 \leq 8{,}97\,\frac{EI}{\mu L^4}. \qquad (7.158)$$

Man erkennt, daß der maximale relative Fehler für ω_1 bei 1,35 % liegt, ein Ergebnis, das für technische Zwecke ausreichend genau ist.

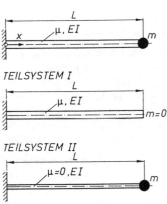

Fig. 183
Teilsysteme für einen Kragbalken mit Endmasse

7.5   Aufgaben

60. Eine Saite (Länge L, Masse m, Vorspannkraft S) führt freie Schwingungen aus. Messungen zeigen, daß sich bei $x = L/3$ ein Schwingungsknoten befindet. Erhöht man die Vorspannkraft der Saite auf den Wert $S^* = 2,25S$, so ist bei einer Schwingung mit gleicher Eigenkreisfrequenz ω nur ein Schwingungsknoten bei $x = L/2$ feststellbar. Wie groß ist die Zahl n der Schwingungsknoten im ersten Fall? Wie groß ist die Eigenkreisfrequenz ω^2?

61. Eine zylindrische Schraubenfeder (Masse m, Länge L, Federkonstante k) kann als kontinuierlich mit Masse belegtes System Längsschwingungen ausführen. Die Feder sei an einem Ende fest eingespannt und am anderen Ende frei. Man berechne die Eigenkreisfrequenzen der Feder, indem man sie als einen in Längsrichtung schwingenden Stab betrachtet.

62. Eine homogene Welle (Masse m, Länge L, Radius r, Schubmodul G) ist frei-frei gelagert. Man gebe die Eigenkreisfrequenzen der ersten drei Torsionseigenschwingungen an. Wo liegen die Schwingungsknoten?

63. Ein einseitig eingespannter prismatischer Stab (Länge L, Dichte ϱ, Elastizitätsmodul E) hat einen Rechteckquerschnitt mit der Höhe h und der Breite b. Der Stab führt Biegeschwingungen in der z w e i t e n Eigenform aus. Mit welcher Frequenz f_2 schwingt er? Welchen Wert $h = h^*$ muß die Höhe annehmen, damit die Frequenz f_2 das ν-fache ($0 < \nu < 1$) der niedrigsten Frequenz der Longitudinalschwingungen des Stabes beträgt?

64. Eine Rakete (Länge L, Masse m, Biegesteifigkeit EI) kann bezüglich möglicher Biegeschwingungen als ein schlanker Balken aufgefaßt werden. Für eine Überschlagsrechnung genügt es, die Massenverteilung sowie die Biegesteifigkeit als konstant anzusehen. Wie groß sind die erste und zweite Eigenkreisfrequenz der Rakete im antriebslosen Flug?

65. Ein beidseitig gelenkig gelagerter Balken mit Kreisquerschnitt (Durchmesser d, Länge L, Dichte ϱ, Elastizitätsmodul E) wird durch eine mittig angreifende Kraft F belastet. Ein Feder-Masse-System (Federkonstante k, Masse m) soll als Ersatzsystem für den Balken dienen. Wie müssen die Masse m und die Federkonstante k des Ersatzsystems gewählt werden, damit es die gleichen statischen Eigenschaften wie der Balken hat und die Eigenfrequenz des Ersatzsystems gleich der ersten Biegeeigenfrequenz des Balkens ist?

66. Ein beidseitig gelenkig gelagerter Balken (Länge L, Biegesteifigkeit $EI =$ const, Massenbelegung $\mu =$ const) wird durch die konstante Druckkraft F in Längsrichtung belastet. Mit Hilfe des Galerkin-Verfahrens berechne man einen Näherungswert $\tilde{\omega}_1$ für die erste Eigenkreisfrequenz der Biegeschwingungen. Als Vergleichsfunktion $\hat{v}_1(x)$ verwende man die statische Biegelinie des Balkens unter Eigengewicht. Man vergleiche das Ergebnis mit der exakten Lösung. Wie groß ist der relative Fehler $\Delta\omega_1$ im Fall $F = 0$? Welcher relative Fehler ΔF_1 ergibt sich für die kritische Knicklast nach dem kinetischen Stabilitätskriterium bei Verwendung der Näherung?

67. Am Ende eines einseitig eingespannten homogenen Stabes mit Quadratquerschnitt (Seitenlänge b, Länge L, Dichte ϱ, Elastizitätsmodul E) ist eine Kugel (Masse $m = \varrho b^2 L$) angebracht. Für die erste Eigenkreisfrequenz ω_1 der Longitudinalschwingung berechne man a) eine untere Schranke und b) eine obere Schranke unter Verwendung einer Vergleichsfunktion $\hat{v}_1(x)$ in Polynomform.

68. Ein homogener zylindrischer Torsionsstab (Durchmesser d, Länge $L = 10d$, Masse m, Gleitmodul G) ist einseitig eingespannt und trägt an seinem freien Ende ein starres Zahnrad 1 (Zähnezahl $z_1 = 10$, Massenträgheitsmoment $J_1 = 0{,}01md^2$), welches mit zwei anderen starren Zahnrädern 2 (jeweils: Zähnezahl $z_2 = 20$, Massenträgheitsmoment $J_2 = 0{,}02md^2$) spielfrei im Eingriff steht. Alle Reibungseinflüsse sollen vernachlässigt werden. Für die erste Eigenkreisfrequenz ω_1 der Drehschwingungen des Systems berechne man a) eine untere Schranke und b) eine obere Schranke unter Verwendung einer trigonometrischen Vergleichsfunktion $\hat{\varphi}_1(x)$.

8 Chaotische Bewegungen

Unter chaotischen Bewegungen versteht man andauernde, irregulär oszillierende Schwankungen von Zustandsgrößen in deterministischen Systemen mit starker Empfindlichkeit gegenüber Änderungen der Anfangsbedingungen. Man kann sie den deterministischen nichtperiodischen, nichttransienten Schwingungen zuordnen. Wegen der hohen Empfindlichkeit gegenüber kleinsten Änderungen in den Anfangsbedingungen läßt sich der zeitliche Verlauf derartiger Bewegungen nicht mehr vorhersagen, obwohl die zugrunde liegenden Systeme deterministischer Natur sind. Der Zeitverlauf ähnelt einem Einschwingvorgang mit unendlich langer Dauer oder auch dem Verlauf stochastischer Schwingungen.

Chaotische Bewegungen können in vergleichsweise einfachen nichtlinearen Systemen auftreten. Bereits ein nichtlineares System 3. Ordnung kann sich chaotisch verhalten. Demnach genügt ein nichtlinearer Schwinger mit einem Freiheitsgrad und expliziter Zeitabhängigkeit, wie sie durch eine Parametererregung oder eine Fremderregung gegeben ist, um chaotische Bewegungen zu bekommen. Wenn man anstelle der zeitkontinuierlichen auf eine zeitdiskrete Beschreibung übergeht, führt bereits eine nichtlineare eindimensionale Differenzengleichung oder eindimensionale Abbildung auf chaotisches Verhalten, wie in Kap. 8.1 gezeigt wird. Freilich tritt chaotisches Verhalten nur bei bestimmten Systemparametern auf, die im allgemeinen nicht von vornherein bekannt sind. Deshalb geht die Untersuchung chaotischer Bewegungen mit numerischen oder experimentellen Parameterstudien einher. Dabei sind Indikatoren zum Erkennen chaotischer Bewegungen erforderlich. Häufig zeigt das Verhalten der Systemantwort bei Änderung einzelner Parameter charakteristische Wege ins Chaos auf.

Über deterministisches Chaos gibt es eine reichhaltige Fachliteratur, vgl. Guckenheimer, Holmes [13], Moon [31], Thompson, Stewart [50], Kunick, Steeb [23], Leven, Koch, Pompe [25], Kreuzer [22], Beletsky [4]. Mit den folgenden Ausführungen soll exemplarisch ein Einblick in das Phänomen Chaos gegeben werden. Wir beschränken uns dabei auf diejenigen nichtlinearen Schwinger, die aus bisherigen Betrachtungen bereits bekannt sind. Zunächst sollen zeitdiskrete und anschließend zeitkontinuierliche Systeme untersucht werden.

8.1 Zeitdiskrete Systeme

Einfache zeitdiskrete Systeme lassen sich in der Form

$$x_{n+1} = f(x_n, \mu) \tag{8.1}$$

darstellen. Dabei kennzeichnen f eine im allgemeinen nichtlineare Funktion, μ einen Parameter und $x_n = x(t_n)$ die abhängige Variable zu festen Zeitpunkten t_n, die das n-fache eines konstanten Zeitinkrements Δt bilden: $t_n = n\Delta t$, $\Delta t = \text{const}$, $n = 0, 1, 2, \ldots$. Mit Hilfe von (8.1) wird ein Wert x_n auf x_{n+1} abgebildet, (8.1) heißt deshalb diskrete Abbildung oder Punkt-Abbildung. Ausgehend von einem Anfangswert x_0 läßt sich die Entwicklung der abhängigen Variablen durch rekursive Anwendung von (8.1) verfolgen. Dies soll an einem einfachen und besonders instruktiven Beispiel gezeigt werden.

8.1.1 Die logistische Abbildung

Betrachtet man das Wachstum einer Population y in der Zeit Δt, so läßt sich dafür der einleuchtende Ansatz $\Delta y \approx ky\Delta t$ angeben, wobei $k > 0$ die Wachstumsrate ist. Bildet man den Grenzübergang $\Delta t \to 0$, so erhält man die zeitkontinuierliche Darstellung $\dot{y} = ky$, die mit der Anfangsbedingung $y(t = 0) = y_0$ auf das exponentielle Wachstumsgesetz $y(t) = y_0 \exp(kt)$ führt. Ein Beispiel dazu: Im Jahr 1987 betrug die Weltbevölkerung 5 Mrd. Menschen und die Wachstumsrate $k = 0{,}019/\text{Jahr}$; im Jahr $1987 + T$ beträgt die Weltbevölkerung bei exponentiellem Wachstum $y(T) = 5 \cdot 10^9 \exp(0{,}019 \cdot T)$. Daraus folgt eine Verdopplung der Weltbevölkerung nach $T = 36{,}5$ Jahren!

Nimmt man an, daß die Wachstumsrate nicht konstant ist, sondern mit zunehmender Population abnimmt bis sie bei maximaler Population y_{max} verschwindet, $k = \alpha(y_{\text{max}} - y)$, so erhält man die logistische Wachstumsgleichung $\dot{y} = \alpha(y_{\text{max}} - y)y$. Eine Differentialgleichung dieses Typs hatten wir bereits in Abschnitt 3.2.4 kennengelernt. Normiert man diese Beziehung, so folgt mit $z = y/y_{\text{max}}$, $\beta = \alpha y_{\text{max}}$

$$\dot{z} = \beta z(1 - z). \tag{8.2}$$

Geht man unter Verwendung von $\dot{z} \approx \Delta z / \Delta t = (z_{n+1} - z_n)/\Delta t$, $\Delta t = 1$, zur entsprechenden Differenzengleichung über, so ergibt sich

$$z_{n+1} = (\beta + 1)z_n - \beta z_n^2. \tag{8.3}$$

Mit der Transformation $z_n = x_n(\beta + 1)/\beta$ und $\mu = \beta + 1$ folgt schließlich die **logistische Abbildung**

$$x_{n+1} = \mu x_n(1 - x_n) = f(x_n, \mu). \tag{8.4}$$

Fig. 184 zeigt den Graph der Abbildung (8.4) in der x_{n+1}, x_n-Ebene. Es liegt eine quadratische Parabel mit Nullstellen bei $x_n = 0$ und $x_n = 1$ sowie einem Maximum bei $x_n = 1/2$, $x_{n+1} = \mu/4$ vor. Für Parameterwerte $0 < \mu \leq 4$ stellt (8.4) eine Abbildung des x_n-Intervalls $[0,1]$ auf das x_{n+1}-Intervall $[0,1]$ dar. Beginnt man mit x_0 im Inneren des Abszissen-Intervalls, so läßt sich die durch (8.4) festgelegte Folge $x_1, x_2, x_3, \ldots$ in einfacher Weise berechnen und auf graphischem Wege veranschaulichen: Das Lot in x_0 schneidet die Parabel im Ordinatenwert x_1. Die horizontale Projektion von x_1 schneidet die Diagonale $x_{n+1} = x_n$ in einem neuen Abszissenwert, dessen Lot die Parabel im Ordinatenwert x_2 schneidet, usw. Die jeweiligen

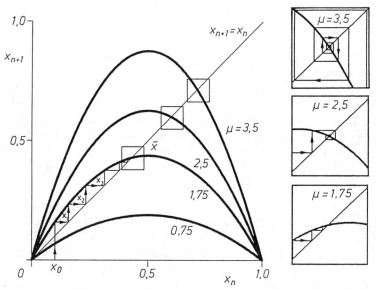

Fig. 184 Graph der logistischen Abbildung $x_{n+1} = \mu x_n(1 - x_n)$ und Konvergenzverhalten abhängig von μ

Schnittpunkte mit der Parabel kennzeichnen die Folge $x_1, x_2, x_3, \ldots$ der Iterationswerte. Diese diskrete Punktfolge wird auch **Trajektorie** oder **Orbit** genannt. Ein **Fixpunkt** $\bar{x}$ der Iteration ist erreicht, wenn $x_{n+1} = x_n = \bar{x}$ gilt. Graphisch ist $\bar{x}$ durch den Schnittpunkt der Diagonale mit der Parabel gegeben. Wichtig ist die **Stabilität** des Fixpunktes. Sie läßt sich wie folgt durch die Steigung $f'(\bar{x})$ der Parabel im Fixpunkt kennzeichnen:

– Wenn $|f'(\bar{x})| < 1$ gilt, ist der Fixpunkt stabil; die Iteration konvergiert, d.h. sie läuft auf den Fixpunkt zu und kommt dort zum Stillstand, vgl. Fig. 184, $\mu = 1{,}75$ oder $\mu = 2{,}5$. Ein stabiler Fixpunkt zieht gewissermaßen die Trajektorie an, man nennt ihn deshalb auch **Attraktor**.

– Wenn $|f'(\bar{x})| > 1$ gilt, ist der Fixpunkt instabil, die Iteration kommt nicht zum Stillstand, d.h. sie divergiert, vgl. Fig. 184, $\mu = 3{,}5$. Ein instabiler Fixpunkt stößt die Trajektorie ab.

Für bestimmte Parameter μ können periodische Lösungen auftreten. Aus (8.4) folgt allgemein $x_{n+2} = f(x_{n+1}) = f(f(x_n)) = f^{(2)}(x_n)$. Man nennt die zweimalige Anwendung der Abbildung auch zweite Iterierte $f^{(2)}(x_n)$. Sie ist in Fig. 185 für $\mu = 3{,}3$ zusammen mit der ersten Iterierten aufgetragen. Eine p-**periodische Lösung** ist allgemein durch die **Fixpunkte der** p-**ten Iterierten**

$$x_{n+p} = f^{(p)}(x_n) = x_n \qquad (8.5)$$

gegeben. Die Stabilität dieser Fixpunkte wird wie im oben beschriebenen Fall $p = 1$ anhand der Steigung der Iterierten in den Fixpunkten beurteilt. Für die logistische Abbildung ergibt sich abhängig vom Parameter μ für große Werte n das in Fig. 185 gezeigte und in nachstehender Tabelle beschriebene Verhalten (vgl. hierzu [25]).

Parameterwert	Lösungsverhalten
$0 < \mu \leq 1$	$\bar{x} = 0$ stabil
$1 < \mu \leq 3$	$\bar{x} = 0$ instabil
	Lösung $p = 1$ mit $\bar{x} = 1 - \dfrac{1}{\mu}$ stabil
$3 < \mu \leq 3{,}5699$	Lösung $p = 2^{k-1}$ instabil $k = 1, 2, 3, \ldots$
	Lösung $p = 2^k$ stabil
$\mu > 3{,}5699$	Lösung im allg. chaotisch

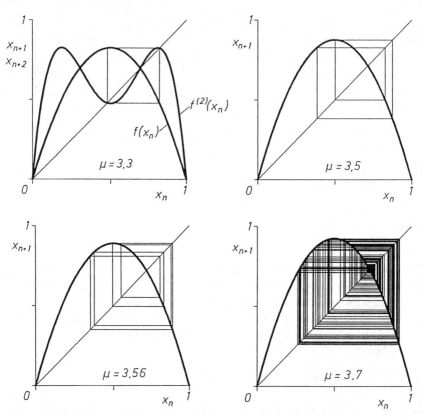

Fig. 185 Verhalten der logistischen Abbildung $x_{n+1} = \mu x_n(1 - x_n)$ für $n > 100$ und verschiedene Werte von μ

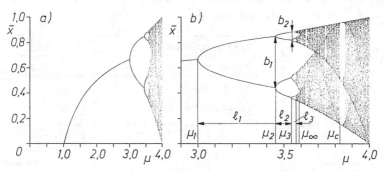

Fig. 186 Verzweigungsdiagramm für die logistische Abbildung

Die möglichen Lösungen sind in Abhängigkeit von μ in Fig. 186 aufgetragen. Man nennt diese Darstellung Verzweigungs- oder Bifurkationsdiagramm. Bei Erhöhung von μ über $\mu = 3$ hinaus wird die 1-periodische Lösung instabil und verzweigt sich zu einer stabilen 2-periodischen Lösung. Bei weiterer Erhöhung von μ verzweigt sich das System in immer rascherer Folge zu 2^k-periodischen stabilen Lösungen, wobei die jeweils vorangehenden Lösungen instabil werden. Für $\mu > 3,5699$ treten keine stabilen 2^k-periodischen Lösungen auf. Man befindet sich jetzt im chaotischen Bereich, in dem sogenannte metastabile Lösungen oder periodische Fenster auftreten können. Für $\mu = 3,84$ ergibt sich beispielsweise eine stabile 3-periodische Lösung, vgl. Fig. 186b. Für die logistische Abbildung lassen sich die Verzweigungspunkte explizit berechnen, vgl. [25].

Bei Erhöhung von μ im Bereich $3 \leq \mu \leq 3,5699$ tritt eine Kaskade von Verzweigungen auf, deren jede zu einer Verdoppelung der Periodenzahl in den Lösungen führt. Diese Periodenverdoppelung im Verzweigungsverhalten ist ein typischer Weg zum Chaos, den man in vielen Anwendungsbeispielen findet. Der Grund dafür liegt in der Universalität dieses Phänomens. Betrachtet man die Folge $\mu_1, \mu_2, \ldots, \mu_\infty$ der Verzweigungspunkte, so nimmt die Länge l_k der zwischen ihnen liegenden Parameterintervalle, in denen 2^k-periodische Lösungen auftreten, rasch ab. Jedes Folgeintervall ist um den Faktor $1/\delta$ kleiner als das vorherige, wobei

$$\delta = \lim_{k \to \infty} \frac{l_{k-1}}{l_k} = \lim_{k \to \infty} \frac{\mu_k - \mu_{k-1}}{\mu_{k+1} - \mu_k} = 4,6692 \qquad (8.6)$$

gilt. Dieser Zahlenwert δ wurde von Grossmann und Thomas 1977 angegeben. Feigenbaum [9] sowie Coullet und Tresser wiesen 1978 die Universalität von δ für diskrete dynamische Systeme nach. Die Zahl δ wird seither als Feigenbaumkonstante bezeichnet. Mit Hilfe der Größen δ, μ_1 und l_1 läßt sich ein Näherungswert $\tilde{\mu}_\infty$ für die Grenze zum chaotischen Bereich finden:

$$\tilde{\mu}_\infty - \mu_1 = \sum_{j=1}^{\infty} l_k = l_1 + l_1 \frac{1}{\delta} + l_1 \left(\frac{1}{\delta}\right)^2 + l_1 \left(\frac{1}{\delta}\right)^3 + \cdots = l_1 \frac{\delta}{\delta - 1},$$

$$\tilde{\mu}_\infty = \mu_1 + 1,2725\, l_1. \qquad (8.7)$$

Angewendet auf die logistische Abbildung mit $\mu_1 = 3$, $l_1 = \sqrt{6} - 2$ folgt $\tilde{\mu}_\infty = 3,5720$, also eine sehr gute Näherung für den exakten Wert $\mu_\infty = 3,5699$.

Ähnlich wie die Intervallängen l_k bilden auch die Breiten b_k der Amplitudengabelungen eine geometrische Folge mit

$$\alpha = \lim_{k \to \infty} \frac{b_{k-1}}{b_k} = 2{,}5029, \tag{8.8}$$

wobei α ebenfalls eine universelle Konstante ist.

Einen weiteren universellen Weg ins Chaos weist die sogenannte Intermittenz. Dieses Phänomen finden wir bei der logistischen Abbildung beispielsweise im Fenster mit der 3-periodischen Lösung für μ-Werte geringfügig kleiner als der kritische Wert $\mu_c = 1 + \sqrt{8} \approx 3{,}8284$, vgl. Fig. 186. Die 3-periodische Lösung folgt aus den Fixpunkten der dritten Iterierten $f^{(3)}(x_n)$, die in Fig. 187 dargestellt ist. Für μ-Werte geringfügig größer als μ_c ergeben sich drei stabile Fixpunkte. Verkleinert man den μ-Wert, so berührt die dritte Iterierte die Diagonale für $\mu = \mu_c$, wobei stabile und instabile Fixpunkte zusammenfallen (Sattelpunkt- oder Tangentenverzweigung). Bei weiterer Verkleinerung von μ, $\mu \lesssim \mu_c$, bildet sich ein schmaler Kanal zwischen der dritten Iterierten und der Diagonale aus, in dem die Iterationsfolge

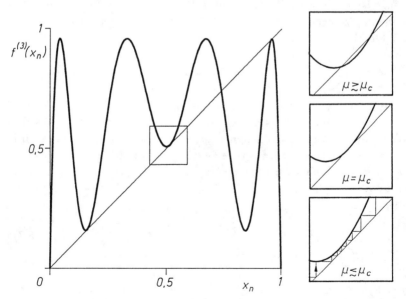

Fig. 187 Veranschaulichung der Entstehung der Intermittenz anhand der logistischen Abbildung für $\mu \approx \mu_c = 3{,}8284$

verweilt und sich die Lösungen nur wenig ändern. Verläßt die Iterationsfolge den Kanal, so treten große Schwankungen der Lösungswerte auf, bis die Iterationsfolge erneut in den Kanal einmündet. Das Lösungsverhalten in Abhängigkeit der Zahl n der Iterationen weist reguläre (laminare) Phasen auf, die von irregulären Ausbrüchen (bursts) unterbrochen werden, vgl. dazu auch Fig. 208d.

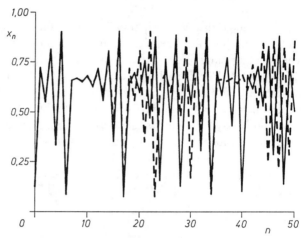

Fig. 188 Iterationsfolgen der logistischen Abbildung für $\mu = 3{,}7$ bei geringfügig verschiedenen Anfangswerten: $x_0 = 0{,}3000$ ——— , $x_0 = 0{,}3001$ - - - - -

Die starke Empfindlichkeit der chaotischen Lösungen gegenüber Änderungen der Anfangsbedingungen zeigt Fig. 188 anhand von zwei Iterationsfolgen mit geringfügig unterschiedlichen Anfangswerten.

Ein Maß für die exponentielle Konvergenz oder Divergenz benachbarter Lösungen bilden die Ljapunov-Exponenten. Sie sind verallgemeinerte Stabilitätsmaße und charakterisieren das mittlere asymptotische Lösungsverhalten. Im Fall eindimensionaler Punktabbildungen $x_{n+1} = f(x_n)$ existiert ein Ljapunov-Exponent Λ, der sich aus dem Mittelwert der Steigungen in den Punkten einer Iterationsfolge oder Trajektorie ergibt,

$$\Lambda = \lim_{N \to \infty} \frac{1}{N} \sum_{n=0}^{N} \ln |f'(x_n)|. \tag{8.9}$$

Wie wir bereits gesehen haben, gilt für stabile Fixpunkte oder allgemein für stabile p-periodische Lösungen $|f'(x_n)| < 1$. Damit folgt aus (8.9) unmittelbar $\Lambda < 0$. Umgekehrt folgt aus $\Lambda > 0$, daß die Iterationsfolge im Mittel divergiert, d.h. sie verhält sich chaotisch. Anhand des Ljapunov-Exponenten sind deshalb die folgenden Aussagen möglich:

$\Lambda < 0$, die Trajektorie ist stabil und periodisch,

$\Lambda = 0$, die Trajektorie ist grenzstabil,

$\Lambda > 0$, die Trajektorie ist chaotisch.

Fig. 189 zeigt das Verzweigungsdiagramm für die logistische Abbildung und den zugehörigen Verlauf des Ljapunov-Exponenten in Abhängigkeit des Verzweigungsparameters μ. Beide Diagramme lassen sich einander eindeutig zuordnen. Für periodische Lösungen gilt $\Lambda < 0$, während chaotische Lösungen durch $\Lambda > 0$ gekennzeichnet sind. Für die Verzweigungspunkte μ_k gilt $\Lambda = \Lambda_k = 0$, weil für $\mu = \mu_k$ die Stabilität der Lösungen verloren geht und $|f'(x_n)| = 1$ gilt. In den Bereichen periodischer Lösungen kann der Ljapunov-Exponent sehr große negative Werte annehmen, $\Lambda \to -\infty$. Dies ist für Trajektorien der Fall, die den Wert $x_n = 1/2$ enthalten, weil dort das Maximum des Graphs der Abbildung liegt und somit die Steigung verschwindet: $f'(x_n = 1/2) = 0$. Man nennt diese Trajektorien superstabil.

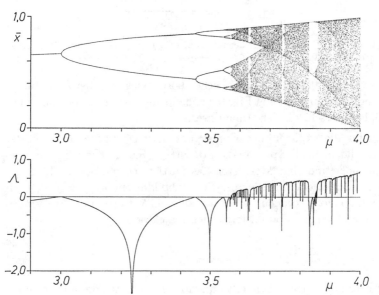

Fig. 189 Verzweigungsdiagramm und Verlauf des Ljapunov-Exponenten Λ für die logistische Abbildung

Die vielfältigen Eigenschaften der logistischen Abbildung findet man auch bei anderen Punktabbildungen wieder. Wichtig ist dabei das Vorhandensein eines ausgeprägten Maximums im Graph der Abbildung.

8.1.2 Konzept und Anwendung der Poincaré-Abbildung

Am Beispiel eines einfachen zeitdiskreten dynamischen Systems, der logistischen Abbildung, haben wir gesehen, welche vielfältigen Phänomene auftreten können und welche Analysemöglichkeiten es gibt. Nun stellt sich die Frage, wie man für konkrete Schwingungssysteme zu solchen Abbildungen kommt. Der Einfachheit halber betrachten wir allgemeine schwingungsfähige Systeme mit einem Freiheitsgrad und harmonischer Fremderregung. Ihre Bewegungsgleichung lautet in normierter Form

$$x'' + f(x, x') = x_0 \cos \eta\tau. \tag{8.10}$$

Darin sind $\tau = \omega_0 t$ die Eigenzeit und $\eta = \Omega/\omega_0$ das Frequenzverhältnis von Erregerkreisfrequenz Ω und Bezugskreisfrequenz ω_0. Durch Gleichung (8.10) können sowohl nichtlineare erzwungene Schwingungen als auch selbsterregte Schwingungen mit gleichzeitiger Fremderregung gekennzeichnet werden. Anwendungsbeispiele finden sich in den Kapiteln 3 und 5. Überführt man (8.10) in die Form eines autonomen Systems von Differentialgleichungen erster Ordnung, so folgt mit $x_1 = x$, $x_2 = x'$, $x_3 = \eta\tau$

$$\begin{aligned}
x'_1 &= x_2, \\
x'_2 &= -f(x_1, x_2) + x_0 \cos x_3, \\
x'_3 &= \eta.
\end{aligned} \tag{8.11}$$

Solche Systeme 3. Ordnung können chaotisches Lösungsverhalten aufweisen. Die Lösungstrajektorien verlaufen in einem 3-dimensionalen P h a s e n - o d e r Z u s t a n d s r a u m, vgl. Fig. 190a. Da die Koordinate $x_3 = \eta\tau$ in (8.10), (8.11) nur als Argument der Cosinusfunktion auftritt, kann man sich auf Werte $0 \le x_3 \le 2\pi$ beschränken. Dies bedeutet, daß sich die Lösung in einem ringförmigen Phasenraum darstellen läßt, vgl. Fig. 190b. Man bezeichnet diesen Phasenraum als kartesisches Produkt $\mathbb{R}^2 \times S^1$ der Ebene $\mathbb{R}^2$ der reellen Zahlen mit einem Kreis S^1. Im Sonderfall des linearen fremderregten Schwingers (5.25) ist die Lösung im eingeschwungenen Zustand durch (5.27) gegeben. Eine spezielle zugehörige Lösungstrajektorie ist in Fig. 190 eingetragen. Sie weist dieselbe Periode wie die Erregung auf und verläuft auf einem Zylinder (Fig. 190a) bzw. auf einem Torus (Fig. 190b).

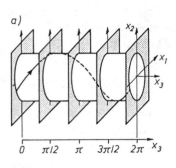
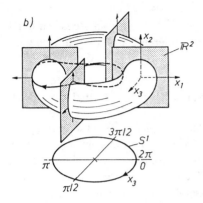

Fig. 190 Darstellung der Lösung im Phasenraum a) kartesisch, b) zylindrisch

Eine zeitdiskrete Darstellung läßt sich gewinnen, wenn man die Lösungstrajektorie im Phasenraum nur in bestimmten Zeitabständen $\tau_k = \tau_0 + k\Delta\tau$, $k = 0, 1, 2, \ldots$, betrachtet. Der Verlauf der Trajektorie zwischen diesen Zeitpunkten interessiert dabei nicht. Man nennt dies eine **stroboskopische Abbildung**, weil man die Trajektorie in einem bestimmten Zeittakt „anblitzt" und nur diese Information verwendet. Bei autonomen Systemen kann die Diskretisierungszeit $\Delta\tau$ beliebig gewählt werden. Bei nichtautonomen Systemen wie z.B. (8.10) wählt man zweckmäßig $\Delta\tau = 2\pi/\eta$ oder $\Delta x_3 = 2\pi$. Dann wird stets nur der Punkt der Trajektorie nach einem vollen Umlauf auf dem Torus herausgegriffen.

Die **Poincaré-Abbildung** ist eine spezielle Art der stroboskopischen Betrachtung. Um sie zu erhalten, legt man in den Phasenraum der Dimension N eine lokale Schnittfläche Σ der Dimension $N-1$, die von den Trajektorien

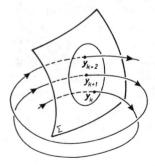

Fig. 191 Veranschaulichung der Poincaré-Abbildung

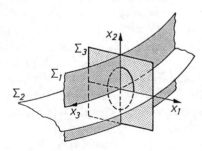

Fig. 192 Poincaré-Schnitte im 3-dimensionalen Phasenraum

transversal geschnitten wird, vgl. Fig. 191. Kennzeichnet man die aufeinanderfolgenden Schnittpunkte der Trajektorien auf Σ durch den Koordinatenvektor $\mathbf{y}_k, k = 0, 1, 2, \ldots$, so läßt sich damit die Poincaré-Abbildung P definieren: $\Sigma \to \Sigma, \mathbf{y}_{k+1} = \mathbf{P}(\mathbf{y}_k)$. Der Vorteil dieser speziellen Punktabbildung ist, daß die Dimension des Darstellungsraumes Σ um eins niedriger ist als die des Phasenraumes. Im Sonderfall des 3-dimensionalen Phasenraumes, vgl. Fig. 190b, lassen sich als Schnittflächen Σ_i beispielsweise die Ebenen senkrecht zu den Achsen der Koordinaten x_i wählen, vgl. Fig. 192. Die Ebene Σ_3 entspricht einem Poincaré-Schnitt mit $x_3 = \eta\tau = $ const, modulo 2π. Dies entspricht einer stroboskopischen Betrachtung der Trajektorien im Takte der Periodendauer $\Delta\tau = 2\pi/\eta$ der Erregung. Die zugehörige 2-dimensionale Punktabbildung lautet mit $x = x_1$, $x' = x_2$

$$x_{k+1} = P_1(x_k, x'_k), \qquad x'_{k+1} = P_2(x_k, x'_k). \tag{8.12}$$

Ein Fixpunkt der 2-dimensionalen Punktabbildung ist gegeben, wenn $x_{k+1} = x_k = \bar{x}, x'_{k+1} = x'_k = \bar{x}'$ gilt. In ausgezeichneten Fällen, wenn z.B. $x'_k = P(x_k)$ gilt, läßt sich aus (8.12) eine eindimensionale Punktabbildung gewinnen:

$$x_{k+1} = P_1[x_k, P(x_k)] = f(x_k). \tag{8.13}$$

Von besonderem Interesse sind die Poincaré-Schnitte Σ_1 und Σ_2. Für Σ_1 gilt $x_1 = x = 0$; die Durchstoßpunkte der Trajektorien kennzeichnen die Nulldurchgänge der Schwingungen. Für Σ_2 hingegen gilt $x_2 = x' = 0$, die Durchstoßpunkte charakterisieren verschwindende Geschwindigkeiten, also je nach Durchstoßrichtung maximale oder minimale Schwingungsausschläge. Beide Vorgehensweisen sind Beispiele für die Berücksichtigung besonderer Schwingungsmerkmale in der Poincaré-Abbildung. Dafür lassen sich in Sonderfällen eindimensionale Abbildungen für die Phase $\varphi \equiv x_3 = \eta\tau$ finden,

$$\varphi_{k+1} = f(\varphi_k) \pmod{2\pi}. \tag{8.14}$$

Läßt sich (8.14) auf die Form $\varphi_{k+1} = \varphi_k + f(\varphi_k) \pmod{2\pi}$ bringen, dann spricht man von einer Kreisabbildung.

Anhand der Poincaré-Abbildung läßt sich das Lösungsverhalten in einfacher Weise charakterisieren. Davon macht man bei numerischen und experimentellen Untersuchungen ausgiebig Gebrauch. Betrachtet man beispielsweise einen fremderregten Schwinger der Form (8.10) und die Poincaré-Ebene Σ_3

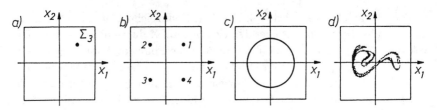

Fig. 193 Poincaré-Abbildung für einen fremderregten Schwinger, der a) periodisches,
b) subharmonisches, c) quasiperiodisches und d) chaotisches Lösungsverhalten
zeigt

mit $x_3 = \eta\tau = \Omega t = \text{const}, 0 \le x_3 \le 2\pi$, so kennzeichnen die Durchstoßpunkte der Trajektorien im eingeschwungenen Zustand die Lösungen wie
folgt, vgl. Fig. 193:

a) Periodische Lösungen mit derselben Periode $T = 2\pi/\Omega$ wie die Erregung ergeben einen Punkt.

b) Subharmonische Lösungen (Unterschwingungen) mit der Periode
$T = 2\pi n/\Omega$ ergeben n Punkte.

c) Quasiperiodische oder fastperiodische Lösungen, deren Periode in keinem rationalen Verhältnis zur Erregerperiode steht, ergeben eine
geschlossene Kurve.

d) Chaotische Lösungen ergeben einen Punkthaufen mit komplexer
Feinstruktur und fraktaler Dimension d, $1 < d < 2$, d.h. einer Dimension zwischen der einer Linie und einer Fläche.

Allgemeine Bewegungen, die wie im Fall linearer erzwungener Schwingungen auf einem Torus verlaufen, lassen sich durch die Windungszahl w
kennzeichnen. Darunter versteht man das Verhältnis der Kreisfrequenz ω_A
der Schwingungsantwort zur Erregerkreisfrequenz Ω im eingeschwungenen
Zustand,

$$w = \frac{\omega_A}{\Omega}. \tag{8.15}$$

Die Windungszahl kennzeichnet anschaulich die Anzahl der Windungen der
Lösungstrajektorie um die kleine Querschnittsfläche des Torus bezogen auf
eine Windung entlang des großen Torusumfangs. Dabei gilt:

− Ist w rational, so treffen die Trajektorien nach einer endlichen Anzahl von Umläufen am Torusumfang aufeinander, d.h. die Bewegung ist
periodisch.

– Ist w irrational, so treffen die Trajektorien nicht aufeinander, sondern bedecken für $t \to \infty$ die gesamte Oberfläche des Torus; die Bewegung heißt dann quasiperiodisch oder fastperiodisch.

In der Poincaré-Abbildung lassen sich Windungszahlen oder Frequenzverhältnisse, die um eine ganze Zahl voneinander abweichen, nicht unterscheiden. Deshalb kann man sich auf den Dezimalanteil $\bar{w}$ von w ($\bar{w} = w$ (mod 1)) beschränken. Somit ist es nicht möglich, periodische Schwingungen mit $\omega_A = n\Omega/m$ für $n > m$ (Ober-Unterschwingungen, vgl. Kap. 5.4.4) aus der Poincaré-Abbildung eindeutig zu erkennen. Beispielsweise erscheinen alle Oberschwingungen mit $\omega_A = n\Omega$, $n = 2, 3, \ldots$, in der Poincaré-Abbildung wie die Grundschwingung $\omega_A = \Omega$ als ein Punkt. Der Kehrwert der Windungszahl läßt sich auch für Abbildungen der Form (8.14) angeben:

$$w^* = \lim_{k \to \infty} \frac{\varphi_k - \varphi_0}{2\pi k}. \tag{8.16}$$

Die Größe w^* kennzeichnet das Verhältnis Ω/ω_A von Erreger- zu Antwortkreisfrequenz im eingeschwungenen Zustand.

8.2 Zeitkontinuierliche Systeme

Zeitkontinuierliche Schwingungssysteme lassen sich allgemein durch ein System gewöhnlicher Differentialgleichungen erster Ordnung

$$\frac{d\mathbf{x}}{dt} \equiv \dot{\mathbf{x}} = \mathbf{f}(\mathbf{x}, \boldsymbol{\mu}), \qquad \mathbf{x}(0) = \mathbf{x}_0 \tag{8.17}$$

beschreiben. Darin kennzeichnen $\mathbf{f}$ eine nichtlineare vektorwertige Funktion, $\boldsymbol{\mu}$ einen Parametervektor, $\mathbf{x}(t) \in \mathbb{R}^N$ den Vektor der abhängigen Veränderlichen und t die Zeit. Bei autonomen Schwingungssystemen mit n Freiheitsgraden ist die Dimension des Phasen- oder Zustandsraums $N = 2n$. Heteronome Schwingungssysteme mit Fremd- oder Parametererregung lassen sich ebenfalls auf die Form (8.17) bringen, vgl. dazu (8.11). Bei n Freiheitsgraden und einer periodisch zeitabhängigen Funktion gilt dann $N = 2n + 1$. Alle kontinuierlichen Schwingungssysteme, die wir bisher kennengelernt haben, lassen sich somit auf die Form (8.17) bringen. Ein wichtiges Unterscheidungsmerkmal, das bereits zu Beginn von Kap. 2 eingeführt wurde, bezieht sich auf den Energiehaushalt. Bleibt die mechanische Gesamtenergie $E_k + E_p$ während der Bewegung erhalten, so ist das Schwingungssystem

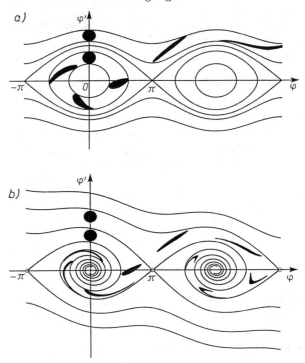

Fig. 194 Entwicklung eines kreisförmigen Gebiets von Anfangsbedingungen in der Phasenebene am Beispiel des Schwerependels mit der Differentialgleichung φ'' +
$2D\varphi' + \sin\varphi = 0$: a) konservativ $D = 0$, b) dissipativ $D = 0{,}05$

konservativ, geht hingegen mechanische Energie verloren, so ist das System dissipativ. Infolge der Energieerhaltung bleibt bei einem konservativen System der Form (8.17) das Volumen eines im Phasenraum gebildeten
Volumenelements im Laufe der Zeit erhalten, vgl. Fig. 194a, während es bei
einem dissipativen System schrumpft, Fig. 194b. Diese beiden Fälle sollen
im folgenden getrennt behandelt werden.

8.2.1 Konservative Systeme

In Kap. 2.1 wurden konservative nichtlineare Schwinger mit einem Freiheitsgrad untersucht. Es treten stets reguläre Bewegungen auf, die sich
abhängig von den Anfangsbedingungen und damit vom Energieniveau in
der Phasenebene als Phasenporträt darstellen lassen, vgl. Fig. 41, 42, 49 und

50. Geschlossene Phasenkurven kennzeichnen periodische Schwingungen, deren Schwingungsdauer in Integralform angegeben werden kann, vgl. (2.59), (2.60).

Konservative nichtlineare Schwingungssysteme mit n Freiheitsgraden können unter bestimmten Bedingungen, wenn das zugehörige Hamiltonsche System integrierbar ist, auf n voneinander entkoppelte Oszillatoren zurückgeführt und durch die Trajektorien auf einem n-dimensionalen Torus im $2n$-dimensionalen Phasenraum gekennzeichnet werden, vgl. [22]. Der Torus, dessen Abmessungen von den Anfangsbedingungen und damit vom Energieniveau abhängt, wird als invarianter Torus bezeichnet, weil eine Trajektorie, die auf einem Torus beginnt, stets auf diesem Torus bleibt.

Die Bewegung auf dem Torus läßt sich durch die Winkelvariablen $\varphi_i(t) = \omega_i t + \varphi_{i0}$, $\omega_i = $ const, eindeutig beschreiben. Im Sonderfall $n = 2$ kann der in einem anderen Zusammenhang eingeführte Torus von Fig. 190b zur Veranschaulichung dienen. Analog zu (8.15) kann eine Windungszahl $w = \omega_1/\omega_2$ angegeben werden, die jetzt das Verhältnis der beiden Kreisfrequenzen ω_1 und ω_2 kennzeichnet und Aufschluß über periodische Lösungen (w rational) sowie quasi- oder fastperiodische Lösungen (w irrational) gibt.

Die Darstellung der Bewegungen eines konservativen Schwingungssystems auf einem Torus gilt nur eingeschränkt, da – wie Poincaré [38] gezeigt hat – viele dynamische Systeme, z.B. das klassische Dreikörperproblem in der Himmelsmechanik, nichtintegrierbar sind und ein kompliziertes, im allgemeinen irreguläres Bewegungsverhalten aufweisen. Um auch für nichtintegrierbare konservative Systeme Aussagen zu bekommen, kann man die kanonische Störungstheorie anwenden. Dazu geht man von einem integrierbaren System und der zugehörigen Bewegung auf einem Torus aus und nimmt eine kleine nichtintegrierbare Energiestörung (Erregung, Dämpfung) an. Die Trajektorien des gestörten, nichtintegrierbaren Systems bleiben für längere Zeit in der Nähe der ungestörten Trajektorie auf dem Torus, wenn die Störungen klein sind. Dies wurde basierend auf einer Vermutung von Kolmogorov (1954) durch Arnold (1963) und Moser (1962) bewiesen. Die Ergebnisse sind in der sogenannten KAM-Theorie zusammengefaßt worden, vgl. [22]. Wir beschränken uns im folgenden auf konservative Systeme mit $n = 2$ Freiheitsgraden. Dafür kann das Verhalten der Trajektorien durch eine zweidimensionale Poincaré-Abbildung charakterisiert werden, indem man beispielsweise die Schnittpunkte des Torus mit der Ebene $\varphi_1 = $ const betrachtet. Damit ergeben sich Verhältnisse ähnlich wie sie in

Fig. 192 bei Verwendung der Schnittebene Σ_3 dargestellt sind. Im allgemeinen gibt es mehrere Energieniveaus, die auf invariante Tori als Ausgangspunkt der Betrachtung führen. Aufgrund der KAM-Theorie bleiben bei kleinen Störungen die Tori mit irrationaler Windungszahl in leicht deformierter Form bestehen, während die Tori mit rationaler Windungszahl in eine gerade Anzahl von Fixpunkten zerfallen. Dabei wechseln sich elliptische Punkte (Wirbelpunkte) und hyperbolische Punkte (Sattelpunkte) ab, ähnlich wie beim Schwerpendel, vgl. Fig. 42 oder Fig. 194a. Die zugehörigen gestörten Trajektorien sind zwischen zwei benachbarten Tori gefangen, vgl. Fig. 195. Die Trajektorien in der Nähe elliptischer Punkte sind stabil, sie verlaufen auf kleinen Tori, für die wieder die KAM-Theorie gilt; sie sind selbstähnlich. Die Trajektorien in der Nähe hyperbolischer Punkte sind instabil, sie zeigen einen verwickelten Verlauf, auf den im nächsten Abschnitt noch näher eingegangen wird. Insgesamt ergibt sich ein chaotisches Verhalten.

a) 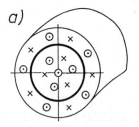 b)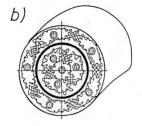

Fig. 195 Poincaré-Abbildung für einen konservativen Schwinger mit $n = 2$ Freiheitsgraden: a) Struktur der Tori mit stabilen ($\odot$) und instabilen ($\times$) Fixpunkten, b) Lösungsverhalten in der Nähe der Fixpunkte nach Abraham und Marsden [1]

Rein konservative Schwingungssysteme treten bei technischen Anwendungen nicht auf, da immer Energiedissipation vorhanden ist. Gestörte konservative Systeme mit äußerer Erregung und Dämpfung sind hingegen von großer Bedeutung. Deshalb sollen die gestörten Lösungen in der Nähe von hyperbolischen Punkten näher betrachtet werden. Sie zeigen einen weiteren allgemeinen Weg zu chaotischen Bewegungen auf. Die Ergebnisse lassen sich zudem unmittelbar auf technische Schwingungssysteme übertragen.

8.2.2 Homokline Punkte und die Methode von Melnikov

Wir betrachten die Sattelpunkttrajektorien des ebenen Schwerependels von Fig. 194. Berücksichtigt man, daß die Sattelpunkte $\bar{\varphi} = +\pi$ und $\bar{\varphi} = -\pi$ die-

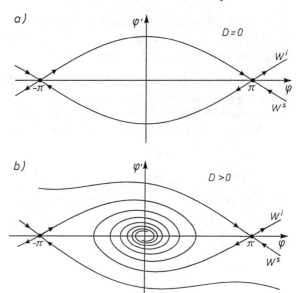

Fig. 196
Sattelpunkttrajektorien
eines ebenen Schwerepen-
dels mit stabilen und in-
stabilen Ästen W^s bzw.
W^i,
a) konservativ,
b) dissipativ

selbe instabile Gleichgewichtslage kennzeichnen, so genügt die Betrachtung des Bereichs $-\pi \le \varphi \le \pi$. Wir unterscheiden die beiden stabilen Äste W^s der Sattelpunkttrajektorie, die zum Sattelpunkt hinlaufen, und die beiden instabilen Äste W^i, die von ihm weglaufen, vgl. Fig. 196. Stört man nun das schwach gedämpfte Schwerependel durch Hinzufügen einer harmonischen Fremderregung mit kleiner Amplitude $\hat{\varphi} \ll 1$, so lautet die beschreibende Differentialgleichung in normierter Form

$$\varphi'' + 2D\varphi' + \sin\varphi = \hat{\varphi}\sin\eta\tau. \tag{8.18}$$

Mit $\varphi = x_1$, $\varphi' = x_2$, $\eta\tau = x_3$ folgt daraus ein System der Form (8.11):

$$x_1' = x_2,$$
$$x_2' = -\sin x_1 - 2Dx_2 + \hat{\varphi}\sin x_3, \tag{8.19}$$
$$x_3' = \eta.$$

Mit Vergrößerung der Erregeramplitude $\hat{\varphi}$ kann es zunächst zu einer Berührung und anschließend zum transversalen Schnitt eines stabilen und eines instabilen Astes der Sattelpunkttrajektorien kommen. Ein solcher Schnittpunkt H, von dem aus man asymptotisch mit zunehmender oder abnehmender Zeit zur selben instabilen Gleichgewichtslage kommt, heißt homokliner Punkt (gehören die Sattelpunkte zu unterschiedlichen Gleichgewichtslagen, so spricht man von einem heteroklinen Punkt).

Die Verhältnisse lassen sich in der Poincaré-Ebene Σ_3 mit $x_3 = $ const veranschaulichen, wenn man die Entwicklung von Linienelementen in der Nähe der Sattelpunkte im Takte der Erregung verfolgt, vgl. Fig. 197. Man kann zeigen, daß ein homokliner Punkt H unendlich viele homokline Punkte $H', H'', \ldots$

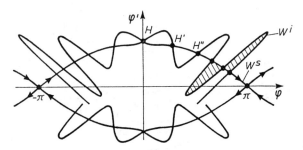

Fig. 197
Poincaré-Abbildung für das gestörte ebene Schwerependel mit homoklinen Punkten H

zur Folge hat, weil die Iterierten der Poincaré-Abbildung eines homoklinen Punktes sowohl auf einem stabilen Ast W^s als auch auf einem instabilen Ast W^i liegen müssen. Die Folge dieser Punkte heißt homokliner Orbit. Bei Annäherung an den Sattelpunkt werden die Abstände zwischen den Iterierten immer kleiner. Wegen der Gleichheit der in Fig. 197 gekennzeichneten Flächen werden gleichzeitig die Oszillationen immer größer. In der Nähe des Sattelpunktes windet sich der instabile Ast in komplizierter Weise um den stabilen. Als Folge erhält man im allgemeinen chaotische Bewegungen. Die Existenz homokliner Punkte ist jedoch nur eine notwendige und keine hinreichende Bedingung für andauerndes chaotisches Verhalten, denn das komplizierte Bewegungsverhalten kann von endlicher Dauer sein (transientes Chaos). Das hier am Beispiel des durch Fremderregung gestörten Schwerependels gezeigte Verhalten tritt in gleicher Weise auch bei einer Störung durch Parametererregung auf, vgl. dazu Leven, Koch, Pompe [25], Troger [51].

Die Melnikov-Methode ist ein Verfahren der Störungsrechnung, vgl. [13], [25]. Mit Hilfe der sogenannten Melnikov-Funktion ist es möglich, für schwach gestörte Systeme auf analytischem Wege den Abstand zwischen den Ästen W^s und W^i der Sattelpunkttrajektorie zu bestimmen. Die Nullstelle dieser Funktion erlaubt eine Abschätzung der Systemparameter, für die homokline Punkte H existieren, als deren Folge Chaos auftreten kann. In

Beispiel mit Differentialgleichung	Parameterabschätzung nach Melnikov	Quelle
Magnetisches Pendel $\ddot{\varphi} + \delta\dot{\varphi} + \sin\varphi = f_1 \cos\varphi \cos\Omega t + f_0$	$f_1 > \left\| \dfrac{4\delta}{\pi} - f_0 \right\| \dfrac{\cosh(\pi\Omega/2)}{\Omega^2}$	[31]
Parametererregtes Pendel $\ddot{\varphi} + \delta\dot{\varphi} + (1 + \gamma\cos\Omega t)\sin\varphi = 0$	$\gamma > \dfrac{4\delta}{\pi\Omega^2}\sinh(\pi\Omega/2)$	[25]
Schwinger mit quadratisch nichtlinearer Fesselung $\ddot{x} + \delta\dot{x} + x - x^2 = f\sin\Omega t$	$f > \dfrac{\delta}{5\pi\Omega^2}\sinh(\pi\Omega)$	[50]
Schwinger mit kubisch nichtlinearer Fesselung (Duffing-Schwinger) $\ddot{x} + \delta\dot{x} - x + x^3 = f\cos\Omega t$	$f > \dfrac{2\sqrt{2}\,\delta}{3\pi\Omega}\cosh(\pi\Omega/2)$	[13]
$\ddot{x} + \delta\dot{x} - \beta x + \gamma x^3 = f\cos\Omega t$	$f > \dfrac{2\sqrt{2}\,\delta\sqrt{\beta^3}}{3\pi\Omega\sqrt{\gamma}}\cosh(\pi\Omega/(2\sqrt{\beta}))$	[23]

obiger Tabelle finden sich einige Beispiele mit den zugehörigen Abschätzungen der Störparameter f_1, γ bzw. f für das Auftreten homokliner Punkte. Dabei sind durchweg nur kleine Abweichungen vom konservativen Grundsystem angenommen worden.

8.2.3 Dissipative Systeme und Attraktoren

Die in der technischen Praxis vorkommenden dynamischen Systeme sind wegen der immer vorhandenen Dämpfung dissipativ. Als wichtige Konsequenz folgt, daß ein im Phasenraum gebildetes Volumen im Laufe der Zeit schrumpft, vgl. Fig. 194b, und schließlich asymptotisch verschwindet. Durch Gleichung (8.17) wird im Phasenraum $\mathbb{R}^N$ ein Vektorfeld $\mathbf{f}(\mathbf{x}, \boldsymbol{\mu})$ definiert, das wegen $\dot{\mathbf{x}} \equiv \mathbf{v}$ als Geschwindigkeitsfeld des sogenannten Phasenflusses angesehen werden kann. Die Volumenänderungsrate eines aus Anfangsbedingungen gebildeten Volumens V lautet

$$\frac{1}{V}\frac{dV}{dt} = \operatorname{div}\mathbf{f}(\mathbf{x}, \boldsymbol{\mu}) \equiv \sum_{i=1}^{N} \frac{\partial f_i(\mathbf{x}, \boldsymbol{\mu})}{\partial x_i}. \tag{8.20}$$

Damit folgt aus dem Anfangsvolumen $V(0)$ das Volumen $V(t)$ zum Zeitpunkt t

$$V(t) = V(0)\exp[t\operatorname{div}\mathbf{f}(\mathbf{x},\boldsymbol{\mu})]. \tag{8.21}$$

Für das System (8.19) ergibt sich beispielsweise die Volumenänderungsrate $\operatorname{div}\mathbf{f}(\mathbf{x},\boldsymbol{\mu}) = -2D$. Damit ist für $D > 0$ die Volumenkontraktion im gesamten Phasenraum gleich groß.

Die Trajektorien eines dissipativen Systems streben für $t \to \infty$ asymptotisch auf Attraktoren zu, deren Dimension kleiner als N ist, und verbleiben dort. Attraktoren haben wir bereits bei zeitdiskreten Systemen als stabile Fixpunkte von Punktabbildungen und ihren Iterierten kennengelernt. Dem entsprechen bei zeitkontinuierlichen Systemen asymptotisch stabile Gleichgewichtslagen und stabile Grenzzykeln, die ebenfalls bereits bekannt sind.

Allgemein versteht man unter einem Attraktor A eine kompakte asymptotische Grenzmenge mit folgenden Eigenschaften (zur mathematischen Begründung vgl. [22]):

1) Eine Trajektorie, die sich in A befindet, bleibt in A (Invarianz).

2) A hat eine offene Umgebung, in der sich die Trajektorien auf A zusammenziehen (Attraktivität).

3) Die Trajektorien in A sind wiederkehrend, d.h. kein Teil von A ist transient (Rekurrenz).

4) A ist nicht weiter in Teilmengen mit gleichen Eigenschaften zerlegbar (Nichtreduzierbarkeit).

Bei nichtlinearen dissipativen Systemen können gleichzeitig mehrere Attraktoren existieren. Dann laufen die Trajektorien abhängig von den Anfangsbedingungen auf unterschiedliche Attraktoren zu. Demgemäß unterscheidet man die Einzugsbereiche der Attraktoren als diejenigen Bereiche der Anfangsbedingungen im Phasenraum, von denen aus die Trajektorien auf die einzelnen Attraktoren zulaufen. Neben Fixpunkten und Grenzzykeln kennt man Torus-Attraktoren sowie chaotische oder seltsame Attraktoren. Ein Attraktor wird als seltsam bezeichnet, wenn die zugehörigen Trajektorien besonders empfindlich auf Änderungen der Anfangsbedingungen reagieren. Die sonstigen Eigenschaften 1) bis 4) bleiben jedoch erhalten, auch wenn kleine zufällige Störungen vorhanden sind. Dies ist wichtig für das experimentelle oder numerische Auffinden von Attraktoren.

Die Trajektorien auf Torus-Attraktoren sind quasi- oder fastperiodische Lösungen, während zu den seltsamen Attraktoren chaotische Bewegungen gehören. Die Attraktoren ändern sich in Abhängigkeit der Systemparameter, ähnlich wie wir es bei zeitdiskreten Systemen kennengelernt haben. Die Kenntnis der Attraktoren und ihrer Einzugsgebiete ist für Anwendungen überaus wichtig, deshalb soll im folgenden Abschnitt auf die Charakterisierung der Attraktoren und der zugehörigen Trajektorien eingegangen werden.

8.2.4 Merkmale regulärer und chaotischer Bewegungen

Die Analyseverfahren lassen sich grob in zwei Gruppen einteilen:

− modellgestützte und

− Methoden.

Der ersten Gruppe liegt das mathematische Modell eines dynamischen Systems zugrunde. Sind die dabei auftretenden Funktionen hinreichend glatt, so lassen sich die klassischen analytischen Verfahren wie Störungsrechnung und Mittelungsmethoden (Galerkin-Verfahren, Verfahren der langsam veränderlichen Amplitude) zur Untersuchung regulärer Lösungen heranziehen. Diese Verfahren sind jedoch untauglich zur Analyse chaotischer Bewegungen. Außerdem gewinnen zunehmend nichtlineare Phänomene wie Reibung, Spiel, Stöße und Hysterese an Interesse. Sie führen auf nichtglatte Funktionen, die eine analytische Vorgehensweise erschweren. In vielen Fällen ist man deshalb auf numerische Simulationen angewiesen, die für unterschiedliche Anfangsbedingungen sowie für verschiedene Parametersätze durchzuführen und über längere Zeiträume zu erstrecken sind, um die gewünschten Erkenntnisse zu gewinnen.

Die zweite Gruppe geht von experimentell ermittelten Meßsignalen aus. Infolge unvermeidlicher Meßfehler sind die Ausgangsdaten ungenau, so daß bei der Analyse experimenteller Zeitreihen besondere Vorkehrungen getroffen werden müssen. So ist es beispielsweise eine nichttriviale Aufgabe, aus einem stochastisch verrauschten Zeitverlauf auf eine mögliche chaotische Bewegung zu schließen. Auf die signalgestützten Verfahren soll hier nicht näher eingegangen werden, vgl. dazu Leven, Koch, Pompe [25] und Moon [31].

Geht man von numerischen Simulationen auf der Basis des mathematischen Modells (8.17) aus, so erscheint die Betrachtung der Zeitverläufe einzelner Koordinaten des Phasenraums geeignet, um zwischen regulärem und chaotischem Verhalten zu unterscheiden. Jedoch selbst nach langen Simulationszeiten kann man nicht sicher sein, ob eine irregulär oszillierende Trajektorie zu einer chaotischen Bewegung oder zu einer regulären Bewegung mit großer Periode oder langem Einschwingvorgang gehört. Gleiches gilt für die entsprechenden Phasenkurven oder Poincaré-Abbildungen.

Eine weitere Möglichkeit zur Analyse besteht in der Fouriertransformation der ermittelten Zeitverläufe und der Darstellung als Leistungsspektrum. Die Fourier-Transformierte $X(\omega)$ eines Zeitverlaufs $x(t)$ ist durch

$$X(\omega) = \lim_{T \to \infty} \frac{1}{T} \int_0^T x(t) e^{-i\omega t} dt \qquad (8.22)$$

gegeben. Daraus folgt das Leistungsspektrum $R(\omega)$ zu

$$R(\omega) = |X(\omega)|^2. \qquad (8.23)$$

Bei einer periodischen oder fastperiodischen Trajektorie erhält man ein Linienspektrum, bei dem die Höhe der einzelnen Linien die Intensität der jeweiligen Frequenz kennzeichnet. Bei einer chaotischen Bewegung hingegen enthält das Leistungsspektrum kontinuierliche Anteile sowie einzelne Linien, welche die hauptsächlich vertretenen Frequenzanteile kennzeichnen. Kontinuierliche Leistungsspektren ergeben sich jedoch auch für stochastische Signale und Zeitverläufe von Einschwingvorgängen. Bei der Bildung der Leistungsspektren ist deshalb auf hinreichend lange, stationäre Zeitverläufe zu achten. Verrauschte Meßsignale erfordern darüber hinaus noch eine Filterung.

Im Falle von Verzweigungen ergeben sich besonders deutliche Änderungen im Leistungsspektrum. Bei der Verzweigung einer periodischen Lösung durch eine Kaskade von Periodenverdopplungen treten im Leistungsspektrum Subharmonische auf. Hat die Grundharmonische die Kreisfrequenz ω_0, so folgt bei der $(k+1)$-ten Verzweigung eine Subharmonische mit der Kreisfrequenz $\omega_0/2^k$. Das Verhältnis der Intensitäten aufeinanderfolgender Subharmonischer nimmt ebenfalls ab; es gilt $R_{k+1}/R_k = (1/2\alpha)^2$ mit der universellen Konstanten $\alpha = 2{,}5029$ (vgl. [22]).

Das wichtigste Kriterium zur Unterscheidung regulärer und chaotischer Trajektorien und der entsprechenden Attraktoren sind bei zeitkontinuierlichen wie bei zeitdiskreten Systemen die bereits erwähnten Ljapunov-Exponenten. Sie stellen ein Maß für die zeitlich gemittelte Konvergenz oder Divergenz benachbarter Trajektorien dar. Man unterscheidet mehrdimensionale und eindimensionale Ljapunov-Exponenten.

Bei den **mehrdimensionalen** Ljapunov-Exponenten $\Lambda_i, i = 1, 2, \ldots, n$, betrachtet man die mittlere zeitliche Entwicklung eines n-dimensionalen Volumenelements im N-dimensionalen Phasenraum, wobei $1 \leq n \leq N$ gilt. Für $n = N$ beträgt der zeitliche Verlauf des Volumens V im Mittel

$$V(t) = V(0) \exp[t \cdot (\Lambda_1 + \Lambda_2 + \ldots + \Lambda_N)]. \tag{8.24}$$

Vergleicht man diese Beziehung mit (8.21), so folgt

$$\sum_{i=1}^{N} \Lambda_i = \operatorname{div} \mathbf{f}(\mathbf{x}, \boldsymbol{\mu}). \tag{8.25}$$

Daraus folgt, daß bei einem dissipativen System die Summe der Ljapunov-Exponenten immer negativ sein muß. Gleichung (8.25) kann gleichzeitig zu Kontrollzwecken herangezogen werden. Man kann zeigen, daß für Bewegungen auf einem Attraktor, der nicht Fixpunkt ist, immer einer der Ljapunov-Exponenten verschwindet. Der verschwindende Ljapunov-Exponent gehört zur Richtung tangential zur Trajektorie auf dem Attraktor. Bei einem chaotischen Attraktor müssen zudem die Trajektorien in mindestens einer Richtung im Mittel divergieren, es muß also ein positiver Ljapunov-Exponent existieren. Insgesamt zeigt dies, daß chaotische Attraktoren einen Phasenraum mit der Dimension $N \geq 3$ erfordern.

Bei den **eindimensionalen** Ljapunov-Exponenten wird die zeitliche Entwicklung des Abstandes einer Trajektorie von einer benachbarten Referenztrajektorie betrachtet, wobei das System (8.17) zugrunde gelegt wird, vgl. Fig. 198. Zum Zeitpunkt t_0 ist der Ort auf der Referenztrajektorie durch

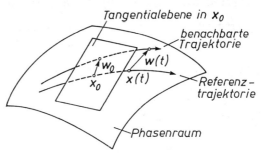

Fig. 198
Beschreibung von Referenztrajektorie und benachbarter Trajektorie zur Berechnung der eindimensionalen Ljapunov-Exponenten

$\mathbf{x}_0$ und der benachbarte Ort durch $\mathbf{x}_0 + \Delta\mathbf{x}_0$ gegeben. Wenn der Abstandsvektor $\Delta\mathbf{x}$ klein ist, so kann er durch den Vektor $\mathbf{w}$ in der Tangentialebene angenähert werden. Die zeitliche Entwicklung von $\mathbf{w}$ läßt sich durch die linearisierte Differentialgleichung

$$\dot{\mathbf{w}}(t) = D\mathbf{f}[\mathbf{x}(t), \boldsymbol{\mu}]\mathbf{w}(t), \qquad \mathbf{w}(t_0) = \mathbf{w}_0 \tag{8.26}$$

beschreiben mit der Funktional- oder Jacobimatrix

$$D\mathbf{f}[\mathbf{x}(t), \boldsymbol{\mu}] = \frac{\partial \mathbf{f}(\mathbf{x}, \boldsymbol{\mu})}{\partial \mathbf{x}}\bigg|_{\mathbf{x}=\mathbf{x}(t)} = \begin{bmatrix} \partial f_1/\partial x_1 \; \dots \; \partial f_1/\partial x_N \\ \partial f_N/\partial x_1 \; \dots \; \partial f_N/\partial x_N \end{bmatrix}_{\mathbf{x}=\mathbf{x}(t)}. \tag{8.27}$$

Damit wird der eindimensionale Ljapunov-Exponent als Grenzwert der mittleren zeitlichen Entwicklung der logarithmierten Entfernung der Trajektorien definiert,

$$\Lambda(\mathbf{x}_0, \mathbf{w}_0) = \lim_{t \to \infty} \left[\frac{1}{t} \ln \frac{\|\mathbf{w}(t)\|}{\|\mathbf{w}_0\|} \right], \tag{8.28}$$

wobei $\|\cdot\|$ die Euklidische Norm bezeichnet.

Der Ljapunov-Exponent hängt demnach von $\mathbf{x}_0$ und $\mathbf{w}_0$ ab. Wegen der Linearität von (8.26) existiert eine orthonormale Basis $\mathbf{e}_i(x), i = 1, \dots, N$, in die $\mathbf{w}_0$ projiziert werden kann, so daß (8.28) für jedes $\mathbf{x}_0$ bis zu N verschiedene Werte $\Lambda_i(\mathbf{x}_0) \equiv \Lambda(\mathbf{x}_0, \mathbf{e}_i)$ annehmen kann. Die Ljapunov-Exponenten werden der Größe nach geordnet und indiziert,

$$\Lambda_1 \geq \Lambda_2 \geq \dots \geq \Lambda_N. \tag{8.29}$$

Bei beliebiger Wahl von $\mathbf{w}_0$ läßt sich mit der Zerlegung $\mathbf{w}_0 = \sum_{i=1}^{N} c_i \mathbf{e}_i, c_i \neq 0$, zeigen, daß der Grenzwert (8.28) dem Maximalwert Λ_1 zustrebt.

Betrachtet man anstelle von (8.17) das lineare zeitinvariante N-dimensionale System

$$\dot{\mathbf{x}}(t) = \mathbf{A}\,\mathbf{x}(t), \qquad \mathbf{x}(t_0) = \mathbf{x}_0, \tag{8.30}$$

so wird die exponentielle Konvergenz oder Divergenz durch die Realteile der Eigenwerte λ_i von $\mathbf{A}$ beschrieben. Somit gilt

$$\Lambda_i = \mathrm{Re}(\lambda_i), \qquad i = 1, 2, \dots, N. \tag{8.31}$$

Bei einem linearen, periodisch zeitvariablen System der Form (8.30) mit $\mathbf{A}(t) = \mathbf{A}(t + T)$ gilt hingegen

$$\Lambda_i = \ln |\sigma_i|, \qquad i = 1, 2, \ldots, N, \tag{8.32}$$

wobei σ_i die Eigenwerte der Transitionsmatrix $\boldsymbol{\Phi}(T)$ sind, die man durch Integration der Matrixdifferentialgleichung

$$\dot{\boldsymbol{\Phi}}(t) = \mathbf{A}(t)\boldsymbol{\Phi}(t), \qquad \boldsymbol{\Phi}(0) = \mathbf{E} \tag{8.33}$$

über eine Periode gewinnt. Man erkennt, daß die Ljapunov-Exponenten generalisierte Stabilitätsmaße sind. Zur Berechnung der Ljapunov-Exponenten für den allgemeinen, durch Gleichung (8.17) beschriebenen Fall gibt es mehrere Algorithmen, die von G e i s t , P a r l i t z , L a u t e r b o r n [12] beschrieben und miteinander verglichen wurden.

Eine weitere wichtige Größe zur Unterscheidung von regulären und chaotischen Bewegungen in dissipativen Systemen ist die D i m e n s i o n   d e s   A t t r a k t o r s . Es gibt eine Reihe von Definitionen für den Begriff der Dimension, vgl. [25]. Allen ist gemeinsam, daß Fixpunkte, Grenzzykel und Torus-Attraktoren die Dimension $d = 0$, $d = 1$ bzw. $d = 2$ haben. Unterschiede treten jedoch bei der Dimension chaotischer Attraktoren auf. Infolge des komplizierten Gefüges auf beliebig kleinen Skalen spricht man von einer fraktalen Struktur bzw. einer f r a k t a l e n   D i m e n s i o n des Attraktors, wobei im allgemeinen $2 < d < 3$ gilt. Eine Abschätzung der Dimension eines Attraktors kann mit Hilfe der Ljapunov-Exponenten über die L j a p u n o v - D i m e n s i o n D_L gegeben werden,

$$d \leq D_L = k + \frac{\sum\limits_{i=1}^{k} \Lambda_i}{|\Lambda_{k+1}|}. \tag{8.34}$$

Dabei ist k die größte ganze Zahl, für die $\sum\limits_{i=1}^{k} \Lambda_i \geq 0$ und $\sum\limits_{i=1}^{k+1} \Lambda_i < 0$ gilt. Für $\Lambda_1 < 0$ gilt somit $d = D_L = 0$.

Die charakteristischen Merkmale von Attraktoren sind nach K r e u z e r [22] für dreidimensionale dissipative Systeme in Fig. 199 zusammengestellt. Für die zugehörigen Poincaré-Abbildungen entfällt jeweils der Ljapunov-Exponent vom Wert Null, beim Fixpunkt entfällt ein negativer Ljapunov-Exponent, und die Dimension verringert sich um Eins.

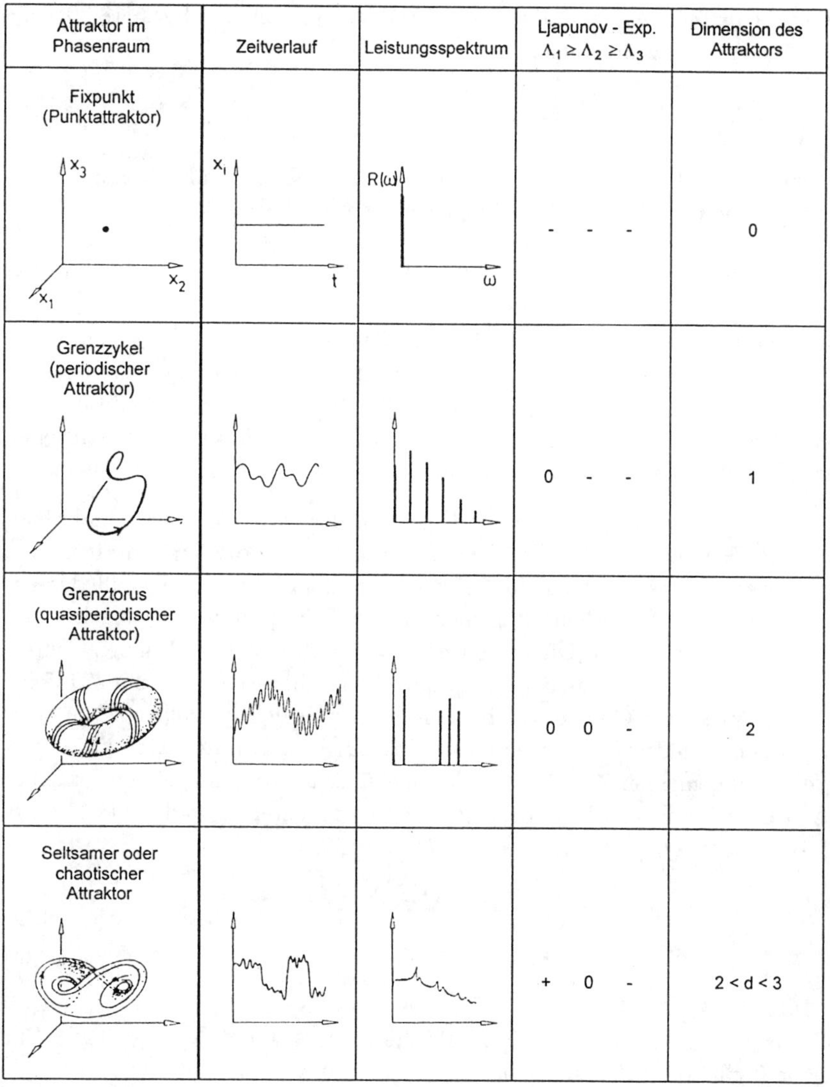
Attraktor im Phasenraum
Zeitverlauf
Leistungsspektrum
Ljapunov - Exp. $\Lambda_1 \geq \Lambda_2 \geq \Lambda_3$
Dimension des Attraktors
Fixpunkt (Punktattraktor)
x_3
x_2
x_1
x_i
t
$R(\omega)$
ω
- - -
0
Grenzzykel (periodischer Attraktor)
0 - -
1
Grenztorus (quasiperiodischer Attraktor)
0 0 -
2
Seltsamer oder chaotischer Attraktor
+ 0 -
2 < d < 3

Fig. 199 Typische Attraktoren mit charakteristischen Merkmalen, nach Kreuzer [22]

8.3 Beispiele

Abschließend soll an zwei Beispielen die Vielfalt der Phänomene in nichtlinearen dynamischen Systemen demonstriert und die Wege ins Chaos veranschaulicht werden. Dies sind als wichtigste Übergänge Periodenverdopplung und Intermittenz, die wir bereits bei diskreten Systemen kennengelernt haben. Im zeitkontinuierlichen Fall treten diese Übergänge mit den in Abschnitt 8.1.1 beschriebenen Merkmalen unverändert auf. Im ersten Beispiel wird ein Reibungsschwinger mit unstetiger Reibkennlinie behandelt. Dies ist gleichzeitig ein Beispiel für ein nichtglattes dynamisches System, für das eine Beschreibung als zeitdiskretes System und eine anschauliche graphische Analyse möglich ist. Das zweite Beispiel betrifft den Duffing-Schwinger als zeitkontinuierliches System. Da das reguläre Verhalten des Duffing-Schwingers aus Kap. 5.4.3 bekannt ist, steht hier das chaotische Verhalten im Vordergrund.

8.3.1 Der Reibungsschwinger mit Fremderregung

Betrachtet wird das in Fig. 200 dargestellte einfache mechanische Modell eines Reibungsschwingers mit Fremderregung. Es besteht aus der Masse m, die durch eine Feder mit der Federkonstante c gefesselt und durch ein umlaufendes Band mit der Geschwindigkeit v_0 angetrieben wird. Zwischen Band und Masse herrscht trockene Reibung mit der in Fig. 201a dargestellten Kennlinie, wobei die Reibungskraft $F_R = \mu(v_r)F_N$ von der Relativgeschwindigkeit $v_r = v_0 - \dot{x}$ und der Normalkraft $F_N > 0$ abhängt. Der Federfußpunkt wird gemäß $u(t) = u_0 \cos \Omega t$ harmonisch fremderregt mit der Erregeramplitude u_0 und der Erregerkreisfrequenz Ω. Die Bewegungsgleichung lautet

$$m\ddot{x}(t) + cx(t) = F_R(v_r) + cu_0 \cos \Omega t. \tag{8.35}$$

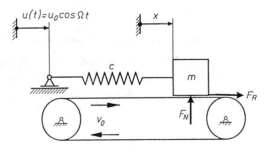

Fig. 200
Mechanisches Modell eines Reibungsschwingers mit Fremderregung

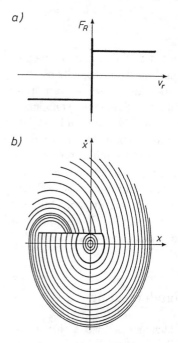

a)

b)

Fig. 201
a) Reibungskennlinie, b) Phasenportrait des Reibungsschwingers ohne Fremderregung

Während der Gleitphase ($v_r \neq 0$) ist F_R eine eingeprägte Kraft. Sie ergibt sich mit der Gleitreibungszahl μ zu

$$F_R = \mu F_N \operatorname{sgn}(v_r). \tag{8.36}$$

Während der Haftphase ($v_r = 0$) ist F_R eine Reaktionskraft, die mit der Federkraft im Gleichgewicht steht,

$$F_R = c[x(t) - u(t)], \tag{8.37}$$

vgl. auch (8.35). Sie ist durch

$$|F_R| \leq \mu_0 F_N \tag{8.38}$$

begrenzt, wobei $\mu_0 > \mu$ die Haftreibungszahl bezeichnet.

Bei fehlender Fremderregung ($u_0 = 0$) stellt das System in Fig. 200 das klassische Modell eines reibungsselbsterregten Schwingers dar, vgl. K a u d e r e r [17], H a g e d o r n [14]. Dafür folgt mit $v_r = v_0$ aus (8.35) die Gleichgewichtslage x_s,

$$x_s = F_R(v_0)/c = \mu F_N/c. \tag{8.39}$$

Diese Gleichgewichtslage ist im Fall einer Reibungskennlinie mit fallender Charakteristik nach Fig. 83 instabil. Es ergeben sich selbsterregte Schwingungen, die – wie in Kap. 3.3.3 beschrieben – nach wenigen Umläufen in der Phasenebene in einen stabilen Grenzzykel einmünden. Dies gilt in gleicher Weise für alle Trajektorien, die innerhalb oder außerhalb des Grenzzykels beginnen. Im vorliegenden Fall einer unstetigen Reibungskennlinie nach Fig. 201a erhält man das in Fig. 201b dargestellte Phasenporträt. Es zeigt eine grenzstabile Gleichgewichtslage, d.h. im Innern des Grenzzykels existieren geschlossene Phasenkurven, man bezeichnet den Grenzzykel deshalb manchmal auch als Grenzkurve. Trajektorien, die außerhalb des Grenzzykels beginnen, münden jedoch nach wenigen Umläufen in den Grenzzykel ein. Infolge des unstetigen Übergangs von μ_0 nach μ weist der Grenzzykel am Abreißpunkt einen Knick auf; bei einem stetigen Übergang verläuft der Grenzzykel am Abreißpunkt knickfrei, vgl. Fig. 84.

Infolge der Fremderregung ($u_0 \neq 0$) liegt ein Schwingungssystem vor, das dem in Kap. 5.4.6 beschriebenen Beispiel der Van der Polschen Gleichung mit harmonischer Erregung ähnlich ist. Da gleichzeitig Selbst- und Fremderregung vorhanden sind, können Mitnahme- oder Synchronisationseffekte auftreten. Außerdem stellt Gleichung (8.35) ein System dritter Ordnung der Form (8.11) dar, das prinzipiell chaotisches Verhalten aufweisen kann. Um das zu zeigen, wird für die weiteren Untersuchungen die Zeitnormierung $\tau = \omega_0 t$ mit $\omega_0 = \sqrt{c/m}$ durchgeführt. Damit folgt aus (8.35) die Gleichung

$$x''(\tau) + x(\tau) = \frac{F_R(v_r)}{c} + u_0 \cos \eta\tau, \qquad (8.40)$$

wobei $\eta = \Omega/\omega_0$, $v_r = v_0 - \omega_0 x'$ gilt. Unter Verwendung der Bezeichnungen $x_1 = x$, $x_2 = x'$, $x_3 = \eta\tau$ erhält man daraus unmittelbar das autonome System, vgl. (8.11),

$$x_1' = x_2,$$
$$x_2' = -x_1 + \frac{F_R(v_r)}{c} + u_0 \cos \eta\tau, \qquad (8.41)$$
$$x_3' = \eta.$$

Mit der Reibungskennlinie nach Fig. 201a läßt sich die Lösung der bereichsweise linearen Bewegungsgleichung für die sich abwechselnden Haft- und Gleitphasen jeweils analytisch angeben. Bezeichnet man den Gleitbeginn

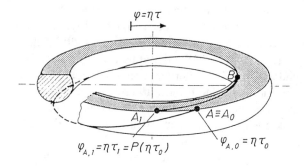

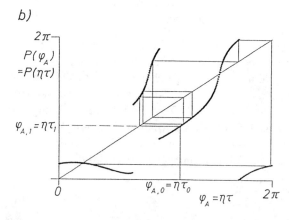

Fig. 202
Veranschaulichung der Punktabbildung $P(\varphi_A)$ für den Reibungsschwinger mit Fremderregung

(Abreißpunkt von der Haftgeraden) mit A und den Haftbeginn im eingeschwungenen Zustand mit B, vgl. Fig. 202a, und beginnt die Betrachtung in der Haftphase, so folgt aus (8.38) mit (8.37) und der Zeitnormierung

$$|x(\tau) - u_0 \cos \eta\tau| \leq x_0, \qquad x_0 = \mu_0 F_N/c. \tag{8.42}$$

In (8.42) gilt das Gleichheitszeichen für den Übergang vom Haften zum Gleiten, also für den Abreißpunkt A. Die entsprechende Amplitude x_A ergibt sich bei Vorgabe eines Erregerwinkels $\varphi_{A,0} \equiv \eta\tau_A \in [0, 2\pi]$ aus

$$|x_A - u_0 \cos \eta\tau_A| = x_0. \tag{8.43}$$

Damit folgen sofort die Schranken

$$x_0 - u_0 \leq x_A \leq x_0 + u_0. \tag{8.44}$$

Für das nun einsetzende Gleiten $A \to B$ lautet die analytische Lösung der Bewegungsgleichung (8.40) mit $F_R/c = \mu F_N/c = x_s$

$$x(\tau) = C\cos(\tau - \varphi_0) + \frac{u_0}{1 - \eta^2}\cos\eta\tau + x_s. \qquad (8.45)$$

Darin müssen die Konstanten C und φ_0 aus den Anfangsbedingungen am Abreißpunkt A, $x(\tau_A) = x_A$ und $v_r = 0$ oder $x'(\tau_A) = x_A' = v_0/\omega_0$, bestimmt werden. Das Ende der Gleitphase und damit der Haftbeginn B sind erreicht, wenn für die Ableitung x' der Lösung (8.45) erstmals $x' = v_0/\omega_0$ gilt. Dies ergibt eine implizite Gleichung für die Zeitdauer $\Delta\tau_{AB}$ der Gleitphase. Damit kann aus (8.45) die Verschiebung x_B berechnet werden. Nun haftet die Masse solange am Band und bewegt sich mit konstanter Geschwindigkeit v_0, bis die Federkraft das Maximum der Haftreibungskraft erreicht. Aus (8.42) folgt

$$|v_0\Delta\tau_{BA} - u_0\cos\eta(\tau_B + \Delta\tau_{BA})| = x_0 - x_B. \qquad (8.46)$$

Damit ist die Zeitdauer $\Delta\tau_{BA}$ der Haftphase in impliziter Form gegeben. Die Auslenkung x_A des nächsten Abreißpunktes kann mit dem neuen Erregerwinkel $\varphi_{A,1} \equiv \eta\tau_A = \varphi_{A,0} + \eta(\Delta\tau_{AB} + \Delta\tau_{BA})$ wieder aus (8.43) berechnet werden. Damit liegt eine eindimensionale Punktabbildung

$$\varphi_{A,k+1} = P(\varphi_{A,k}) \qquad (\text{mod } 2\pi) \qquad (8.47)$$

in Form einer verallgemeinerten Kreisabbildung für den Erregerwinkel vor. Diese Abbildung läßt sich anhand von Fig. 202 veranschaulichen. Die Bewegung läßt sich im eingeschwungenen Zustand auf einem Torus darstellen, der infolge der Geschwindigkeitsbeschränkung in der Haftphase abgeplattet ist. Es entstehen zwei Grenzkurven, auf denen die Punkte A und B des Gleit- bzw. Haftbeginns liegen. Beginnt eine Trajektorie z.B. auf der äußeren Grenzkurve bei A_0 unter einem beliebigen Erregerwinkel $\varphi_{A,0} = \eta\tau_0$, so kommt sie zum Zeitpunkt τ_1 wieder zu einem Punkt A_1 mit $\varphi_{A,1} = \eta\tau_1 = P(\varphi_{A,0})$ der äußeren Grenzkurve zurück. Durchläuft $\varphi_{A,0}$ die Werte des Intervalls $[0, 2\pi]$ so gibt $\varphi_{A,1} = P(\varphi_{A,0})$ (mod 2π) die Abbildung des Ankunftspunktes A_1 in Abhängigkeit des Startpunktes A_0 an. Damit wird das $\varphi_{A,0}$-Intervall $[0, 2\pi]$ auf das $\varphi_{A,1}$-Intervall $[0, 2\pi]$ abgebildet. Abhängig von φ_A lassen sich auch die Koordinaten x_A, x_B der Punkte A und B berechnen. Im Gegensatz zur logistischen Abbildung liegt keine explizite, sondern eine implizite Abbildung vor, die außerdem Unstetigkeiten aufweisen kann, vgl. Fig. 202b und [41]. Hat man jedoch die Abbildung einmal berechnet, so kann die weitere Analyse wie bei der logistischen Abbildung erfolgen.

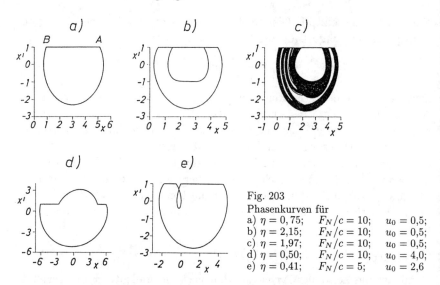

Fig. 203
Phasenkurven für
a) $\eta = 0{,}75$; $F_N/c = 10$; $u_0 = 0{,}5$;
b) $\eta = 2{,}15$; $F_N/c = 10$; $u_0 = 0{,}5$;
c) $\eta = 1{,}97$; $F_N/c = 10$; $u_0 = 0{,}5$;
d) $\eta = 0{,}50$; $F_N/c = 10$; $u_0 = 4{,}0$;
e) $\eta = 0{,}41$; $F_N/c = 5$; $u_0 = 2{,}6$

Die wichtigsten Systemparameter sind η, F_N/c und u_0, außerdem sind $\mu = 0{,}25$ und $\mu_0 = 0{,}4$ durch die Reibungskennlinie festgelegt. In Abhängigkeit dieser Parameter läßt sich nun das Systemverhalten analysieren. Fig. 203a bis e zeigt unterschiedliche 2-dimensionale Phasenkurven. Man erkennt a) einperiodische, b) zweiperiodische und c) chaotische Lösungen. Für große Erregeramplituden u_0 kann der Haftbereich unterbrochen werden, vgl. Fig. 203d,e. Wir beschränken uns im folgenden auf kleine Erregeramplituden, bei denen keine Unterbrechungen im Haftbereich auftreten. In Fig. 204 ist das Verzweigungsdiagramm für die Koordinaten x_A, x_B der Punkte A und B in Abhängigkeit vom Frequenzverhältnis η dargestellt. Man erkennt unterschiedliche reguläre und irreguläre Lösungen. Die Ausschnittsvergrößerung Fig. 205a verdeutlicht die verschiedenen Lösungstypen im Verzweigungsdiagramm. Fig. 205b zeigt die zugehörigen Windungszahlen gemäß Definition (8.16). Sie kennzeichnen das Verhältnis von Erregerfrequenz zu Antwortfrequenz. Die Windungszahlen bilden eine sogenannte Teufelstreppe mit unendlich vielen Stufen, bei der sich rationale und irrationale Werte mit entsprechenden periodischen bzw. quasiperiodischen Lösungen abwechseln. Die Abschnitte mit rationalen Windungszahlen können als Mitnahmebereiche angesehen werden. Den beiden einperiodischen Lösungen an den Rändern des Parameterbereiches sind deutlich unterschiedliche Erregerperioden zugeordnet. Die Ergebnisse der Verzweigungsdiagramme lassen sich in den Parameterkarten Fig. 206 zusammenfassen, in

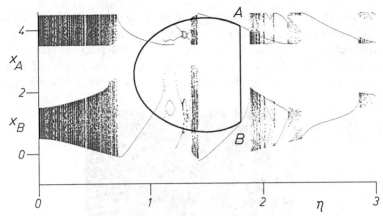

Fig. 204 Verzweigungsdiagramm für die Koordinaten x_A, x_B in Abhängigkeit von η
$(F_N/c = 10,\ u_0 = 2{,}0)$

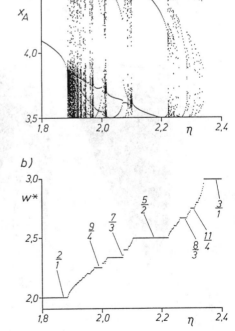

Fig. 205
a) Verzweigungsdiagramm $(F_N/c = 10;$
$u_0 = 0{,}5)$,
b) zugehörige Windungszahlen

der die Periodizität der Lösung als Graustufe über zwei Verzweigungspara-
metern dargestellt ist. Bei Fig. 206a treten in den dunklen Bereichen hochpe-
riodische bzw. chaotische Lösungen auf. Fig. 206b zeigt sogenannte A r n o l d -
Z u n g e n. Dies sind Mitnahmebereiche, die mit wachsender Erregeramplitude zunehmen. Bei großen Erregeramplituden treten Überlappungen der

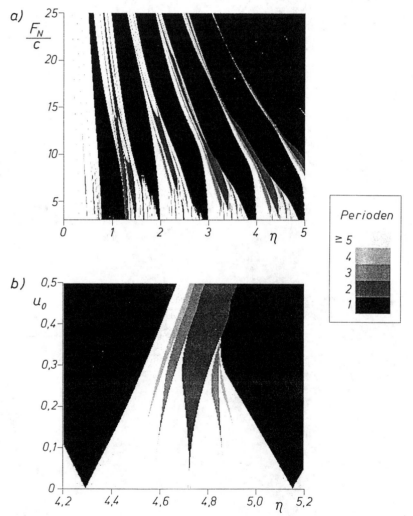

Fig. 206 Parameterkarten für a) $u_0 = 0,5$; b) $F_N/c = 10$

Zungen auf, in denen chaotische Lösungen vorkommen können. Bei kleinen Erregeramplituden treten hingegen nur periodische oder quasiperiodische Lösungen auf.

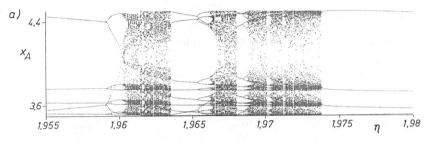

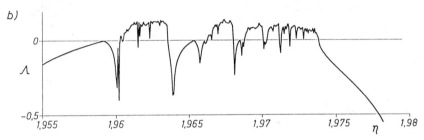

Fig. 207 Periodenverdopplung: a) Verzweigungsdiagramm, b) zugehörige Ljapunov-Exponenten ($F_N/c = 10$; $u_0 = 0,5$)

Als typische Wege ins Chaos findet man beim Reibungsschwinger mit Fremderregung abhängig von den Systemparametern sowohl Periodenverdopplung, vgl. Fig. 207, als auch Intermittenz, vgl. Fig. 208. Die Periodenverdopplung erfolgt ausgehend von höherperiodischen Lösungen. Sie tritt auf, wenn für die Steigung in den Fixpunkten der entsprechenden Iterierten $f' = -1$ gilt; dann beträgt der Ljapunov-Exponent $\Lambda = 0$. Intermittenz resultiert aus einer Sattelpunktverzweigung, bei der ein stabiler und ein instabiler Fixpunkt miteinander verschmelzen. In Fig. 208d erkennt man deutlich die scheinbar regulären Phasen im Zeitverlauf der Lösung, die von plötzlichen Ausbrüchen (bursts) unterbrochen werden.

Insgesamt ist festzuhalten, daß der sehr robuste Grenzzykel bei reiner Reibungsselbsterregung durch eine zusätzliche Fremderregung aufgebrochen werden kann. Es stellt sich unterschiedliches Verzweigungsverhalten mit periodischen, quasiperiodischen und chaotischen Lösungen ein. Das prinzipielle Verhalten des Reibungsschwingers mit einer Kennlinie nach Fig. 201a

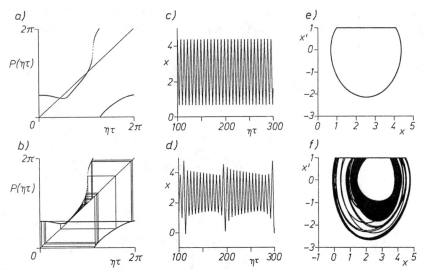

Fig. 208 Intermittenz: obere Reihe $\eta = 1,8$; untere Reihe $\eta = 1,9$; a), b) Punkt-Abbildung; c), d) Auslenkung x in Abhängigkeit von der Zeit; e), f) zugehörige Phasenkurven ($F_N/c = 10$; $u_0 = 0,5$)

zeigt sich auch bei einer Kennlinie nach Fig. 83, vgl. dazu Popp, Hinrichs, Oestreich [41].

8.3.2   Der Duffing-Schwinger

Eine Reihe technischer Probleme führt auf die Duffingsche Differentialgleichung (5.117) als Bewegungsgleichung, vgl. Popp [40]. Entsprechend
zahlreich sind die analytischen und numerischen Untersuchungen dieser Gleichung, vgl. z.B. [13], [22]. Hervorzuheben sind die experimentellen Untersuchungen von Moon [31] an einer einseitig fest eingespannten dünnen Blattfeder, deren freies Ende mittig zwischen zwei gleichgepolten Permanent-
magneten liegt und sich infolge der Magnetkräfte verbiegt. Bei harmonischen Querbewegungen der gesamten Anordnung genügen die Amplituden
der Grundschwingungsform näherungsweise einer Duffingschen Differentialgleichung. Bei Veränderung der Erregeramplitude und Erregerfrequenz läßt
sich die Grenze zwischen chaotischen und periodischen Bewegungen experimentell bestimmen. Diese Grenze kann auch numerisch mit der in Kap. 8.2.2
angegebenen Grenze für das Auftreten homokliner Punkte nach Melnikov
abgeschätzt werden.

Umfangreiche analoge und digitale Simulationen wurden von U e d a [53] an der Duffingschen Differentialgleichung ohne linearen Rückstellterm

$$x'' + 2Dx' + x^3 = B\cos\tau = u(\tau) \tag{8.48}$$

vorgenommen. Der Vorteil dieser verkürzten Duffing-Gleichung ist das Auftreten von nur zwei Systemparametern, der Erregeramplitude B und dem Dämpfungsgrad D. In Abhängigkeit dieser Größen wurde von U e d a eine Parameterkarte ermittelt, vgl. Fig. 209, aus der a) Bereiche mit chaotischen Bewegungen oder b) Bereiche mit chaotischem und regulärem Verhalten – je nach Wahl der Anfangsbedingungen – hervorgehen. Für ausgewählte Parameter findet man in Fig. 210a bis c das der Erregung $B\cos\tau$ zugeordnete Antwortsignal $x(\tau)$ sowie die Phasenkurven (Fig. 210b) und die Poincaré-Abbildungen (Fig. 210c) für chaotische Bewegungen. Man erkennt: die Zeitverläufe chaotischer Bewegungen sind irregulär oszillierend, die entsprechenden Phasenkurven sind vielfältig verschlungen und die zugeordneten

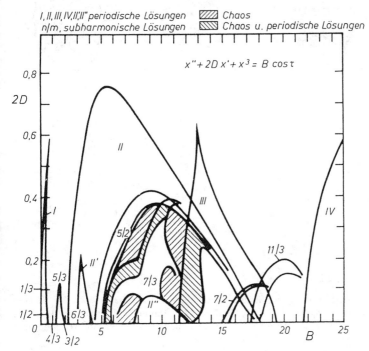

Fig. 209 Parameterkarte für die verkürzte Duffing-Gleichung, nach Ueda [53]

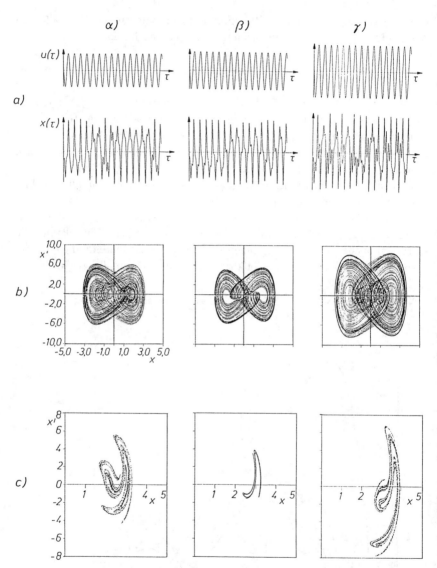

Fig. 210 Chaotische Bewegungen für die Parameter α) $D = 0{,}025$; $B = 7{,}50$; β) $D = 0{,}125$; $B = 8{,}50$; γ) $D = 0{,}05$; $B = 12{,}0$. Darstellungsformen: a) Erregung $u(\tau) = B \cos \tau$ und Antwort $x(\tau)$; b) Phasenkurven, c) Poincaré-Abbildungen

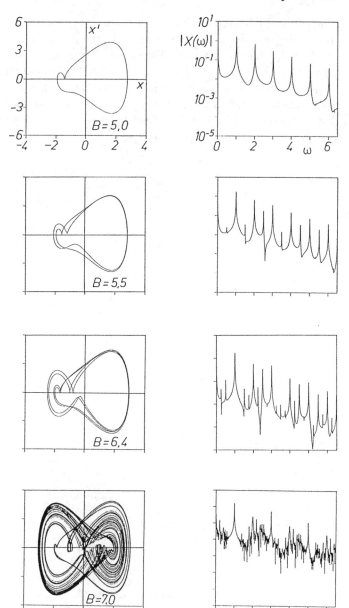

Fig. 211 Periodenverdopplung als Weg ins Chaos für $D = 0,1$. Darstellung der Phasenkurven und zugehörigen Fourier-Transformierten

Poincaré-Abbildungen stellen eine strukturierte Punktwolke dar. Als typischer Weg ins Chaos tritt Periodenverdopplung auf, wie dies in Fig. 211 für $D = 0,1$ und verschiedene Werte von B aus den entsprechenden Phasenkurven und Spektren zu erkennen ist. Im Fall chaotischer Bewegungen weisen die Spektren kontinuierliche Anteile und Linien der hauptsächlich vorkommenden periodischen Anteile auf. Die verschiedenen Darstellungen demonstrieren gleichzeitig die Möglichkeiten der numerischen Simulation zum Erkennen chaotischer Bewegungen.

Lösungen der Aufgaben

1. $c = \dfrac{c_1 c_2}{c_1 + c_2}$ oder $\dfrac{1}{c} = \dfrac{1}{c_1} + \dfrac{1}{c_2}$.

2. $c = c_1 + c_2$.

3. $\omega_0 = \sqrt{\dfrac{EA}{mL}}$.

4. $\ddot{x} + \dfrac{\varrho_f g}{\varrho L} x = 0$; $\omega_0^2 = \dfrac{\varrho_f g}{\varrho L}$.

5. $\hat{x} = \dfrac{a}{2}$; $T = 2\pi \sqrt{\dfrac{a}{2g}}$.

6. a) $\hat{x}^* = \dfrac{1}{2}\sqrt{a^2 + 2\hat{x}^2}$;   b) $\hat{x}^* = \dfrac{a}{2} + \hat{x}$;   c) $\hat{x}^* = \left| \dfrac{a}{2} - \hat{x} \right|$.

7. $\dot{x} = \sqrt{\dfrac{g}{2a} \ln \dfrac{1 + 4a^2 x_0^2}{1 + 4a^2 x^2}}$; $\omega_0 = \sqrt{2ga}$.

8. $s = \varrho_s = \dfrac{L}{\sqrt{12}} = 0{,}289 L$.

9. $\omega_{0R} = \sqrt{\dfrac{g}{L}}$; $\omega_{0S} = \sqrt{\dfrac{2g}{L}}$.

10. $T = 84{,}3$ Minuten.

11. $T = 4\sqrt{\dfrac{m}{c}} \arccos \dfrac{1}{1 + \frac{c\hat{x}}{h}}$.

12. $T = 2\sqrt{\dfrac{m}{c}} \left[\pi + \dfrac{2x_t}{\hat{x} - x_t} \right]$.

13. $D = 0{,}378$.

14. $x_m = 0{,}955 \, \text{mm}$; $\Lambda = 0{,}826$; $D = 0{,}131$.

15. $\Lambda = 0{,}4$; $D = 0{,}0635$.

16. $D = 0{,}075$; $(x_{\max})_2 = 78{,}7\%$.

17. $x_0 = -\sqrt{9}$; $x_1 = \sqrt{7}$; $x_2 = -\sqrt{5}$; $x_3 = \sqrt{3}$; $x_4 = -1$;

4,5 Halbschwingungen.

18. $\Delta\hat{x} = \dfrac{3\pi k A^3 \omega^3}{4c}$.

19. $\ddot{x} - \left(\alpha - \dfrac{3}{4}\beta\hat{x}^2\omega^2\right)\dot{x} + \omega_0^2 x = 0$, $\omega \approx \omega_0$; $\hat{x} \approx \dfrac{2}{\omega_0}\sqrt{\dfrac{\alpha}{3\beta}}$.

20. $\hat{x} \approx \dfrac{2}{\omega_0}\sqrt{\dfrac{\alpha}{3\beta}}$.

21. $\ddot{x} - \dfrac{\hat{x}\omega}{\pi}\left(\dfrac{8\alpha}{3} - \beta\hat{x}\right)\dot{x} + \omega_0^2\left(1 + \dfrac{3\gamma\hat{x}^2}{4}\right)x = 0$;

$\omega \approx \omega_0\sqrt{1 + \dfrac{16\gamma\alpha^2}{3\beta^2}}$; $\hat{x} \approx \dfrac{8\alpha}{3\beta}$.

22. a) $\hat{x} = \alpha\coth\dfrac{\pi D}{2\sqrt{1 - D^2}}$;   b) $\hat{x} \approx \dfrac{2a}{\pi D}$.

23. $v_{\text{krit}} = \dfrac{\omega_0}{b\sin\psi}$.

24. $\dfrac{\Delta T}{T} = \dfrac{1}{\pi}\left(\arcsin\dfrac{x_r}{\hat{x} - x_r} - \arcsin\dfrac{x_r}{\hat{x} + x_r}\right)$;   5,5 s.

25. $\dfrac{\Delta T}{T} = \mp\dfrac{1}{\pi}\arctan\dfrac{2\sqrt{\hat{x}x_r}}{\hat{x} - x_r}$,   Fall a): Minus-Zeichen,
Fall b): Plus-Zeichen.
$\Delta T = 5560\,\text{s/d}$.

26. $T = \dfrac{4h^2 t_0}{h^2 - h_0^2}$; $\hat{x} = h t_0$; $x_m = h_0 t_0$.

27. $\Delta E_D = \dfrac{2qg\varphi_0^3}{3}\left(L_1^2 + L_2^2\right)$; $\varphi_0^* = \dfrac{3mhL_1\left(L_1^2 + L_1 L_2 + L_2^2\right)}{4qL_2^3\left(L_1^2 + L_2^2\right)}$.

Die Schwingung ist stabil wegen $\Delta E_D > \Delta E$ für $\varphi_0 > \varphi_0^*$,
und $\Delta E_D < \Delta E$ für $\varphi_0 < \varphi_0^*$.

28. $0,99792 < \dfrac{\Omega}{\omega_0} < 1,00042;$ $1,83 < \dfrac{\Omega}{\omega_0} < 2,24.$

29. $\Omega \geq 14,14\,\omega_0.$

30. $\lambda = \dfrac{c_0 R^2}{16 v^2 J};$ $\gamma = \dfrac{\Delta c R^2}{16 v^2 J};$ $v_1 = \dfrac{R}{2}\sqrt{\dfrac{1}{J}\left(c_0 - \dfrac{\Delta c}{2}\right)};$

$v_2 = \dfrac{R}{2}\sqrt{\dfrac{1}{J}\left(c_0 + \dfrac{\Delta c}{2}\right)}.$

31. Durch Einsetzen von $y = a_1 \cos\dfrac{\tau}{2} + b_1 \sin\dfrac{\tau}{2} + \ldots$ in (4.38) folgt

$a_1 \cos\dfrac{\tau}{2}\left[-\dfrac{1}{4} + \lambda + \dfrac{\gamma}{2}\right] + b_1 \sin\dfrac{\tau}{2}\left[-\dfrac{1}{4} + \lambda - \dfrac{\gamma}{2}\right] + \ldots = 0.$

Nullsetzen der eckigen Klammern ergibt Gl. (4.43).

32. $v_0^* = x_0(D + k) = x_0\left(D + \sqrt{D^2 - 1}\right).$

33. $F_4 = \dfrac{1}{4D}(1 + 4D^2 + k);$ $D_{\text{opt}} = \dfrac{1}{2}\sqrt{1 + k}.$

34. a) $D = 1;$ b) Kriterium versagt, da $F_1 = v_0$ von D unabhängig ist;
  c) Kriterium versagt ebenfalls, da F_2 für $D < 1$ monoton und für $D \geq 1$ konstant ist;

  d) $F_3 = \dfrac{v_0^2}{4D};$ $D_{\text{opt}} \to \infty.$

35. $x(\tau) = \alpha\left[\tau - 2 + (\tau + 2)e^{-\tau}\right]$ für $0 \leq \tau \leq \tau_0;$

$x(\tau) = \alpha\left[\tau_0 - (2 + \tau - \tau_0)e^{-(\tau - \tau_0)} + (\tau + 2)e^{-\tau}\right]$ für $\tau \geq \tau_0.$

36. $V = \dfrac{\kappa\eta^4}{\sqrt{(1 - \eta^2)^2 + 4D^2\eta^2}};$

$\eta_{\text{extr}} = \sqrt{\dfrac{3}{2}(1 - 2D^2) \pm \sqrt{1 - 36D^2(1 - D^2)}};$ $D \leq 0,1691.$

37. $(\eta_{\max})_m = \dfrac{1}{\sqrt{1 - 2D^2}};$ $(\eta_{\max})_s = \sqrt{2(1 - 2D^2) \pm \sqrt{1 - 16D^2(1 - D^2)}}.$

38. B) $u = \dfrac{1 - \eta^2}{2D\eta};$ $v = 1;$ Gerade parallel zur u-Achse im Abstand $v = 1.$

  C) $u = \dfrac{1}{\eta^2} - 1;$ $v = \dfrac{2D}{\eta};$ Parabel wie im Falle A, nur mit reziprokem η-Maßstab.

39. a) $\dot{x}_R \approx -\dot{x}_G;$ $4,36 < \eta < \infty;$

b) $\dot{x}_R \approx -\ddot{x}_G;$ $0 < \eta < 0,229.$

40. $\Delta\tau = \dfrac{2}{1+\eta^2};$ $\delta = 0,040$ entsprechend 4%.

41. $\eta = 4,58;$ $\omega_0 = 22,8\,\dfrac{1}{\mathrm{s}};$ $f_0 = 1,88\,\mathrm{cm}.$

42. $x_{\max} = 1,26\,\mathrm{m}.$

43. Aus der Bedingung für eine 3 fache Wurzel der Gl. (5.123) folgt

$$\hat{x}^* = \sqrt[3]{\frac{4x_0}{3\alpha}};\qquad \eta^* = \sqrt{1 + \frac{9\alpha\hat{x}^{*2}}{8}};\qquad D^* = \frac{3\sqrt{3}\,\alpha\hat{x}^{*2}}{16\eta^*}.$$

44. $\hat{x} = \dfrac{3\pi(1-\eta^2)}{8\sqrt{2}\,q\eta^2}\sqrt{\pm\sqrt{1+\dfrac{256x_0^2q^2\eta^4}{9\pi^2(1-\eta^2)^4}}-1};$

da nur ein reeller Wert für $\hat{x}$ existiert, können Sprünge nicht vorkommen.

45. $\hat{x}_{\max} \approx \sqrt{\dfrac{3\pi x_0}{8q}}.$

46. $x_m \approx \alpha \dbinom{2n}{n}\left[\dfrac{x_0}{2(1-\eta^2)}\right]^{2n}.$

47. $\hat{x} = \dfrac{8aD\eta}{\pi[(1-\eta^2)^2+4D^2\eta^2]}\left\{1\pm\sqrt{1-\dfrac{(16a^2-\pi^2x_0^2)[(1-\eta^2)^2+4D^2\eta^2]}{64a^2D^2\eta^2}}\right\}$

$1-\Delta\eta \le \eta \le 1+\Delta\eta$ mit $\Delta\eta = \dfrac{\pi D x_0}{4a\sqrt{1+D^2}}.$

48. $a = \omega_0\sqrt{\dfrac{0,105J}{c}}.$

49. $\xi = c\left(\varphi_1 - \sqrt{0,5}\,\varphi_2\right);$ $\eta = c\left(\sqrt{2}\,\varphi_1 + \varphi_2\right),$

mit beliebigem konstanten Faktor c.

50. $\ddot{\varphi}_1\left(s_2^2+\varrho^2\right) + \ddot{\varphi}_2\left(s_1 s_2-\varrho^2\right) + \dfrac{g\,a\,s_2}{L}\varphi_1 = 0,$

$\ddot{\varphi}_1\left(s_1 s_2-\varrho^2\right) + \ddot{\varphi}_2\left(s_1^2+\varrho^2\right) + \dfrac{g\,a\,s_1}{L}\varphi_2 = 0.$

51. $\omega_1 = \sqrt{\dfrac{g}{L}};$ $\omega_2 = \sqrt{\dfrac{gs_1s_2}{L\varrho^2}};$ $s_1s_2 = \varrho^2;$ $\left.\begin{array}{c} s_1 \\ s_2 \end{array}\right\} = \dfrac{a}{2} \pm \sqrt{\dfrac{a^2}{4} - \varrho^2};$

diese Werte sind nur reell für $\varrho < \dfrac{a}{2}$.

52. $\left(\dfrac{\varphi_{10}}{\varphi_{20}}\right)_{\omega_1} = 1:$ parallele Pendelschwingung der Stange,

$\left(\dfrac{\varphi_{10}}{\varphi_{20}}\right)_{\omega_2} = -\dfrac{s_1}{s_2}:$ Drehschwingung um eine vertikale Achse durch den Schwerpunkt.

53. $\hat{y} = \dfrac{\omega_0^2 - \omega^2}{\mu\omega^2}\hat{x} = 25\,\mathrm{mm}.$

54. $\omega_1 = \sqrt{\dfrac{\sqrt{2}-1}{\sqrt{2}}}\,\omega_0 = 0{,}5412\omega_0$ mit $\omega_0 = \sqrt{\dfrac{2S}{mL}},$

$\omega_2 = \omega_0,$ $\omega_3 = \sqrt{\dfrac{\sqrt{2}+1}{\sqrt{2}}}\,\omega_0 = 1{,}3065\omega_0,$

$\hat{\mathbf{x}}_1 = \begin{bmatrix} 1 \\ \sqrt{2} \\ 1 \end{bmatrix},$ $\hat{\mathbf{x}}_2 = \begin{bmatrix} 1 \\ 0 \\ -1 \end{bmatrix},$ $\hat{\mathbf{x}}_3 = \begin{bmatrix} 1 \\ -\sqrt{2} \\ 1 \end{bmatrix}.$

55. $\kappa_p = \left(\dfrac{4}{\eta^2} - 2\right)\kappa_{p-1} - \kappa_{p-2};$

$\omega_1 = 1{,}082\omega_0;$ $\omega_2 = 1{,}414\omega_0;$ $\omega_3 = 2{,}613\omega_0$ mit $\omega_0 = \sqrt{\dfrac{c}{m}}.$

56. $\eta = \dfrac{2}{\sqrt{4 - \eta^{*2}}}.$

57. $A_i = \dfrac{\hat{\boldsymbol{\varphi}}_i^\top \mathbf{M}\boldsymbol{\varphi}_0}{\hat{\boldsymbol{\varphi}}_i^\top \mathbf{M}\hat{\boldsymbol{\varphi}}_i}$ $(i = 1, 2, 3);$

$B_i = \dfrac{\hat{\boldsymbol{\varphi}}_i^\top \mathbf{M}\dot{\boldsymbol{\varphi}}_0}{\hat{\boldsymbol{\varphi}}_i^\top \mathbf{M}\hat{\boldsymbol{\varphi}}_i}$ für $\omega_i = 0$ $(i = 1);$

$B_i = \dfrac{1}{\omega_i}\dfrac{\hat{\boldsymbol{\varphi}}_i^\top \mathbf{M}\dot{\boldsymbol{\varphi}}_0}{\hat{\boldsymbol{\varphi}}_i^\top \mathbf{M}\hat{\boldsymbol{\varphi}}_i}$ für $\omega_i \neq 0$ $(i = 2, 3).$

58. $\omega_3^2 = 124{,}275\,\mathrm{rad}^2/s^2,$ $\hat{\boldsymbol{\varphi}}_3 = \begin{bmatrix} 1 \\ -1{,}071 \\ 0{,}035 \end{bmatrix}.$

59. $\hat{\varphi}_i^* = \hat{\varphi}_i / N_i, \qquad i = 1, 2, 3,$

$N_1 = 31{,}63\sqrt{\mathrm{kg\,m^2}}, \qquad N_2 = 29{,}64\sqrt{\mathrm{kg\,m^2}}, \qquad N_3 = 23{,}18\sqrt{\mathrm{kg\,m^2}}.$

60. $n = 2; \qquad \omega = \dfrac{3\pi}{L}\sqrt{\dfrac{SL}{m}}.$

61. $\omega_j = (2j-1)\dfrac{\pi}{2}\sqrt{\dfrac{k}{m}}, \qquad j = 1, 2, \ldots .$

62. $\omega_j = j\pi\sqrt{\dfrac{\pi r^2 G}{Lm}}, \qquad j = 1, 2, 3;$

$j = 1: \quad x/L = 1/2;$

$j = 2: \quad x/L = 1/4, \quad 3/4;$

$j = 3: \quad x/L = 1/6, \quad 1/2, \quad 5/6.$

63. $f_2 = 1{,}012\dfrac{h}{L^2}\sqrt{\dfrac{E}{\rho}}; \qquad h^* = 0{,}247\nu L.$

64. $\omega_j = \lambda_j^2\sqrt{\dfrac{EI}{mL^3}}, \qquad j = 1, 2;$

$\lambda_1 = 4{,}7300; \qquad \lambda_2 = 7{,}8532.$

65. $k = 3\pi E d^4 / \left(4L^3\right); \qquad m = 12\rho d^2 L/\pi^3.$

66. $\hat{v}_1(x) = \left(\dfrac{x}{L}\right)^4 - 2\left(\dfrac{x}{L}\right)^3 + \dfrac{x}{L},$

$\tilde{\omega}_1^2 \approx \dfrac{3024}{31}\dfrac{EI}{\mu L^4}\left(1 - \dfrac{17}{168}\dfrac{FL^2}{EI}\right),$

$\Delta\omega_1(F = 0) = 0{,}07\%, \qquad \Delta F_1(\tilde{\omega}_1 = 0) = 0{,}13\%.$

67. a) Teilsystem I: Stab ohne Kugel,

Teilsystem II: Feder-Kugel-System,

nach Dunkerley:

$$\omega_1^2 \geq \dfrac{1}{\dfrac{1}{\omega_\mathrm{I}^2} + \dfrac{1}{\omega_\mathrm{II}^2}} = \dfrac{1}{\dfrac{4\varrho L^2}{\pi^2 E} + \dfrac{m}{b^2 E/L}} = \dfrac{1}{\dfrac{4}{\pi^2} + 1}\dfrac{E}{\rho L^2} = 0{,}7116\dfrac{E}{\rho L^2},$$

67. b) $\hat{v}_1(x) = \left(\dfrac{x}{L}\right)^2 - 2\dfrac{x}{L}$,

Rayleigh-Quotient :

$$\omega_1^2 \leq \frac{\frac{1}{2}Eb^2 \int\limits_0^L \hat{v}_1'^2(x)\,\mathrm{d}x}{\frac{1}{2}\rho b^2 \int\limits_0^L \hat{v}_1^2(x)\,\mathrm{d}x + \frac{1}{2}m\hat{v}_1^2(x=L)} = \frac{20}{23}\frac{E}{\rho L^2} = 0{,}8696\frac{E}{\rho L^2},$$

$$0{,}844\sqrt{\frac{E}{\rho L^2}} \leq \omega_1 \leq 0{,}933\sqrt{\frac{E}{\rho L^2}}.$$

68. a) Teilsystem I: Torsionsstab ohne Drehmassen,

Teilsystem II: Drehfeder-Drehmassen-System,

nach Dunkerley:

$$\omega_1^2 \geq \frac{1}{\dfrac{1}{\omega_{\mathrm{I}}^2}+\dfrac{1}{\omega_{\mathrm{II}}^2}} = \frac{1}{\dfrac{4\varrho L^2}{\pi^2 G} + \dfrac{J_1 + 2J_2\left(\frac{z_1}{z_2}\right)^2}{GI_p/L}} = \frac{1}{\dfrac{64}{10\pi}+\dfrac{160}{\pi^3}}\frac{Gd}{m} = 0{,}1389\frac{Gd}{m},$$

b) $\hat{\varphi}_1(x) = \sin\dfrac{\pi}{2}\dfrac{x}{L}$,

Rayleigh- Quotient :

$$\omega_1^2 \leq \frac{\frac{1}{2}GI_p \int\limits_0^L \hat{\varphi}_1'^2(x)\,\mathrm{d}x}{\frac{1}{2}\rho I_p \int\limits_0^L \hat{\varphi}_1^2(x)\,\mathrm{d}x + \frac{1}{2}\left[J_1 + 2J_2\left(\dfrac{z_1}{z_2}\right)^2\right]\hat{\varphi}_1^2(x=L)} = \frac{5\pi^3}{1056}\frac{Gd}{m}$$

$$= 0{,}1468\frac{Gd}{m},$$

$$0{,}373\sqrt{\frac{Gd}{m}} \leq \omega_1 \leq 0{,}383\sqrt{\frac{Gd}{m}}.$$

Literaturverzeichnis

[1] Abraham, R.; Marsden, J.E.: Foundations of Mechanics. Reading 1978

[2] Argyris, J.H.: Die Methode der Finiten Elemente, Bd. 1–3. Braunschweig 1986–1988

[3] Bathe, K.J.: Finite Elemente Methoden. Berlin u.a. 1986

[4] Beletsky, V.V.: Reguläre und chaotische Bewegung starrer Körper. Stuttgart 1995

[5] Biezeno, C.B.; Grammel, R.: Technische Dynamik, 2 Bde. Berlin u.a. 1971

[6] Collatz, L.: Eigenwertprobleme und ihre numerische Behandlung. Leipzig 1945

[7] Courant, R.; Hilbert, D.: Methoden der Mathematischen Physik I, 3. Aufl. Berlin, Heidelberg, New York 1968

[8] Den Hartog, I.P.: Mechanische Schwingungen, deutsche Übers. von G. Mesmer, 2. Aufl. Berlin u.a. 1952

[9] Feigenbaum, M.J.: Quantitative Universality of a Class of Nonlinear Transformations. J. of Stat. Phys. **19**, 1978, pp. 25–52

[10] Fischer, U.; Stephan, W.: Prinzipien und Methoden der Dynamik. Leipzig 1972

[11] Frýba, L.: Vibration of Solids and Structures Under Moving Loads. Groningen 1972

[12] Geist, K.; Parlitz, U.; Lauterborn, W.: Comparison of Different Methods for Computing Ljapunov Exponents. Progress of Theoretical Physics **83**, 1990, pp. 875–893

[13] Guckenheimer, J.; Holmes, P.J.: Nonlinear Oscillations, Dynamical Systems and Bifurcations. New York 1983

[14] Hagedorn, P.: Nichtlineare Schwingungen. Wiesbaden 1978

[15] Hagedorn, P.: Technische Schwingungslehre, Bd. 2, Lineare Schwingungen kontinuierlicher mechanischer Systeme. Berlin u.a. 1989

[16] Hagedorn, P.; Otterbein, S.: Technische Schwingungslehre, Bd. 1, Lineare Schwingungen diskreter mechanischer Systeme. Berlin u.a. 1987

[17] Kauderer, H.: Nichtlineare Mechanik. Berlin 1958

[18] Kersten, R.: Das Reduktionsverfahren in der Baustatik, 2. Aufl. Berlin, Heidelberg, New York 1982

[19] Klotter, K.: Technische Schwingungslehre, 2 Bde. Berlin u.a. 1951 und 1960

[20] Knothe, K.; Wessels, H.: Finite Elemente. Berlin u.a. 1991

[21] Koloušek, V.: Dynamik der Baukonstruktionen. Berlin u.a. 1962

[22] Kreuzer, E.: Numerische Untersuchung nichtlinearer dynamischer Systeme. Berlin u.a. 1987

[23] Kunick, A.; Steeb, W.-H.: Chaos in deterministischen Systemen. Mannheim 1986

[24] Lehr, E.: Schwingungstechnik, 2 Bde. Berlin 1930 und 1934

[25] Leven, R.W.; Koch, B.-P.; Pompe, B.: Chaos in dissipativen Systemen. Braunschweig 1989

[26] Link, M.: Finite Elemente in der Statik und Dynamik. Stuttgart 1994

[27] Magnus, K.: Schwingungen, 4. Aufl. Stuttgart 1986

[28] Malkin, I.G.: Theorie der Stabilität einer Bewegung, deutsche Übers. von W. Hahn und R. Reißig. München 1959

[29] Meirovitch, L.: Computational Methods in Structural Dynamics. Alphen aan den Rijn 1980

[30] Minorsky, N.: Introduction to Non-Linear Mechanics. Ann Arbor 1947

[31] Moon, F.C.: Chaotic and Fractal Dynamics. New York 1992

[32] Müller, P.C.: Stabilität und Matrizen. Berlin, Heidelberg, New York 1977

[33] Müller, P.C.; Schiehlen, W.O.: Lineare Schwingungen. Wiesbaden 1976 und Stuttgart 1991

[34] Natke, H.G.: Baudynamik. Stuttgart 1989

[35] Parkus, H.: Mechanik der festen Körper. Wien, New York 1988

[36] Pestel, E.; Leckie, F.A.: Matrix Methods in Elastomechanics. New York 1963

[37] Pfeiffer, F.: Einführung in die Dynamik. Stuttgart 1989

[38] Poincaré, H.: Les méthodes nouvelles de la mécanique céleste. Vol. 1. Paris 1892

[39] Popp, K.: Nichtlineare Schwingungen mechanischer Strukturen mit Füge- oder Kontaktstellen. ZAMM **74**, 1994, S. 147–165

[40] Popp, K.: Chaotische Bewegungen beim Duffing-Schwinger. In: Festschrift zum 70. Geburtstag von Prof. Dr. K. Magnus. München 1982, pp. 269–296

[41] Popp, K.; Hinrichs, N.; Oestreich, M.: Analysis of a Self Excited Friction Oscillator with External Excitation. In: Guran, A.; Pfeiffer, F.; Popp, K. (Eds.) Dynamics with Friction, Part I. Singapore 1996

[42] Popp, K.; Schiehlen, W.: Fahrzeugdynamik. Stuttgart 1993

[43] Riemer, M.; Wauer, J.; Wedig, W.: Mathematische Methoden der Technischen Mechanik. Berlin u.a. 1993

[44] Schwarz, H.: Einführung in die moderne Systemtheorie. Braunschweig 1969

[45] Schwarz, H.R.: Methode der finiten Elemente. Stuttgart 1984

[46] Solodownikow, W.W.: Grundlagen der selbsttätigen Regelung, deutsche Bearbeitung von H. Kindler, 2 Bde. München 1959

[47] Stephan, W.; Postl, R.: Schwingungen elastischer Kontinua. Stuttgart 1995

[48] Stoker, J.J.: Non-linear Vibrations in Mechanical and Electrical Systems. New York 1950

[49] Thoma, M.: Theorie linearer Regelsysteme. Braunschweig 1973

[50] Thompson, J.M.T.; Stewart, H.B.: Nonlinear Dynamics and Chaos. Chichester 1986

[51] Troger, H.: Über chaotisches Verhalten einfacher mechanischer Systeme. ZAMM 62, 1982, T18–T27

[52] Truxal, J.G.: Entwurf automatischer Regelsysteme. Übers. aus dem Amerikanischen. Wien-München 1960

[53] Ueda, Y.: Steady Motions Exhibited by Duffing's Equation: A Picture Book of Regular and Chaotic Motions. In: Holmes, P.J. (Ed.) New Approaches to Nonlinear Problems in Dynamics. Philadelphia 1980

[54] Uhrig, R.: Elastostatik und Elastokinetik in Matrizenschreibweise. Berlin, Heidelberg, New York 1973

[55] Ziegler, F.: Technische Mechanik der festen und flüssigen Körper. Wien, New York 1992

[56] Zurmühl, R.; Falk, S.: Matrizen und ihre Anwendungen, 5. Aufl., Teil 1. Grundlagen, Teil 2: Numerische Methoden. Berlin u.a. 1984 und 1986

Sachverzeichnis